科学出版社“十四五”普通高等教育本科规划教材

实验动物学

第3版

李伊为　张延英　主编

科学出版社

北京

内 容 简 介

本书为第3版，是科学出版社“十四五”普通高等教育本科规划教材之一。全书共12章，包括绪论、动物福利与实验室认证管理、生物安全、实验动物的遗传学控制、实验动物的微生物学与寄生虫学控制、实验动物的环境控制、实验动物的营养学控制、常用实验动物、遗传工程动物、人类疾病动物模型、动物实验质量监控、动物实验技术。另外，附录收集了国家实验动物管理法规、最新实验动物国家标准及实验动物常用化学消毒剂。全书内容新颖、实用性强。

本书可供全国高等医学院校本科生和研究生作为教材使用，也可作为从事实验动物和动物实验技术等相关人员的培训教材。

图书在版编目（CIP）数据

实验动物学 / 李伊为，张延英主编. —3版. —北京：科学出版社，2022.1

ISBN 978-7-03-069192-7

Ⅰ. ①实… Ⅱ. ①李… ②张… Ⅲ. ①实验动物学 Ⅳ. ①Q95-33

中国版本图书馆CIP数据核字（2021）第115842号

责任编辑：郭海燕 王立红 / 责任校对：申晓焕

责任印制：霍 兵 / 封面设计：蓝正设计

版权所有，违者必究。未经本社许可，数字图书馆不得使用

科学出版社 出版

北京东黄城根北街16号

邮政编码：100717

http://www.sciencep.com

石家庄继文印刷有限公司印刷

科学出版社发行 各地新华书店经销

*

2004年8月第 一 版 开本：787×1092 1/16

2022年1月第 三 版 印张：18 1/2

2024年11月第三十七次印刷 字数：536 000

定价：59.80元

（如有印装质量问题，我社负责调换）

《实验动物学》第 3 版
编委会

主　　编　李伊为　张延英

主　　审　邹移海　陈民利

副 主 编　王德军　王训立　唐耀平　李自发　卞　勇　张永斌

编　　委（以姓氏笔画为序）

王　梦（南京中医药大学）
王训立（福建中医药大学）
王德军（浙江中医药大学）
卞　勇（南京中医药大学）
刘福剀（哈尔滨医科大学附属第一医院）
朱　亮（浙江中医药大学）
闫丽萍（山西中医药大学）
李　耿（广州中医药大学）
李自发（山东中医药大学）
李伊为（广州中医药大学）
李宝龙（黑龙江中医药大学）
杨晓密（云南中医药大学）
吴曙光（贵州中医药大学）
汪永锋（甘肃中医药大学）
张永斌（广州中医药大学）
张延英（甘肃中医药大学）
陈　苑（广州中医药大学）
罗小泉（江西中医药大学）
赵保胜（北京中医药大学）
柯贤福（杭州医学院）
柳占彪（天津中医药大学）
俞春英（福建中医药大学）
唐耀平（广西中医药大学）
黄正团（广西中医药大学）
符路娣（广州中医药大学）
章　敏（湖北中医药大学）
屠　珏（浙江中医药大学）
魏　盛（山东中医药大学）

学术秘书　陈　苑（广州中医药大学）　宋　冰（甘肃中医药大学）

第 3 版前言

实验动物学是生命科学领域的一门新兴学科，其研究对象主要是实验动物和动物实验。实验动物是生命科学研究的重要对象和材料，作为活的试剂与度量衡被广泛应用于生物学、医学、药学、中医学、航天科学、国防和军事科学等领域。而动物实验是以实验动物为材料，采用各种方法在实验动物身上进行实验，研究动物实验过程中实验动物的反应、表现及其发生、发展规律等问题，从而使人的认识深入到直接观察难以达到的物质内部，甚至更深的层次，揭示其规律性。因此，实验动物学对生命科学研究及其相关产业的发展具有重要的支撑作用。

本教材第 1 版自 2004 年 8 月出版，面向全国发行，在业界产生了一定的影响，经先后 8 次印刷。2010～2011 年，国家质量监督检验检疫总局和中国国家标准化管理委员会陆续发布了新的实验动物国家标准，对实验动物环境设施等标准进行了较大幅度的改动，为此我们对教材进行了修订，于 2012 年 6 月出版了第 2 版。自第 2 版发行以来，本教材在实验动物界的影响持续向好，经先后 20 次印刷。近年来，实验动物学发展驶入快车道，学科内容不断更新和丰富，实验动物管理法规不断修订完善，尤其是新型冠状病毒肺炎疫情发生以来，生物安全受到高度重视，已经上升到国家安全的高度。为此，我们在疫情防控常态化形势下，组织全国多省市高等院校实验动物学专家进行了第 3 版《实验动物学》的编写，以期达到与时俱进、精益求精的目的。第 3 版在内容架构上做了部分改动，将实验动物福利、生物安全分别单列成章，与绪论一起归集为上篇，将实验动物、动物实验两部分内容分别归集为中、下两篇，并补充了习题、课件和视频等数字化内容，以增强教材的可读性和实用性。

由于编者水平有限，书中仍然会有不足，恳请读者提出宝贵意见，以使这本教材更臻完善和更符合实验动物学教学的需要。

李伊为　张延英

2021 年 11 月 25 日

目　录

上篇　基本概念

中篇　实验动物

下篇　动 物 实 验

上篇

基本概念

第一章 绪 论

动物用于实验源于古代人们对动物治病的本能及人为对动物施加某种因素后的观察，已有几千年的历史。在其后的漫长岁月里，随着自然科学和生物医学的发展，至20世纪50年代以后，实验动物学逐渐发展成为一门具有自身理论体系的独立学科。该学科从动物学、兽医学、畜牧学、解剖学、组织学、胚胎学、遗传学、生理学、营养学、环境生态学、微生物学和病理学等角度，对实验动物的群体及个体、各器官组织及细胞直至分子生物学水平做了多层次全方位的系统研究，培育出多种符合标准的实验动物，并制作出一系列人类疾病的动物模型，供生物医学、环保、商检、质检和军事科学等广阔领域应用。实验动物学的发展为生命科学的高水平研究奠定了物质基础。

第一节 实验动物学的基本概念

一、实验动物学的研究内容

实验动物学（laboratory animal science，LAS）是以实验动物为主要研究对象，并将培育的实验动物应用于生命科学等研究的一门综合性学科。简而言之，它是研究实验动物和动物实验的一门综合性学科。前者指对实验动物本身进行生物学及生理学特性的系统研究，实施遗传育种、保种以维持其遗传学和生物学特性，培育新品系，并生产繁殖出标准化的实验动物。后者是用标准的实验动物进行科学实验，研究其生命过程的组织形态、功能反应和代谢的变化，并在动物自然发生的疾病及人为制作的病理模型中观察疾病发生发展的规律，研究药物等因素的作用，以适应生物学、医药学、环保、商检、质检和军事科学等广阔领域的研究需要。

二、实验动物

实验动物（laboratory animal，LA）是指经人工培育，对其携带微生物和寄生虫实行控制，遗传背景明确或者来源清楚，用于科学研究、教学、生产、检定及其他科学实验的动物。

实验动物追溯其祖先，可来源于野生动物、经济动物（家畜、家禽）、警卫动物和观赏动物（宠物），却又有异于这些动物。

实验动物一般具有以下三大特点：

1. 遗传学要求 必须是人工培育、来源清楚、遗传背景明确的动物，即实验动物应是遗传限定，且经人工培育的动物。根据遗传特点的不同，常把实验动物划分为近交系、封闭群（或远交群）和杂交群三大类群。

2. 微生物和寄生虫的监控要求 在实验动物繁育的全过程中，必须严格监控其所携带的微生物和寄生虫。目前，我国根据对微生物、寄生虫的控制程度将实验动物划分为4个等级，即普通级动物、清洁级动物、无特定病原体级动物（SPF级）和无菌级动物。SPF级动物和无菌级动物不仅对其携带的微生物、寄生虫进行人工监控，而且是经剖宫产净化获得的。而国际上较通用的分级法则是将实验动物分为普通级动物、SPF级动物和无菌级动物3个等级。

3. 应用要求 实验动物主要应用于科学实验。有学者称实验动物为“活的分析天平”，犹如理化实验需要精密仪器和高纯度化学试剂一样，生命科学研究和相关实验更要求实验动物对实验因素的敏感性强、反应一致，从而使研究结果具有可靠性、精确性、可比性、可重复性和科学性特点。

未经驯化的野生动物虽然也用于实验，但由于其遗传背景不清楚，健康状况有差异，机体反应性不一致，对实验因素的敏感性也不同，因此实验结果的重复性较差、可信性较低，而难被国际学术界公认。只有通过驯化培育，才能获得遗传性稳定、纯合性好的实验动物，发现和保留具有不同生物学特性的品种、品系，培育和制作出有关疾病的动物模型。还可以在人工培育中控制环境条件和监控动物所携带的微生物、寄生虫，培育出无菌级动物或SPF级动物，从而为生命科学及医药研究提供符合要求的标准化实验动物。

此外，某些动物如家禽、家畜等，由于它们对特定实验物敏感性较高，或实验操作较方便的缘故，亦被开发提供实验应用，但目前尚未完全达到实验动物的标准要求，称为实验用动物。实验用动物实际上是指一切可以用于实验的动物，包括野生动物、经济动物、警卫动物、观赏动物和实验动物。

三、实验动物学的分支学科

实验动物学吸收其他学科的知识、积累本学科的研究成果，至今已形成了较完整的理论体系，并派生出以下分支学科。

1. 实验动物遗传育种学（laboratory animal genetic breeding science） 是应用遗传调控原理，控制实验动物的遗传特性，培育新的实验动物品系和多种动物模型，以实现实验动物化的目标。

2. 实验动物微生物学与寄生虫学（laboratory animal microbiology and parasitology） 是研究实验动物的微生物、寄生虫分类，以及与人类的相互关系，探讨与实验动物疾病作斗争的措施，实行对实验动物微生物与寄生虫的质量监控，以达到控制和消灭实验动物疾病的目的。

3. 实验动物环境生态学 实验动物通常是在人工控制的最适环境中生长发育并存活，它们不断通过人工环境与自然环境进行物质及能量交换，从而构成与环境的统一。实验动物环境生态学（laboratory animal environmental ecology）就是研究实验动物与环境相互关系的分支学科，主要研究气候因素（温度、湿度、气流、风速、气压等）、理化因素（光照、噪声、粉尘、有害气体等）、生物因素（病原体等）、栖居因素（动物密度等）对实验动物的影响。维持实验动物的人工控制环境恒定的是实验动物设施，分为普通环境、屏障环境（SPF级动物设施）和隔离环境。国家技术监督局于1994年颁布的实验动物国家标准中，还设有亚屏障系统（清洁级动物设施）这一等级实验动物设施。

4. 实验动物营养学（laboratory animal nutriology） 是研究饲料（营养素）与实验动物机体生长、发育、繁殖、健康及实验结果关系的学科。

5. 实验动物医学（laboratory animal medicine） 是专门研究实验动物疾病的诊断、治疗、预防及其在生物医学领域中应用的分支学科。

6. 比较医学（comparative medicine） 是对实验动物与人类基本生命现象的异同进行比较研究。对在实验动物与人类都会发生的疾病，建立有关疾病的动物模型，以研究人类相应疾病的发生、发展规律。对实验动物与人类发病的不同点进行研究，还有助于寻找治疗人类相关疾病的手段和方法。

7. 动物实验 是应用标准的实验动物进行科学研究，观察实验过程中实验动物有关器官的组织形态改变、机能反应变化及其发生发展规律。

8. 实验动物饲养管理（laboratory animal husbandry） 是研究实验动物的繁育和生产管理，并使管理标准化和规范化。

9. 中医实验动物学（laboratory animal science of Chinese medicine） 是以中医药理论为基础，运用实验动物学的理论和方法，进行中医药研究的实验学科。中医实验动物学将实验动物学与中医固有的实验研究融为一体，既要在内容上为现代医学有关的理论方法所包容，更要在具体的实验方法和思路上体现、忠实于中医的学术思想。

第二节 实验动物学发展简史

一、实验动物学的产生与发展概况

（一）古代国外的动物实验

实际上，古代各国对毒药的研究与使用都很普遍。古希腊帝王为谋取权位，往往用毒物杀人，因而重视毒物与解毒药的研究。史载 Mithridates Ⅵ（公元前 120～前 63 年）酷嗜研究毒药与解毒药，其中许多毒药知识即来自动物实验。他研制的一个由 50 余种药物组成的解毒秘方，后来命名万应解毒方（Mithridaticum），并在欧洲流传应用达数世纪之久。古代阿拉伯名医 Rhazes（公元 841～926 年）研究汞软膏时曾试用于猴子，发现纯汞并不十分危险，虽可引起剧烈腹痛，但其后可排出体外，服汞制剂后活动可加速其排出。这些动物实验为汞制剂的临床应用提供了重要依据。

在欧洲医学发展史上，动物实验推动医学发展的事例颇多，现今临床常用的输血疗法就是由同种动物及不同种动物的大量实验来奠定基础的。而 19 世纪初，法国医药学家 F. Magendie（1783～1865 年）则从箭毒研究入手，开创了近代实验药理学。

（二）古代中国有关动物实验的记载

1. 观察动物的治病本能 蛇衔草、刘寄奴等中药即由观察动物使用植物疗伤而得名。南朝刘敬叔在《异苑》中描述："昔有田父耕地，值见伤蛇在焉，有一蛇衔草著疮上，经日，伤蛇走。田父取其余叶以治疮，皆验，本不知草名，因以蛇衔为名。"《抱朴子》有："余数见人以蛇衔膏连已断之指，桑豆易鸡鸭之足，异物之益，不可诬也。"

《抱朴子》曰："张相国庄内有鼠狼穴，养四子为蛇所吞，鼠狼雌雄情切，将蛇当腰咬断而劈腹，衔出四子，尚有气，以大豆叶嚼而傅之，皆活，后人本于此而以豆汁治蛇咬。"《南史》传说："宋武帝刘寄奴见一蛇妖中箭后，寻草治伤，遂采此草治人伤亦效。"《本草衍义》载："蜈蚣畏蛞蝓，不敢过所行之路，触其身即死，故人取以治蜈蚣毒。"

2. 观察动物应用药物的效果 我国古代典籍中，通过观察药物对动物的作用而获取药物知识的事例比比皆是，其中有关药物毒性试验的记载尤为多见。如《山海经》按功能划分的五类药物中，即有"毒药"与"解毒药"等记载，并称"无条（草类）可以毒鼠"，"焉酸（草类）治毒"，这显然是先民长期观察动物对草药的反应所得。关于毒药对人影响的认识，早在先秦时期已用于攻战与守备。《墨子·守杂篇》中有"常令边县预种蓄芜、芸、乌喙、袜味"，以备城池陷落后投毒于水源，杀伤敌人。宋初，官修《太平圣惠方》收载毒药 46 种，详述了药物中毒的症状及其轻重鉴别。如口含熟银可鉴别是否有毒，此法在民间一直沿用。明代倭寇侵扰沿海地区，大将胡宗宪将倭寇频犯地区列为"海市"，嘱用毒药渍米，以毒杀倭寇。后来倭寇为防中毒，逼令边民先行尝试，然后才敢下箸。明代揭暄《揭子战书·饮食篇》卷十四有以上记载。显然，对毒药的认识源于人误服毒药或给动物服食毒药的经验总结。

乌头（箭毒）是人类较早认识的麻醉药，中外均有用于战争和狩猎的早期记录。《北史·匈吉传》第八十二载："常以七八月造毒药傅矢以射禽兽，中者立死；煮毒药气，亦能杀人。"而确切将"酒调服草乌头"用于整骨，则首见于中唐的《仙授理伤续断秘方》。由介绍常用整骨药（方名）的文字中"如末觉""再添""候了""用生葱嚼解"等记录看，唐代中期的骨伤医家已熟练掌握以草乌作全身麻醉的方法及量效关系，并知道解毒方法。宋代僧养宁在《物类相感志》中还谈道："草乌切碎，同米做饭，喂雀儿，尽皆醉倒。"由上述史料可以推断，古代关于草乌作用的探索绝不只在捕捉小鸟，而有许多较深入的动物实验。

元代《世医得效方》更发展了曼陀罗花麻醉法。为验证该药的效果，李时珍还进一步做了人体实验，认为“饮须半酣，更令人或笑或舞引之，乃验也”（《本草纲目》卷一，曼陀罗条）。古代关于毒药和麻醉药的研究大大推动了中医外科和骨伤科的进步。

在中国古代文献中，还有许多由动物实验而发现新药物、新疗法，其后进一步通过医疗实践总结经验的记载。如《抱朴子》载：“韩氏以地黄苗喂五十老马，生三驹，又一百三十乃死。”从而得出地黄苗的药物作用。又如《本草纲目》记载：“赤铜屑主折伤，能焊人骨，六畜有损者，细研酒服，直入骨损处，六畜死后，取骨视之，犹有焊痕，可验。”宋代《本草衍义》描述：“有人以自然铜饲折翅胡雁，后遂飞去，今人用治打扑损。”而《朝野佥载》则有：“定州人崔务坠马伤足，医令取铜末和酒服之，遂痊平。及亡后十余年改葬，视胫骨折处有铜末束之。”《外台秘要》载：“取钴鉧铜错取末仍捣，以绢筛，和少酒服之，亦可食物和服之，不过两方寸匕以来，任意斟酌之。”李唐以来，陈藏器、朱震亨、李时珍等医家都说铜末有接骨作用，而江湖铃医治疗骨折秘方的枳马金钱散，也以铜末为主药。

3. 观察动物对其他人为因素的反应 前人还以动物实验结果判断讼案。如和凝《疑狱集》“张举烧猪”条中记载：“张举（三国时）吴人也，为句章令；有妻杀夫，因引火烧舍，乃诈称火烧夫死；夫家疑之，诣官诉妻；妻拒而不承，举乃取猪二口，一杀之，一活之，乃积薪烧之，察杀者口中无灰，活者口中有灰，因验夫口中果无灰，以此鞫之，妻乃伏罪。”

（三）实验动物学科和学术机构的创立与发展

1. 实验动物机构的建立与实验动物学的发展 实验动物学被看作一门独立学科，仅是 20 世纪后半叶的事情。1944 年，美国科学院在纽约召开会议，首次把实验动物标准化问题提上了议事日程，人们通常将此事件看作实验动物学的起点。1956 年，联合国教科文组织、国际医学科学组织委员会和国际生物科学联合会联合建立了国际实验动物科学委员会（International Committee of Laboratory Animal Science，ICLAS），人们则以此为标志，而将 20 世纪 50 年代中期作为实验动物学真正形成的时期。其后，世界各国相继成立实验动物机构。1952 年，日本成立了实验动物中央研究所；1957 年，联邦德国成立中央实验动物研究所；1961 年，加拿大建立了动物管理常务委员会；1967 年，美国实验动物科学协会（American Association of Laboratory Animal Science，AALAS）成立。1965 年，美国组建了美国实验动物护理认可委员会（American Association for Accreditation of Laboratory Animal Care，AAALAC），旨在通过该机构的评估和认证，提高对实验动物饲养管理和使用的水平，并促进动物福利的实施。经过 50 多年来的发展，该机构逐步为国际上所公认，成为国际化的实验动物认证机构——国际实验动物管理评估及认证协会（Association for Assessment and Accreditation of Laboratory Animal Care International，AAALAC International）。许多国家及地区实验动物有关研究机构都积极推行 AAALAC 认证过程，1996 年，美国国家科学研究委员会（National Research Council，NRC）制定了《实验动物管理与使用指南》（*Guide for the Care and Use of Laboratory Animals*），它不仅是各个国家提高使用动物质量和标准的通用指导原则，也是 AAALAC 结合各国情况制定的适合评价方案的重要依据，从而达到对实验动物质量、动物福利严格执行的目的，获得大众认可。AAALAC 发起的奖学金授予等活动，给予了实验动物管理者更多的信心和积极性。美国兽医学院协会明确规定，针对动物的教学和实验研究必须要进行医学登记，参加的兽医人员必须获得 AAALAC 或其他国际组织的资格认证，以利于有效开展对该程序的指导作用。截至 2020 年 10 月，AAALAC 官方网站显示，全球 49 个国家的 1000 多个组织、机构和公司获得了 AAALAC 认证，其中包括 Charles River Lab.等国际知名公司。我国近几年随着实验动物科学和新药研发的迅猛发展，目前一共有 126 家（其中香港 4 家，台湾 29 家。）机构获得 AAALAC 认证随着全球一体化和我国实验动物和医药产品不断进入国际市场，AAALAC 认证必将成为我国该领域必不可少的重要认证之一。

2. 实验动物与疾病动物模型的发展

（1）实验动物的微生物监控：Nuttal 和 Thierfelder 于 1885 年成功培育出无菌豚鼠，解决了动物在无菌条件下能否生存的理论问题。1915 年 Reynier 等成功研制出金属隔离器，1957 年 Treyler 又研制出塑料隔离器。隔离器的诞生，改进了无菌技术，推动了无菌动物工作的发展。至今，已培育成功的无菌级动物有大鼠、小鼠、豚鼠、家兔、猫、犬、猪、猴、鸡等。

此后又根据实验要求，给无菌级动物体内注入一种或几种特定的微生物，使其成为已知菌动物即悉生动物。如将无菌级动物饲养在屏障环境内，仅控制特定病原体感染，则可得到无特定病原体级动物。

（2）实验动物的遗传特性研究：1909 年，Little 在研究小鼠毛色基因时，采用近亲繁殖法培育出第一株近交系小鼠 DBA。近交系小鼠培育成功对实验动物学发展具有重大意义。近年来，在近交系和突变系动物的基础上，尚培育成同源突变近交系动物、同源导入近交系动物、重组同类系动物和重组近交系动物。

1966 年，Flanagan 培育出了突变系裸小鼠，以后又有人培育出裸大鼠。在人源化实验动物资源上经历了从裸鼠到 NOD/SCID，再到 NSG 小鼠的过程。人们利用此类免疫缺陷动物，在免疫学、肿瘤学、药理学和组织移植等方面获得了许多突破性的研究成果。

20 世纪 80 年代后期，中国科研团队开发出阿尔茨海默病转基因小鼠、四环素调控的 HCV 嵌合体小鼠、人突变载脂蛋白转基因小鼠、高脂血症模型等一批有价值的转基因小鼠。2006 年，科技部开启基因条件性突变小鼠计划，完成了 150 个基因突变小鼠品系的开发。CRISPR 技术的出现，促进了转基因小鼠、基因敲除小鼠、条件性敲除小鼠和靶点基因人源化小鼠资源的大力发展。截至 2018 年年底，国际小鼠表型联盟（IMPC）总共获得了 8123 个基因敲除品系，其中 6523 个基因敲除品系的表型分析计划已经完成。同时，中国率先利用 CRISPR 技术对大型动物猴、小型猪开展基因编辑，其成果处于国际领先地位。中国还参与了国际复杂性状疾病小鼠联盟，培育了遗传多样性小鼠资源品系 70 种，超过全球的 1/3。

（3）疾病动物模型：1914 年，日本人山极和市川用沥青长期涂抹家兔耳朵成功诱发皮肤癌，并进一步研究发现沥青中的 3, 4-苯并芘为化学致癌物，从而证实了化学物质可以致癌的理论。但人类疾病动物模型作为专题进行开发研究则是在 20 世纪 60 年代初才真正开始的。1961 年 10 月，美国国立卫生研究院（National Institutes of Health，NIH）提出大力发展人类疾病动物模型。此后，国际上多次召开“实验动物模型”专题会议，促进了动物模型研制工作的发展。至 1980 年，Hegreberg 和 Leathers 在其编著的《动物模型》一书中记载的自发性疾病动物模型已有 1289 种，而诱发性疾病动物模型则达 2707 种。

二、我国近现代实验动物学的发展

（一）我国实验动物学发展简史

中华人民共和国成立前，我国仅有很少的实验动物研究工作。1918 年，北平中央防疫处齐长庆首先饲养繁殖小鼠做实验，这是我国近代实验动物科学研究的开端。其后，陆续有学者从美国、日本、瑞士、印度等国带回小鼠、大鼠、豚鼠、兔和金黄地鼠等动物进行繁殖、饲养。但当时实验动物的饲养和使用，仅局限在几个大城市的少数研究单位。

中华人民共和国成立后，随着科学事业的发展，实验动物工作也随之进步。20 世纪 50 年代，我国政府为研制生产疫苗菌苗以预防传染病，在北京、上海、武汉、长春、成都、兰州建立了六大生物制品所，并建立了规模较大的实验动物饲养繁殖基地。其后，各高等院校、医药研究所、药厂、药品检定所和卫生防疫站等机构亦相继建立了实验动物饲养繁殖室。

党的十一届三中全会为我国的科学事业乃至实验动物工作的发展注入了生机和活力。1981 年，根据全国人民代表大会和中国人民政治协商会议的提案，国务院责成国家科学技术委员会就实验动物问题进行调查研究。1982 年和 1985 年，国家科学技术委员会先后在西双版纳和北京召开全国实验动物科技工作会议，研究制定我国实验动物科技发展战略。卫生部也在 1983 年、1988 年、1992 年和 1999 年 4 次召开全国医学实验动物工作会议，布置了医学实验动物工作。国家科学技术委员会还按照 1982 年第一次会议精神，着重抓了云南、上海、北京、天津 4 个国家级实验动物中心的建设。1988 年，国家科学技术委员会颁布了《实验动物管理条例》，标志着我国实验动物工作走上了行政法规管理的轨道。1997 年，国家科学技术委员会发布了《科研条件发展“九五”计划和 2010 年远景目标纲要》，提出了“实验动物、仪器、试剂、文献信息”四大科研条件的发展规划。1998 年，科学技术部组建成立国家实验动物种子中心和国家实验动物质量检测机构。1999 年，科学技术部组织实验动物专题组起草了《实验动物发展“十五”计划和 2015 年远景目标纲要》，对实验动物工作发展进行了规划。科学技术部联合有关部委先后颁布了《实验动物质量管理办法》（1997）、《实验动物许可证管理办法（试行）》（2001），从 2002 年起，在全国推行实验动物生产和使用许可证制度。

目前，我国实验动物和动物实验的质量管理逐步走上正轨，组织机构体系、法规标准体系和质量保障体系不断完善，形成了具有我国特色的实验动物法制化、规范化管理体制和发展模式。

（二）我国实验动物工作的管理机构及法规

1. 管理机构 全国的实验动物工作由科学技术部主管；各地区的实验动物工作，则由各省、自治区、直辖市的科学技术厅（局、科委）主管。国务院各有关部委负责管理本部门的实验动物工作。

2. 管理法规和实验动物标准 科学技术部（原国家科学技术委员会）等部门先后颁布了《实验动物管理条例》（1988）（国家科学技术委员会）、《实验动物质量管理办法》（国家科学技术委员会、国家技术监督局，1997）、《实验动物许可证管理办法（试行）》（科学技术部等 7 部委，2001）；国家质量监督检验检疫总局（原国家技术监督局）先后发布了 3 版《实验动物国家标准》（GB14922-14927，1994/2001/2010）；国家医药管理局下发了《国家医药管理局实验动物管理办法》（1991）、《国家医药管理局实验动物管理实施细则（试行草案）》（1991）；卫生部颁布了《医学实验动物管理实施细则》（1998）。各地也相应发布了实验动物地方标准和行政法规，其中《北京市实验动物管理条例》于 1996 年经北京市第十届人大审议通过，成为我国第一部有关实验动物管理工作的地方法规。2004 年 12 月 2 日，北京市第十二届人大第十七次会议通过了对《北京市实验动物管理条例》的修订。其后，湖北省（2005）、云南省（2007）、黑龙江省（2008）、广东省（2010）也先后通过了本省的实验动物管理条例立法。辽宁省（2002）、重庆市（2006）、浙江省（2009）、陕西省（2011）等省（直辖市）则以省长令（市长令）的形式，颁布了实验动物管理的行政法规。2006 年，科学技术部颁布了《关于善待实验动物的指导性意见》，这标志着我国在实验动物伦理方面迈出了一大步。《广东省实验动物管理条例》首次将提高实验动物福利的相关内容写成法律条文，确保动物福利的实施。2018 年 2 月，国家质量监督检验检疫总局和国家标准化管理委员会联合颁布了《实验动物福利伦理审查指南》（GB/T35892—2018）。上述实验动物管理法规和标准的颁布实施，有力地推动了我国实验动物科技工作的进步。

3. 实验动物认证制度 实施实验动物认证制度是推行实验动物法规的有力保证，卫生部率先于 1985 年起在北京、上海试行医学实验动物合格证认证制度。“九五”期间，科学技术部投入数百万元建立实验动物质量国家检测中心和国家实验动物种子中心。目前，许多省、直辖市、自治区建立了实验动物监测机构，负责检测和核发本地区实验动物监测报告。1995 年，广东省发出了“关于在科研计划和科研成果管理中执行实验动物合格证制度的通知”，率先在制度上对科研立项、成果鉴定、评奖实行实验动物一票否决制。随后，许多地方和系统在有关领域的科研立项、成果鉴定、新药评审、药品检验中，也逐步实行了实验动物一票否决制。从 1996 年起，在申请卫生部课题和成果评定时，凡涉及使用实验动物者，必须附有实验动物质量合格证和动物实验设施合格证。中国人民解放军总后勤部卫生部、国家中医药管理局以及北京、上海等省（直辖市）的卫生厅（局）也先后发文提出了明确要求。这些文件的发布和实施，加大了对实验动物的法制化管理力度，极大地促进了实验动物质量和动物实验科学水平朝标准化、规范化的方向发展。伴随着 2001 年《实验动物国家标准》的颁布和实施，普通级大鼠和小鼠被禁止使用，清洁级动物设施（亚屏障系统）被淘汰，SPF 级动物和屏障环境取而代之。从 2002 年起，科学技术部在全国推行实验动物生产和使用许可证制度，对申领许可证单位的实验动物组织机构、人员、设施、动物质量、规章制度等进行全面考核，从硬件和软件两个方面，有力地促进了实验动物机构的建设，大大提高了实验动物的质量和动物实验的技术水平。目前，最新一版《实验动物国家标准》于 2010—2011 年发布，2011 年实施，共有 4 项标准（哺乳类实验动物的遗传质量控制、实验动物配合饲料营养成分、实验动物环境及设施、实验动物微生物学等级及监测），寄生虫学等级及监测仍为 2001 年版国家标准，没有修订。

根据科学技术部 2005 年 9 月公布的实验动物资源调查结果来看，30 个省（自治区、直辖市）实验动物生产单位（352 家）和使用单位（1458 家）的许可证颁发率分别为 43.18%（152/352）和 44.72%（652/1458）。截至 2007 年年底，我国各省（自治区、直辖市）发放实验动物生产许可证 325 个，实验动物使用许可证 1248 个，从业人员上岗证 43 042 个。仅北京市发放实验动物生产许可证 36 个，实验动物使用许可证 112 个，从业人员上岗证 18 492 个。江苏省已发放实验动物许可证 190 余个，其中涉及医药行业的单位占 80%以上，发放实验动物从业人员岗位证书 9851 个，其中硕士以上学历占 38%，本科以上学历占 75%。广东省共颁发实验动物许可证 87 个，其中生产许可证 18 个，使用许可证 69 个。通过从网上公布的我国各省市获得实验动物许可证的情况看，除西藏自治区外，各省（自治区、直辖市）都进行了实验动物许可证认证工作。

（三）实验动物设施建设及辅助用品生产

随着我国实验动物工作的不断深入发展，有关基础设施建设、辅助用品生产及投资经费逐年增加。据不完全统计，1980～1989 年全国改建和新建的实验动物设施达 2 万多平方米，相当于前 30 年建筑面积总和的 70%，投入资金近 1 亿元，超过前 30 年的总和。进入 20 世纪 90 年代，实验动物事业的发展更为迅速。1997～1998 年，科技部和全国 31 个省（自治区、直辖市）科学技术委员会投入实验动物设施建设的资金达 7457.56 万元。另据卫生部 1998 年的调查材料，1992～1998 年，25 个省、自治区 195 个医学单位新建和改建的动物基础设施达 13.13 万平方米，总投资 24 775 万元，其中清洁级以上设施占 14.8%。在北京市和上海市，清洁级动物设施所占比例分别高达 65%和 76%。截至 1998 年，全国用于实验动物生产繁育的设施达 51 万平方米，其中普通级动物设施占 52%，清洁级占 33%，SPF 级占 15%，用于动物实验的设施达 29 万平方米。不同省（直辖市）的环境设施差别也比较大，北京、上海、广东等经济较为发达的省（直辖市）走在前列，屏障环境达到 70%左右，实验动物生产单位多数集中在这些省（直辖市），在一定程度上保障了实验动物质量。在这些省（直辖市），隔离环境设备，如 IVC（独立通风笼盒，individually ventilated cages）、EVC（排气通风笼具系统，exhaust ventilated closed-system cage rack）等不断增加，经 ^{60}Co 照射的 SPF 级动物专用饲料被越来越多的用户接受。2011 年，全国用于实验动物生产繁育的设施超过 70 万平方米，其中普通环境约 48 万平方米、屏障环境 22 万平方米、隔离环境 3000 平方米，SPF 级动物设施已超过总面积的 30%。用于动物实验的设施超过 30 万平方米。

此外，全国还配套建立了一批饲料厂、笼具厂和空气净化装修公司等，能生产各类规格的实验动物用品。

（四）实验动物供应与使用

有关法规的制定、人员素质的提高、基础设施条件的改善及有关科研工作的开展，大大促进了我国实验动物工作的发展。至今，我国已有 9 种实验动物完成 SPF 化、无菌化及悉生化；建立了数百种人类疾病动物模型，包括数十种人癌裸鼠模型；并有几十种微生物学和遗传监测用试剂盒和 SPF 鸡蛋生产，供有关单位应用。

经过 30 多年的发展，我国实验动物行业有 300 多家生产单位和 1800 多家使用单位，年产实验动物 2000 万只以上，其中年产超百万只实验动物的机构就有 5 家，拥有实验动物品种资源 30 余种，遗传工程品系资源达 3000 余种，建立了国家啮齿类、鼠和兔类、禽类、犬类、非人灵长类、遗传工程小鼠资源库和斑马鱼 7 个种质资源单位（表 1-1），成为实验动物生产和使用大国。生产量最大的是小鼠（54%）、地鼠（24%）、大鼠（13%）、家兔（5%）等实验动物，最为常用的为小鼠（44%）、地鼠（32%）、大鼠（18%）、家兔（2%）、豚鼠（1%）等实验动物。常用小鼠 11 个品系，大鼠 7 个品系，地鼠、豚鼠、实验犬各 2 个品系，家兔以日本大耳白兔、新西兰兔为主，其他动物还有猴、猫、鸡、小型猪等。绝大多数的实验动物用于科研，其次为检定、相关产品生产和教学。

表 1-1　国家实验动物种质资源单位

序号	机构名称	依托单位
1	国家遗传工程小鼠资源库	南京大学
2	国家啮齿类实验动物资源库	中国食品药品检定研究院
3	国家鼠和兔类实验动物资源库	中国科学院上海生命科学研究院
4	国家非人灵长类实验动物资源库	中国科学院昆明动物研究所
5	国家禽类实验动物资源库	中国农业科学院哈尔滨兽医研究所
6	国家犬类实验动物资源库	广州医药研究总院有限公司
7	国家斑马鱼资源中心	中国科学院水生生物研究所

随着国家实验动物种质资源中心的建设，北京和上海两地成为实验动物生产使用规模最大的城市，也是小鼠和大鼠的主要产地。北京地区 26 个生产单位年产实验动物 250 万只以上，上海年产实验动物 180 万只以上，占全国总量的 23%以上。其中地鼠为药品、生物制品生产检定常用动物，主要分布在北京市、吉林省等几个生物制品研究所。非人灵长类实验动物的生产单位主要集中在广西、云南和广东几个省（自治区），存栏量达 29 万多只（食蟹猴 25 万多只，猕猴 4 万多只），繁殖规模已居世界前列。

上述资料表明，我国实验动物的学科建设已朝管理规范化、生产规模化、供应社会化和商品化的方向发展。

（五）实验动物科研

生物医学科研课题 60%以上需用实验动物。“六五”期间（1981～1985 年）我国在生命科学研究课题中用于实验动物的经费总计 480 多万元。天津医学院实验动物科学工作者培育的近交新品系小鼠 TA_1、TA_2 和中国医学科学院血液病研究所培育的 615 近交系小鼠，在 1985 年得到了国际小鼠标准化遗传命名委员会的注册。“七五”期间（1986～1990 年）科研课题中的 1218 项与实验动物有关，投入经费共计 484 万元。“九五”期间，国家加大了对实验动物的投入。1997 年，一批实验动物科研课题首次获得了国家“九五”科技攻关项目专项资助；1999 年，科技部委托中国实验动物学会承担“实验动物质量国家标准的修订及检测技术标准化研究”课题，组织专家学者用 1 年时间完成了我国实验动物质量国家标准修订工作。从 1998 年开始，部分省市科委设立了实验动物专项科研基金，以资助地方实验动物科研。“九五”期间，科技部及各省（自治区、直辖市）共投入实验动物专项科研资金 2572.33 万元，其中实验动物课题经费 1363.43 万元，实验动物质量检测技术研究与设备资金 1208.90 万元；建成了一批实验动物质量检测站，在北京和上海建立了实验动物国家种子中心。2001 年，科技部投入 1500 万元，资助南京大学建立了“国家遗传工程小鼠资源库”。

“十五”和“十一五”期间，973 项目和 863 项目有部分课题涉及实验动物，如发育、干细胞、疾病机制等与基因功能相关的基因修饰动物研制，人类疾病动物模型等。经过“十二五”和“十三五”的快速发展，我国利用基因编辑技术研发的实验动物模型取得了举世瞩目的科研成果。中国科学院神经科学研究所非人灵长类团队于 2018 年和 2019 年获得体细胞克隆猴和基因编辑的体细胞克隆猴；中国科学院动物研究所的研究团队利用猪在生物育种方面的特点，采用基因编辑技术培育出低脂抗寒猪、甲减猪等模型；中国科学院广州生物医药与健康研究院的研究团队建立了亨廷顿病猪基因敲入模型，准确地模拟人类神经退行性疾病。上述多项成果入选科学技术部的年度“中国科学十大进展”。2020 年，中国医学科学院医学实验动物研究所的研究团队完成的“人类重大传染病动物模型体系的建立及应用”成果获国家科学进步奖二等奖。

（六）人员培训

1992 年，中国和日本政府签署协议，成立了中国实验动物人才培训中心，共开设了 7 项 22 期课程培训班，招收学员 520 多人，另派往日本学习 15 人。国家科学技术委员会、卫生部、农业部、国家中医药管理局、国家医药管理局、中国医学科学院及各地方的实验动物工作主管部门和单位，也举办了各种实验动物技术培训班。

北京农业大学、扬州大学开办了实验动物学专业，招收本科生。许多医学和农牧院校开设了实验动物学课程，部分高等院校已经招收和培养了实验动物专业硕士和博士研究生，甚至设立了博士后科研流动站。

目前，中国实验动物从业人员数量在 10 万人以上，其中 15%分布在实验动物生产单位，85%分布在实验动物使用单位。就教育背景而言，具有中专以上学历的从业人员中实验动物专业占 1%，畜牧兽医专业占 7%，医学及相关专业占 84%，生物专业占 3%，其他专业占 5%。

对非从事实验动物专业技术人员的实验动物科学教育，在国内的医学院校和生命科学院所主要针对研究生展开。而对从事生命科学研究与实验动物有关的科技人员，国内有些省（自治区、直辖市）出台了地方性法规，如北京市出台了《北京市实验动物从业人员培训考核管理办法》（试行），该“办法”规定，凡从事实验动物和动物实验的科技人员、专业管理人员和技术工作者都必须进行有关法律、法规及专业培训，并取得由北京市科学技术委员会颁发的“北京市实验动物从业人员岗位证书”方可上岗。为配合这一工作的开展，北京市科学技术委员会于 1998 年 3 月认定了 7 家培训机构，承担北京市实验动物从业人员的培训任务。国内其他省（自治区、直辖市）也相继建立或委托建立了实验动物从业人员培训机构，开展了大量的人员培训工作。中国实验动物学会依据 2016 年出版的《实验动物从业人员要求》的标准，认可了一批实验动物从业人员继续教育基地，面向全国实验动物从业人员开展人才等级培训。

（七）学术团体及学术刊物

1987 年，实验动物学科的全国性学术团体——中国实验动物学会成立，并于同年加入国际实验动物科学委员会。至今，中国实验动物学会已经召开了 15 次学术交流会，进行了七届理事会换届。中国实验动物学会注重技术交流及合作，参加了国际基因敲除小鼠联盟、国际复杂性状疾病小鼠联盟等，组织了人源化动物模型研讨会、遗传多样性小鼠研讨会、动物福利伦理等国际论坛，开展了实验动物繁殖育种、动物实验技术及管理等方面的国际培训。随着国际影响力的提升，中国实验动物学会成为国际实验动物科学理事会的 6 家领导机构之一。各省（自治区、直辖市）的实验动物学会也相继成立，并定期举行本省或跨省（自治区、直辖市）的学术年会，或不定期进行学术交流活动。我国的实验动物工作者在学会中进行的学术活动，促进了我国实验动物科学的发展和国际交流。

中国实验动物学会先后创办了《中国比较医学杂志》（1991）、《中国实验动物学报》（1993）和

Animal Models and Experimental Medicine（2018）3 本杂志。上海和北京实验动物学会分别创办了《实验动物与比较医学》（1981）、《实验动物科学》（1984）两本杂志。我国实验动物工作者出版了有关实验动物的书籍 100 余本，动物实验及与动物实验有关的应用技术书籍 100 余本。

（八）中医药单位的实验动物工作

中医药是中华民族的瑰宝，对其进行整理、发掘和提高，既要保持中医药学的特色，又要吸收有关科技新成果，促进其发展。作为实验研究的基本条件，中医药科研亦离不开实验动物和实验动物标准化。

中医药单位实验动物工作的起步较晚，基础较差，但近年的发展却较迅速。2020 年对全国 15 家普通高等中医药院校实验动物中心的调查结果表明，15 家单位设施总面积 59 886 平方米，具备生产及使用许可证单位 5 家，具备使用许可证单位 9 家，其他 1 家；从业人员共有 246 人，其中博士学位 34 人，占比 13.82%，高级职称 41 人，占比 16.67%。国家中医药管理局先后举办了两期实验动物技术培训班，有 60 多人参加学习。此外，大部分实验动物从业人员参加了各种形式的实验动物技术培训班，初步形成中医药行业自身的实验动物技术人员队伍。

2002 年 12 月，在广州召开了首届中国中医药实验动物科技交流会，交流论文 90 篇；其后在兰州（2004）、长春（2005）、杭州（2006）、上海（2009）、黄山（2013）、长春（2014）、郑州（2015）、兰州（2016）、上海（2018）、天津（2019）成功举办了 10 届中国中医药实验动物科技交流会，张伯礼院士出席了第十一届中国中医药实验动物科技交流会并发表重要讲话。2008 年 4 月，中国实验动物学会的二级学会——中医药实验动物专业委员会在北京举行了隆重的成立大会，充分显示了中医药实验动物科技的实力。

三、实验动物学的发展前景

（一）实验动物学的发展趋势

实验动物学由多学科和领域交叉形成，是生命科学、医学创新研究的重要组成部分和可持续发展的重要支撑，是“创新型国家”的战略资源之一，对保障人类健康、食品安全、生物安全等具有重要的战略意义。目前，我国实验动物资源建设及共享、发展模式等方面与发达国家仍存在相当大的距离，但在国家实施创新驱动发展战略的重大部署背景下，实验动物学科也迎来了前所未有的发展机遇，通过加强法制化管理，学科基础研究、实验动物资源建设及共享、动物模型研制及技术创新、相关产品研发、人才培养等方面的建设，实现实验动物学科的跨越式发展。

（二）我国实验动物学的发展前景

我国实验动物科学经过“九五”至“十三五”期间的发展，实验动物管理工作已步入法制化管理轨道，建立了包括实验动物主要品种、品系的种质资源保存和开发利用基地，初步实现了国内资源的整合和共享，并在人类重大疾病动物模型的研究和应用方面取得一定成就。

我国实验动物学“十三五”期间发展总体目标：以为科技发展与创新、经济社会与人口健康科技发展等重大需求提供技术支撑为导向，建立资源较为丰富、质量合格稳定的实验动物生产、保种、共享、供应体系，显著提升实验动物资源创新能力，突破实验动物质量检测和动物模型分析关键共性技术，完善实验动物科技创新和产业发展的政策环境，创新实验动物科技发展的各项机制，提高实验动物科技对国家科技发展与创新、推动社会经济发展和民生改善等的支撑能力与服务水平。

“十三五”期间我国实验动物工作的重点任务是：①实验动物新品种和动物模型创建及技术体系研究；②实验动物资源和动物模型保存与共享体系研究；③动物实验技术服务示范体系研究；④实验动物质量检测新方法和关键共性技术研究；⑤实验动物监管新模式和新技术研究；⑥实验动

物福利和动物实验优化技术研究；⑦实验动物成套设备创新研究。

第三节　实验动物学的意义与作用

实验动物学作为一门学科，其产生和发展是实践需要与科学技术发展结合的必然结果，实验动物学的理论方法丰富了现代生物医学的理论方法。同时，实验动物学所研究的“实验动物”既是生命科学研究的对象，又作为“活的试剂与度量衡”在许多经济产业中广泛应用。

一、实验动物在生物医学研究中的作用

目前公认，“AEIR”是进行生命科学实验研究所必需的四个基本条件。“A”即实验动物（animal），“E”系设备（equipment），“I”为信息（information），“R”是试剂（reagent）。当今，由于科学技术的发展，要获得高精尖的仪器设备、高纯度试剂及必要的信息并不困难。因而，研究适合需要而又合乎标准的实验动物，对生物医学研究具有重大意义。

探讨人类疾病发生、发展、转归机制和治疗方法是生物医学的主要任务。而发病机制及诊疗方法（包括药物、物理治疗与手术等）的研究，特别是烈性传染病、放射病的研究和致癌、致突变试验，都不应直接在人身上进行，而必须先在动物身上反复试验，然后才能在保证安全的情况下推及至人。动物实验的优点是可以根据实验目的和需要，随意安排采样时间、方式和样本量，随时处死实验动物。实验动物作为人类的“替难者”，已经并将继续为保障人类健康做出巨大的牺牲与贡献。

二、实验动物对中医药现代化的意义

（一）中医药现代化需要实验动物学

中医药是中华民族的传统瑰宝。要让祖国医学发扬光大，走向世界，就必须实现中医药现代化。2019 年 10 月 25 日，全国中医药大会在北京召开，会上传达了习近平总书记重要指示和李克强总理批示。习近平强调，要遵循中医药发展规律，传承精华，守正创新，加快推进中医药现代化、产业化，坚持中西医并重，推动中医药和西医药相互补充、协调发展，推动中医药事业和产业高质量发展，推动中医药走向世界，充分发挥中医药防病治病的独特优势和作用，为建设健康中国、实现中华民族伟大复兴的中国梦贡献力量。

实验动物作为现代科学技术的支撑条件之一，必将在中医药现代化进程中发挥重要作用。现今，高精尖的仪器设备、高纯度试剂、科技信息已成为中医药研究的重要条件，利用标准化实验动物和模型开展中医药研究是中医药现代化的有效途径。

过去，由于实验动物达不到质量标准造成的教训是沉痛的。如因动物不合格，致使我国生产的疫苗、中药制剂不符合出口要求；由于动物来源不清，许多科研论文在国际学术界得不到公认。因此，我国的生命科学研究包括中医药科研都必须十分重视实验动物学，并加强实验动物标准化工作。

（二）深刻揭示中医药治病机制，进一步提高疗效需要实验动物学

中医药学是人体生命科学的一个分支，是一门实践性很强的学科。在古代科学技术条件下建立的中医药学，以“神农尝百草”的方式识别、评价了众多中草药，并以“临床试错法”不断总结中药方剂的治病经验，从而为中华民族及人类的健康事业做出了重大贡献。但是，中医药领域至今还有许多未知数，很多精华未得到充分发掘，有些模糊的问题尚待澄清。中医临床辨证应进一步客观化，中药的剂型有待改进，疗效有待提高。在科学技术高度发达的今天，必须利用现代科学理论与方法，包括借助实验动物学的手段，研究并更深刻地揭示中医药治病的机制。如将某些有待证实的

假说，应用合适的实验动物模型进行研究，并与临床研究相结合，以求使经验进一步上升为科学理论。因而，现代中医药学与实验动物学相结合有利于科学化、客观化、定量化地阐明中医药理论，深化中医药实践。

（三）中药产业现代化、国际化需要实验动物学

当今世界“回归大自然”的呼声越来越高，包括中药在内的植物药越来越受到国际市场的欢迎，中药产业正成为新的经济增长点。中药历经数千年成功的临床应用表明了其有效性与安全性；但是，要让中药及其制剂被国际社会特别是发达国家接受，仍需用客观、规范、国际认可的检测标准和评价指标加以验证。因此，建立中药安全性评价体系，按国际认可的合法规范评价中药的安全性，是中药现代化并使其走向世界的关键措施。目前，我国中药安全性评价的工作才起步不久，包括实验动物在内的基础设施和仪器设备都较落后，必须加大投入，加速设施和条件建设，逐步达到国际标准。

中医药实验动物工作历经 30 多年的发展，虽然有了较大进步，但仍然处于薄弱地位，尚不能适应中医药科研的需要。工作人员的专业水平亦有待提高。因此，必须从学科建设的高度来开展中医药实验动物工作。要围绕实验动物学学科发展，加强硬件建设，充实和完善中医药科研实验手段。要加强软件建设，开展具有中医药特色的实验动物学教学和科研。要实现实验动物标准化。还要把中医药行业的实验动物工作发展成为“集实验动物供应、动物实验管理、教学和科研工作为一体的学科”，从而确立实验动物学在中医药科研中的地位，并使其更好地为中医药科研服务。而中医药行业的实验动物工作亦只有在为中医药科研服务的过程中，才能不断地发展壮大，并形成服务—发展—再服务—再发展的良性循环。

三、实验动物在制药与化工工业的应用

新药、保健食品、化妆品甚至农药，在投产前必须通过安全性评价试验。其方法有体内、体外两类，且必须做整体动物实验。这些试验包括应用实验动物的一般毒性试验（急性、亚急性及长期毒性试验）、局部用药毒性试验、特殊毒性试验（如致畸、致突变、致癌试验）和药物依赖性试验等。新药及其他新产品经大量动物实验确证对机体无毒性或安全可靠后，才能申请进行临床试验，否则会给人类造成不可挽回的损害。如 1962 年联邦德国某药厂生产的沙利度胺（“反应停”），给孕妇服用后引起近万名婴儿畸形。

生物制品如疫苗、诊断用血清和免疫血清的生产与安全性评价，也离不开实验动物。

四、实验动物在国防和军事科学上的应用

在航空航天科学试验中，实验动物为人类取得了许多有价值的数据。在军事科学和武器研制等研究领域亦少不了实验动物。各种武器的杀伤效果，化学、辐射、细菌、激光武器的效果和防护，都需要实验动物参与。

本章 PPT

第二章　动物福利与实验室认证管理

第一节　动物福利与动物实验伦理

一、动物福利

（一）动物福利的概念

动物福利的基本出发点是让动物在康乐的状态下生存，也就是为了使动物能够健康、快乐、舒适而采取的一系列行为和给动物提供的相应外部条件。

动物康乐是指动物自身感受的状态，也就是"心理愉快"的感受状态，是指动物个体在某个特定时间段或整个生命周期内生理和精神与所处环境的协调状况。

（二）动物福利的主要内容

目前，国际上较为公认的动物福利由5项基本权利组成，包括：

（1）生理福利：享有不受饥渴的自由。

（2）环境福利：享有生活舒适的自由。

（3）卫生福利：享有不受痛苦伤害和疾病威胁的自由。

（4）心理福利：享有生活无恐惧和悲伤感的自由。

（5）行为福利：享有表达天性的自由。

这也是目前国际上较公认的动物福利的五大标准或称为"五大自由"。

动物福利的核心是保障动物的健康、快乐。但是，动物福利的主体是人类，客体是动物，动物是相对的（通常也是绝对的）弱势群体。因此，实验动物福利是相对的、是一种进步中的人类文明现象。提倡动物福利的结果通常是人类和动物的双赢，这是人类文明发展的过程和方向。实际上，正如《庄子大宗师》中惠子所说："子非鱼，安知鱼之乐"，从这个角度看，真正实现实验动物福利，还需要实验动物工作者能够从动物利益的角度不断地研究和探索。近年来，人类在保证动物福利的外部条件方面已经有了很大的进步。

动物福利的基本目标是让动物在康乐的状态下生存、繁衍下去。动物福利的实施也就是为了使动物能够健康、快乐、舒适而采取的一系列措施，包括给动物提供的相应的外部条件。至于康乐的标准，即动物"身体健康、心理愉快"的感受状态，部分是可以通过测量评定的，如测量动物受伤或生病的迹象、对疼痛的反应等，但对于动物诸如沮丧、压抑、恐慌、痛苦和哀伤等心理方面福利的认识尚较肤浅。目前，动物福利更加强调保证动物康乐的外部条件。当外部条件无法满足动物的康乐时，就标志着动物福利状况的恶化。

搞好动物福利的前提是提高对动物福利的认识，从各个环节保证为动物创造符合其要求的生存、居住、生活条件，并维护动物的健康。对研究人员来说，还必须考虑通过优化动物实验设计，减少实验动物的用量，减轻动物的不安和疼痛，给予良好的术后护理，必须处死动物时应采取安乐死的方法等。保证实验动物的福利，能够确保实验动物质量，确保实验结果的准确性、可靠性、可比性。重视实验动物福利，最终真正的受益者将是人类。

人类对于动物的利用和动物福利是辨证的、对立统一的。动物福利过高，会给生产者和使用者带来过分的负担，造成浪费。动物福利不是片面地、一味地保护动物，而是在兼顾人类福利的同时，考虑动物的福利状况，应该反对极端的动物保护主义和忽视动物权利的各种做法。

二、实验动物福利伦理

（一）实验动物福利伦理的提出与发展

物竞天择，自人类进化为万物之灵并主宰世界以来，动物仅作为人类的私有财产商品或食物，任人宰割，已无福利、权利可言。到 19 世纪初，欧洲一些社会人士开始呼吁保护动物权利。1809 年，有人在英国国会提出一项禁止虐待动物的提案，该提案虽然在上院获得通过，但在下院被否决。在当时背景下，这样的提案遭到了很多人的嘲笑。但是，随着人类文明的进步、社会的发展，1822 年，马丁提出的禁止虐待动物的议案——“马丁法令”获得了通过。这是首次以法律条文的形式规定了动物的利益，保护动物免受虐待，是动物保护史上的一座里程碑。人们对待动物的态度从此开始了变化。

实验动物福利伦理已在世界范围内迅速发展起来。英国在 1911 年通过了动物保护法，2006 年又新出台了《动物福利法》，取代原有的动物保护法。除此之外，英国还陆续出台了很多专项法律，如野生动物保护法、动物园动物保护法、犬的繁殖法案、家畜运输法案等。自 1980 年以来，欧盟及美国、加拿大、澳大利亚等国家先后进行了动物实验伦理方面的立法。动物福利组织也在世界范围内蓬勃发展起来，世界贸易组织（WTO）的规则中也写入了动物福利条款。

（二）动物实验的“3R”原则

1959 年，英国动物学家 W. M. S. Russell 和微生物学家 R. L. Burch 在其《人道主义实验技术原理》（*the Principles of Human Experimental Technique*）一书中第一次提出了动物实验替代方法，即减少（reduction）、替代（replacement）和优化（refinement）的“3R”理论，其核心是动物保护，即精打细算地少用、不用动物。动物实验替代在动物保护运动深入的国家较为提倡，美国、欧洲国家已成立了研究中心，日本也在积极开展这方面工作，主要是从动物保护的理念出发，研究尽量减少动物使用量、优化动物实验、提高精确度、找出替代动物的实验方法等。

为了适应科学技术发展的需要和加入 WTO 后与国际接轨、突破贸易技术壁垒，我国已经开始了这方面的研究工作和法规、政策上的调整，人们对“3R”的理解及技术上的探索也在不断加深和扩展，“3R”理念越来越被更多人所接受。人们逐渐认识到，“3R”不仅是适应动物保护主义的一种需要，也符合生命科学发展的要求。一方面，影响动物实验结果的因素很多，动物实验在环境设施、饲料营养、微生物控制等方面的标准高，耗资大；另一方面，人们在通过动物实验获取大量知识的同时，也发现了动物实验研究的局限性。在动物实验中观察到的许多明显的与人体反应不同的异常现象，可能是不同动物种属本身所特有的正常生物学反应，也可能是人为因素引起的变化，或是实验室环境造成的应激反应所致。这些不确定因素可使研究人员误入歧途。因此，人们也不得不考虑探索一些其他的方法来部分地代替动物进行实验。

1. 减少（reduction） 是指在实验中使用较少量的动物，获取同样多的实验数据，或使用一定数量的动物能获得更多实验数据的科学方法。要达到这一目的，必须在实验前充分调研的基础上，进行科学合理的设计。减少动物使用量是在尊重科学原则和技术规程的前提下进行的，应根据实验目的、要求，也应遵守有关的技术规范。在一些科研工作中，减少动物的使用量有时是比较容易做到的。很多研究方案是可调整的，也可以选取不同的研究路线。相反，有些实验如药品的法定检验的动物数量是不允许减少的。

2. 替代（replacement） 是指选用其他方法而不用动物进行实验，或使用没有知觉的试验材料代替有感知的动物，或使用低等动物替代较高等级动物的实验方法。

替代方法的分类：

（1）根据是否使用动物或动物组织，替代可分为相对替代和绝对替代两类。前者是指利用动物细胞、组织或器官进行体外试验研究，或利用低等动物替代高等动物的实验方法；后者则是在实验中完全不用动物。

（2）按照替代物的不同，可分为直接替代和间接替代。前者如利用志愿者或人类的组织等；后者如利用鲎试剂替代实验兔热原试验等。

（3）根据动物实验被替代的程度，可分为部分替代和全部替代。部分替代是指利用其他替代实验手段来代替动物实验中的一部分实验；全部替代则是利用非动物实验方法取代原有的动物实验方法。

对于替代方法，应该有科学的认识和评价。有些实验应用体外方法不仅能够获得与动物实验一致的结果，而且还可能是最佳的实验方法。有些新的替代方法和技术可作为动物实验研究的补充，有助于减少使用动物的数量。但是，在目前科研中的动物实验尚不可能完全被取代。例如，在毒理学研究和生物安全性评价试验中采用的细胞培养方法，不能像整体动物模型那样作为完整的有机生物系统，用于评价不同途径（如吸入、摄入、皮肤接触）和长期染毒的后果，以及用来预测某些毒性作用的可逆性等。当无机物、有机物、非生物、生物、微生物、细胞、组织、器官、低等动物、高等动物等作为科研实验的材料或对象时，鉴于它们之间本质上的巨大差别，要真正实现它们之间的替代，在理论和实践上都需要进行深入的具体研究、个案探索。

3. 优化（refinement） 是指在符合科学原则和实验目标的基础上，通过精炼动物实验设计方案、完善实验程序、改进实验技术，以减少动物使用数量和避免或减轻对动物的伤害的实验方法。

优化是在科学化、规范化、标准化的基础上，对动物实验进行提炼和精简的过程，包括实验动物质量的提高和动物实验精炼化两个方面。研究内容涉及实验设计、实验技术、仁慈终点、人员培训、饲养环境及设施、动物运输、动物自然习性等方面，其中动物实验方案的优化是核心内容。

（三）实验动物福利伦理审查

实验动物福利伦理审查是保证实验动物福利，规范从业人员职业道德行为的重要措施。审核实施，实质上是对人类道德标准的检查和自我反思。从业人员应有更高的福利伦理意识，积极支持实验动物福利伦理审查的各项工作。

为了维护实验动物福利，规范实验动物从业人员的职业行为，从事实验动物相关工作的单位应成立由管理人员、科技人员、实验动物专业人员和本单位以外人士组成的实验动物福利伦理审查委员会（以下简称伦理委员会），具体负责本单位有关实验动物的福利伦理审查和监督管理工作。伦理委员会应独立开展工作，审查和监督本单位开展的有关实验动物的研究、繁育、饲养、生产、经营、运输，以及各类动物实验的设计、实施过程是否符合动物福利和伦理原则。

伦理委员会应依据实验动物福利伦理审查的基本原则，兼顾动物福利和动物实验者利益，在综合评估动物所受的伤害和使用动物的必要性基础上进行科学评估，并出具伦理审查报告。各类实验动物的饲养和动物实验都应获得伦理委员会的批准方可开始实施，并接受日常的监督检查。

实验动物福利伦理审查包括以下 13 个方面。如发现下述行为，应判为不合格：

（1）申请者的实验动物相关项目不接受或逃避伦理审查。

（2）不提供足够举证材料，或申报审查的材料不全或不真实。

（3）缺少项目实施或动物伤害的客观理由和必要性。

（4）从业人员未经过专业培训或明显违反实验动物福利伦理原则要求。

（5）实验动物的生产、运输、实验环境达不到相应等级的实验动物环境。

（6）缺少维护动物福利、规范从业人员道德伦理行为的操作规程，或不按规范的操作规程进行；虐待实验动物，造成实验动物不应有的应激、疾病和死亡。

（7）项目设计或实施不科学。没有利用已有的数据对实验设计方案和实验指标进行优化，没有科学选用实验动物种类及品系、造模方式或动物模型以提高实验的成功率。没有采用可以充分利用动物的组织器官或用较少的动物获得更多的实验数据的方法；没有体现减少和替代实验动物使用的原则。

（8）项目设计或实施中没有体现善待动物、关注动物生命，没有通过改进和完善实验程序，减轻或减少动物的疼痛和痛苦，减少动物不必要的处死和处死的数量。在处死动物方法上，没有选择更有效的减少或缩短动物痛苦的方法。

（9）活体解剖动物或手术时不采取麻醉方法；对动物的生命处理采取违反道德伦理的、极端的手段或使用会引起社会广泛伦理争议的实验动物。

（10）实验方法和目的不符合我国传统的道德伦理标准或国际惯例或属于国家明令禁止的各类动物实验。动物实验目的、结果与当代社会的期望、与科学的道德伦理相违背。

（11）对人类或任何动物均无实际利益并导致实验动物极端痛苦的各种动物实验。

（12）对新技术的使用缺少道德伦理控制，违背人类传统生殖伦理，把动物细胞导入人类胚胎或把人类细胞导入动物胚胎中培育杂交动物的各类实验；以及对人类尊严的亵渎、可能引发社会巨大的伦理冲突的其他动物实验。

（13）伦理委员会认定严重违反实验动物福利伦理审查原则的其他行为。

第二节　动物实验室认证与规范运行

一、AAALAC 认证

（一）AAALAC 简介

国际实验动物管理评估及认证协会（AAALAC International）是设立在美国的一个民营的非营利性组织机构，旨在通过自愿的评估和认证，促进高品质的动物管理、使用和福利，以促进生命科学的研究和教育。一些国际知名的研究机构，如美国国立卫生研究院（NIH）、美国红十字会等，都通过 AAALAC 认证来证明他们的实验动物管理和使用是科学规范的，生物化学公司非独立的研究机构和独立的研究机构更是如此。

AAALAC 成立于 1965 年，当时仅是美国国内动物医学和研究机构为了加强实验动物管理而成立的一个私营非营利认证机构，名称为美国实验动物护理认可委员会（AAALAC），到 1996 年，多数西方发达国家也参加了这个认证活动，AAALAC 随之改为国际组织，其成员机构有美国医学会、美国兽医学会等 60 多个教育研究机构。AAALAC 理事会下设北美和欧洲两个认证委员会和认证办公室，负责全球的认证工作，接受认证申请、审查认证资料、选派认证专家、讨论决定是否通过认证。

（二）AAALAC 认证依据与程序

1. 认证的依据　AAALAC 认证的依据是美国实验动物资源研究所（Institute of Laboratory Animal Resources，ILAR）1996 年颁布的第七版《实验动物管理与使用指南》（*Guide for the Care and Use of Laboratory Animals*，以下简称《指南》）。ILAR 是美国国家科学研究委员会（National Research Council，NRC）生命科学专业委员会的组成部分。

2. 认证的程序

（1）提交申请：申请书的样式在 AAALAC 网站可以下载。申请书包括三个部分：第一部分是申请机构的简要介绍，包括名称、地址、主要人员等；第二部分是申请书的核心内容，几乎与《指南》的章节一一对应，申请机构对其进行逐项描述和回答问题；第三部分是附录图表资料。申请书提交给认证委员会办公室后，会收到一封 AAALAC 的回函。在交纳认证费用后，认证办公室会通知认证的时间和认证专家组等有关事宜。

（2）认证费用：AAALAC 认证的费用是按照动物设施的面积大小收取的，如果通过了认证，还需要缴纳维持认证的年费，费用不是固定不变的，每年都可能根据社会经济发展状况做一些调整。同时，该费用是到达认证地点以后的认证费用，申请机构还需承担专家的旅行费用。

（3）现场评审：AAALAC 选派的评审专家组不少于 2 人，具体的现场评审安排都由专家组的一名负责人与申请机构商讨确定。一般在现场评审前可以就一些关注点进行必要的沟通与交流，以便更多地了解机构的情况，为现场评审的顺利进行做必要的准备。

现场评审通常需要 2 天以上，一般以会议形式开始，申请机构负责人介绍机构情况，专家介绍 AAALAC 情况及评审安排，其后可以安排大致浏览、参观实验室。核心的检查内容是专家审阅有关文件资料记录和实地考察动物设施、仪器设备，检查过程中申请机构应由熟悉情况的负责人员陪同，及时回答专家的一些提问。全部检查结束后专家组进行讨论，申请单位人员应回避。最后结果通报会进行口头的简要通报，专家组会提出他们的意见和建议，并说明将向认证委员会提出的建议认证等级。现场评审结束后，专家组将向认证委员会提交一份正式的评审报告，在此期间申请机构还可以提交一些补充或改正的报告资料，以求完善评审报告。

（4）认证的确定与类别：AAALAC 认证委员会是定期召开全体会议的，一般安排在每年的 1 月、5 月和 9 月分别召开认证委员会会议，讨论此前的各个现场评审专家组报告，评价该机构符合《指南》的情况及存在问题的严重程度，委员会成员以投票的形式决定某项认证的类别。会议后 4～8 周，被认证机构会收到由委员会主席签发的认证文件。如果通过了认证，数周以后会收到认证办公室制作的木质牌匾，可悬挂以证明通过了 AAALAC 认证。通过 AAALAC 认证的机构，需要每年向认证办公室提交一份年度报告，满 3 年后则需要再次认证。

AAALAC 对首次申请认证机构的认证，有以下 4 种结论：完全认证（full accreditation）、条件认证（accreditation with condition）、授予临时地位（provisional status）、保留认证（withhold accreditation），只有前 2 种被认为是认证通过。对于已经获得认证机构的再次认证，有以下 5 种结论：连续完全认证（continued full accreditation）、条件认证（conditional accreditation）、推迟认证（deferred accreditation）、鉴定（probation）、撤销认证（revoke accreditation）。

（三）认证过程中的注意事项

1. 观念的转变尤为重要　必须通过认真学习和理解《指南》内容，充分认识实验动物管理使用中应该贯彻始终的理念，就是要善待实验动物，确保实验动物饲养中舒适的福利保障。应该尽可能地少用动物、不浪费动物，避免和减轻实验动物可能的疼痛，必须处死的动物应实施安乐死。

2. 动物管理和使用委员会是认证中的关键组织　按照认证的要求，机构内部必须成立动物管理和使用委员会（Institutional Animal Care and Use Committee，IACUC），必须至少有一名非实验动物从业人员的外部人士参加（如中学教师、护士等），IACUC 要定期检查、评估动物设施设备，并对实验动物的使用管理进行监督。

3. 兽医是认证中的重要岗位　在美国，实验动物机构必须具有博士学位和有营业执照的兽医，保证动物能够得到良好的医疗护理保障。目前我国尚未实行执业兽医制度，可以和认证机构说明，但是机构内部必须设立兽医岗位并且发挥作用。

（四）需要予以重视的其他事项

1. 实验动物设施屏障系统 此类大型动物设施的良好状况一般机构都会给予足够的重视，但同时不能忽视其他几个方面。一是实验设施的污水排放和废弃物处理应符合环境保护法规要求；二是实验动物的饮用水和饲料应有定期的检测，确保符合相关要求；三是工作人员的安全保健措施到位，如紧急冲淋洗眼装置、防护镜、灭火器、防火毯、外伤急救包等。

2. 克服语言文字交流障碍至关重要 AAALAC 认证的申请材料必须是英文，表达必须明确清楚，不要产生误解。实验室有关文字资料最好是英文版本或中英文对照，便于认证专家审阅。现场评审过程中，由能够流利地与专家交流而又熟悉实验动物和机构状况的人员陪同，是评审能够顺利进行的重要保障。

二、GLP 认证

优良实验室质量管理规范（good laboratory practice，GLP）主要应用于药品非临床安全性评价研究的实验室，其目的是提高药品非临床安全性评价研究（即毒理学研究）的质量，确保实验资料的真实性、完整性和可靠性，最大程度排除由于偶然的误差带来的影响，尽早发现和改正这类错误，并在事后纠正和追究其原因。GLP 的基本精神在于怎样减少人为误差，以得到可信度高的实验数据，保障用药安全。

广义的 GLP 是指实验室研究在计划、执行、监督、记录和报告方面的组织过程和条件。该定义表明 GLP 是一个管理工具，其目的是组织管理好实验室，以促进和保持实验室数据的质量。随着 GLP 的广泛采用，其范围逐渐扩大至整个药学研究，所有的非临床实验研究都要遵循其管理原则，如质量控制、化学检测、分离提取、药理实验等。

（一）GLP 的历史由来

最早提出 GLP 是缘于 20 世纪全世界出现了许多严重的药物中毒事件。

19 世纪末 20 世纪初是化学合成药物研发的高潮时期，在此期间，有大量新药问世。对药物作用机制的研究亦逐步深入至细胞水平。此时，合成或分离出来的药物未经严格的动物实验研究便进入临床试用，并以试用结果来判断其效用和毒性。这必然潜藏着许多隐患，并实际上导致了许多药物悲剧的发生。1935～1937 年，美国人民应用二硝基酚减肥，引起服用者白内障及骨髓抑制，死亡 177 人。1937～1959 年，美国妇女用黄体酮保胎和治疗先兆流产，出现 600 多名女婴发生生殖器男性化。1954～1956 年，美国的二甘醇磺胺事件造成 107 人死亡。1954～1956 年，法国的有机锡胶囊引起 207 人视力障碍和 102 人死亡。1959～1962 年，联邦德国的沙利度胺（“反应停”）引起 1 万多名婴儿畸形。1966～1972 年，日本的氯碘喹啉造成上千人双目失明或下肢瘫痪。上述药害惨案震惊了世界，并引起了各国政府和有关部门的高度重视。

20 世纪 70 年代中期，美国食品药品监督管理局（Food and Drug Administration，FDA）在审评一家较大制药公司递交的两份新药申请报告时，对其实验做法和数据产生怀疑，因而开展了有针对性的调查。1975 年，美国 FDA 局长在参议院报告了调查结果，指出药物毒性试验在动物实验设计、进行和报告过程中存在缺陷，其差错在于实验设计不严格、选择的实验动物种类不合适、样本数量不足、实验时间过短等，由此引起了美国国会的注意。FDA 和美国国家环境保护局还对美国工业生物测试实验室（Industry Biotest Laboratory，IBT）和生物统计测试公司（Biological Statistical Testing Company，BST）所做的实验进行审计，发现 801 个项目中有 594 个无效，占 74.16%，调查结果导致 4 名 IBT 官员被判有罪。

残酷的教训使人们逐渐认识到，药品在临床应用前进行严格的安全性实验并严格审批制度是非常必要的，也就是对动物实验必须进行严格的监控。为此，美国 FDA 在 1976 年仿效药品生产质量管理规范（good manufacture practice，GMP）发布了药品非临床研究质量管理规范（GLP），1976年11月公布了初稿并试行，1978年作为联邦法规正式颁布并于1979年6月生效，明确了新药安全性研究的质量必须依靠法规管理。GLP规定所有申报新药的资料必须来自GLP实验室，并有质控单位签字保证，否则一概不予受理。

20世纪80年代以来，世界上先后有20多个国家实施了GLP，如日本（1981）、英国（1982）、法国（1983）、德国（1983）、西班牙（1985）、瑞典（1985）、意大利（1986）、荷兰（1986）、韩国（1986）、瑞士（1988）、比利时（1988）、加拿大（1979）等。

（二）我国GLP的发展历程与现状

药品是一种特殊的商品，其研究、开发和生产都必须在规定的条件下进行。我国也曾发生过许多药物中毒事件，如野金针菇致白内障、双黄连注射液致死、清开灵注射液过敏、布桂嗪和二氢埃托啡的药物依赖等。

1993年，国家科学技术委员会会同有关部门，在国内外广泛调研的基础上，根据我国国情和GLP的通行规范，制定并颁布了第十六号令《药品非临床安全性研究质量管理规定》（试行）。1999年9月，国家药品监督管理局正式颁布了《药品非临床研究质量管理规范》。这是我国启动GLP建设、实施GLP战略的标志。

“安全、可控、有效”是药品的基本要求，国际上某种新药要获得生产及临床应用许可，必须提供以下完整资料：起源和开发的概况及国外应用状况，化学物质的规格及试验方法，稳定性，急性、亚急性、慢性毒性，致畸以及依赖性、抗原性、致突变性、致癌性、局部刺激性等，药理作用，吸收、分布、代谢、排泄，以及临床试验结果等。目前，我国新药研制共执行6个规范——中药材生产质量管理规范（good agriculture practice，GAP）、药品生产质量管理规范（GMP）、药品非临床研究质量管理规范（GLP）、药物临床试验管理规范（good clinic practice，GCP）、药品经营质量管理规范（good supply practice，GSP）、医疗机构药剂质量管理规范（good using practice，GUP）。

我国制药工业与国际先进水平相比仍存在较大差距，其中最突出的就是专业规范（GAP、GMP、GLP、GCP、GSP、GUP等）尚未与国际接轨。近年来，我国的药品安全性研究并没有严格的管理规范，药品安全性评价的系统性、严谨性、权威性常受国外有关机构的质疑，产品难以进入国际市场，因药品生产质量管理不善导致的药害事件也屡屡发生，如发生在2001年的“梅花K”事件、2003年的“关木通事件”、2006年的“奥美定事件”“亮菌甲素注射液事件”“鱼腥草注射剂事件”“欣弗事件”、2007年的“甲氨蝶呤事件”、2008年的“刺五加注射液事件”“博雅人免疫球蛋白事件”、2009年的“糖脂宁事件”等，被称为我国“十大药害事件”。

2007年，国家食品药品监督管理局颁布新修订的《药物非临床研究质量管理规范认证管理办法》，规范了GLP认证检查、审核、公告的程序和要求，提高了认证检查标准，设定的检查项目由原来的166项细化完善为280项，其中关键项目6项、重点项目30项和一般项目244项，增强了检查标准的可操作性及评定方式的科学性和客观性。

新修订的《药物非临床研究质量管理规范认证管理办法》加强了对通过认证的药物非临床研究机构的监督管理，确立了药物非临床安全性评价研究机构对人员和设施的重大变更或可能影响GLP实施的严重事件的报告制度，规定对已通过GLP认证的机构将实施随机检查、有因检查和每3年一次的定期检查，并规定了定期检查的程序要求。新办法还明确规定了GLP认证申请机构的基本条件，要求申请机构应在申请前按照GLP的要求运行12个月以上，并按照GLP的要求完成申请试验项目的药物安全性评价研究。获得国家食品药品监督管理局认证的GLP机构达40余家，包括中国医学科学院实验动物研究所、中国中医科学院、广州中医药大学、上海中医药大学等单位。

2017年8月，国家药监部门发布新修订的《药物非临床研究质量管理规范》（药物GLP），对 GLP 机构提出了更高要求。2018 年 4 月，国家药品监督管理局发布了第一批通过新修订药物 GLP 认证的 10 家机构，2019 年 4 月公布了第二批通过新修订药物 GLP 认证的 6 家机构。

2007 年 3 月 21 日，科学技术部、卫生部、国家中医药管理局、国家食品药品监督管理局等 16 部委联合发布了《中医药创新发展规划纲要（2006—2020 年）》（以下简称《纲要》）。这是在“九五”期间提出的《中药现代化发展纲要》的基础上，对中医药进一步发展的全面规划，《纲要》明确提出，中医药创新发展的基本任务是：“继承，创新，现代化，国际化”，将中医临床研究、中药产业发展、基础理论研究、标准规范研究、创新体系建设和国际科技合作确定为中医药发展的优先领域。

《纲要》明确提出：加强中医药国际交流与合作，加快中医药国际化进程，推动中医药进入国际主流市场。中医药国际化的目标是要使中医药理论和实践得到国际社会的公认，使中医药服务和产品逐步进入国际医药和保健主流市场，中医独特的医疗保健康复模式及其价值逐渐被国际社会所理解和接受，在国际上争取中医药的合法地位。为实现中医药国际化的目标，《纲要》将加强国际科技合作列入中医药发展的优先领域。因此，如何将国际 GLP 与中药新药研究有机结合，从而使我国的中药研究既符合国际规范，又合乎中医药理论成为关键问题。

中药 GLP 具有自身的特殊性，其建设基础却更为薄弱。中药历经数千年的临床应用，证明了其有效性和安全性，但要被国际社会特别是发达国家所接受，仍需用客观、规范、国际所认可的检测标准和评价指标加以验证。而我国目前中药安全性评价还没有受到足够重视，技术设施落后，因此建立更多的中药安全性评价中心，按国际认可的合法规范评价中药的安全性，特别是严格评价打入国际市场的中药，是中药走向国际市场的重要基础。

与化学药相比，中药在许多方面具有特殊性，如制剂粗、用量大、毒性小、起效慢、疗程长、靶点多、给药途径以口服为主等，都为引进和执行 GLP 带来了困难。近年来，新加坡宣布禁用黄连素及其所含的小檗碱，据说可能引起新生儿黄疸。日本报道小柴胡汤对人有毒性。含有汞、砷等重金属的中药更被许多国家禁止进口。因此，必须用现代研究方法对中药的安全性进行研究，中药才有可能走向世界。建立中药现代评价体系，从组织机构上保证我国生产的中药产品达到国际认可的水平，是当前我国中医药工作者的迫切任务之一。1999 年以来，科学技术部先后在原中国中医研究院和广州中医药大学组建了中药 GLP 重点实验室，中国中医科学院、广州中医药大学、上海中医药大学、黑龙江中医药大学等单位相继获得国家食品药品监督管理局的药物 GLP 认证，试图通过这些 GLP 机构的努力，闯出中药新药安全性研究的新路子。

（三）GLP 的发展趋势

由于 GLP 的原则和内容各国基本一致，这就为国际交流和使用创造了条件。目前，美国 FDA 已经与英国、德国、法国、瑞士、意大利、日本、瑞典及荷兰等国家相继建立了两国间的 GLP 协议，互通情况，共同检查，相互承认，其实验结果可在双方国家登记，减少不必要的重复实验。1989 年在美国召开了专门会议，对 GLP 进行了评估和肯定，会议一致认为 GLP 是安全评价的生命线，事实上已成为国际通用的实施法规。GLP 最初只用于毒性测试，由于它们适用于所有的分析仪器和分析方法，使得它的应用范围也拓展到了其他科学领域。现在已扩大到动物用药品、饲料添加剂、农药、化学物品，将来有可能扩大到食品、药效学研究、药代动力学研究等领域。

（四）GLP 建设内容和要点

GLP 建设是一项组织非常严密的系统工程，其建设主要包括：对组织机构和人员的要求；对实验设施、仪器设备和实验材料的要求；标准操作规程（SOP）；对研究工作实验过程的要求；对档案及其管理工作的要求；实验室资格认证及监督检查六方面内容。根据这些内容简单划分为软件建设和硬件建设两部分。

1. 软件建设

（1）人员素质培养是软件建设的核心。其中，凡从事新药临床前安全性研究的人员必须有较高的学历、扎实的基础理论知识和从事该工作的经验。特别是项目负责人（国外称 study director）对该项试验全面负责，因此要求更高的文化素质和指挥协调能力，一般的工作人员也需经过严格的培训和审查。

（2）建立切合实际的标准操作规范（SOP），并不断加以修改。

（3）质量保证部门（QAU）是 GLP 建设的关键。

2. 硬件建设 在 GLP 中心，最重要的是实验动物的饲养及其配套设施，所有药品的各种毒性反应都取自于实验动物，因此除了要保证饲料的营养标准之外，还要对实验动物的居住环境进行严格控制，如房间的大小、温度、湿度、换气次数、照明、噪声及空气洁净度等，以防止因环境条件控制不当导致动物实验结果偏差较大。因此，在 GLP 建设之初就必须从设施建设到组织实施都特别予以重视。

（五）GLP 文件系统

一个运行良好的非临床研究机构不仅要靠先进的设施、仪器等，而且也要靠良好的管理软件来运转。管理软件的基础就是附着在 GLP 管理网络上的文件系统。

GLP 文件系统指的是与非临床研究的管理和技术相关的一系列 SOP 及其派生的记录，旨在将有关的操作要求和管理制度规范化，并将所有活动予以记录。文件系统的建立标志着从"人治"到"法治"的变革，由"以口授的传统管理方式"更新为"一切行为以文件为准则"，实行"法治"，其核心是"一切行为有法规，一切行为有记录，一切行为有复核"，使管理走上标准化、程序化和规范化。这对保证实验的有序进行，保证实验结果的准确性、可比性、真实性和可重复性尤为重要，而且也便于追溯，保证所有研究活动有据可查。

1. 文件系统及文件分类的规定 建立 GLP 文件系统必须紧紧围绕 GLP 的要求分类进行。分类的方法很多，可以依据 GLP 的章节内容划分，也可以按管理的思路作如下划分（图 2-1）。

- 标准
  - 技术标准
    - 实验动物标准
    - 对照品和供试品标准
    - 饮料、饮用水、垫料标准
  - 厂房设施管理
    - 厂房设施的立项等管理
    - 厂房设施的卫生管理
    - 厂房设施的维护保养管理
  - 管理标准
    - 仪器设备和试验材料管理
    - 人员和文件管理
    - 研究工作实施管理
    - 记录管理
    - 文件系统
  - 工作标准——对应于管理标准产生的各项工作细则
- 记录——对应于标准产生的，用于记录各项研究活动，每份标准可有多份记录

图 2-1 GLP 文件系统及文件分类

2. 制订文件的总要求 文件的制订必须合理可行，细疏适度，总的原则是要将"5W1H"阐述清楚，即 Who（谁做）、What（做什么）、When（何时做）、Where（在哪儿做）、Why（为什么做，这一点也可省略）、How（如何做）。除此之外，文件还必须做到以下几点：

（1）标题简练准确，应能清楚地说明文件的性质。

（2）使用的语言应确切，易被使用者明白。

（3）条理清楚，可操作性强。

（4）文件的制定、审查、批准责任人应签字。文件不得使用手抄本，以防差错。

（5）文件如需记录或填写数据，应留有足够的空间，以便于填写内容；在各项内容之间，也要有适当的空隙；每项标题内容应准确。

3. 文件编码系统的规定

（1）编码原则：遵循“独一无二”原则。

1）系统性：统一分类和编码，按照文件系统来建立编码系统。

2）准确性：文件与编码应一一对应，做到一文一码，一旦文件撤销，此文件编码也随之作废，不得再次使用。

3）可追踪性：制订文件编码系统规定时，必须考虑到可随时查询文件的修订历史。

4）识别性：从编码可以识别其文件的文本和类别。

5）稳定性：文件编码系统一旦确定，不得轻易变动。

6）相关一致性：文件一旦经过修订，必须给予新的修订号，同时对其相关文件中出现的该文件编码进行修订。

7）发展性：制订编码系统时，要考虑机构将来的发展及管理手段的改进。

（2）编码规定：机构内部文件编码系统应统一，可选用英文、拼音或汉字，但应有文件详细逐一地列出编码的规定。

1）标准类文件编码：例如，SOP-FA-001Rev.01，“SOP”表示文件类别（标准操作规程）；“FA”表示设施；“001”表示设施类程序的第 001 号程序；“Rev.”表示修订号；“01”表示第 1 次修订。

2）记录类文件编码：例如，F-SOP-FA-001-01Rev.01，“F”表示文件类别（记录）；“SOP-FA-001”表示引出该记录的标准操作规程编码；“01”表示该文件引出的第 1 份记录；“Rev.”表示修订号；“01”表示第 1 次修订。

4. 文件格式的规定

（1）标准类文件格式：文件表头的项目至少包括题目、编码、起草人及日期、审核人及日期、批准人及日期、颁发部门、生效日期、修订历史摘要和总页数等；而后续页只需在最上处或最下处画一条横线，写上文件编码及页码（图 2-2）。

正文的开头几项可根据文件需要列上：目的、适用范围、责任人、引用标准、定义等款，然后写文件内容。正文的具体格式可参阅 GB1.1—93《标准化工作导则标准编写的基本规定》。

（2）记录类文件格式：首页格式见图 2-3。如有续页，必须将记录编码、页码及总页数标明。

单位LOGO(徽标)及单位名称

文件名称：　　文件编码：　　页码：　　总页数：

起草人/日期：　　审核人/日期：　　批准人/日期：

生效日期：

颁发部门：

修订历史摘要：

后续页格式：

文件编码　　页码：　　总页数：

图 2-2　GLP 标准类文件格式

单位LOGO及单位名称

培训记录

F-SOP-XX-XXX-XX Rev.01　　　　　　页码：　总页数：

图 2-3　GLP 记录类文件格式

5. 文件的制（修）订、审批和分发回收程序

（1）文件的起草：主要由文件使用部门负责，应保证文件的全面性和准确性。起草好的文件交 QAU 审核，必要时分发至有关部门审核，将修改意见反馈给起草者，由起草者对文件进行修改。如有不同意见，由 QAU 负责人裁定。一定要杜绝文件的片面性，强化文件的可行性，宏观上照顾到文件系统的全面性。

（2）文件的批准和生效：涉及某一部门的文件由部门负责人审核，QAU 负责人批准；涉及全单位的文件，由 QAU 负责人审核，研究机构主管负责人批准，以确保文件的准确性和权威性。

（3）文件的修正和废除：“修正”为文件的名称不变，不论内容改变多少，都称为修正；“废除”是指文件的名称改变，内容无论变或不变，原文件均称为“废除”。改题后的文件按新文件处理。当需要对现行文件进行修改时，需要先填写“文件修改申请表”，将修改的原因及修改内容附上，按文件起草相同的方式，送有关人员审核和批准。文件修改后，其修订状态要做相应变更，并将修订状况摘要填写在表头上。

（4）文件的打印和分发回收：文件管理部门负责打印文件，并将已批准的文件制成复印件，分发至有关部门。当新版文件替代旧文件时，应在分发的同时回收旧文件。应采取适当的措施确保需要的部门都被列入分发名单，而且在同一地点不能有不同版次的文件存在。

6. 文件的审核要求和定期审核　审查时，应确保文件内容与现行 GLP 及其他相关法律、法规和法令相符，而且文件系统应覆盖其所有要求，不能有遗漏。应避免某份文件与本机构其他文件内容相冲突。通常来说，每一年应对所有现行文件复审，但在以下情形（但不限于以下情形），应考虑起草新文件或重新审核现行文件：

（1）GLP 或其他相关法律、法规和法令变更时。

（2）增加设施、仪器、设备、供试品、受试动物及主要实验方法有变更时。

（六）GLP 认证所需材料目录

（1）《药物非临床研究质量管理规范检查申请表》。

（2）药物研究机构备案证明文件。

（3）实施“药物非临床研究质量管理规范”的自查报告。

报告内容应包括自查的时间、内容、发现的问题及采取或拟采取的措施等。

（4）机构概要

1）机构发展概况（历史沿革情况，开展药物安全性评价试验的时间与经验，按 GLP 开展工作的时间和经验等）。

2）机构组织框架图。

3）实验设施平面图（包括机构的整体平面图和外观照片，GLP 与非 GLP 区域平面图，实验室、动物饲养室及管理区域平面图）。

（5）组织机构的设置与职责（机构管理部门的设置情况，供试品保管、动物饲养与管理、病理检查及质量保证等部门职能概要，管理制度目录，属非独立法人单位的非临床安全性评价研究机构应说明机构的隶属关系）。

（6）机构负责人、质量保证部门和专题负责人的履历、培训经历及工作业绩等。

（7）机构人员的学历、专业构成情况与培训情况及质量保证部门的组成情况。

（8）动物饲养区域及动物实验区域情况

1）动物收容能力（大动物，小动物，屏障区与非屏障区）。

2）动物饲养区人流、动物流、物品流、污物流、空气流等流向。

3）环境条件（温、湿度，照度，噪声，洁净度，换气次数，压差等）。

4）饲料、饮水、垫料等动物用品来源与检测频次。

5）微生物检测状况。

6）功能实验室、化学及生物污染特殊区域的环境控制状况。

7）清洁剂、消毒剂、杀虫剂使用状况。

（9）机构主要仪器设备一览表（购置日期、生产厂家、型号）。

（10）SOP 目录。

（11）药物安全性评价研究实施情况

1）药物安全性评价试验实施程序（安全性试验流程图）。

2）近 3 年来开展药物安全性评价试验工作情况（GLP、非 GLP 试验）。

（12）申请机构提供的法人机构资格证明材料。

申报资料应使用 A4 规格纸打印或复印，内容完整、规范、清楚，不得涂改。上述各类复印件均应加盖原件持有单位公章。书面资料和电子软盘各 1 份。

（六）申办流程示意图

GLP 认证申办流程见图 2-4。

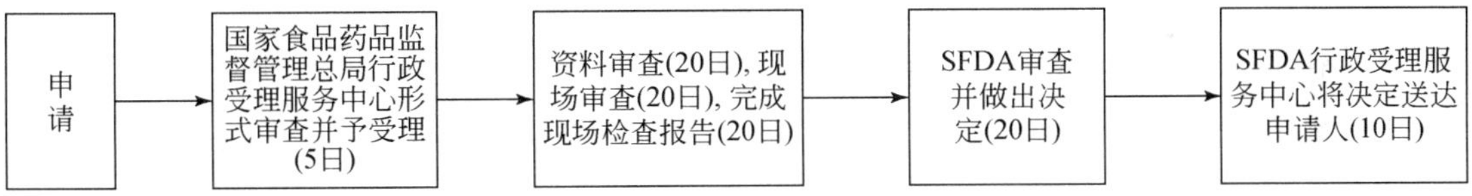

图 2-4　GLP 认证申办流程图

（七）许可程序

1. 受理　申请人向国家食品药品监督管理总局（SFDA）行政受理服务中心提出申请，按照《良好实验室规范（GLP）认可须知》第六条所列目录提交申请材料，大厅工作人员对申请材料进行形式审查，申请事项依法不需要取得行政许可的，应当即时告知申请人不受理；申请事项依法不属于本行政机关职权范围的，应当即时做出不予受理的决定，填写《不予受理通知书》送交申请人；申请材料存在可以当场更正的错误的，应当指导申请人当场更正。申请材料不齐全或者不符合法定形式的，大厅工作人员应当当场告知申请人需要补正的全部内容，填写《受理通知书》送交申请人。申请人提交的申请材料是否齐全并符合法定形式存疑的，大厅工作人员收到申请人提交的申请材料后，应当出具收到申请材料的书面凭证；申请材料不齐全或者不符合法定形式的，5 日内告知申请人需要补正的全部内容，逾期不告知的，自收到申请材料之日起即为受理。

2. 资料审查与现场检查

（1）国家食品药品监督管理局在 20 日内完成对申报资料的审查。资料审查不符合要求的，书面通知申请单位和省级药品监督管理部门。对需要补充资料的，国家食品药品监督管理局将一次性书面通知申请单位，申请单位需在 2 个月内完成补充报送；逾期未报的，按资料审查不符合要求处理。资料审查符合要求的，组织实施现场检查。

（2）国家食品药品监督管理局一般应在完成资料审查后 20 日内组织检查组实施现场检查。检查组由 3～5 名经国家食品药品监督管理局确认的检查人员组成。

（3）实施现场检查前，检查组应制定检查方案，并提前 5 日通知被检查单位现场检查的时间、检查内容和日程安排。

（4）实施现场检查，被检查单位所在地省级药品监督管理部门应派一名分管 GLP 工作的人员参加现场检查工作。

（5）现场检查时间一般为 2～4 日，根据检查工作的需要检查时间可适当延长。

3. 审查及决定

（1）检查组应在完成现场检查后的 20 日内完成检查数据的统计、分析和汇总，结合现场检查综合评定意见和资料审查情况，做出 GLP 检查报告。

（2）国家食品药品监督管理局在 20 日内完成对 GLP 检查报告的审核，做出审核结论，书面通知被检查单位。

（3）国家食品药品监督管理局对申请药物非临床安全性评价研究机构进行审批。不符合要求的，应当书面说明理由。符合要求的，发给《国家食品药品监督管理局 GLP 检查审批件》。

4. 送达 自行政许可决定做出之日起 10 日内，SFDA 行政受理服务中心将行政许可决定送达申请人。

（八）承诺时限

自受理之日起，80 日内做出行政许可决定。

（九）行政许可实施机关和受理地点

1. 实施机关 行政许可实施机关是国家食品药品监督管理局。

2. 受理地点 行政许可受理地点是国家食品药品监督管理局行政受理服务中心。

（十）许可证件有效期限

《国家食品药品监督管理局药品 GLP 检查公告》有效期 3 年。

本章 PPT

第三章 生物安全

生物危害一直是人类面临的巨大挑战。过去几年，发生过禽流感、非洲猪瘟、甲型流感、严重急性呼吸综合征（SARS）等重大社会事件，2019年年底暴发的新型冠状病毒肺炎疫情及2020年的世界大流行，对全球政治、经济、生态环境造成了深刻影响，各国在生物威胁面前的脆弱性更加凸显了生物安全的重要性。烈性传染病的研究、高等级生物安全实验室和实验室生物安全越来越受到国际组织、各国政府、公众、科技工作者的重视，我国已将生物安全纳入国家安全体系。

实验动物是教学、科研工作中的重要实验对象和工具，也是转化医学的必要环节，为生命科学各领域提供支撑。利用实验动物开展科学活动中因管理不善也可导致生物危害。例如，实验动物本身的烈性传染病可导致实验动物大批死亡，流行性出血热等人兽共患病可危害实验人员健康和生命安全。因此，必须高度重视实验动物及动物实验中涉及的生物安全问题。

第一节 概 述

一、生物安全的定义

生物安全（biosafety）是指国家有效防范和应对危险生物因子及相关因素威胁，生物技术能够稳定健康发展，人民生命健康和生态系统相对处于没有危险和不受威胁的状态，生物领域具备维护国家安全和持续发展的能力。广义的生物安全是国家安全体系的组成部分，不仅针对现代生物技术的开发和应用，还包括人类的健康安全、人类赖以生存的农业生物安全及与人类生存有关的环境生物安全3个方面。狭义的生物安全是指防范现代生物技术的研究、开发、应用可能对生物多样性、生态环境和人类健康产生潜在风险所采取的一系列有效预防控制措施。

生物安全是一种没有危险的状态，而生物安全的风险来源主要有自然界形成的生物灾害和生物技术迅速发展带来的负面影响。目前，生物技术正处在传统生物技术、现代生物技术和前沿生物技术并存的状态。传统生物技术主要针对细胞和组织水平的研究，如嫁接、引种等，其风险主要是动植物疫病及外来物种的侵袭；现代生物技术主要集中在分子水平，具有中度干预的特征，如遗传工程动物的制作技术等；而前沿生物技术是以合成生物学为代表，极具发展潜力和极具威胁性。无论是传统生物技术、现代生物技术抑或是前沿生物技术，实验研究是前提和基础，如感染性实验材料发生泄漏或被恶意使用，后果将不堪设想。因此，维护实验室生物安全有利于在源头上抑制生物技术研发的安全风险。

实验动物生物安全是对实验动物可能产生的潜在风险或现实危害的防范和控制。由实验动物造成的各种风险和危害可存在于生产和使用实验动物中的各个环节，如实验动物的引种、保种、繁育、运输、进出口，使用实验动物（包括感染和非感染实验动物）进行动物实验、从事科研活动等过程中实验动物造成的各种危害。此外，对实验动物研究的环境条件、安全和饲养方面的要求，也应与体内体外传染病研究所推荐的生物安全水平相似，称为动物生物安全水平（animal biosafety level，ABSL）。

二、病原微生物的分类

病原微生物分为四类，其中一类、二类病原微生物统称为高致病性病原微生物。

1. 一类病原微生物 指能够引起人类或者动物非常严重疾病的微生物，以及我国尚未发现或者已经宣布消灭的微生物。具有高个体危害、高群体危害，基本上尚无有效治疗方法与药物。一类动物病原微生物有马尔堡病毒、刚果-克里米亚出血热病毒、口蹄疫病毒、高致病性禽流感病毒、猪水疱病病毒、非洲猪瘟病毒、非洲马瘟病毒、牛瘟病毒、小反刍兽疫病毒、牛传染性胸膜肺炎丝状支原体、牛海绵状脑病病原、痒病病原。对其进行研究的生物安全实验室分级为 BSL-4 实验室或 ABSL-4 实验室。

2. 二类病原微生物 指能够引起人类或者动物严重疾病，比较容易直接或间接在人与人、动物与人、动物与动物间传播的微生物。具有高个体危害、中等群体危害。二类动物病原微生物有结核分枝杆菌、圣路易脑炎病毒、伯纳特立克次体、猪瘟病毒、鸡新城疫病毒、狂犬病毒、绵羊痘/山羊痘病毒、蓝舌病病毒、兔病毒性出血症病毒、炭疽芽孢杆菌、布鲁氏菌。对其进行研究的生物安全实验室分级为 BSL-3 实验室或 ABSL-3 实验室。

3. 三类病原微生物 指能够引起人类或者动物疾病，但一般情况下对人、动物或者环境不构成严重危害，传播风险有限，实验室感染后很少引起严重疾病，并且具备有效治疗和预防措施的微生物。具有中等个体危害、低群体危害。三类动物病原微生物有乙肝病毒、沙门氏菌、弓形虫等。对其进行研究的生物安全实验室分级为 BSL-2 实验室或 ABSL-2 实验室。

4. 四类病原微生物 指在通常情况下不会引起人类或者动物疾病的微生物，不会经常引发健康成人疾病。具有低个体危害、低群体危害。四类动物病原微生物有犬肝炎病毒、枯草杆菌等。对其进行研究的生物安全实验室分级为 BSL-1 实验室或 ABSL-1 实验室。

三、生物安全相关的重要法规及标准

20 世纪中叶，欧美国家开始关注实验室生物安全问题，美国于 20 世纪 70 年代成立环境保护局和职业安全与保健管理局，对临床实验室有毒或生物危害物质使用和处理进行规范管理。

我国生物安全立法始于 20 世纪 90 年代，主要针对转基因生物安全。1992 年由国家科学技术委员会发布的《基因工程安全管理办法》是我国首部综合性生物安全立法，适用于转基因技术研发的整体阶段。随后，我国针对不同类型的转基因技术及产品制定了不同法规。与此同时，我国也开始对涉及生物安全的其他领域开展立法。SARS 疫情后，国务院颁布了《突发公共卫生事件应急条例》，条例提出严禁传染病病原体的实验室感染、菌（毒）种保藏和病原微生物的扩散的要求。卫生部《传染性非典型肺炎人体样品采集、保藏、运输和使用规范》中对菌（毒）种管理技术规范方面提出了要求，成为我国最早出现的实验室生物安全法规之一。新型冠状病毒肺炎疫情推动了生物安全立法进程，2019 年 10 月，十三届全国人民代表大会常务委员会第十四次会议对生物安全草案进行了初次审议；2020 年 4 月 26 日，生物安全法草案二审稿提请十三届全国人民代表大会常委会第十七次会议审议；2020 年 10 月 17 日，《中华人民共和国生物安全法》经第十三届全国人民代表大会常务委员会第二十二次会议通过，自 2021 年 4 月 15 日起施行，对有效进行实验室的生物安全管理提供了法律保障。

（一）我国实验室生物安全法规及标准

1. 实验室生物安全通用要求 国家标准《实验室生物安全通用要求》（GB19489—2008）于 2008 年 12 月 26 日颁布，2009 年 7 月 1 日实施，代替 GB19489—2004。

该标准由国家质量监督检验检疫总局和国家标准化管理委员会发布，规定了对不同生物安全防护级别实验室的设施、设备和安全管理的基本要求，内容包括风险评估及风险控制；实验室生物安全防护水平分级；实验室设计原则及基本要求；实验室设施和设备要求；对实验室的管理（如操作规程、水电、消防等）也作了特别要求。同时，标准指出为减少生物安全事件及事故的发生，应强化生物安全意识，加强管理，不应过分依赖实验室设施设备。

2. 生物安全实验室建筑技术规范 国家标准《生物安全实验室建筑技术规范》（GB50346—2011）于2011年12月5日发布，2012年5月1日实施，代替GB50346—2004。

该标准由住房和城乡建设部与国家质量监督检验检疫总局联合发布，共分10章和4个附录，内容包括总则；术语；生物安全实验室的分级、分类和技术指标；建筑、装修和结构；空调、通风和净化；给水排水与气体供应；电气；消防；施工要求；检测和验收。它适用于微生物学、生物医学、动物实验、基因重组及生物制品等使用的新建、改建、扩建的生物安全实验室的设计、施工和验收，并明确生物安全实验室的建设应以生物安全为核心，确保实验人员的安全和实验室周围环境的安全，同时根据实验需要保护实验对象不被污染，在建筑上应以实用、经济为原则。

3. 病原微生物实验室生物安全管理条例 2004年11月12日，国务院总理温家宝签署国务院令第424号，公布《病原微生物实验室生物安全管理条例》。

条例分为7章72条，内容包括总则、病原微生物的分类和管理、国家实验室的设立与管理、实验室感染控制、监督管理、法律责任、附则。国务院卫生主管部门或者兽医主管部门依照各自职责对三级、四级（生物安全）实验室是否符合条件进行审查，对符合条件的，发给从事高致病性病原微生物实验活动的资格证书。附则中提到，本条例施行前设立的实验室，应当自本条例施行之日起6个月内，依照本条例的规定办理有关手续。

该条例颁布后，农业部出台了配套文件《动物病原微生物分类名录》《致病性动物病原微生物菌（毒）种或者样本运输包装规范》《高致病性动物病原微生物实验室生物安全管理审批办法》，卫生部出台了《人间传染的病原微生物名录》《可感染人类的高致病性病原微生物菌（毒）种或样本运输管理规定》。

4. 兽医实验室生物安全管理规范 为加强兽医实验室生物安全工作，防止动物病原微生物扩散，确保动物疫病的控制和扑灭工作及畜牧业生产安全，农业部根据《中华人民共和国动物防疫法》和《动物防疫条件审核管理办法》的有关规定，参照国际有关对实验室生物安全的要求，制定了《兽医实验室生物安全管理规范》，并于2003年10月15日颁布施行。

5. 微生物和生物医学实验室生物安全通用准则 2002年12月3日，卫生部发布了卫生行业标准《微生物和生物医学实验室生物安全通用准则（WS233—2002）》，该准则于2003年8月1日开始实施。但鉴于医疗机构微生物和生物医学实验室的实际状况及生物安全要求的特殊性，卫生部于2003年8月19日发布通告（卫通〔2003〕14号），宣布医疗机构推迟2年执行该准则。

6. 动物病原微生物分类名录 2005年5月24日，农业部发布第53号令《动物病原微生物分类名录》，根据第424号国务院令《病原微生物实验室生物安全管理条例》第七条、第八条的规定，对动物病原微生物进行了分类。如将口蹄疫病毒、高致病性禽流感病毒、猪水疱病病毒、非洲猪瘟病毒、非洲马瘟病毒、牛瘟病毒、小反刍兽疫病毒、牛传染性胸膜肺炎丝状支原体、牛海绵状脑病病原、痒病病原归为“一类动物病原微生物”；把猪瘟病毒、鸡新城疫病毒、狂犬病毒、绵羊痘/山羊痘病毒、蓝舌病病毒、兔病毒性出血症病毒、炭疽芽孢杆菌、布鲁氏菌归为“二类动物病原微生物”。

（二）国际实验室生物安全法规及标准

世界卫生组织（WHO）一直非常重视实验室生物安全问题，早在1983年就出版了《实验室生物安全手册》，2004年正式出版了该手册的第三版，主要内容包括微生物危险度评估、基础实验室（一级和二级生物安全水平）、防护实验室（三级生物安全水平）、最高防护实验室（四级生物安全水平）、实验动物设施、实验室/动物设施试运行指南、实验室/动物设施认证指南、实验室生物安全保障的概念、生物安全柜、安全设备、实验室技术、意外事故应对方案和应急程序、消毒和灭菌、感染性物质的运输、生物安全和重组 DNA 技术、危害性化学品、生物安全官员和安全委员会、后勤保障人员的安全和培训规划等。新增内容包括危险度评估，重组 DNA 技术的安全利用，感染性物质的运输。

1993 年，美国疾病控制和预防中心与美国国立卫生研究院（NIH）联合出版了《微生物学及生物医学实验室生物安全准则》，将实验操作、实验室设计和安全设备组合成 1～4 级实验室生物安全防护等级，1999 年发布了第四版，该准则目前已被国际公认为“金标准”。

很多国家在制定本国的生物安全准则时，主要参考上述 2 个标准。

第二节　与动物实验有关的生物危害因素及控制措施

在实验动物饲养繁育和动物实验处理过程中，可能产生各种潜在的生物危害因素，如果不加处理，不仅会危害动物和实验人员的安全，亦会污染环境或威胁生态平衡，可能会对全球政治和经济造成重大影响。制定相应的规章制度妥善处理这些生物危害因素是保障工作人员和实验人员的安全与健康、保护环境的重要一环。

一、与动物实验有关的生物危害因素

与实验动物和动物实验有关的生物危害的种类主要有以下几种。

1. 人兽共患病　近年来，人兽共患病肆虐全球，对人类健康造成重大威胁并引起重大社会问题，因此，实验动物感染人兽共患病而引起的安全问题最为直接，后果最为严重，最受公众关注。全世界目前已知的 200 多种传染病和 150 多种寄生虫病，约 60%（即 200 多种）属于人兽共患病，有 90 多种对人类危害严重，有 30 多种曾在世界范围内大流行。一些实验中常用到家畜、家禽、野生动物等非标准化动物，该类动物常携带未知病原体，存在较大的安全风险隐患。此外，实验动物烈性传染病的流行和传播常造成动物大量死亡，危及动物健康。

部分科研机构在不具备使用许可证的条件下开展动物实验，或在不具备生产许可证的条件下开展遗传工程动物繁殖传代，均存在感染风险及病原体向环境扩散的风险，对人和环境造成生物安全危害，致使人兽共患病流行。

2. 有害气体、气溶胶等　由实验动物的粪尿排泄物产生的有害气体主要有氨、硫化氢、甲基硫醇等。动物饲养密度过大，或更换垫料、冲洗粪便不及时均会引起动物室的氨浓度升高。高浓度氨气对人和动物均有危害，常引起呼吸系统疾病，皮肤和眼睛亦会受到强烈刺激，不仅影响实验结果，还违反动物福利。饲养人员因长期置身于高浓度臭气中也会患慢性鼻炎、气管炎、支气管炎及眼结膜炎等。

动物的被毛、皮屑、唾液、粪便和尿液干燥后通过动物的活动，飞扬到空气中飘浮传播，其中的一些微小酸性糖蛋白对过敏体质的人易致敏，产生 I 型变态反应，引起过敏性鼻炎、支气管哮喘和皮疹等。使用搅拌机、离心机、匀浆机、振荡机、超声波粉碎仪和混合仪等设备处理生物性材料时，可能产生病原微生物气溶胶，如操作不当或防护措施不足，将导致实验人员产生过敏反应，甚至被某些致病病原体感染。

动物实验使用的有毒有害化学品、药物、杀虫剂、农药、消毒剂等流入环境，造成环境污染，最终影响自然界和人类健康。

3. 废弃物　实验动物饲养及实验过程中将产生大量废弃物，主要有废弃垫料和动物粪便、动物尸体、实验用品废弃物和废液等。

（1）废弃垫料和动物粪便：垫料和动物粪便是实验动物设施最大量的废弃物。屏障环境的大、

小鼠一般采用IVC笼盒加垫料的饲养方式，垫料起着吸附尿液和臭气的作用，并且适合啮齿动物做窝的习性，但病原体也会通过气溶胶、粪尿等途径存在于废弃垫料中，引起感染传播。清洁级以上动物产生的废弃垫料收集后可喷洒化学消毒药水并密封，交环卫部门处理，如果是感染性实验或明确动物患有烈性传染病和人兽共患病，则这些动物的废弃垫料必须经高压灭菌后方可传出外环境。

普通级实验动物兔、犬、猴等产生的粪便一般通过自来水冲洗排入专门的化粪池，在化粪池中通过悬浮生长的微生物在耗氧条件下，将粪便中的有机物降解为二氧化碳和水，污水中有机污染物得到降解而去除，澄清后的污水作为处理水排出系统。

（2）动物尸体：死亡或实验结束后产生的动物尸体和脏器组织应使用专用容器盛装（不得混杂异物），放入专用的冷冻冰柜暂时保存，再集中送卫生处理厂作无害化处理。感染性实验或未知病原体感染或确认烈性传染病和人兽共患病感染的动物尸体应首先进行高压灭菌处理，再作为一般动物尸体处理。

（3）实验用品废弃物：实验动物设施运行需要大量的一次性手套、口罩和帽子，动物实验也用到大量一次性注射器及实验耗材，这些实验用品废弃物需分类进行处理。一般性实验或饲养实验动物产生的一次性手套、口罩等废弃物收集后可喷洒化学消毒药物，再交由市政环卫处理；动物的血液和组织液，应有专用容器收集，定期回收进行焚烧等处理；生物废弃物放入专用黄色垃圾桶统一灭菌处理；设立锐器收集盒，定期交专业处理公司处理；对于不能焚烧处理的有毒有害玻璃试剂瓶等，也应使用专用容器收集，交环卫部门处理。

（4）废液：清洗动物笼具会产生大量污水，须设立专门污水管道排入化粪池进行无害化处理。动物实验使用过的试剂如甲醛、丙酮、多聚甲醛等有机溶剂应用专用废液收集容器暂时储存，定期交由专业废液处理公司处理。

4. 实验操作意外　动物实验不同于体外实验，任何操作不当都会影响实验结果或造成生物危害。意外伤害是一类非常重要的安全风险。意外伤害主要有被动物咬伤和抓伤、被尖锐玻璃器皿刺伤或注射针头扎伤、有害药物或动物血液误入眼结膜等，这些意外伤害均有可能引起操作人员感染血源性传染病。

动物实验中需接触感染性材料时，应分类识别可能的风险，严格做好生物安全防护，实现有效控制。被污染的手、手套和口罩会导致感染性物质的食入，或导致皮肤、眼睛的污染，同时也会对实验室门把手、实验仪器、电话等公用设施造成污染。

5. 基因工程相关危害　现代生物技术已经将研究对象提升到分子水平，基因工程属于典型的现代生物技术，基因工程动物是将外源基因导入受体细胞，以改变生物原有的遗传特性、获得新品种，将有可能引发转基因生物的蔓延及遗传资源丧失等风险。而前沿生物技术以合成生物学和基因编辑为重要代表。合成生物学以创造新型生物为目标，这种“非自然存在的人造生命体”因具有自我繁衍并遗传进化的特征，很可能在未来引发多方面的“不确定性”，从而导致种种伦理及安全问题的出现。

二、防控措施

应对实验动物饲养繁育和动物实验处理过程中可能产生的各种潜在的生物危害，应从意识培养、事先预防、监督监测、应急处置这四类制度进行系统防控。

1. 建立专业人士强制培训制度　动物实验者往往比较关注实验内容，对生物安全风险防范意识不够，从而导致不安全的行为、不规范的实验操作出现，导致生物安全事件频频发生。

专业人士包括生物安全决策者、管理者、监管者及与实验动物有关联的科研人员，对此类专业人士分层次开展生物安全风险防范意识和生物安全基础专业知识的强制培训是防范动物实验生物安全事件发生的重要保证。首先，应将强制培训作为决策监管人员担任相关职务的前提条件，将生物安全的科普工作业绩纳入其考核评价体系。其次，动物实验人员必须参加动物实验岗前培训并考核合格。目前，中国实验动物学会、各省实验动物学会开展了多层次的实验动物从业人员培训项目，综合大学或医药类高校开设了实验动物学和动物实验技术等相关课程，此类培训有助于实验者掌握实验操作技术，清楚认识实验过程中可能发生的生物危害及有效的防护措施。最后，建立严格的实验室准入机制及门禁管理制度，严禁未经批准者进入实验室。对动物实验申请者开展严格的实验资质审查及考核是强制培训制度实施的重要保障。

2. 建立事先预防类制度 事先预防类制度一般包括实验动物许可管理办法、动物实验风险评估制度、分级管理制度等。

对实验动物实施相应的行政许可行为，从而对实验动物可能引发的生物危害进行事先控制的手段是预防相关生物危害风险的重要措施。2001 年，科学技术部等 7 部委联合发布了《实验动物许可证管理办法（试行）》。目前，北京市、湖北省、云南省、黑龙江省及广东省开展了实验动物管理条例立法工作，辽宁省、重庆市、浙江省、陕西省等则以省长令（市长令）的形式，颁布了实验动物管理的行政法规。上述实验动物管理法规的颁布实施，在确保动物福利的基础上有效防范了违规生产实验动物及开展动物实验带来的生物安全隐患。

风险评估制度是指对有关动物实验项目进行风险评价，审查内容包括动物福利、伦理、科学需要、生物安全等方面，评估该实验对公卫安全、生态安全和国土安全潜在有害影响的大小及这种损害产生的可能性，以决定其是否获得许可。风险评估制度是行政许可制度的前置程序。风险评估具有极强的专业性，一般由实验动物伦理委员会或生物安全委员会评估，风险评估的结果是决定动物实验活动能够获得许可的重要前提。

根据实验涉及的实验动物因素（种类、来源、动物等级等）、动物实验因素（试剂、操作、感染性等）及涉及的生物技术等分为不同等级，分别设置不同的管理要求，制定适当的风险管理措施。例如，严禁在低生物安全等级的实验室开展高致病性病原微生物实验和动物感染实验；新引种的遗传工程小鼠如要长期保种繁育，需做生物净化；各种感染实验用过的培养基、取材后的动物尸体、动物垫料等需要以高温灭菌等方式进行无害化处理。

3. 建立监督检查制度 由于动物实验的风险性和专业性，建立监督检查制度和信息监测制度是贯彻风险预防原则、全程控制原则的制度保障，有利于及时发现风险并采取相应的措施，以规避风险和生物危害。各省实验动物监督检查机构应加强对实验动物的监督检查力度，切实发挥其在监测、预防和控制实验动物传染病，尤其是人兽共患病中的作用，以及对动物实验的监管作用。实验动物生产及使用单位也应开展实验动物质量及环境的自检工作，充分利用信息化手段，开展动物实验事前审批和实验过程监督管理，杜绝违规饲养动物的现象。

4. 应急处置制度 生物安全风险随时可能发生甚至蔓延的客观现实，要求实验动物机构必须建立起完善的应急处置制度，针对一系列实验动物中心涉及的生物安全风险，诸如突发的人兽共患病、动物烈性传染病、不明原因的实验动物大批发病或死亡及新传入本地的实验动物疫病、前沿生物技术成果造成生态危害等制定应急预案，最大限度地减轻突发事故对实验动物生产和使用及公众健康等造成的损害，维护公共安全及社会稳定。依据本单位的实际情况建立应急组织管理系统并设立宣传机构，制定应急预案并组织协调各方力量，组建应急救援队伍，定期对应急处置方案的可行性和可操作性进行有效评估和验证，及时修订。建立应急处置制度是有效应急救援工作，降低事故危害性的重要方法。

第三节　实验动物常见感染性疾病

实验动物常见感染性疾病包括人兽共患病、动物烈性传染病和一般性疾病。人兽共患病是指在脊椎动物与人类之间自然传播的疾病和感染，即人和脊椎动物由共同病原体引起的、在流行病学上又有关联的一类疾病。

一、实验动物传染病的危害

实验动物传染病一般有显性感染、隐性感染、病原携带状态、潜伏感染4种表现形式。其流行传播必须具备传染源、传播途径和易感动物3个基本条件。实验动物传染病可有如下危害。

1. 动物及实验损失 某些疾病如鼠痘、兔出血症、犬细小病毒病等的流行，可导致实验动物集体死亡或质量下降，可造成严重的经济损失，或使正常实验被迫中断。

2. 威胁人类健康 许多实验动物传染病为人兽共患的疾病，这些传染病可在人与动物之间传播流行，因而也对饲养人员和研究人员的健康构成威胁。特别是动物感染后呈隐性感染或病原携带状态，如流行性出血热等。在这种情况下，隐性感染的动物症状并不明显，而与患病动物接触的人员却发生严重疾病。因此，这类传染病潜伏着巨大的危害。

3. 影响实验结果 实验动物的微生物和寄生虫感染可不同程度干扰实验结果，从而影响研究工作的准确性和可靠性，甚至得出错误的结论。如仙台病毒感染引起肺鳞状化生病变，鼠肝炎病毒感染引起血清谷草转氨酶、谷丙转氨酶增高等。

二、实验动物感染性疾病的病原体

（一）导致人兽共患病的主要病原体

1. 病毒 导致人兽共患病的病毒有淋巴细胞脉络丛脑膜炎病毒、狂犬病毒、猕猴疱疹病毒Ⅰ型（B病毒）、汉坦病毒（流行性出血热病毒）等。

2. 细菌 导致人兽共患病的细菌有沙门氏菌、布鲁氏菌、志贺菌、结核分枝杆菌、钩端螺旋体等。

3. 真菌 导致人兽共患病的真菌有皮肤病原真菌等。

4. 寄生虫 导致人兽共患病的寄生虫有弓形虫等。

（二）实验动物主要烈性传染病病原体

导致实验动物烈性传染病的病原体主要有鼠痘病毒（小鼠脱脚病病毒）、兔出血症（兔瘟）病毒、犬细小病毒（致急性出血性肠炎）、犬瘟热病毒、传染性犬肝炎病毒等。

（三）引起实验动物一般性疾病的病原体

1. 病毒 引起实验动物一般性疾病的病毒有小鼠肝炎病毒、小鼠仙台病毒、猴反转录D型病毒等。

2. 细菌 引起实验动物一般性疾病的细菌有多杀巴斯德杆菌、泰泽病原体、鼠棒状杆菌、支原体等。

3. 寄生虫 引起实验动物一般性疾病的寄生虫有多种体内寄生虫。

三、病毒性疾病

（一）淋巴细胞脉络丛脑膜炎

淋巴细胞脉络丛脑膜炎（lymphocytic choriomeningitis，LCM）是一种人兽共患病，在实验动物多呈隐性感染，小鼠感染后可不出现症状，但可通过胎盘传给子代。感染该病毒的小鼠是研究病毒特异性免疫耐受性疾病的理想动物模型。

1. 病原学 引发淋巴细胞脉络丛脑膜炎的病原是淋巴细胞脉络丛脑膜炎病毒（lymphocytic choriomeningitis virus，LCMV），属砂粒病毒，呈圆形或椭圆形，单链 RNA，有囊膜，可在鸡胚绒毛尿囊上增殖，但不产生可见痘斑，只有适应生长后才产生细胞病变。LCMV 对乙醚敏感，不耐热，56℃加热 1h、紫外线或 0.1%甲醛都可使其灭活。

2. 流行病学

（1）传染源：感染 LCMV 的野小鼠或实验小鼠。

（2）传播途径：接触带病毒野小鼠或实验小鼠的分泌物、排泄物，吸血昆虫传播，以及胎盘垂直传播等。

（3）易感者：小鼠、豚鼠、大鼠、地鼠、兔等，人亦易感。

3. 症状 LCMV 在实验动物多呈隐性感染，小鼠感染后可不出现症状，人感染后表现类流感样症状，严重者侵犯中枢神经引起脑膜炎等。

4. 诊断 LCM 通常是无症状感染。怀疑本病时，可将患病动物的血清、脑脊液或病变组织接种在 SPF 小鼠脑内，该小鼠 4～5 日后死亡，可做出诊断。亦可用血清学方法检测 LCMV 抗体。

5. 预防与控制 严格防止野小鼠和感染小鼠等进入动物室与实验室。加强血清学监测，消灭带毒病小鼠。

（二）鼠痘

鼠痘（ectromelia，Ect）又称小鼠传染性脱脚病（infectious ectromelia），是由鼠痘病毒感染引起的小鼠烈性传染病，患病动物往往未出现症状即死亡，死亡率高达 90%以上。

1. 病原学 鼠痘病毒属痘病毒科，双链 DNA 结构，包膜上有血细胞凝集素，可凝集鸡的红细胞。鼠痘病毒与其他痘病毒之间的抗原关系密切，血清学上有明显的交叉反应。鼠痘病毒对干燥、低温有较强的抵抗力，但可被 100℃以上高温及紫外线迅速杀死。

2. 流行病学

（1）传染源：感染鼠痘病毒的野小鼠和实验小鼠。

（2）传播途径：接触病鼠患处渗出液、分泌物及其污染物品。

（3）易感动物：小鼠，尤其是 A、C3H、DBA/2、BALB/c、CBA 等品系。

幼鼠和衰老小鼠对本病特别易感，且常呈致死性。但本病在野小鼠中较少发生。

3. 症状 小鼠肢体和尾巴严重水肿、溃疡，最后坏死脱落，故称脱脚病。

4. 诊断 根据流行病学、症状特征、病毒分离鉴定、血清学检查可做出诊断。血清学检查方法主要有酶联免疫吸附试验（ELISA）等。

5. 预防与控制 定期做血清学监测，防止将传染源引入动物种群和实验室，隔离可疑小鼠，扑灭感染鼠群。一切可能受污染的物品要高压消毒，房间用甲醛等消毒剂熏蒸。接种牛痘疫苗可预防此病。

（三）狂犬病

狂犬病（rabies）又称恐水症（hydrophobia），是一种由狂犬病毒引起的、累及中枢神经系统的急性传染病，为人兽共患病。动物感染后，一般有狂暴型和麻痹型两种类型。人感染后出现高度兴奋、恐惧不安、畏风、流涎，以及由于咽喉肌和呼吸肌痉挛而发生恐水、吞咽困难、呼吸困难等症状，严重者瘫痪甚至死亡。

1. 病原学 狂犬病毒属弹状病毒科，病毒形似子弹，单链 RNA，表面有脂蛋白包膜。病毒对过氧化氢、高锰酸钾、苯扎溴铵、来苏儿等消毒药敏感；不耐湿热，100℃加热 2min 及紫外线照射均能灭活；耐低温，在 4℃下可存活数月到 1 年。

2. 流行病学

（1）传染源：主要是狂犬，其次是携带病原的猫、猪、牛、马等家畜和野兽等温血动物。自然界中，以野生动物为主，如狼、狐狸、吸血蝙蝠等。近年国内报告外观健康家犬带毒率平均为 14.9%（8%～25%）。无症状和顿挫型感染的动物可长期通过唾液排毒，成为人畜的传染源。

（2）传播途径：主要通过咬伤传播，也可由带病毒唾液经各种伤口，以及抓伤、舔伤的黏膜和皮肤而入侵。少数可通过对病犬宰杀、剥皮、切割等过程而被感染。

（3）易感者：人和各种畜类对本病都有易感性，尤其是犬科和猫科动物。

3. 症状 犬狂暴型表现为高度兴奋、冲撞、性欲亢进、攻击人畜、死亡；犬麻痹型表现为吞咽麻痹、伸颈、伸舌、流涎等，继而死亡。人感染后，临床表现为特有的恐水、怕风、恐惧不安、咽肌痉挛、进行性瘫痪，甚至死亡。

4. 诊断 如果患病动物出现典型的病程，则结合病史可做出初步诊断。当动物或人被可疑病犬咬伤后，应及早对可疑病犬做出确诊。尸检动物脑组织内氏小体可确诊。

5. 预防与控制 人被犬或猫咬伤后，必须在 24h 内注射狂犬疫苗。对可疑动物要隔离观察，病死动物应予焚毁或深埋处理。捕杀野犬、管理和免疫家犬与家畜（注射兽用狂犬病毒疫苗）有一定的预防作用。

（四）流行性出血热

流行性出血热（epidemic hemorrhagic fever，EHF）又称肾综合征出血热，为人兽共患病。引起本病的汉坦病毒主要存在于野生啮齿动物，偶尔也会传播给实验大鼠和小鼠，继而传播给人。实验动物感染后，多呈隐性感染和持续带病毒状态，可无明显临床症状和病理改变，但传染给人则可引发疾病。

1. 病原学 引起本病的是汉坦病毒，又称流行性出血热病毒，单链 RNA 结构，有囊膜，可凝集鹅的红细胞。此病毒能在多种细胞中生长，且细胞病变不明显。此病毒对环境和理化因素的抵抗力较差。

2. 流行病学

（1）传染源：主要是携带此病毒的野鼠，以黑线姬鼠和褐家鼠为代表，可在实验大鼠等啮齿动物中流行。近年发现，此病毒可由实验大鼠传播给人。

（2）传播途径：尚不十分明确，主要以螨等吸血昆虫为传播媒介。含有病毒的血、尿、分泌物等污染人的皮肤破损处，或病鼠咬伤人，亦可使人患病。携带汉坦病毒的气溶胶（粉尘或水蒸气微粒）也可传播本病。

（3）易感者：主要是人，其次为大鼠、小鼠等实验动物。动物感染后可不发病，而人则发病。

3. 症状 人感染后出现头痛、眼眶痛、腰痛等“三痛”症状，以及面部、颈部、胸部红肿等“三红”体征，典型临床经过分为发热期、低血压休克期、少尿期、多尿期和恢复期。有发热、头痛等类似感冒症状，个别病例严重时并发急性心力衰竭，可导致死亡。

4. 诊断 多数易感动物对此病毒表现为无症状感染，其诊断主要靠血清特异性抗体检测，也可在感染大鼠的肺组织中查出特异性病毒抗原。常用方法有酶联免疫吸附试验（ELISA）和免疫荧光抗体试验等。

5. 预防与控制 由于野鼠是本病的主要传染源和病毒携带者，因此消灭野鼠、防止野鼠进入动物饲养室和实验室是预防本病的关键措施。定期做血清学检查具有重要意义。无菌剖宫取胎术和屏障环境饲养可根除此病毒感染。

实验动物的其他常见病毒性传染病见表 3-1。

表 3-1 实验动物其他常见病毒性传染病

疾病		小鼠肝炎	仙台病毒病	犬细小病毒病
病原学		病毒颗粒呈球形，有囊膜，对乙醚和甲醛敏感	病毒颗粒呈多形性，有囊膜，单链 RNA，血凝素能凝集多种动物红细胞，病毒抵抗力弱，不耐酸，不耐热	病毒呈球形，单链 RNA，无囊膜，血凝性强，抵抗力强，能在多种细胞内生长，但无明显细胞病变
流行病学	传染源	病鼠和无症状带毒鼠	有症状和无症状的感染鼠	病犬
	传播途径	消化道、呼吸道传播	呼吸道传播	病毒随尿、唾液、呕吐物、粪排出
	易感动物	只感染小鼠	主要感染小鼠	幼犬
症状		多数无症状。急性感染表现为消瘦、腹水、营养不良及神经系统症状	多不明显，特别是慢性感染，典型症状为弓背坐立，被毛竖起，眼球下陷，分泌物增多，体重剧减，呼吸困难等	出血性腹泻、呕吐、高热、脱水、心肌炎、白细胞减少
诊断		病理学、血清学检查，病毒分离	本病毒仅一个血清型，故血清学诊断较方便；病毒分离	外周血白细胞计数减少，血凝抑制试验等
预防与控制		防野鼠，将小鼠饲养在屏障环境中	经空气传播不易控制，需采取综合措施	接种减毒活疫苗或灭活疫苗，病犬隔离，饲养室消毒

四、细菌性疾病

各种实验动物对有关细菌性疾病的易感性不同，且存在种群、品系、性别、年龄的差异，其细菌性疾病具有不同程度的地域性、流行性、季节性和感染后免疫性。随病原菌的毒力、动物的健康状况及免疫力的不同，其流行可表现为散发、暴发或大流行等形式。

引发实验动物感染性疾病的细菌大致可分为人兽共患病病原菌、动物致病菌和条件致病菌三大类。在动物实验中，条件致病菌对实验结果的影响最易被忽视，因而必须严格控制。

对实验动物的细菌性疾病一般不主张治疗，因为药物不能根除感染的病原菌，而使治愈动物成为新的传染源。此外，药物尚会改变动物的生理功能，从而影响实验结果。因此，预防才是保证动物质量的有效手段。

（一）沙门氏菌病

实验动物的沙门氏菌病为人兽共患病，主要由鼠伤寒沙门氏菌和肠炎沙门氏菌引起。

1. 病原学 沙门氏菌（salmonella）属革兰氏阴性短杆菌，无芽孢，有鞭毛，能运动。此菌不发酵乳糖和蔗糖，不凝固半乳糖，不液化明胶，不产生靛基质；在营养琼脂上生长良好。

2. 流行病学

（1）传染源：携带鼠伤寒沙门氏菌和肠炎沙门氏菌的野鼠、苍蝇、动物粪便及病鼠等。

（2）传播途径：粪便污染垫料、饲料、饮用水后，经消化道感染。

（3）易感者：大鼠、小鼠、豚鼠、兔。

3. 症状 主要表现为食少和腹泻，急性暴发型可导致动物迅速死亡。

4. 诊断 根据症状及细菌培养鉴定可做出诊断。如果能从动物体液、器官组织中分离出此菌，说明此菌已在动物体内广泛播散。

5. 预防与控制 严防野鼠，防止苍蝇、粪便污染，隔离和淘汰病鼠、病兔。

（二）支原体病

支原体（mycoplasma）又称菌形体、霉形体，是一群介于病毒和细菌之间的多形微生物。它可引起实验动物、家畜、家禽和人类发生有关疾病。危害实验动物的支原体有肺支原体、溶神经支原体、关节炎支原体等。

1. 病原学　高度多态且大小不一，无细胞壁，而仅在细胞质表面有 3 层细胞膜；在合适的琼脂培养基上可以形成约 0.5mm 直径的荷包蛋形菌落。

2. 流行病学

（1）传染源：携带病原体或已经患病的小鼠、大鼠。

（2）传播途径：带菌母鼠舔仔鼠、气溶胶传播、经污染笼具间接接触传播等。

（3）易感动物：小鼠、大鼠。

3. 症状　肺支原体可引起化脓性鼻炎和慢性肺炎等呼吸系统疾病；有时并发中耳炎、内耳炎引起实验动物“歪头病”，患鼠头斜于患侧转圈走，提起鼠尾使之倒立，患鼠身体迅速旋转；肺支原体感染生殖道可致死胎或不育。

溶神经支原体导致小鼠旋转病，可出现头部震颤、身体翻滚等症状。关节炎支原体主要侵袭大鼠，引起多发性关节炎。

4. 诊断　分离培养支原体，间接血凝试验、补体结合试验、酶联免疫吸附试验（ELISA）等血清学方法，有助于确诊本病。

5. 预防与控制　淘汰病鼠群，使用屏障环境饲养。

（三）巴斯德杆菌病

对实验动物有致病作用的巴斯德杆菌（pasteurella）主要有多杀巴斯德杆菌和嗜肺巴斯德杆菌。

1. 病原学　巴斯德杆菌为革兰氏阴性短杆菌，无芽孢，无荚膜。可在血琼脂平皿上较好生长，而形成不溶血的菌落。

2. 流行病学

（1）传染源：病兔和带菌啮齿类如豚鼠、小鼠、大鼠等。

（2）传播途径：直接接触患病动物、间接接触患病动物的分泌物和粪便污染的物品，或垂直传播给子代。

（3）易感动物：兔对此菌最敏感，其次为豚鼠、小鼠和大鼠。

3. 症状　多杀巴斯德杆菌使实验动物发生出血性败血症；嗜肺巴斯德杆菌可引起小鼠和大鼠肺炎、中耳炎、结膜炎、皮下溃疡，并可引起尿道、生殖道疾病。

4. 诊断　症状有助于做出诊断，细菌培养、鉴定可以确诊本病。

5. 预防与控制　扑灭病兔群，及时隔离、淘汰病兔，改善环境条件。

实验动物的其他常见细菌性疾病见表 3-2。

表 3-2　实验动物的其他常见细菌性疾病

疾病	病原体	易感动物	感染途径	临床表现	诊断	预防与控制
细菌性肺炎	肺炎双球菌、克雷伯肺炎杆菌、鼠丹毒杆菌、鼠棒状杆菌、巴斯德杆菌、波氏杆菌	大鼠、小鼠、豚鼠、仓鼠、兔	呼吸道	呼吸困难、腹式呼吸、肺部啰音、口唇发绀、咳嗽（猴）	临床表现、病理检查、X 线检查、细菌分离、培养鉴定	寒冷季节要注意保持适当室温，保持空气流通
泰泽氏病	泰泽病原体	大鼠、小鼠、豚鼠、兔、猫	芽孢经消化道传染或胎盘垂直传播	幼鼠急起严重腹泻，肛周粪污，称为湿尾病	尸检、肝肠组织找病原体、血清学检查	保持温度、湿度、饲养密度，剖宫取胎，屏障环境
利斯特杆菌病	单核细胞增多性利斯特杆菌	大鼠、小鼠、豚鼠、家兔	消化道、皮肤创口接触传染	急病可致死亡，亚急性感染致虚弱忧郁、流涎流泪、脑膜炎、败血症、惊厥	病原菌分离培养鉴定	火野鼠，控制饲养密度，淘汰带病动物
结核病	结核分枝杆菌	猴、豚鼠、兔、猫	呼吸道接触	反复咳嗽、肺部啰音、低热消瘦、食欲减退	结核菌素试验、X 线检查、细菌检查	定期检查，淘汰患病动物，建立健康种群

五、寄生虫疾病

实验动物寄生虫按寄生部位可分为体内寄生虫（原虫、蠕虫）和体外寄生虫（昆虫）两大类。动物寄生虫的种类繁多，感染较为普遍，且难以根除，既影响动物质量、干扰实验结果，又威胁饲养人员和科研人员的健康。但寄生虫病不像细菌或病毒性疾病可在短期内造成大批动物死亡，因此易被忽视。以下仅介绍弓形虫病。实验动物的其他常见寄生虫病见表 3-3～表 3-5。

表 3-3 实验动物常见的蠕虫病

病名	蠕虫	宿主寄生部位	感染途径	对宿主的影响	诊断	防治
四翼无刺线虫病	四翼无刺线虫	小鼠大肠	经口	轻度感染无症状，严重感染可引起肠炎、直肠脱出、肠套叠、肠梗阻	粪便虫卵检查	哌嗪，或剖宫取胎术
管状线虫病	管状线虫	小鼠盲肠、大肠	经口	轻度感染无症状，严重感染可引起肠炎、直肠脱出、肠套叠、肠梗阻	粪便虫卵检查	哌嗪，或剖宫取胎术
短膜壳绦虫病	短膜壳绦虫	人、鼠肠道	经口	阻碍生长，体重下降，肠梗阻、肠炎	粪便虫卵检查	哌嗪，或剖宫取胎术
蛔虫病	弓蛔虫	猫、犬小肠	经口	食欲下降，呕吐	粪检虫卵及成虫	四咪唑、哌嗪
结节线虫病	猴结节线虫	灵长类动物结肠	经口	腹泻，体重下降，腹水	粪检虫卵及成虫	噻苯哒唑

表 3-4 实验动物常见的原虫病

病名	原虫	宿主寄生部位	感染途径	对宿主的影响	诊断	防治
兔球虫病	兔球虫	兔肠、肝	经口	厌食，体重下降，肝肿大，黄疸，死亡	粪便卵囊检查	氯丙啉、磺胺二甲基嘧啶
疟疾	猴疟原虫	猴血液	蚊子叮咬	自然感染症状轻，人工感染与人恶性疟疾相似	血液涂片	磺胺嘧啶
阿米巴病	溶组织内阿米巴原虫	猴肠	经口	无症状或水样腹泻	粪便包囊检查	盐酸依米丁、卡巴胂

表 3-5 实验动物常见体外寄生虫

病名	寄生虫	宿主寄生部位	感染途径	对宿主的影响	诊断	防治
螨病	螨	皮肤、被毛	接触	瘙痒、脱毛、红斑、皮炎	皮屑、毛发镜检	0.3%敌百虫药浴，改善卫生条件
蚤病	蚤	皮肤、被毛	接触	瘙痒、脱毛、红斑、皮炎	皮屑、毛发镜检	0.3%敌百虫药浴，改善卫生条件
虱病	虱	皮肤、被毛	接触	瘙痒、脱毛	皮屑、毛发镜检	1%敌百虫喷洒或药浴

注：螨、蚤、虱叮咬人，可传播流行性出血热和（或）鼠型斑疹伤寒。

弓形虫病

弓形虫（*Toxoplasma gondii*）病又称毒浆原虫病，为人兽共患体内寄生虫病，由袭地弓形虫引起。

1. 病原学 袭地弓形虫依其不同发育阶段有滋养体、包囊、裂殖体、配子体和卵囊。滋养体和包囊出现在中间宿主和终末宿主猫的体内，而裂殖体、配子体和卵囊只出现在终末宿主猫的体内。

2. 生活史 猫吞食含弓形虫包囊的动物组织或成熟的卵囊后，包囊内的滋养体或卵囊内的子孢子即进入猫的消化道，并侵入肠上皮细胞进行繁殖，经裂殖子、配子体、配子、配子生殖等有性繁殖阶段后，产生卵囊。卵囊随粪便排出，在外界环境 2～4 日发育为成熟的感染性卵囊。部分弓形虫包囊内的滋养体，随猫的淋巴、血液到达全身组织器官的有核细胞内，进行无性繁殖。由于宿主产生免疫力，部分滋养体在宿主组织器官内形成包囊。

3. 流行病学

（1）传染源：终末宿主（猫），中间宿主（小鼠、大鼠、家兔、豚鼠、地鼠、犬、猴、人）。

（2）传播途径：实验动物和人误食含弓形虫成熟卵囊的食物，或含弓形虫包囊的肉类和乳类，即可发病。

（3）易感者：猫、小鼠、大鼠、家兔、豚鼠、地鼠、犬、猴、人。

4. 症状 实验动物和人的主要病变是肠道、眼、心、脑、肺、肌肉、肝、脾等器官组织形成肉芽肿性炎症和坏死，并引起相应症状。病猫表现为稽留热、精神萎靡、食欲减退、便秘、呼吸困难、四肢和全身肌肉强直、腹股沟淋巴结肿大。

5. 诊断 检查弓形虫，间接血凝试验可做出诊断。

6. 预防与控制 消灭患病动物，每天更换消毒垫料和笼具。

第四节 生物安全防护实验室

近年来，生物安全在全球已经受到越来越多的重视，新型冠状病毒肺炎、严重急性呼吸综合征（SARS）和高致病性禽流感的暴发流行，彰显出我国在生物安全领域面临的形势严峻，我国政府开始加强公共卫生体系建设和疾病预防控制体系建设，完善应对突发公共卫生事件的处理机制。

开展对新型冠状病毒肺炎、严重急性呼吸综合征和禽流感等感染性疾病的防治研究离不开生物安全实验室，人们根据所操作的微生物及其毒素等生物因子的危害程度，将生物安全实验室分为 4 级。下面对实验室生物安全常用术语、生物安全防护实验室分级及技术指标等内容进行介绍。

一、实验室生物安全常用术语

（1）一级屏障：是指操作者与被操作对象之间的隔离，也称一级隔离，主要通过生物安全柜、正压防护服等安全措施防护。

（2）二级屏障：是指生物安全实验室与外部环境之间的隔离，也称二级隔离，主要通过相关建筑技术达到实验室与外界环境相隔离的目的。

（3）生物安全实验室：通过防护屏障和管理措施，达到生物安全要求的微生物实验室和动物室。包括主实验室及其辅助用房。

（4）实验室防护区：实验室的物理分区，此区域内生物风险相对较大，是对实验室的平面设计、围护结构的密闭性、气流、人员进入、个体防护等进行控制的区域。

（5）实验室辅助工作区：指生物风险相对较小的区域，也指生物安全实验室中防护区以外的区域。

（6）主实验室：是生物安全实验室中污染风险最高的房间，包括实验操作间、动物饲养间、动物解剖间等，也称核心工作间。

（7）生物因子：指微生物和生物活性物质。

（8）风险：指危险发生的概率及其严重性的综合。

（9）气溶胶：悬浮于气体介质中的粒径一般为 0.001～100μm 的固态或液态微小粒子形成的相对稳定的分散体系。

（10）高效空气过滤器（high efficiency particulate air filter，HEPA filter）：通常以 0.3μm 微粒为测试物，在规定的条件下滤除效率高于 99.97%的空气过滤器。

（11）缓冲间：设置在被污染概率不同的实验室区域间的密闭室，具有通风系统，其两个门具有互锁功能，且不能同时处于开启状态。

二、生物安全防护实验室分级

生物安全防护实验室根据生物安全防护水平（biosafety level，BSL 或 protect，P）分为 4 级，一级生物安全防护实验室的防护能力最低，四级生物安全防护实验室的防护能力最高。进行动物实验的生物安全防护实验室（animal biosafety level，ABSL）也分为四级：ABSL-1、ABSL-2、ABSL-3、ABSL-4。

在国务院第 424 号令《病原微生物实验室生物安全管理条例》第三十条中规定："需要在动物体上从事高致病性病原微生物相关实验活动的，应当在符合动物实验室生物安全国家标准的三级以上实验室进行。"可见，感染性动物实验必须在生物安全实验室中进行。

1. 一级生物安全防护实验室 简称 BSL-1 实验室或 P1 实验室。此实验室用于四类病原微生物的实验，主要通过生物安全柜、防护服、手套、眼罩等来实现人与病原体的隔离。有相应的管理制度。

2. 二级生物安全防护实验室 简称 BSL-2 实验室或 P2 实验室，用于三类病原微生物的实验。二级生物安全防护实验室通过生物安全柜、负压隔离器、防护服、手套、眼罩等来实现人与病原体的隔离。

使用二级生物安全防护实验室的注意事项：①在处理危险度 2 级或更高危险度级别的微生物时，在实验室门上应标有国际通用的生物危害警告标志。②只有经批准的人员可进入实验室工作区域。③实验室的门应保持关闭。④儿童不应被批准或允许进入实验室工作区域。⑤进入动物室应当经过特别批准。⑥与实验室工作无关的动物不得带入实验室。⑦要有相应的管理规章制度。

3. 三级生物安全防护实验室 简称 BSL-3 实验室或 P3 实验室，用于二类病原微生物的实验。

三级生物安全防护实验室应采用一级和二级生物安全水平的基础实验室的操作规范，并做下列修改：①张贴在实验室入口门上的国际生物危害警告标志应注明生物安全级别及管理实验室出入的负责人姓名，并说明进入该区域的所有特殊条件，如免疫接种状况。②实验室防护服必须是正面不开口的或反背式的隔离衣、清洁服、连体服、带帽的隔离衣，必要时穿着鞋套或专用鞋。实验室防护服不能在实验室外穿着，且必须在清除污染后再清洗。当操作某些微生物因子时（如农业或动物感染性因子），可以允许脱下日常服装换上专用的实验服。③开启各种潜在感染性物质的操作均必须在生物安全柜或其他基本防护设施中进行。④有些实验室操作，或在进行感染了某些病原体的动物操作时，必须配备呼吸防护装备。

4. 四级生物安全防护实验室 简称 BSL-4 实验室或 P4 实验室，用于一类病原微生物的实验，是生物安全水平最高的防护实验室。根据使用生物安全柜的类型和穿着防护服的不同，可分为生物安全柜型和正压服型两类。

四级生物安全防护实验室的运作应在国家或其他有关的卫生主管机构管理下进行，除采用三级生物安全防护实验室的操作规范外，还应做到以下 4 点：①实行双人工作制，任何情况下严禁任何人单独在实验室内工作；②在进入实验室之前及离开实验室时，要求更换全部衣服和鞋子；③工作人员要接受人员受伤或疾病状态下紧急撤离程序的培训；④实验室中的工作人员与实验室外面的支持人员之间，必须建立常规情况和紧急情况下的联系方法。

因为四级生物安全防护实验室中工作的高度复杂性，应单独制订详细的工作手册，并在培训中进行检查。此外，还应制订应急方案，在制订应急方案的准备过程中，应与国家和地方的卫生主管机构积极协作，同时也要包括消防、警察、定点收治医院等其他应急服务机构。

三、生物安全防护实验室技术指标

根据所操作致病性生物因子的传播途径不同，将生物安全防护实验室分为 a 类和 b 类。a 类生物安全防护实验室指操作非经空气传播生物因子的实验室；b 类生物安全防护实验室指操作经空气传播生物因子的实验室，b1 类生物安全防护实验室可有效利用安全隔离装置进行操作，b2 类生物安全防护实验室不能有效利用安全隔离装置进行操作。

二级生物安全防护实验室宜实施一级屏障和二级屏障，三级、四级生物安全防护实验室应实施一级屏障和二级屏障。生物安全防护实验室二级屏障的主要技术指标见表 3-6，三级和四级生物安全防护实验室其他房间的主要技术指标应符合表 3-7 的规定。

表 3-6　生物安全防护实验室二级屏障的主要技术指标

<table>
<tr><th>级别</th><th>相对于大气的最小负压（Pa）</th><th>与室外方向上相邻相通房间的最小负压差（Pa）</th><th>洁净度级别</th><th>最小换气次数（次/h）</th><th>温度（℃）</th><th>相对湿度（%）</th><th>噪声［dB（A）］</th><th>平均照度（lx）</th><th>围护结构严密性（包括主实验室及相邻缓冲间）</th></tr>
<tr><td>BSL-1/ABSL-1</td><td></td><td></td><td></td><td>可开窗</td><td>18～28</td><td>≤70</td><td>≤60</td><td>200</td><td></td></tr>
<tr><td>BSL-2/ABSL-2 中的 a 类和 b1 类</td><td></td><td></td><td></td><td>可开窗</td><td>18～27</td><td>30～70</td><td>≤60</td><td>300</td><td></td></tr>
<tr><td>ABSL-2 中的 b2 类</td><td>−30</td><td>−10</td><td>8</td><td>12</td><td>18～27</td><td>30～70</td><td>≤60</td><td>300</td><td></td></tr>
<tr><td>BSL-3 中的 a 类</td><td>−30</td><td>−10</td><td rowspan="6">7 或 8</td><td rowspan="6">15 或 12</td><td rowspan="6">18～25</td><td rowspan="6">30～70</td><td rowspan="6">≤60</td><td rowspan="6">300</td><td rowspan="3">所有缝隙应无可见泄漏</td></tr>
<tr><td>BSL-3 中的 b1 类</td><td>−40</td><td>−15</td></tr>
<tr><td>ABSL-3 中的 a 类和 b1 类</td><td>−60</td><td>−15</td></tr>
<tr><td>ABSL-3 中的 b2 类</td><td>−80</td><td>−25</td><td>房间相对负压值维持在−250Pa 时，房间内每小时泄漏的空气量不应超过受测房间净容积的 10%</td></tr>
<tr><td>BSL-4</td><td>−60</td><td>−25</td><td rowspan="2">房间相对负压值达到−500Pa，经 20min 自然衰减后，其相对负压值不应高于−250Pa</td></tr>
<tr><td>ABSL-4</td><td>−100</td><td>−25</td></tr>
</table>

注：1. 三级和四级生物安全防护实验室的解剖间气压应比主实验室低 10Pa。

2. 本表中的噪声不包括生物安全柜、动物隔离设备等的噪声，当包括生物安全柜、动物隔离设备的噪声时，最大不应超过 68dB（A）。

3. 生物安全防护实验室内的参数尚应符合现行国家标准《实验动物设施建筑技术规范》GB50447—2008 的有关规定。

4. 本表引自国家标准《生物安全实验室建筑技术规范》（GB50346—2011）。

表 3-7　三级和四级生物安全防护实验室其他房间的主要技术指标

房间名称	洁净度级别	最小换气次数（次/h）	与室外方向上相邻相通房间的最小负压差（Pa）	温度（℃）	相对湿度（%）	噪声［dB（A）］	平均照度（lx）
主实验室的缓冲间	7 或 8	15 或 12	−10	18～27	30～70	≤60	200
隔离走廊	7 或 8	15 或 12	−10	18～27	30～70	≤60	200
准备间	7 或 8	15 或 12	−10	18～27	30～70	≤60	200
防护服更换间	8	10	−10	18～26		≤60	200
防护区内的淋浴间		10	−10	18～26		≤60	150
非防护区内的淋浴间				18～26		≤60	75
化学淋浴间		4	−10	18～28		≤60	150
ABSL-4 的动物尸体处理设备间和防护区污水处理设备间		4	−10	18～28			200
清洁衣物更换间				18～26		≤60	150

注：1.当在准备间安装生物安全柜时，最大噪声不应超过 68 dB（A）。

2.本表引自国家标准《生物安全实验室建筑技术规范》（GB50346—2011）。

四、生物安全柜

在生物安全防护实验室的各项防护设备中，为避免生物性样本、化学试剂等物质外逸造成人员健康危害或为确保操作样本洁净，生物安全柜（biosafety babinet）可以说是进行生物性相关实验不可缺少的基本工具，除使用极为普遍外，由于其选择与使用的正确性与实验室人员安全息息相关，因此成为生物安全防护实验室极为重要的防护设备。以下就生物安全柜的分级、工作原理及不同安全等级实验室的使用做一简介。

（1）Ⅰ级生物安全柜：由前部操作窗口以最小风速 0.38m/s 采入的室内空气到达柜内工作台面，而后经管道排出柜外。这种定向气流可以防止工作台面产生的具有潜在污染的空气逸出柜外，从而保护操作者。柜内气体经一个高效空气过滤器可以直接排至室内，也可通过特定管道排至室外或直接排至室外。Ⅰ级生物安全柜由于设计简单，可以有效保护人员及环境，因此应用广泛。但由于其不能保证实验对象（实验试剂、样品等）不受污染，因此存在很大的局限性。

（2）Ⅱ级生物安全柜：与Ⅰ级生物安全柜不同的是，进入Ⅱ级生物安全柜操作台面的室内空气需预先经高效空气过滤器过滤。因此，Ⅱ级生物安全柜既提供对操作人员和环境的保护，也提供对实验对象（实验试剂、样品等）的保护。Ⅱ级生物安全柜分为 A1、A2、B1 和 B2 四种型号。Ⅱ级生物安全柜可以用来处理二类、三类病原微生物，当穿着正压工作服时，甚至可以处理四类病原微生物。

（3）Ⅲ级生物安全柜：提供了对人员最高水平的保护，可被用来处理四类病原微生物。其特点是全密闭负压型，供气经高效空气过滤器过滤，排气经双层高效空气过滤器过滤，气流方向由安置在柜外的一个远程风机控制，可保证柜内相对于外界为负压，压差达到大约 124.5Pa。操作窗口为密闭式手套型操作口，物品经双扉（双门）灭菌器或带高效空气过滤器的传递箱进出柜内。Ⅲ级生物安全柜可适用于三级或四级生物安全防护实验室。

本章 PPT

中篇

实验动物

第四章　实验动物的遗传学控制

在生物医学研究中，人们为不同目的而设计有关刺激，并观察实验动物整体、器官、组织以及神经、内分泌系统等对刺激的反应。实验动物的遗传背景与反应特性是影响实验结果的重要因素。不同遗传背景与反应特性的实验动物，对同一刺激有时可引出不同质和量的反应。所以，研究人员必须了解实验动物的遗传特性。

20 世纪 50 年代，W. M. S. Russell 和 R. L. Burch 提出了动物的遗传与环境之间的关系模式（图 4-1），称为罗歇尔理论。该模式认为，动物的基因型（染色体、基因、DNA 及其构象）在发育环境（胚胎期和哺乳期）作用下，产生某种表现型（酶、蛋白质、动物形态与新陈代谢特征），而这种表现型在周围环境（生活或实验环境）的作用下，导致不同演出型（即生物反应现象）的产生，对实验刺激产生相应反应。换言之，现实生活着的动物实际上是遗传与环境相互作用的结果。

图 4-1　动物的基因型、表现型、演出型与环境之间的关系模式

人们所见的不同演出型，实际上是基于相应基因型“质”的特点，而又反映着环境对基因型所起的“量”的作用。要获得稳定的、可重复的演出型，应从动物自身（遗传、年龄、性别等）和环境（气候、理化、营养、微生物等）两方面进行控制。人们根据罗歇尔理论，制定了实现实验动物标准化的 4 项基本措施，即遗传控制、微生物和寄生虫控制、营养控制和环境控制。

由此可见，遗传控制是实验动物学的重要内容之一。目前，许多免疫反应和某些致病机制，已经可以从遗传基因水平进行解释，因而更加显示遗传学研究对生物医学及实验动物学的发展具有重要意义。当今生命科学及医药学的发展对实验动物提出了很高的要求，而遗传学的发展，则能为培育生产高标准的实验动物打下理论基础并提供可能。遗传学知识不仅能指导人们在特定的研究中选用遗传背景与反应特性适当的实验动物，还能指导实验动物的遗传监测，以保证实验动物的遗传品质和实验结果的正确性。

第一节　实验动物的遗传学分类

实验动物的遗传学分类包括动物学分类和实验动物学分类两部分。按动物学分类可分为界（kingdom）、门（phylum）、纲（class）、目（order）、科（family）、属（genus）、种（species）；按实验动物学分类则分为品种（breed）和品系（strain）。品系包括近交系、封闭群和杂交群等。

种是动物学分类系统的基本单位。同种动物能共同生活、交配、繁衍后代，异种动物之间存在生殖隔离。一般认为，不同种的动物是自然选择的产物。相近的种归并为属，相近的属归并为科，相似的科归并为目，目以上的等级为纲、门，最高为界。有时为了更准确地表明动物间的相似程度，还可细分为亚门、亚纲、亚目、总科和亚科、亚属、亚种等。

从研究对象看，实验动物学是动物学的分支。实验动物的自然分类仍沿用动物学的上述分类方法，但有其特点。已知的 150 多万种动物分属 30 个门，最常见的门有原生动物门、多孔动物门、腔肠动物门、栉水母门、扁形动物门、纽形动物门、假体腔动物门、环节动物门、软体动物门、节肢动物门、腕足动物门、棘皮动物门、毛颚动物门、半索动物门、脊索动物门等。实际上，绝大多数实验动物属脊索动物门、脊椎动物亚门。以家犬为例，其动物学分类为动物界、脊索动物门、脊椎动物亚门、哺乳纲、真兽亚纲、食肉目、犬科、犬属、家犬种。目前常用的实验动物均为哺乳类，其分类从界至纲完全相同，均为动物界、脊索动物门、脊椎动物亚门、哺乳纲，其下除单孔目（目前尚未培育出标准化实验动物）和有袋目（已培育出标准化实验动物袋鼠）为后兽亚纲以外，均为真兽亚纲。但目以下（含目）的分类则各不相同（表 4-1）。

表 4-1　常用实验动物在动物学的分类学位置

目	科	属	实验动物	目	科	属	实验动物
灵长目	猴科	猕猴属	猕猴	啮齿目	鼠科	棉鼠属	棉鼠
	狨科	狨猴属	狨猴		豚鼠科	豚鼠属	豚鼠
	猩猩科	猩猩属	猩猩		鼠科	沙鼠属	长爪沙鼠
兔形目	兔科	兔属	兔		仓鼠科	田鼠属	田鼠
	鼠兔科	鼠兔属	鼠兔	食肉目	猫科	猫属	猫
啮齿目	鼠科	大鼠属	大鼠		犬科	犬属	犬
	鼠科	小鼠属	小鼠	偶蹄目	野猪科	猪属	猪
	鼠科	仓鼠属	金黄地鼠		牛科	羊属	羊
	鼠科	仓鼠属	黑线仓鼠	有袋目	大袋鼠科	袋鼠属	袋鼠

实验动物根据遗传特征可在种以下细分为品种和品系，有些品系还细分为亚系。

品种是人们根据不同需要而对动物进行改良、选择，即定向培育，并具有某种特定外形和生物学特性的动物群体，其特性能较稳定地遗传。如已培育出新西兰兔、青紫蓝兔和日本大耳白兔等品种的实验用兔。根据小鼠的毛色划分为白化小鼠（如 BALB/c 小鼠、NIH 小鼠、昆明种小鼠等）和其他毛色小鼠（如野鼠色的 C3H 小鼠、淡棕色的 DBA 小鼠等）。

品系即“株”，为实验动物学的专用名词，是指来源明确，并采用某种交配方法繁殖，而具有相似的外貌、独特的生物学特征和稳定的遗传特性，可用于不同实验目的的动物群体，如近交系、封闭群、杂交群等。以 NIH 小鼠为例，按动物学分类为动物界、脊索动物门、脊椎动物亚门、哺乳纲、真兽亚纲、啮齿目、鼠科、小鼠属、小家鼠种；按实验动物学分类，其品种为白化小鼠，品系为 NIH 小鼠、封闭群。

此外，作为实验用动物被应用于科学研究的动物还有贫齿目、犰狳科、犰狳属的犰狳；食虫目、刺猬科、刺猬属的刺猬；食虫目、鼩鼱科、鼩鼱属的鼩鼱；翼手目、蝙蝠科、蝙蝠属的蝙蝠；鲸目、沙滑科、江豚属的江豚；袋鼬目、袋鼬科、袋鼬属的袋鼬；鳍足目、海狗科、海狗属的海狗；奇蹄目、马科、马属的马和骡，以及马科、驴属的驴；偶蹄目、牛科、牛属的牛，以及鹿科、鹿属的鹿等。目前还没有单孔目、长鼻目和海牛目的实验动物。

第二节　近交系动物

近交系动物的育成是实验动物科学的一大进步，近交系动物的应用大大推动了遗传学、肿瘤学、免疫学等学科的发展。

一、近交与近交系

（一）近交和近交系的概念

1. 近交 有意识地从一个动物群体中选用血缘关系比较接近的雌雄个体，即有共同祖先的兄妹、母子、父女进行交配，此种近亲交配的方式称为近交（inbreeding）。

2. 近交系 经过近亲交配，任何个体基因组中99%以上的等位基因位点为纯合的动物群体，称为近交系（inbreeding strain）。近交系经至少连续20代的全同胞兄妹交配或亲子交配培育而成。品系内所有个体都可追溯到起源于第20代或以后代数的一对共同祖先。如BALB/c小鼠、C57BL/6J小鼠等。

（二）近交系动物的命名

近交系动物一般以大写英文字母命名，亦可用大写英文字母加阿拉伯数字命名，符号应尽量简短，如A系、TA1系等。还有些近交系在上述命名规定前已广为人知，故沿用至今，如129、615等。

近交系的近交代数用大写英文字母F表示。如当一个近交系的近交代数为87代时，写成（F87）。如果对以前的代数不清楚，仅知道近期的近交代数为25，可以表示为（F?＋25）。

二、亚系和支系

（一）亚系和支系的概念

1. 亚系 一个近交系内各个分支的动物之间，因遗传分化而产生差异，称为近交系的亚系（substrain）。

2. 支系 经过技术处理的品系称为支系（subline）。饲养环境改变或进行技术处理，可能对动物的某些生物学特征产生影响，这些特征可能是遗传性或非遗传性的，因此有必要对这一类品系进行区分。将实验动物引种到另一个实验室，或经过某种技术处理，包括代乳（foster nursing，f）或人工代乳（foster on hand-rearing，fh）、受精卵或胚胎移植（egg or embryo transplant，e）、卵巢移植（ovary transplant，o）、人工喂养（hand-rearing，h）和冷冻保存（freeze preservation，p）等，都可视为支系。

（二）亚系的命名

亚系的命名方法是在原品系的名称后加一道斜线，斜线后标明亚系的符号。

亚系的符号可以是以下几种：

（1）培育或产生亚系的单位或个人的缩写英文名称，第一个字母用大写，以后的字母用小写。使用缩写英文名称应注意不要和已公布过的名称重复。例如，A/He，表示A近交系的Heston亚系；CBA/J，表示由美国杰克逊实验室保持的CBA近交系的亚系。

（2）当一个保持者保持的一个近交系具有两个以上的亚系时，可在数字后再加保持者的缩写英文名称来表示亚系。例如，C57BL/6J、C57BL/10J分别表示由美国杰克逊实验室保持的C57BL近交系的两个亚系。

（3）一个亚系在其他机构保种，形成了新的群体，在原亚系后加注机构缩写。例如，C3H/HeH是由Hanwell（H）保存的Heston（He）亚系。

（4）作为以上命名方法的例外情况是一些建立及命名较早，并为人们所熟知的近交系，亚系名称可用小写英文字母表示，如BALB/c、C57BL/cd等。

常见的亚系单位或个人的英文缩写见表4-2，其他常用英文缩写符号见表4-3。

表 4-2　常见亚系单位或个人的英文缩写

英文缩写	亚系单位或个人
An	美国国立肿瘤研究所 H.B.Andewont 博士
Bir	Birmingham 大学肿瘤研究所
Cd	比利时 Libre 大学 Albbert Claude 博士
Crgl	美国加州伯克莱大学肿瘤研究所遗传实验室
CRJ	查尔斯日本子公司（Charles River Japan lnc）
Fo	美国密歇根州底特律大学生物系 P. Forsthoefel 博士
Gr	英国伦敦大学动物系 H. Grunebery 博士
Gro	荷兰 Groningen 大学遗传研究所
H	英国医学研究协会放射医学部门所在地 Harwell
Han	德国 Hannover Linden 大学 Versuchstierzueht 中心研究所
He	美国国立肿瘤研究所 W. E. Heston 博士
ICR	美国国立肿瘤研究所（Institute for Cancer Research）
ICRC	印度肿瘤研究中心（India Cancer Research Centre）
J 或 Jax	美国杰克逊实验室（Jackson Memorial Laboratory）
JCL	日本柯力亚（Clea）公司（株式会社）
JCR	日本国立肿瘤研究所（Japan National Institute for Cancer Research）
Jci	日本实验动物中央研究所（Japan Central Institute of Experimental Animals）
JMC	日本东京大学医学研究所田塢嘉雄
Ka	美国加州斯坦福大学医学院放射原系 H. S. Kaplan 博士
Ki	美国俄亥俄州大学医学院 Kirschbaum 研究室
Lac	英国医学研究委员会（Medical Research Committee，MRC）实验动物中心（Laboratory Animal Centre，Lac）
Mel	英国苏格兰爱丁堡动物遗传研究所 A. Melaren 博士
M.K	日本北海道大学理学部牧野佐二郎
MS	日本国立遗传研究所吉田俊秀
Ola	英国牛津实验动物场
Pi	美国犹他大学医学院 H. I. Pilgrim 博士
Rap	苏联莫斯科医学院近交系实验动物实验室
Rd 或 Rol	法国巴黎 G. Rudali 博士
Re	美国杰克逊实验室 Elizabeth S. Russoll 博士
Sc	美国 Tuffs 大学心理系 J. P. Scott 博士
Se	意大利 Lucio Severt 教授
Sn	美国杰克逊实验室 Snell 博士
Umc	美国明尼苏达大学医学院生理系
Y	苏联 Yurlov 邮政实验动物研究所遗传室

表 4-3　其他常用英文缩写符号

英文缩写	机构名称
AAALAC International	国际实验动物管理评估及认证协会（Association for Assessment and Accreditation of Laboratory Animal Care International）
AALAS	美国实验动物科学协会（American Association of Laboratory Animal Science）
ACLAM	美国实验动物医学院（American College of Laboratory Animal Medicine）
AVMA	美国兽医学会（American Veterinary Medical Association）
AWIC	动物福利信息中心（Animal Welfare Information Center）

续表

英文缩写	机构名称
ANZCCART	澳大利亚和新西兰研究与教育用动物管理委员会（Australia and New Zealand Council for the Care of Animal in Research and Teaching）
CALAM	加拿大实验动物医学协会（Canadian Association for Laboratory Animal Medicine）
CALAS	加拿大实验动物科学协会（Canadian Association for Laboratory Animal Science）
CCAC	加拿大实验动物管理委员会（Canadian Council on Animal Science）
JALAS	日本动物实验技术者协会（Japanese Association for Experimental Animal Technologists）
KRIBB	韩国生物技术资源研究所（Korea Research Institute of Bioscience and Biotechnology）
ICLAS	国际实验动物科学委员会（International Committee of Laboratory Animal Science）
WHO	世界卫生组织（World Health Organization）
NIH 或 N	美国国立卫生研究院（National Institutes of Health）
UFAW	动物福利大学联合会（University Federation for Animal Welfare）

（三）支系的命名

支系的命名是在原品系后附加小写英文字母，表明处理方式。代乳后的品系，在代码后加“f”，再写上代乳品系名称，如 C3HfC57BL，表示 C3H 品系由 C57BL 近交系代乳；受精卵或卵巢移植后培育的品系，在品系全称后加“e”或“o”，再写上接受受精卵或卵巢移植术的品系名称，如 AeB6，代表 A 系的受精卵输送到 C57BL/6J 母鼠子宫后孕育的品系；移植胚胎经冷冻保存的品系，在品系名称后加“p”，再加“e”，并写上接受胚胎移植术的品系名称，如 C57BL/6peCBA/H，表示 C57BL/6 的胚胎经冷冻保存后，移植到 CBA/H 母鼠子宫内孕育。

近交系、亚系和支系综合命名法实例：

1. DBA/1fLACA/Lac DBA 为小鼠近交系名称，1 表示亚系，f 表示代乳，LACA 为代乳母鼠的品系，Lac 代表培育单位英国实验动物中心。

2. C57BL/6J C 代表 Cold Spring Harbor Laboratory（冷泉港实验室），57 为第 57 号雌鼠，BL 即 black（黑色），6 为亚系，J 代表美国 Jackson（杰克逊）实验室。

三、特殊类型的近交系动物

1. 重组近交系 由两个近交系杂交后，经连续 20 代以上兄妹交配育成的近交系，称为重组近交系（recombinant inbred strain，RI）。

重组近交系的命名，是在两个亲代近交系的缩写名称中间加大写英文字母 X。相同双亲交配育成的一组近交系用阿拉伯数字予以区分，雌性亲代在前，雄性亲代在后。

示例：

由 BALB/c 与 C57BL 两个近交系杂交育成的一组重组近交系，分别命名为 CXB1、CXB2……

如果雄性亲代缩写为数字，如 CX8，为区分不同 RI 组，则用连接符表示为 CX8-1、CX8-2……

常用近交系小鼠的缩写名称见表 4-4。

表 4-4 常用近交系小鼠的缩写名称

近交系小鼠	缩写名称
C57BL/6	B6
BALB/c	C
DBA/2	D2
C3H	C3
CBA	CB

2. 重组同类系 由两个近交系杂交后，子代与两个亲代近交系中的一个近交系进行数代回交（通常回交 2 代），再经不对特殊基因选择的连续兄妹交配（通常大于 14 代）而育成的近交系，称为重组同类系（recombinant congenic strain，RC）。

重组同类系的命名，是在两个亲代近交系的缩写名称中间加小写英文字母 c，其中做回交的亲代近交系（称受体近交系）在前，供体近交系在后。相同双亲育成的一组重组同类系用阿拉伯数字予以区分。如 CcS1，表示以 BALB/c（C）为亲代受体近交系，以 STS（S）品系为供体近交系，经 2 代回交育成的编号为 1 的重组同类系。

同样，如果雄性亲代缩写为数字，如 Cc8，为区分不同 RC 组，则用连接符表示为 Cc8-1。

3. 同源突变近交系 除了在一个特定位点等位基因不同外，其他遗传基因全部相同的两个近交系，称为同源突变近交系（coisogenic inbred strain）。

同源突变近交系一般由近交系发生基因突变或者人工诱变（如基因剔除）形成。用近交代数表示出现突变的代数，如 F110+F23，是近交系在 110 代出现突变后近交 23 代。

同源突变近交系的命名，是在发生突变的近交系名称后加突变基因符号（用英文斜体）组成，二者之间以连接号分开，如 DBA/Ha-*D*，表示 DBA/Ha 品系突变基因为 *D* 的同源突变近交系。当突变基因必须以杂合子形式保持时，用“+”号代表野生型基因，如 A/Fa-+/*c*。129S7/SvEvBrd-Fyn^{tmlSor} 表示用来源 129S7/SvEvBrd 品系的 AB1ES 细胞株制作的 *Fyn* 基因变异的同源突变系。

4. 同源导入近交系 通过回交（backcross）方式形成的一个与原来的近交系只是在一个很小的染色体片段上有所不同的新的近交系，称为同源导入近交系（congenic inbred strain），又称同类近交系。要求至少回交 10 代，供体品系的基因组占基因组总量在 0.01 以下。

同源导入近交系的名称由以下几部分组成：①接受导入基因（或基因组片段）的近交系名称；②提供导入基因（或基因组片段）的近交系的缩写名称，并与 a 之间用英文句号分开；③导入基因（或基因组片段）的符号（用英文斜体），与 b 之间以连字符分开；④经第 3 个品系导入基因（或基因组片段）时，用括号表示；⑤当染色体片段导入多个基因（或基因组片段）或位点，在括号内用最近和最远的标记表示出来。

5. 遗传修饰动物（genetic modified animals） 是指经人工诱发突变或特定类型基因组改造建立的动物，包括转基因动物、基因定位突变动物、诱变突变动物等，属于特殊近交系。

四、近交系动物的特点

1. 基因纯合性（homozygosity） 在近亲交配时，近交系数可由下式算得

$$F_n=1-(1-\Delta F)^n$$

式中，F_n 表示 n 代的近交系数；ΔF 表示近交系数的代递增率，在同胞兄妹交配或回交情况下，ΔF 为 0.191；n 表示近交代数。

按照国家标准要求，近交系的近交系数应大于 99%。在近交系培育过程中，在兄妹交配情况下，从第 4 代以后，每代近交系数上升 19.1%。而交配 20 代时，近交系数 F_{20} 已达 98.6%。因而从理论上说，经过 20 代以上的兄妹交配，近交系动物的绝大多数基因位点都应为纯合子；这样的个体与同品系内任何一个个体交配所生的后代也是纯合子。即同一近交系动物的基因型一致，遗传组成和遗传特性亦相同。由于近交系动物具有这样的特征，因此，采用这种品系动物进行实验时，因隐性基因暴露而影响实验结果一致性的可能性很小。

2. 遗传组成的同源性（isogenicity） 基因型或遗传型是一切遗传基础的总和，是生物的内在遗传本质。遗传组成的同源性是指某近交系动物群体内所有个体在遗传上是同源的，即可追溯到一对共同的祖先。由于其基因高度纯合，基因型又相当稳定，因而各个个体极为相似。

3. 表现型的一致性（uniformity） 由于近交系动物的遗传是均质的，所以在相同环境因素的作用下，其演出型是一致的。因此，在实验中可用较少量的近交系动物，获得具有统计意义的结果。

4. 对外界因素的敏感性（sensitivity） 由于高度近交，近交系动物某些生理功能的稳定性降低，因而对外界因素变化的反应更为敏感。该特征使近交系动物更容易被制备为疾病模型动物，供研究使用。

5. 遗传特征的可辨别性（identifiability） 近交系动物群体内几乎不存在遗传多态性，即每个位点只有 1 种基因型，而不会存在其他等位基因。通过对各位点进行遗传监测，可得知有关位点的基因型。此后采用相同的遗传监测方法，可以对动物品系进行辨认，以确定其遗传可靠性。

6. 遗传组成独特性（individuality） 每个近交系从物种的整个基因库中，只获得极少部分基因，它们构成了该品系基因的遗传组成。因而，每个近交系在遗传组成上都是独一无二的，因而具有独特的表现型。各近交系之间的差异或大或小，它们可作为相应模型动物而应用于形态学、生理学和行为学研究。

正是由于每个近交系动物只代表种属的某些特质，因此，采用某近交系所做实验的结果往往不直接代表整个种属的反应，而需用多个近交系做动物实验，以增加其代表性。

7. 背景资料可查性（accessibility） 目前，小鼠、大鼠、豚鼠等实验动物的近交系均有详细资料可查，这对实验设计和结果分析是非常重要的。

8. 国际分布广泛性（extensity） 由于近交系具有以上特性，因此各国实验室都可繁殖遗传特性几乎相同的近交系，以利于研究结果的交流。

五、近交系动物的应用

近交系动物的来源清楚，取材方便，是胚胎学、生理学研究及基因连锁分析的理想实验材料。而且，近交系动物个体间的均一性高，能消除杂合遗传背景对实验结果的影响，对刺激的反应一致，重复性好，因此，研究对照组和实验组所需的动物数目都较少。

近交系动物尚可应用于如下研究：

（1）组织移植：由于近交系动物个体间的组织相容性高，因此便于组织细胞或肿瘤移植研究。

（2）制作疾病动物模型：近交使隐性基因纯合性状得以暴露，可用于复制先天性畸形和先天性疾病的动物模型，如糖尿病、高血压等。某些近交系自发或诱发肿瘤的发病率较高，许多肿瘤细胞株尚可在某些近交系活体动物上传代。因而，这些品系是肿瘤病因学、肿瘤药理学研究的重要模型。

（3）比较遗传学研究：同时以多个近交系作对比研究时，可表明某实验结果具有普遍意义，或显示不同遗传组成对实验结果的影响。

第三节 封闭群动物

一、封闭群的概念

封闭群（closed colony）又称远交群（outbred stock），是指为了维持群体的最大杂合度，以非近亲交配方式进行繁殖生产的一个实验动物种群。在不从外部引入新个体的条件下，至少连续繁殖 4 代，如昆明种小鼠、SD 大鼠等。

培育封闭群动物的关键是不从外部引进任何新的个体，而同时作随机交配，不让群体内的基因丢失，以保持封闭群一定的杂合性。在一个随机交配的群体中，如果没有突变、选择或迁移等因素的作用，则每代的基因频率和基因型频率都将保持不变。虽然群内的个体因等位基因不同而各具遗传杂合性，但群体的遗传特性却因基因频率不变而保持相对稳定。因此，该群体既保持一般的遗传特性，而各个个体却又具有杂合性。

按其来源和遗传背景不同，封闭群动物可分为两大类。一类是来源于近交系的繁殖群及其子代，但不用兄弟姐妹交配方式保种并生产；另一类来源于非近交系，不是以培养近交系为目的而生产的实验动物。封闭群动物个体之间的差异程度主要取决于其祖代的来源。若祖代来自非近交系，则其个体差异较大；若祖代来自同一品系的近交系动物，则其个体差异较小。

封闭群的群内个体应经常满足有效群体大小的要求。所谓“有效群体”是指一个自繁殖群体中所有具有生殖能力的雌雄个体都可以自由参与繁殖。能够达到有效群体数量要求的封闭群，可以在为下一代留种时，实行随机留种、随机交配以繁殖后代，从而保持群体基因频率的稳定，防止近交系数上升太快。

已知近交系数上升率 F_1 与有效群体数目 N_e 之间的关系

$$F_1=1/2N_e$$

由上述公式可知，如果有效群体数目过小，必然导致近交系数上升率加大。当 N_e 为 50 时，F_1 为 1%。国际实验动物科学委员会规定，封闭群动物每代近交系数增加不能超过 1%，因此 N_e 至少要达到 25 对（50 只）。

二、封闭群动物的命名

封闭群由 2～4 个大写英文字母命名，种群名称前标明保持者的英文缩写名称，第一个字母须大写，后面的字母小写，一般不超过 4 个字母。保持者与种群名称之间用冒号分开。

示例：

N：NIH 表示由美国国立卫生研究院（N）保持的 NIH 封闭群小鼠。

Lac：LACA 表示由英国实验动物中心（Lac）保持的 LACA 封闭群小鼠。

某些命名较早，又广为人知的封闭群动物，名称与上述规则不一致时，仍可沿用其原来的名称。如 Wistar 大鼠封闭群、日本的 ddy 封闭群小鼠等。

把保持者的缩写名称放在种群名称的前面，二者之间用冒号分开，是封闭群与近交系命名中最显著的区别。除此之外，近交系命名中的规则及符号也适用于封闭群动物的命名。

三、封闭群动物的特点及应用

（一）封闭群动物的特点

1. 繁殖率高　封闭群动物为避免近交，保持了较大数量的个体，从而群体内的基因具有较大的杂合性，有利于防止近交衰退。其活力、生育力都强于近交系，因此易饲养，抗病力强，且繁殖率高，可大量生产。

2. 重复性差　封闭群动物就其整体而言没有引进新的个体，其遗传特性及反应性可保持相对稳定。但群内个体具有杂合性，因而其反应性有差异。所以，封闭群动物实验的重复性和一致性不如近交系好。但是，封闭群在动物实验中却比近交系更接近自然种属的反应特点。

（二）封闭群动物的应用

封闭群动物广泛应用于教学、预实验、一般实验及药物筛选和毒理安全试验等。此外，封闭群动物可能携带大量隐性有害突变基因，因此可用于遗传病研究。

第四节　杂交群动物

一、杂交群的概念

由两个不同近交系杂交产生的后代群体，称为杂交群动物。子一代简称 F_1。

杂交群一般是在两个近交系动物之间进行交配所繁殖的第一代动物。在杂交群动物，其个体的杂合性一致，即其遗传型与表现型都一致，但其后代一般不宜继续繁殖和培育近交系，因为在子二代（F_2）会发生遗传上的性状分离。

二、杂交群动物的命名

杂交群应按以下方式命名：以雌性亲代名称在前，雄性亲代名称居后，二者之间以大写英文字母“×”相连表示杂交。将以上部分用括号括起来，再在其后标明杂交的代数，如 F_1、F_2 等。品系或种群的名称常使用通用的缩写名称。

示例：

（C57BL/6×DBA/2）F_1=B6D2F1

B6D2F2：指 B6D2F1 同胞交配产生的 F_2。

B6（D2AKRF1）：是 B6 为母本，与（DBA/2×AKR/J）的 F_1 父本回交所得。

三、杂交群动物的特点及应用

（一）杂交群动物的特点

（1）具有杂交优势，因而生命力强，适应性和抗病力强，繁殖旺盛。在很大程度上可克服近交系繁殖引起的各种近交衰退现象。

（2）具有与近交系动物基本相似的遗传均质性。

（3）采用杂交群动物所做的各种实验，其结果的重复性好。

（4）具有亲代双亲的特点。

（5）国际分布广，广泛用于各类实验研究，其研究结果易于重复，便于国际交流。

（二）杂交群动物在生物医学研究中的应用

1. 干细胞研究 研究表明，来自 F_1 代小鼠正常外周血的白细胞，能在受到致死性照射的父母或非常接近的同种动物中种植和繁殖，使动物存活并产生供体型淋巴细胞、粒细胞和红细胞，表明 F_1 代小鼠外周血中存在干细胞。因此，F_1 代动物是研究外周血中干细胞的重要材料。

2. 免疫学研究 NZB X NZWF1 杂交群小鼠是研究自身免疫缺陷的动物模型，NZB 即 New Zealand Black，NZW 即 New Zealand White。

3. 细胞动力学研究 可选用 BCF1（C57BL/6×CBA）小鼠做小肠隐窝细胞繁殖周期实验。

4. 单克隆抗体研究 杂交瘤合成单克隆抗体是近年来生物医学中一项重大突破。采用的小鼠骨髓瘤细胞系一般来自 BALB/c 小鼠，由此获得的杂交瘤细胞注入该小鼠腹腔后，可生长肿瘤并产生含高效价抗体的腹水。目前则多采用 BALB/c 和其他近交系杂交 F_1 代小鼠做单克隆抗体研究，其脾脏较同日龄 BALB/c 小鼠大，效果较用 BALB/c 小鼠好。

本章 PPT

第五章 实验动物的微生物学与寄生虫学控制

在动物的饲养环境及动物体表、黏膜和消化道中，存在着种类繁多的微生物与寄生虫。这些微生物对动物可以是致病性的、条件致病性的、非致病性的，有的是有益的。有的微生物具有宿主的特异性，即仅能感染同一种属的动物；而有的却能感染多种属动物，甚至是人兽共患病的病原体。

如何控制实验动物体内外微生物和寄生虫，避免其对实验动物生产繁殖和动物实验的干扰，是实验动物标准化的主要内容之一。目前，我国按微生物和寄生虫的控制程度，将实验动物划分为普通级动物、清洁级动物、无特定病原体级动物和无菌级动物四个等级，后者包括悉生动物。无特定病原体级动物和无菌级动物不仅需要严格监控其携带的微生物和寄生虫，而且其种源是经剖宫产净化获得的。

一般而言，科研中使用的实验动物，其微生物和寄生虫的控制级别越高，其结果就越精确、越可靠。在采用低级别动物做实验时，刺激因素可能诱发隐性或潜伏感染的动物发生显性感染，并出现组织形态、生理生化、血液与免疫学改变，而不同程度地影响实验结果的准确性。采用无特定病原体级动物和无菌级动物，则可排除病原微生物感染对实验的干扰，因此实验结果更加准确、灵敏、可靠。

第一节 实验动物按微生物与寄生虫控制分类

根据国家标准，按照对实验动物体内外微生物和寄生虫的控制程度，将实验动物划分为普通级动物、清洁级动物、无特定病原体级动物和无菌级动物四个等级。不同级别的动物必须饲养在相应的环境设施中，并有相应的管理操作规范，定期进行监测，保证其符合微生物和寄生虫控制标准。

各级别动物的来源、饲养条件及应排除的微生物和寄生虫的种类等控制与检测项目如下。

一、普通级动物

普通级动物（conventional animal，CV）是微生物和寄生虫控制级别最低的实验动物，要求不携带所规定的人兽共患病病原和动物烈性传染病病原的实验动物，简称普通动物，如沙门氏菌、结核分枝杆菌、狂犬病毒和兔出血症病毒等。

常见的普通级动物有豚鼠、地鼠、兔、犬和猴。2001 版实验动物国家标准《实验动物 寄生虫学等级及监测》（GB14922.1—2001）和《实验动物 微生物学等级及监测》（GB14922.2—2011）已取消了普通级小鼠和大鼠等级标准，故不设普通级大鼠、小鼠等级。按标准，普通级动物应排除的病毒、细菌、体外寄生虫的种类见表 5-2、表 5-3、表 5-5、表 5-6、表 5-8、表 5-9。如要求普通级豚鼠必须排除 1 种细菌、1 种病毒、2 类（种）寄生虫；普通级兔必须排除 1 种细菌、1 种病毒、2 类（种）寄生虫；普通级犬必须排除 3 种细菌、4 种病毒、2 类（种）寄生虫。

普通级动物饲养在普通环境中，对温度、湿度、换气次数、落下菌数、氨浓度、噪声和照明等实行控制，饲养管理上采取一定的防护措施，以预防人兽共患病及动物烈性传染病的发生。如建立严格的消毒防疫制度，保持环境卫生。房舍要有防野鼠、防昆虫设施，并定期进行环境和笼器具的消毒。应限制无关人员进入动物室；工作人员进出要遵守普通级动物室操作规范，如更衣、换鞋等。垫料要消毒，使用标准颗粒饲料，饮用水要符合城市卫生标准。要做好引种动物的检疫工作，淘汰和死亡的动物要严格处理等。

由于采用普通级动物做实验时，实验处理等因素可能诱发隐性感染动物发生显性感染，出现有关组织器官的结构、生理、生化与免疫学改变，从而不同程度影响实验结果，因此用普通级兔、犬、猴等做研究时应加强检疫，做好日常饲养管理工作，防止传染性疾病对实验的干扰。在分析实验结果时，应考虑排除这些因素对实验的影响。

二、清洁级动物

清洁级动物（clean animal，CL）是根据我国国情而设立的等级动物，定义为除普通级动物应排除的病原外，不携带对动物危害大和对科学研究干扰大的病原的实验动物，简称清洁动物，如小鼠肝炎病毒、仙台病毒等。

清洁级动物的种群来源于 SPF 级动物或无菌剖宫产动物，常见的清洁级动物有小鼠、大鼠、豚鼠、地鼠和兔。不设清洁级犬、猴标准。按标准，清洁级动物应排除病毒、细菌、寄生虫的种类见表 5-1、表 5-2、表 5-4、表 5-5、表 5-7、表 5-8。如要求清洁级大鼠必须排除 5 种细菌、2 种病毒、3 种（类）寄生虫；清洁级小鼠必须排除 4 种细菌、3 种病毒、3 种（类）寄生虫。清洁级动物不应具有明显可见的疾病表现、脏器病理变化和异常死亡。

清洁级动物应饲养在温度、湿度相对恒定的屏障环境中，该环境严格控制人员、物品和环境空气的进出。所使用的笼器具、器械、垫料等一切用具及饲料、饮用水都须经过消毒灭菌处理。进出动物室的人员必须遵守屏障环境动物室的操作规范，须穿灭菌衣、戴灭菌手套和口罩等。

清洁级动物应当排除的微生物和寄生虫多于普通级动物，在实验中受动物疾病的干扰较少，其敏感性和重复性也较好，而又比 SPF 级动物容易达到质量标准。目前，清洁级动物在我国已广泛应用于科学研究和其他用途。

三、无特定病原体级动物

无特定病原体级动物（specific pathogen free animal，SPF）通常被称为 SPF 级动物，是除清洁级动物应排除的病原外，不携带主要潜在感染或条件致病和对科学实验干扰大的病原的实验动物，简称无特定病原体动物或 SPF 动物，如铜绿假单胞菌、金黄色葡萄球菌等。

SPF 级动物的种群来源于无菌级动物或剖宫产净化动物，常见的 SPF 级动物有小鼠、大鼠、豚鼠、地鼠、兔、犬和猴。按标准，SPF 级动物应排除病毒、细菌、寄生虫的种类见表 5-1～表 5-9。

SPF 级动物饲养于屏障环境中，该环境严格控制人员、物品和环境空气的进出。该等级动物健康，繁殖率高，自然死亡率低；在实验中可以安全可靠地排除动物所携带病原体及特定微生物的干扰，从而广泛应用于肿瘤免疫学、药物学、毒理学、血清和疫苗制造及生物学鉴定等方面，并在放射、烧伤研究等领域具有特殊应用价值。SPF 级动物作为国际公认的标准实验动物，可适用于大多数科研实验，我国目前实验用小鼠和大鼠多数为 SPF 级。

四、无菌级动物和悉生动物

无菌级动物（germ free animal，GF）是指无可检出一切生命体的实验动物，简称无菌动物。其来源是普通动物经无菌剖宫产手术，幼仔在无菌隔离器中人工哺育或由其他无菌级动物代乳饲育而成。常见的无菌级动物有小鼠、大鼠、豚鼠、地鼠和兔等。但应当明确，这里的“无菌”只是一个相对概念，仅仅指以目前的技术手段未能检出微生物。按标准，无菌级动物应排除病毒、细菌、寄生虫的种类见表 5-1、表 5-2、表 5-4、表 5-5、表 5-7、表 5-8。

如果在无菌级动物体内人为植入一种或数种微生物，称为悉生动物（gnotobiotic animal，GN），又称已知菌动物或已知菌丛动物（animal with known bacterialuflora）。而依植入菌种数目的不同，又分单菌动物、双菌动物和多菌动物。

无菌级动物的应用领域如下：

1. 动物模型研究 无菌级动物可用于建立具有人正常菌丛或致病菌丛的动物模型。

2. 老年病研究 观察发现，无菌级大鼠较普通级大鼠寿命长 1～2 年，提示微生物的存在与机体衰老有关。因而，无菌级动物可能在衰老机制的研究中发挥重要作用。

3. 心血管疾病研究 如给悉生动物植入肠道微生物，与无菌级动物进行对比研究发现，肠道微生物能改变胆汁酸的化学结构，使胆汁酸在肠道中的吸收减少，排出增加，从而胆固醇的形成减少，有助于血液胆固醇含量的控制。

4. 免疫学研究 无菌级动物血中无特异性抗体，因而适合有关免疫现象的研究。免疫抑制剂常以无菌级动物做研究，这是因为在普通级动物应用免疫抑制剂可降低其抵抗力，从而引起继发感染而死亡。应用悉生动物，可研究正常菌群在维持机体适当特异性和非特异性免疫反应所具有的刺激作用，以探讨自然抵抗力的机制，以及有关抗原作用后免疫力产生和发展的过程。无菌级动物和悉生动物的诞生大大加速了免疫学的进程。

5. 肿瘤研究 研究发现，某些病毒可通过胎盘传播并在小鼠体内诱发肿瘤。致白血病病毒能使悉生 AKR 小鼠发生活动性白血病。尚发现苏铁素在普通级动物体内，可被细菌分解产生致癌物质而引发肿瘤，但在无菌级动物体内则不会。由此可见，无菌级动物可在肿瘤发生与微生物的关系，以及致癌物质的致癌作用研究中发挥重要作用。

6. 药理与毒理研究 观察发现，普通级豚鼠对青霉素的敏感性高于无菌级豚鼠；普通级动物进食大豆易中毒，而无菌级动物则不会。提示某些物质的毒理作用常与肠道微生物代谢有关。无菌级动物适用于慢性毒性实验。

7. 其他 无菌级动物和悉生动物还可用于传染病学、放射生物学、微生物学、营养学、宇航医学等许多领域的研究。将培养无菌级动物的原理和技术应用于临床，能有效地控制感染，从而明显降低患者死亡率，并保护医护人员的安全。

第二节　实验动物的微生物与寄生虫控制

一、不同等级实验动物的微生物和寄生虫控制标准

根据国标实验动物微生物、寄生虫控制标准（GB14922.1—2001，GB14922.2—2011，见附录二实验动物国家标准），不同等级实验动物要求排除的细菌、病毒、体外寄生虫的种类见表 5-1～表 5-9。

表 5-1 小鼠、大鼠病毒检测项目

<table>
<tr><th colspan="3" rowspan="2">动物等级</th><th rowspan="2">病毒</th><th colspan="2">动物种类</th></tr>
<tr><th>小鼠</th><th>大鼠</th></tr>
<tr><td rowspan="15">无菌级动物</td><td rowspan="14">无特定病原体级动物</td><td rowspan="5">清洁级动物</td><td>淋巴细胞脉络丛脑膜炎病毒 Lymphocytic choriomeningitis virus</td><td>○</td><td></td></tr>
<tr><td>汉坦病毒 Hanta virus</td><td>○</td><td>●</td></tr>
<tr><td>鼠痘病毒 Ectromelia virus</td><td>●</td><td></td></tr>
<tr><td>小鼠肝炎病毒 Mouse hepatitis virus</td><td>●</td><td></td></tr>
<tr><td>仙台病毒 Sendai virus</td><td>●</td><td>●</td></tr>
<tr><td rowspan="9"></td><td>小鼠肺炎病毒 Pneumonia virus of mice</td><td>●</td><td>●</td></tr>
<tr><td>呼肠弧病毒Ⅲ型 Reovirus type Ⅲ</td><td>●</td><td>●</td></tr>
<tr><td>小鼠细小病毒 Minute virus of mice</td><td>●</td><td></td></tr>
<tr><td>小鼠脑脊髓炎病毒 Theiler's mouse encephalomyelitis virus</td><td>○</td><td></td></tr>
<tr><td>小鼠腺病毒 Mouse adenovirus</td><td>○</td><td></td></tr>
<tr><td>多瘤病毒 Polyoma virus</td><td>○</td><td></td></tr>
<tr><td>大鼠细小病毒 RV 株 Rat parvovirus RV</td><td></td><td>●</td></tr>
<tr><td>大鼠细小病毒 H-1 株 Rat parvovirus H-1</td><td></td><td>●</td></tr>
<tr><td>大鼠冠状病毒/大鼠涎泪腺炎病毒 Rat coronavirus / sialodacryoadenitis virus</td><td></td><td>●</td></tr>
<tr><td colspan="2"></td><td>无任何可查到的病毒</td><td>●</td><td>●</td></tr>
</table>

注：●必须检测项目，要求阴性；○必要时检测项目，要求阴性。

表 5-2 豚鼠、地鼠、兔病毒检测项目

<table>
<tr><th colspan="4" rowspan="2">动物等级</th><th rowspan="2">病毒</th><th colspan="3">动物种类</th></tr>
<tr><th>豚鼠</th><th>地鼠</th><th>兔</th></tr>
<tr><td rowspan="9">无菌级动物</td><td rowspan="8">无特定病原体级动物</td><td rowspan="4">清洁级动物</td><td rowspan="2">普通级动物</td><td>淋巴细胞脉络丛脑膜炎病毒 Lymphocytic choriomeningitis virus</td><td>●</td><td>●</td><td></td></tr>
<tr><td>兔出血症病毒 Rabbit hemorrhagic disease virus</td><td></td><td></td><td>▲</td></tr>
<tr><td rowspan="2"></td><td>仙台病毒 Sendai virus</td><td>●</td><td>●</td><td></td></tr>
<tr><td>兔出血症病毒 [1] Rabbit hemorrhagic disease virus</td><td></td><td></td><td>●</td></tr>
<tr><td colspan="2" rowspan="4"></td><td>仙台病毒 Sendai virus</td><td></td><td></td><td>●</td></tr>
<tr><td>小鼠肺炎病毒 Pneumonia virus of mice</td><td>●</td><td>●</td><td></td></tr>
<tr><td>呼肠弧病毒Ⅲ型 Reovirus type Ⅲ</td><td>●</td><td>●</td><td></td></tr>
<tr><td>轮状病毒 Rotavirus</td><td></td><td></td><td>●</td></tr>
<tr><td colspan="3"></td><td>无任何可查到的病毒</td><td>●</td><td>●</td><td>●</td></tr>
</table>

注：●必须检测项目，要求阴性。▲必须检测项目，可以免疫。

1）不能免疫，要求阴性。

表 5-3　犬、猴病毒检测项目

动物等级		病毒	动物种类	
			犬	猴
无特定病原体级动物	普通级动物	狂犬病毒 *Rabies virus*	▲	
		犬细小病毒 *Canine parvovirus*	▲	
		犬瘟热病毒 *Canine distemper virus*	▲	
		传染性犬肝炎病毒 *Infectious canine hepatitis virus*	▲	
		猕猴疱疹病毒 1 型（B 病毒）*Cercopithecine herpesvirus type 1*（*BV*）		●
		猴逆反录 D 型病毒 *Simian retrovirus D*		●
		猴免疫缺陷病毒 *Simian immunodeficiency virus*		●
		猴 T 细胞趋向性病毒 1 型 *Simian T lymphotropic virus type 1*		●
		猴痘病毒 *Simian pox virus*		●
		上述 4 种犬病毒不免疫	●	

注：●必须检测项目，要求阴性。▲必须检测项目，要求免疫。

表 5-4　小鼠、大鼠病原菌检测项目

动物等级			病原菌	动物种类	
				小鼠	大鼠
无菌级动物	无特定病原体级动物	清洁级动物	沙门氏菌 *Salmonella* spp.	●	●
			假结核耶尔森菌 *Yersinia pseudotuberculosis*	○	○
			小肠结肠炎耶尔森菌 *Yersinia enterocolitica*	○	○
			皮肤病原真菌 *Pathogenic dermal fungi*	○	○
			念珠状链杆菌 *Streptobacillus moniliformis*	○	○
			支气管鲍特杆菌 *Bordetella bronchiseptica*		●
			支原体 *Mycoplasma* spp.	●	●
			鼠棒状杆菌 *Corynebacterium kutscheri*	●	●
			泰泽病原体 *Tyzzer's organism*	●	●
			大肠埃希菌 O115a，C，K（B）*Escherichia coli O115 a*，*C*，*K*（*B*）	○	
			嗜肺巴斯德杆菌 *Pasteurella pneumotropica*	●	●
			肺炎克雷伯杆菌 *Klebsiella pneumoniae*	●	●
			金黄色葡萄球菌 *Staphylococcus aureus*	●	●
			肺炎链球菌 *Streptococcus pneumoniae*	○	○
			乙型溶血性链球菌 *β-hemolyticstreptococcus*	○	○
			铜绿假单胞菌 *Pseudomonas aeruginosa*	●	●
			无任何可查到的细菌	●	●

注：●必须检测项目，要求阴性；○必要时检测项目，要求阴性。

表 5-5　豚鼠、地鼠、兔病原菌检测项目

<table>
<tr><th colspan="4" rowspan="2">动物等级</th><th rowspan="2">病原菌</th><th colspan="3">动物种类</th></tr>
<tr><th>豚鼠</th><th>地鼠</th><th>兔</th></tr>
<tr><td rowspan="15">无菌级动物</td><td rowspan="14">无特定病原体级动物</td><td rowspan="8">清洁级动物</td><td rowspan="5">普通级动物</td><td>沙门氏菌 Salmonella spp.</td><td>●</td><td>●</td><td>●</td></tr>
<tr><td>假结核耶尔森菌 Yersinia pseudotuberculosis</td><td>○</td><td>○</td><td>○</td></tr>
<tr><td>小肠结肠炎耶尔森菌 Yersinia enterocolitica</td><td>○</td><td>○</td><td>○</td></tr>
<tr><td>皮肤病原真菌 Pathogenic dermal fungi</td><td>○</td><td>○</td><td>○</td></tr>
<tr><td>念珠状链杆菌 Streptobacillus moniliformis</td><td>○</td><td>○</td><td></td></tr>
<tr><td rowspan="3"></td><td>多杀巴斯德杆菌 Pasteurella multocida</td><td>●</td><td>●</td><td>●</td></tr>
<tr><td>支气管鲍特杆菌 Bordetella bronchiseptica</td><td>●</td><td>●</td><td></td></tr>
<tr><td>泰泽病原体 Tyzzer's organism</td><td>●</td><td>●</td><td>●</td></tr>
<tr><td colspan="2" rowspan="6"></td><td>嗜肺巴斯德杆菌 Pasteurella pneumotropica</td><td>●</td><td>●</td><td>●</td></tr>
<tr><td>肺炎克雷伯杆菌 Klebsiella pneumoniae</td><td>●</td><td>●</td><td>●</td></tr>
<tr><td>金黄色葡萄球菌 Staphylococcus aureus</td><td>●</td><td>●</td><td>●</td></tr>
<tr><td>肺炎链球菌 Streptococcus pneumoniae</td><td>○</td><td>○</td><td>○</td></tr>
<tr><td>乙型溶血性链球菌 β-hemolyticstreptococcus</td><td>●</td><td>○</td><td>○</td></tr>
<tr><td>铜绿假单胞菌 Pseudomonas aeruginosa</td><td>●</td><td>●</td><td>●</td></tr>
<tr><td colspan="3"></td><td>无任何可查到的细菌</td><td>●</td><td>●</td><td>●</td></tr>
</table>

注：●必须检测项目，要求阴性。○必要时检查项目，要求阴性。

表 5-6　犬、猴病原菌检测项目

<table>
<tr><th colspan="2" rowspan="2">动物等级</th><th rowspan="2">病原菌</th><th colspan="2">动物种类</th></tr>
<tr><th>犬</th><th>猴</th></tr>
<tr><td rowspan="9">无特定病原体级动物</td><td rowspan="6">普通级动物</td><td>沙门氏菌 Salmonella spp.</td><td>●</td><td>●</td></tr>
<tr><td>皮肤病原真菌 Pathogenic dermal fungi</td><td>●</td><td>●</td></tr>
<tr><td>布鲁氏杆菌 Brucella spp.</td><td>●</td><td></td></tr>
<tr><td>钩端螺旋体 Leptospira spp.</td><td>△</td><td></td></tr>
<tr><td>志贺菌 Shigella spp.</td><td></td><td>●</td></tr>
<tr><td>结核分枝杆菌 Mycobacterium tuberculosis</td><td></td><td>●</td></tr>
<tr><td rowspan="3"></td><td>钩端螺旋体*Leptospira spp.</td><td>●</td><td></td></tr>
<tr><td>小肠结肠炎耶尔森菌 Yersinia enterocolitica</td><td>○</td><td>○</td></tr>
<tr><td>空肠弯曲杆菌 Campylobaceter jejuni</td><td>○</td><td>○</td></tr>
</table>

注：●必须检测项目，要求阴性。○必要时检测项目，要求阴性。△必要时检测项目，可以免疫。
*不能免疫，要求阴性。

表 5-7　小鼠和大鼠寄生虫学检测指标

动物等级			应排除的寄生虫项目	动物种类	
				小鼠	大鼠
无菌级动物	无特定病原体级动物	清洁级动物	体外寄生虫（节肢动物）*Ectoparasites* spp.	●	●
			弓形虫 *Toxoplasma gondii*	●	●
			兔脑原虫 *Encephalitiozoon cuniculi*	○	○
			卡氏肺孢子虫 *Pneumocystis carinii*	○	○
			全部蠕虫	●	●
			鞭毛虫 *Flagellates* spp.	●	●
			纤毛虫 *Ciliates* spp.	●	●
			无任何可检测到的寄生虫	●	●

注：●必须检测项目，要求阴性；○必要时检测项目，要求阴性。

表 5-8　豚鼠、地鼠和兔寄生虫学检测指标

动物等级				应排除的寄生虫项目	动物种类		
					豚鼠	地鼠	兔
无菌级动物	无特定病原体级动物	清洁级动物	普通级动物	体外寄生虫（节肢动物）*Ectoparasites* spp.	●	●	●
				弓形虫 *Toxoplasma gondii*	●	●	●
				兔脑原虫 *Encephalitozoon cuniculi*	○		○
				爱美尔球虫 *Eimaria* spp.		○	○
				卡氏肺孢子虫 *Pneumocystis carinii*			●
				全部蠕虫	●	●	●
				鞭毛虫 *Flagellates* spp.	●	●	●
				纤毛虫 *Ciliates* spp.	●		
				无任何可检测到的寄生虫			

注：●必须检测项目，要求阴性；○必要时检测项目，要求阴性。

表 5-9　犬、猴寄生虫学检测指标

动物等级		应排除的寄生虫项目	动物种类	
			犬	猴
无特定病原体级动物	普通级动物	体外寄生虫（节肢动物）*Ectoparasites* spp.	●	●
		弓形虫 *Toxoplasma gondii*	●	●
		全部蠕虫	●	●
		溶组织内阿米巴 *Entamoeba* spp.	○	●
		疟原虫 *Plasmodium* spp.		●
		鞭毛虫 *Flagellates* spp.	●	●

注：●必须检测项目，要求阴性。○必要时检测项目，要求阴性。

二、不同等级实验动物的比较

实验动物具有各自的特点，不同等级的实验动物由于对其体内外微生物和寄生虫控制的不同，应用不同级别动物做实验可直接影响结果的准确性和可靠性，因此在评价实验结果时应予以注意。表 5-10 为不同等级实验动物特点的比较。

表 5-10　不同等级实验动物的特点比较

评价项目	无菌级动物	SPF 级动物	清洁级动物	普通级动物
传染病	无	无	较少	有或可能有
寄生虫	无	少	较少	有或可能有
实验结果	明确	明确	明确	有疑问
应用动物数	少	少	较少	多（或大量）
统计价值	很好	好	较好	较差
长期实验	可能好	可能好	可能好	困难
自然病死率	很低	低	较低	高
长期实验存活率	约 100%	约 90%	约 80%	约 40%
实验的准确设计	可能	可能	可能	不可能
实验结果讨论价值	很高	高	较高	低

本章 PPT

第六章　实验动物的环境控制

实验动物是长期生活在人为控制有限环境范围内的特定动物群体，其赖以生存的食物、居所等一切条件都需要人为提供和控制，以满足动物正常生长发育和繁殖需要。环境条件改变将引发实验动物产生系列应激反应，从而对动物实验结果的可靠性和准确性产生影响。实验动物环境及设施控制是实验动物科学的重要研究目标之一，是实现实验动物标准化的关键措施之一。合理设计和建造实验动物标准设施有利于高效管理，使实验动物生产和动物实验条件达到最优水平。

第一节　实验动物环境

一、实验动物环境的概念与分类

生物的环境泛指围绕生物体的一切事物，为生物赖以生存的外部条件。野生动物生活在大自然中，适者生存并繁衍后代，不适者淘汰灭绝。与野生动物不同，实验动物是为满足人类科研需要，按人的意愿培育的特殊动物，其生物学特点和遗传特性的获得与维持依靠人来掌握，所携带的微生物等受严格控制。某些品种品系的实验动物，如免疫缺陷动物，其生存能力很低，在自然环境中几乎不可能生存，只能在严格控制的人工环境中生存。

这种人工控制的，供实验动物繁殖、生长的特定场所及相关条件，即围绕实验动物的所有事物的总和，称实验动物环境。而界定实验动物的生存空间、维持其需要的建筑物和设备等，则称实验动物设施。实验动物环境不仅包含动物赖以生存的设施、设备、饲料、饮水、垫料、笼具、空气、声光等物质要素，也包含人类这一最具创造力、最具有决定性的管理要素。

实验动物环境包括外环境和内环境。

（一）实验动物外环境

实验动物外环境指实验动物和动物实验设施以外的环境，其质量高低可影响内环境。因而，有关国家标准亦对实验动物外环境提出具体要求。

（二）实验动物内环境

实验动物内环境指依科研要求和人们的意愿，将实验动物的生长、繁殖或活动限定在某种特定的人工场所内。内环境又分为小环境和大环境，前者指包围在实验动物体的笼具或饲养盒内，对实验动物直接产生影响的各种理化因素，如温度、湿度、气流速度、氨浓度、光照周期、噪声等；而后者，则指放置实验动物笼架器具等辅助设施的饲养间和实验间的各种理化因素。本章主要讨论小环境和大环境。

二、实验动物环境监控的意义

实际上，没有人工严格监控的实验动物环境及设施，就不可能有实验动物科学的发展。这是由于：

（1）严格监控实验动物环境可保证实验动物健康和质量标准化。

（2）环境控制可保障实验研究获得正确的结果。

（3）合乎标准的环境，可为实验动物及动物实验工作者提供适宜的条件，并保障人们身体健康，不受危害因素的伤害。

正如第四章关于动物基因型、表现型、演出型与环境之间的关系模式所述，实验动物的性状实际上是遗传和环境因素相互作用的结果。实验动物的基因型受胚胎期和哺乳期发育环境的影响形成表现型；而表现型又受培育和实验环境的影响成为演出型，从而有其具体性状表现和对实验刺激的反应。

从某种意义上说，动物实验实际上是控制实验动物的演出型，并对演出型动物作严格策划的处理。只有演出型稳定，实验结果才有良好的可重复性和高度的可信性。实际上，除了动物品系外，监控环境因素是保证演出型稳定的关键之一。

实验结果与有关因素的关系可用下式表示：

$$R=(A+B+C)D\pm E$$

式中，R 表示实验动物的总反应；A 表示实验动物种的共同反应；B 表示实验动物品种、品系的特有反应；C 表示实验动物的个体反应（个体差异）；D 表示环境影响；E 表示实验误差。

由上式可知，A、B、C 是与遗传有关的因素，D 与 R 呈正相关而起主要作用。在实验动物的遗传性状相对稳定的前提下，须尽量减少环境 D 变化的影响。如果环境条件控制不好，实验结果就难以稳定一致，甚至导致错误结论。

重视实验动物环境，须研究饲养及实验条件对动物健康及质量的影响，从而改善环境条件，并对环境设施实施严格的监控，以保证实验动物的健康和质量标准化，保障各品系动物具有稳定的表现型与演出型。实验动物环境人工控制程度越高，生活在该环境中的实验动物就越具有一致性，即使不同时间、地点及人员，只要按相同的规范操作，均能获得一致的实验结果。在某些研究中，环境控制更有格外重要的意义。例如，致癌实验，其整个过程持续 2～3 年，如果没有适宜且恒定的环境条件，实验就不可能进行到底，即使实验勉强完成，结果也不可信。

三、影响实验动物环境的因素

影响实验动物的环境因素，指对实验动物个体发育、生长、繁殖及生理生化平衡和有关反应性产生影响的一切外界条件。这些因素依其来源、性质及对实验动物的影响，可分为气候因素、理化因素和生物因素等。气候因素包括温度、湿度、气流和风速等；理化因素有光照、噪声、粉尘和有害气体等；生物因素含动物种间作用、社会因素、饲养密度和空气中微生物等。它们可对实验动物造成“有利”或“有害”的影响。在进行实验动物环境控制研究时，要充分利用和创造对动物有利的因素，消除和防止有害的因素。

环境因素必须对实验动物具备接触机会（如频度）、接触方式（如呼吸道、消化道、皮肤等）、接触时间、接触强度或浓度等作用条件，才能对实验动物造成影响。有关因素对实验动物造成影响的性质与程度不同，因而其重要性亦不相同。某些环境因素对实验动物的影响不一定很快表现出来，需一定的累积才显示其作用。许多化学因素属于这种情况。如氨气对实验动物的影响表现为累积作用，短时间接触可以允许的浓度稍高；而较长时间接触时，允许的浓度就较低。

通常，环境因素对实验动物的影响作用不是单一因素，而是多种因素联合作用。如环境温度、湿度、气流均影响实验动物体温。而在湿度较低、气流较强时，即使温度稍高，实验动物仍可接受。因此，实验动物环境控制必须要综合考虑主要影响因素。

（一）气候因素

影响实验动物的气候因素包括温度、湿度、气流和风速等。

1. 温度 不同动物适应的环境温度不同，如雏鸡的最适环境温度为35～37℃，马的最适环境温度为10～15℃，而啮齿动物的最适环境温度则为18～29℃。目前广泛使用的实验动物大多数属哺乳类动物，且多为恒温动物，它们具有在某种外界温度变化范围内保持体温相对稳定的生理调节能力。若环境温度偏离动物最适温度过多，即环境温度过高或过低，动物将不能适应，从而产生不良反应。这意味着不同的温度可影响实验结果。温度对实验动物主要有如下影响：

（1）影响生长发育和繁殖：在舒适温度下，动物饲料消耗量能够较好地满足其生长需要，不受冷热应激的影响，动物生长发育良好。观察发现，温度影响兔子耳朵的生长，甚至影响动物内脏和内分泌腺的发育。如动物在低温环境下发育延迟，生长速度亦放慢，而高温环境则使大鼠尾巴长得更长。

气温过高或过低常导致雌性动物性周期紊乱，产仔率下降，死胎率增加，泌乳量减少。如环境温度过高或过低使雌性小鼠性成熟推迟、性周期延长。小鼠在21℃环境每年能产仔5窝，而在-3℃则仅能产仔2窝。在超过30℃环境中，雄性动物的生殖能力降低，如小鼠睾丸萎缩、精子产生能力下降；雌性动物泌乳力下降，甚至拒绝哺乳。

（2）影响新陈代谢：温度明显影响动物的代谢水平。当环境温度低于正常体温一定范围时，实验动物的代谢增加，以补偿机体活动的需要。最适温度每降低1℃，动物的摄食量增加1%左右，以补充热量。随着温度的降低，小鼠的心率和呼吸加快，而高温则引起相反的反应。由于啮齿动物的体温调节能力较灵长类弱，因而啮齿动物在高温情况下更易发生代谢障碍，甚至死亡。

（3）影响健康和抗感染能力：适宜温度下，感染力和毒力不强的病原微生物只对动物造成隐性感染，而不表现临床症状。一旦环境温度过高或过低时，实验动物的抵抗力将明显下降，某些条件性致病菌将引发疾病，甚至导致传染病流行和动物大量死亡。如冬季较易暴发流行的小鼠脱脚病、小鼠仙台病毒病和小鼠肝炎，均与低温条件下动物抵抗力下降有密切关系。还曾发现，在冬季，巴斯德杆菌可引起妊娠的金黄地鼠死亡，其主要诱因也是低温。因此，实验动物饲养室应有温度控制装置，通常控制在16～29℃，可满足大多数哺乳类实验动物对温度的要求。但不同种实验动物，甚至同种不同品系动物在不同等级环境内的最适温度可能有差别，应予注意。

除温度高低外，环境温度短时间内发生急剧变化常对实验动物造成更为严重的影响。因此，还应规定温度变化的快慢。如我国的《实验动物环境及设施》标准，即将日温差设定为3℃或4℃。

（4）激发应激反应：过高或过低的气温可激发实验动物产生应激反应，通过神经内分泌系统引起肾上腺皮质激素分泌增加。如长期处于过高或过低温度环境中，动物脏器可发生实质性改变。

（5）影响实验结果：环境温度可在多个方面如实验动物脏器系数、生理学指标、生理反应、体温测定实验、外科手术实验、感染辐射、化学反应强度及药物毒性试验等对实验结果产生影响。

实验动物的脏器系数与环境温度呈显著的负相关，饲养在低温环境下的动物脏器系数较大，反之则较小。大鼠的血液学指标如红细胞、白细胞、红细胞容量在低温和高温下均有增加，血液生化指标如血浆蛋白、尿素氮、碱性磷酸酶、谷草转氨酶和谷丙转氨酶等在12～16℃的低温下，有增加的倾向。温度变化可使动物的行为和形态发生改变，从而引发相应的生理变化，进而影响实验结果。环境温度变化可造成实验兔体温的波动，增加热原检测实验结果误差。对动物实施外科手术时常常需要为其保温，避免因体温下降而休克死亡。环境温度还可通过影响接种病原的繁殖力和毒性、辐射和化学反应强度而影响实验结果。

实验动物在不同温度处于不同状态，不适宜的环境温度可使动物处于应激状态，从而改变对化学物质的急性毒性反应。如在不同环境气温（12～32℃）条件下，雌性Wistar大鼠腹腔注射戊巴比妥钠（95mg/kg），测定动物死亡率，发现在18～30℃大鼠的死亡率较低，差别无统计学意义；而较低或较高温时，其死亡率均明显升高（表6-1）。

表 6-1 不同环境温度时戊巴比妥钠（95mg/kg）腹腔注射导致大鼠死亡率比较

环境温度（℃）	给药动物数（只）	死亡动物数（只）	死亡率（%）
12	20	20	100
14	20	20	100
16	20	20	100
18	20	10	50
20	20	10	50
22	20	10	50
24	20	10	50
26	20	7	35
28	20	6	30
30	20	11	55
32	20	16	80

另有资料表明，麻黄碱等3种药物在不同温度测得的半数致死量（LD_{50}）亦不相同（表6-2）。致癌、致畸、致突变及免疫实验的结果也受环境温度的影响。因而，严格控制环境温度对毒理试验和其他动物实验都非常重要。大多数哺乳类实验动物的环境温度要求控制在16～29℃。

表 6-2 温度对3种药物 LD_{50} 的影响

药物	LD_{50}（mg/kg）	
	15.5℃	27℃
苯丙胺（amphetamine）	197.0	90.0
盐酸脱氧麻黄碱（methedrine）	111.0	33.2
麻黄碱（ephedrine）	477.1	565.0

2. 湿度 指大气中的水分含量。每立方米空气中的实际含水量（g）称绝对湿度；而在特定温度情况下，空气中的实际含水量与该温度的饱和含水量的百分比值，称相对湿度。实验动物饲养室常用相对湿度作为衡量湿度的指标。

一般认为，大多数实验动物能适应40%～70%的相对湿度，并以50%±5%为最佳（表6-3）。短时间的湿度异常比温度异常对动物健康的影响要轻得多，但长时间的湿度异常可对动物的健康产生较为严重的不良影响，直接影响动物的生长、发育、繁殖等一系列生理活动，进而影响动物实验结果的可靠性。

表 6-3 一些国家或机构对实验动物设施内相对湿度的规定

动物	实验动物设施内规定的相对湿度（%）			
	美国 ILAR	OECD	日本	中国
小鼠	40～70	30～70	45～55	40～70
大鼠	40～70	30～70	45～55	40～70
仓鼠	40～70	30～70		40～70
豚鼠	40～70	30～70	45～55	40～70
兔	40～70	30～70		
猫	30～70		45～55	
犬	30～70		45～55	
猴	40～60		55～65	

注：ILAR，实验动物资源研究所（Institute of Laboratory Animal Resources）。OECD，经济合作与发展组织（organization for economic co-operation and development）。

环境湿度对实验动物的影响主要反映在体温调节和机体健康两个方面。实际上，湿度与环境温度、气流速度共同影响动物体温。当环境温度接近体温时，实验动物以蒸发散热为主，而在高温、高湿情况下，机体调节体温的主要方式蒸发散热障碍，从而易于引起代谢紊乱及抵抗力下降，动物的发病率和死亡率亦明显增加。高湿环境下，小鼠仙台病毒病发病率增高，脊髓灰质炎病毒、腺病毒4型和7型颗粒大量增殖，但流感、副流感3型空中变态反应原降低。此外，湿度85%～90%的高湿环境有利于病原微生物的存活和传播，垫料、饲料亦易于霉变，因而不利于动物的健康。

湿度过低时，室内干燥而灰尘飞扬，易引起实验动物呼吸系统疾病，亦对实验动物的健康不利。如温度27℃，相对湿度低于40%时，大鼠体表的水分蒸发很快，尾巴失水过多，可导致血管收缩，而引起环尾病（ring tail）。在湿度过低时，某些母鼠拒绝哺乳，甚至咬吃仔鼠，仔鼠也发育不良。

湿度对动物实验结果的影响主要在高温下表现明显。温度35℃时，小鼠的心率、体温在不同相对湿度之间有显著差异。温度、湿度和卵蛋白的过敏性休克死亡率存在极为显著的相关性。如当环境温度达30～35℃接近动物体温时，若湿度也增大，则卵蛋白引起小鼠过敏性休克的死亡率也明显升高。

温度、湿度控制是整个环境控制的重点。当今，越来越多的动物实验结果要求附有实验时的温度与湿度。新建实验动物设施大多配备包括温度、湿度的自动记录系统，设施具有足够的调温、调湿能力，且能进行全自动不间断的控制，从而在任何极端条件下都能把有关指标控制在标准范围之内。

3. 气流和风速　实验动物设施内的气流指空气的流动，而风速则是指气流的速度。室内的气流和风速来源于通风换气设备。饲养室内的通风程度，一般以单位时间的换气次数（即旧空气被新风完全置换的次数）为标志。室内换气次数实际上取决于风量、风速、送风口和排风口截面积、室内容积等因素。2010年颁布的国家标准要求，饲育室和动物实验室内动物笼具处的气流速度小于或等于0.2m/s，屏障环境最小换气次数≥15次/h，隔离环境最小换气次数≥20次/h（表6-4、表6-5）。此外，送风口和出风口的风速较快，其附近不宜摆放实验动物笼架。

表6-4　实验动物生产间的环境技术指标

项目	指标								
	小鼠、大鼠		豚鼠、地鼠			犬、猴、猫、兔、小型猪			鸡
	屏障环境	隔离环境	普通环境	屏障环境	隔离环境	普通环境	屏障环境	隔离环境	屏障环境
温度（℃）	20～26	20～26	18～29	20～26	20～26	16～28	20～26	20～26	16～28
最大日温差（℃）	≤4								
相对湿度（%）	40～70								
最小换气次数（次/h）	≥15[a]	≥20	≥8[b]	≥15[a]	≥20	≥8[b]	≥15[a]	≥20	
动物笼具处气流速度（m/s）	≤0.20								
相通区域的最小静压差（Pa）	≥10	≥50[c]		≥10	≥50[c]		≥10	≥50[c]	≥10
空气洁净度（级）	7	5或7[d]		7	5或7[d]		7	5或7[d]	5或7[d]
沉降菌最大平均浓度（CFU/0.5・φ90mm平皿）	≤3	无检出		≤3	无检出		≤3	无检出	≤3
氨浓度（mg/m^3）	≤14								
噪声［dB（A）］	≤60								

续表

项目		指标								
		小鼠、大鼠		豚鼠、地鼠			犬、猴、猫、兔、小型猪			鸡
		屏障环境	隔离环境	普通环境	屏障环境	隔离环境	普通环境	屏障环境	隔离环境	屏障环境
照度（lx）	最低工作照度	≥200								
	动物照度	15～20					100～200			5～10
昼夜明暗交替时间（h）		12/12 或 10/14								

表中氨浓度指标为动态指标。

普通环境的温度、相对湿度和最小换气次数指标为参考值。可在此范围内根据实际需要适当选用，但应控制最大日温差。

温度、相对湿度、相通区域的最小静压差是日常性检测指标；最大日温差、噪声、动物笼具处气流速度、照度、氨浓度为监督性检测指标；空气洁净度、最小换气次数、沉降菌最大平均浓度、昼夜明暗交替时间为必要时检测指标。

静态检测除氨浓度外的所有指标，动态检测日常性检测指标和监督性检测指标，设施设备调试和（或）更换过滤器后检测必要检测指标。

a 为降低能耗，非工作时间可降低换气次数。但不应低于 10 次/h。

b 可根据动物种类和饲养密度适当增加。

c 指隔离设备内外静压差。

d 根据设备的要求选择参数。用于饲养无菌动物和免疫缺陷动物时，洁净度应达到 5 级。

表 6-5　动物实验间的环境技术指标

项目		指标								
		小鼠、大鼠		豚鼠、地鼠			犬、猴、猫、兔、小型猪			鸡
		屏障环境	隔离环境	普通环境	屏障环境	隔离环境	普通环境	屏障环境	隔离环境	隔离环境
温度（℃）		20～26	20～26	18～29	20～26	20～26	16～26	20～26	20～26	16～26
最大日温差（℃）		≤4								
相对湿度（%）		40～70								
最小换气次数（次/h）		≥15[a]	≥20	≥8[b]	≥15[a]	≥20	≥8[b]	≥15[a]	≥20	
动物笼具处气流速度（m/s）		≤0.20								
相通区域的最小静压差（Pa）		≥10	≥50[c]		≥10	≥50[c]		≥10	≥50[c]	≥50
空气洁净度（级）		7	5 或 7[d]		7	5 或 7[d]		7	5 或 7[d]	5
沉降菌最大平均浓度（CFU/0.5・φ90mm 平皿）		≤3	无检出		≤3	无检出		≤3	无检出	无检出
氨浓度（mg/m^3）		≤14								
噪声［dB（A）］		≤60								
照度（lx）	最低工作照度	≥200								
	动物照度	15～20					100～200			5～10
昼夜明暗交替时间（h）		12/12 或 10/14								

表中氨浓度指标为动态指标。

温度、相对湿度、相通区域的最小静压差是日常性检测指标；最大日温差、噪声、动物笼具处气流速度、照度、氨浓度为监督性检测指标；空气洁净度、最小换气次数、沉降菌最大平均浓度、昼夜明暗交替时间为必要时检测指标。

静态检测除氨浓度外的所有指标，动态检测日常性检测指标和监督性检测指标。设施设备调试和（或）更换过滤器后检测必要检测指标。

a 为降低能耗，非工作时间可降低换气次数。但不应低于 10 次/h。

b 可根据动物种类和饲养密度适当增加。

c 指隔离设备内外静压差。

d 根据设备的要求选择参数。用于饲养无菌动物和免疫缺陷动物时，洁净度应达到 5 级。

气流对实验动物热调节的影响主要表现在对对流散热和蒸发散热的影响，气流过大，即使环境温度和湿度适宜，动物体表的对流散热和皮肤汗腺的蒸发散热都增强，会引起动物的不适。研究发现，合理组织气流流向和风速能调节温度和湿度，又可降低室内粉尘及有害气体和有害气溶胶污染，甚至可以控制传染病的流行，因而有利于实验动物和工作人员的健康。

2010 版实验动物环境及设施国家标准对影响实验动物的气候因素进行了重新规定（表 6-4、表 6-5）。

（二）理化因素

影响实验动物的理化因素包括光照、噪声、粉尘、有害气体等。

1. 光照 作为环境因素的光照，其照度、光线波长及时间或明暗交替时间三个刺激因素，都对实验动物有影响。强光、光照时间过长或过短都对实验动物不利，尤其是明暗周期不规律对动物的损害更为严重。光照对实验动物的影响如下。

（1）影响视力：鸟类视觉细胞以视锥细胞为主，适应强光。而啮齿动物视觉细胞则以视杆细胞为主，其辨色力差，不能分辨红色，且易受强光损害。因此，强光会损害实验动物特别是啮齿类的视力，使其辨色能力下降。研究发现，大鼠在 2000lx（照度单位）连续几小时照射下，可出现视网膜障碍；若长时间（13 周）持续照射，即使照度低至 60lx，也将使大鼠出现视网膜退行性变。

（2）影响生理及生殖功能：照明对实验动物的生理功能有明显影响，尤其是生殖和行为。光色即光线波长可影响动物的生殖功能，研究发现蓝光比红光更能促进大鼠的性成熟，还发现在昼夜明暗交替时间（h）为 12/12 或 10/14 的条件下，大鼠的性周期最为稳定。持续黑暗使大鼠卵巢和子宫的重量减轻，生殖过程受抑制。而持续光照则会过度刺激动物的生殖系统，可连续发情，但大鼠、小鼠可出现持久性阴道角化，并阻碍卵细胞成熟，多数卵泡达到排卵前期，而不能形成黄体。在实验条件下，可通过人工控制光照，以调节其生殖过程，包括发情、排卵、交配、妊娠、分娩、泌乳和育仔等。

对光照的控制，一般要求光源合理分布，尽量使饲养室和实验室各处获得均匀的光照。工作照度要求在离地 1m 处，控制照度 150～300lx 较适宜，既符合动物需要，又方便工作人员观察和操作。

人工照明应特别注意光照周期要符合动物活动和休眠的规律，要使光周期稳定，避免人工控制的随意性。如采用 12/12 或 10/14 的明暗交替照明方式，最好是用自动控制装置实施渐明渐暗，模仿日出日落，有利于动物健康，还可避免光照突然变化惊动动物。具体光照指标见表 6-4、表 6-5。

2. 噪声 物体振动产生的声音，频率高、声压大、带有冲击性或复杂波形，可对人和动物的心理生理造成不利的影响，这类声音称为噪声。影响实验动物的噪声主要来自外环境、饲养室和实验室内的空调设备、层流柜等。此外，人的活动及实验动物采食、走动和鸣叫等亦是噪声来源。需要注意，实验动物的听觉音域比人宽，如小鼠可听到人类听不见的超声波，严重时甚至导致死亡，因此应十分重视噪声对动物的影响。噪声对实验动物的影响如下。

（1）影响神经及心血管等系统功能：噪声常引起实验动物烦躁不安、紧张、呼吸和心跳加快、血压升高、肾上腺皮质酮增高等。某些实验动物如 DBA/2 幼鼠，在持续高分贝噪声环境下可发生听源性痉挛，甚至死亡。大鼠暴露在 95dB 环境，中枢神经将出现损害，若暴露达 4 天，可致死。

（2）影响消化及内分泌系统功能：强噪声通常使动物摄食减少，并导致消化系统功能紊乱。而大鼠在噪声环境中，却表现摄食量增加，但体重反而下降。实验表明，噪声还影响动物的内分泌，如使小鼠的血糖水平改变。大鼠暴露在 107～112dB 环境 1.5h/d，5 天后肾上腺素分泌明显增加。

（3）影响繁殖及幼小动物生存：过强或持续不断的噪声可导致动物交配率降低，并妨碍受精卵着床，因而繁殖率下降，并使母鼠流产、拒绝哺乳，甚至吃仔。高频强烈噪声还可直接导致幼小动物死亡。

不同动物适应噪声的水平不同。如犬生活在 90dB 以上环境中，可不表现异常。而大多数动物则较适应 60dB 以下的环境。一般应将室内噪声控制在 60dB 以下（表 6-4、表 6-5）。

（4）损伤听力：短时间的噪声可使听觉发生暂时性减退、敏感性降低。噪声消失后，听觉敏感性会恢复。但长时间遭受强噪声的刺激，可造成持久性听力损伤，导致噪声性耳聋。

（5）影响动物实验：噪声使动物受到惊扰，烦躁不安，影响抓取、保定、给药、采血，从而影响实验操作。噪声引起动物生理功能紊乱，导致生理指标异常。噪声造成的听源性痉挛，轻者影响实验观察，重者动物痉挛死亡而中断实验。此外，噪声也可使动物的抵抗力下降，从而影响毒性和感染性实验结果。

3. 粉尘 是指空气中浮游的固体微粒。动物室的粉尘主要来自室外未经过滤的空气，以及室内的动物皮毛、排泄物、饲料屑及垫料等。

粉尘对实验动物和工作人员的健康有极大影响。作为过敏原，粉尘可引起动物和人的呼吸系统疾病及过敏性皮炎等。粉尘还是病原微生物的载体，可促使微生物扩散而引发多种传染病。因此要严格控制粉尘。

对屏障环境以上级别设施中的空气，必须进行有效过滤。目前常用三级过滤法，使空气净化后送入实验动物设施，再用抽风系统排出室内的脏空气，从而降低粉尘，并使之达到合格的洁净度。空气洁净度以空气中粉尘的浓度和粒径大小为指标，并以达到多少级来表示。根据 2010 年国家颁布的实验动物环境及设施标准，屏障环境的空气洁净度要求达到 7 级，隔离环境的空气洁净度要求达到 5 或 7 级（表 6-4、表 6-5）。

（1）洁净度 5 级（cleanliness class 5）：空气中≥0.5μm 的尘粒数＞352pc/m^3 且≤3520pc/m^3，≥1μm 的尘粒数＞83pc/m^3 且≤832pc/m^3，≥5μm 的尘粒数≤29pc/m^3。

（2）洁净度 7 级（cleanliness class 7）：空气中≥0.5μm 的尘粒数＞35 200pc/m^3 且≤352 000pc/m^3，≥1μm 的尘粒数＞8320pc/m^3 且≤83 200pc/m^3，≥5μm 的尘粒数＞293pc/m^3 且≤2930pc/m^3。

在国标 GB14925-2010 实验动物环境及设施中，对屏障环境设施的辅助用房（无害化消毒室、污物走廊、出口缓冲间）主要技术指标，提出了洁净度 8 级（cleanliness class 8）的概念。

洁净度 8 级是指，空气中≥0.5μm 的尘粒数＞352 000pc/m^3 且≤3 520 000pc/m^3，≥1μm 的尘粒数＞83 200pc/m^3 且≤832 000pc/m^3，≥5μm 的尘粒数＞2930pc/m^3 且≤29 300pc/m^3。

4. 有害气体 实验动物室内的氨、硫化氢、硫醇等特殊气味有害气体由动物粪尿发酵分解产生。其中，氨的浓度最高，因而常以其浓度作为判断有害气体污染程度的指标之一。氨等有害气体的浓度过高，可直接刺激实验动物和人的眼结膜、鼻及呼吸道黏膜，导致流泪、咳嗽，并损害动物与人的健康。观察表明，大鼠接触氨浓度 140mg/m^3，4～8 天后，其支气管上皮将出现轻度增厚，上皮纤毛脱落并出现广泛黏膜皱褶，这种病理变化将严重影响吸入毒物的研究结果。此外，氨会加重鼻炎、中耳炎、气管炎和肺炎等疾病。目前认为，如果人每天 8h、每周 5 天工作于实验动物设施内，氨浓度必须低于 17.5mg/m^3 才无损健康，并认为低于 14mg/m^3 的氨浓度才能保证实验动物健康安全。而国家标准规定实验动物设施中的氨浓度应低于 14mg/m^3（表 6-4、表 6-5）。实际上，氨浓度升高与室内温度高、湿度大、通风不足，以及饲养密度高、动物排泄物和垫料清除不及时等有关，应注意改善有关条件，从而使氨浓度经常保持在正常范围。

（三）生物因素

影响实验动物的生物因素包括动物种间作用、社会因素、饲养密度和空气中的微生物等。生物因素对实验动物的影响主要来源于实验动物本身，包括实验动物种间作用、社会因素及饲养密度等。外源性病原微生物、饲养人员及实验人员也可作为生物因素，影响实验动物的正常生长发育及实验结果。

1. 动物种间作用 在实验动物中，有些疾病可以在不同动物种间进行传播，导致不同种动物同时发病。如健康豚鼠与患有隐性感染支气管败血杆菌的兔在同一环境中饲养，豚鼠会感染发病。不同种动物之间，除了各种共患病传染风险影响外，某种动物的气味、叫声都可能对其他动物产生不利的影响。豚鼠天生胆小，在高分贝噪声环境下会乱窜、尖叫，不仅影响豚鼠正常实验，还会造成环境噪声增加，影响所有动物。BALB/c 雌性小鼠与同品系或其他品系的雄鼠接近后，有 50%的雌鼠会出现妊娠终止。因此，不同种动物应分区域饲养，同品系动物根据性别差异及习性的不同也应分室饲养。

2. 社会因素 实验动物的社会因素是指在某个种属中，实验动物个体的优劣和社会地位等。实验动物群体共同饲养在同一空间内，就会形成社会关系，产生不同的社会地位。不同种属实验动物的社会性各有特点，其社会地位主要分为直线型和专制型。直线型指其地位高低呈直线型排列，从第一位置统领第二、第三位置，逐级统治，猴、兔、鸡和猪属于直线型统治地位。动物个体的优劣，通常决定了它在其社会中的地位。如在每群猕猴中，必有一只最强壮、最凶猛的雄猴为“猴王”，其他猴子都严格听从“猴王”的指挥。专制型是指动物之间经过争斗产生一个统治者，统治者以下动物之间不发生任何统治关系。小鼠、大鼠和猫属于专制型统治关系。在此社会地位形成过程中已发生激烈的争斗和厮咬。根据动物社会地位形成不同，在一个笼子里饲养多只动物时，经常可看到划分势力范围的现象。动物实验时应注意考虑单个饲养还是群体饲养，防止动物间的争斗和厮咬，以免影响实验结果，造成不必要的损失。

3. 饲养密度 可对实验动物的社会造成明显影响。如饲养密度过高时，动物活动受限，容易发生激烈争斗而被咬伤，同时可导致温度、湿度升高，排泄物增加、有害气体增多，影响动物健康。但动物单独饲养，如犬在长期毒性试验中，也会引起生理和行为改变，因而应按动物种属和具体情况决定实验动物的饲养密度。

饲养动物群养时，笼具底板每平方米面积可收容的成年实验动物最大密度大约是小鼠 100 只、大鼠 50 只、豚鼠 20 只、兔 4 只、犬 1 只、猴 1 只。实验动物环境及设施国家标准对各类动物居所最小空间有明确规定（表 6-6）。

表 6-6 各类动物所需居所最小空间

项目	小鼠			大鼠			豚鼠		
	<20g 单养时	>20g 单养时	群养（窝）时	<150g 单养时	>150g 单养时	群养（窝）时	<350g 单养时	>350g 单养时	群养（窝）时
底板面积（m^3）	0.0067	0.0092	0.042	0.04	0.06	0.09	0.03	0.065	0.76
笼内高度（m）	0.13	0.13	0.13	0.18	0.18	0.18	0.18	0.21	0.21

项目	地鼠			猫		猪		鸡	
	<100g 单养时	>100g 单养时	群养（窝）时	<2.5kg 单养时	>2.5kg 单养时	<20kg 单养时	>20kg 单养时	<2kg 单养时	>2kg 单养时
底板面积（m^3）	0.01	0.012	0.08	0.28	0.37	0.96	1.2	0.12	0.15
笼内高度（m）	0.18			0.76（栖木）		0.6	0.8	0.4	0.6

项目	兔			犬			猴		
	<2.5kg 单养时	>2.5kg 单养时	群养（窝）时	<10kg 单养时	10～20kg 单养时	>20kg 单养时	<4kg 单养时	4～8kg 单养时	>8kg 单养时
底板面积（m^3）	0.18	0.2	0.42	0.6	1	1.5	0.5	0.6	0.9
笼内高度（m）	0.35	0.4	0.4	0.8	0.9	1.1	0.8	0.85	1.1

4. 空气中的微生物 空气的微生物洁净度是实验动物环境最为重要的监测指标之一。空气中的微生物有致病性和非致病性两类。通常，微生物不能游离于空气中存活，而是附着于粉尘成为气溶胶。在湿度很高时，气雾微粒也成为微生物的载体和良好的生活环境，随着气流扩散，可在实验动物中引发感染性疾病。

国家质量监督检验检疫总局于 2010 年颁布实施的实验动物环境及设施国家标准中，对实验动物设施的空气沉降菌最大平均浓度有明确规定：普通环境不要求检测，屏障环境少于或等于 3 个菌落/皿（CFU/0.5h · φ90mm 平皿），隔离环境无检出菌落（表 6-4、表 6-5）。

第二节 实验动物设施

实验动物设施是界定实验动物的生存空间、维持其需要的建筑物和设备等。建造专用实验动物设施是为了实现实验动物环境条件控制目标。实验动物设施参照 GBJ73-84 洁净厂房国家标准进行形式各异而又能实现环境调控的设计，其规模小至某一动物实验室，大到动物中心或生产繁殖机构。总体原则是提供实验动物最适宜的环境，保障实验动物的质量和动物实验结果的准确性。

实验动物设施依其功能不同，可分为实验动物生产设施、实验动物实验设施和实验动物特殊实验设施 3 类。实验动物生产设施（breeding facility for laboratory animal）是指用于实验动物生产的建筑物和设备的总和。实验动物实验设施（experiment facility for laboratory animal）是以研究、实验、教学、生物制品和药品及相关产品生产、检定等为目的而进行动物实验的建筑物和设备的总和。实验动物特殊实验设施（hazard experiment facility for laboratory animal）包括感染动物实验设施（动物生物安全实验室）和应用放射性物质或有害化学物质等进行动物实验的设施。这三类设施虽然在环境指标控制上有相似之处，但仍以单独建设为好，至少应有明显的分隔措施。

实验动物设施一般由饲育室或动物实验室、检疫室、洗刷消毒室、废弃物处理设施、实验动物监测室、办公室、资料室、库房和机械设备室等房舍组成。其中，饲育室或动物实验室、检疫室、洗刷消毒室和废弃物处理设施为实验动物设施必备结构。其布局应当合理，避免动物实验室、废弃物等之间发生相互污染。实验动物生产使用设备或动物实验使用设备及其辅助设施应布局合理，技术指标应达到生产或实验设施环境技术指标要求。实验动物和动物实验设施应有相对独立的污水初级处理设备或化粪池，与其他生活排水分开设置。

实验动物设施按照微生物控制程度可分为普通环境、屏障环境和隔离环境 3 种类型，普通环境饲养普通级动物，屏障环境饲养清洁级动物和 SPF 级动物，隔离环境饲养 SPF 级动物、无菌级动物和悉生动物（图 6-1）。不同设施等级的空气净化控制程度不同，环境技术指标应符合相应设施要求（表 6-4、表 6-5），并能根据需要调控温度、湿度、空气洁净度、通风和照明等环境条件。

实验动物设施选址需要考虑的外部环境因素：①宜选择环境空气质量及自然环境条件较好的区域，避开自然疫源地，远离可能产生交叉感染的动物饲养场所。②宜远离有严重空气污染、振动或噪声干扰的铁路、码头、飞机场、交通要道、工厂、贮仓、堆场等区域。若不能远离上述区域则应布置在当地最大频率风向的上风侧或年最小频率风向的下风侧。③应远离易燃、易爆物品的生产和储存区，并远离高压线路及其设施。④动物生物安全实验室与生活区的距离应符合 GB19489-2008 和 GB50346-2011 的要求。⑤实验设施的总面积设计应符合下列要求：基地的出入口不宜少于两处，人员出入楼不宜兼作动物尸体和废弃物出口。废弃物暂存处宜设置在隐蔽处。周围不宜种植影响实验动物生活环境的植物。

实验动物设施建筑材料要求所有围护结构材料均应无毒、无放射性。饲养间内墙表面应光滑平整，阴阳角均为圆弧形，易于清洗、消毒。墙面应采用不易脱落、耐腐蚀、无反光、耐冲击的材料。地面应防滑、耐磨、无渗漏。天花板应耐水、耐腐蚀。

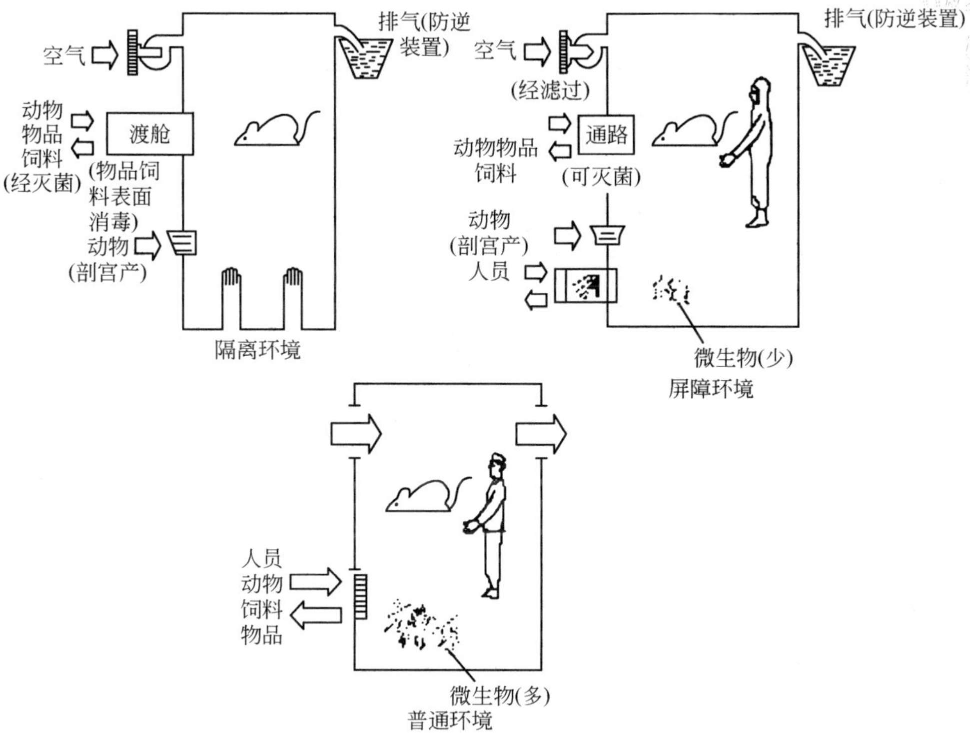

图 6-1　实验动物设施模式

一、普通环境设施

该环境设施符合实验动物居住的基本要求，控制人员和物品、动物出入，不能完全控制传染因子，适用于饲育普通级实验动物。通常为单走廊或双走廊专用房舍。装设空调机、送风、排风装置和初、中效过滤器，从而使室内温度、湿度受一定程度的控制。应有防野鼠、防昆虫设施，笼具和垫料要消毒，饲料应确保未经污染。工作人员进入时应采取一定的防疫措施。

普通环境设施通常分为准备区域、饲养实验区域和辅助区域。在准备区域，可以进行饲料及实验用品的准备及储存，人员休息、更衣，设立动物观察室和检疫室。目前，普通环境一般饲养大动物居多，因此很多设施在准备区域设立兽医室。饲养实验区域包括清洁走廊、饲养室、实验室和手术室。辅助区域一般包括污物处理设施、废弃物暂存、洗刷消毒、能源供给等功能。在普通环境中，需要对动物使用过的污染笼具及洗刷消毒干净的笼具分开运输存放，避免发生交叉污染。人员、实验动物和物品原则上按准备区域到饲养实验区域，再到辅助区域的路径运行。普通环境中人员出入需与动物出入口分开，动物进入饲养实验区域前应进行洗消，避免病原微生物传入。

二、屏障环境设施

该环境设施符合动物居住的要求，严格控制人员、物品和空气的进出，适用于清洁级动物和（或）SPF 级实验动物的饲育与实验。SPF 级屏障环境可为正压屏障构造（单走廊/双走廊专用房舍）、负压屏障构造（生物安全屏障环境）及层流架（正压/负压层流架）。亦常将隔离器用作 SPF 级屏障环境。

屏障环境在设计上要求基本与外界隔离，设清洁和污物走廊。空气要经过初效、中效和高效三级过滤器净化后才能进入室内。除特殊用途的生物安全屏障环境为负压外，屏障环境内通常应保持正压，出风口应有防止空气倒流装置。其空气洁净度要达到 7 级。

屏障环境设施通常分三区，即清洁区、污染区和外部区。清洁区包括饲养室或实验室、清洁走廊、清洁准备室、清洁物品储存室、检疫室等；污染区包括污物走廊、洗刷消毒室等；外部区包括接收动物室、饲料加工室、库房、更衣淋浴间、值班室、办公室、机械设备室等。屏障环境通常设双走廊（图 6-2），进入该环境的人员要穿戴消毒的隔离衣、帽、鞋和口罩，有呼吸道疾病及皮肤病者不能进入。进入的实验动物也须经消毒处理。进入的笼具、饲料、饮水、垫料、器械、药品等一切物品须经严格消毒灭菌。环境内的空气、物品、人和实验动物采用单向流通路线。人员、实验动物、物品和空气移动路向如图 6-3 所示。

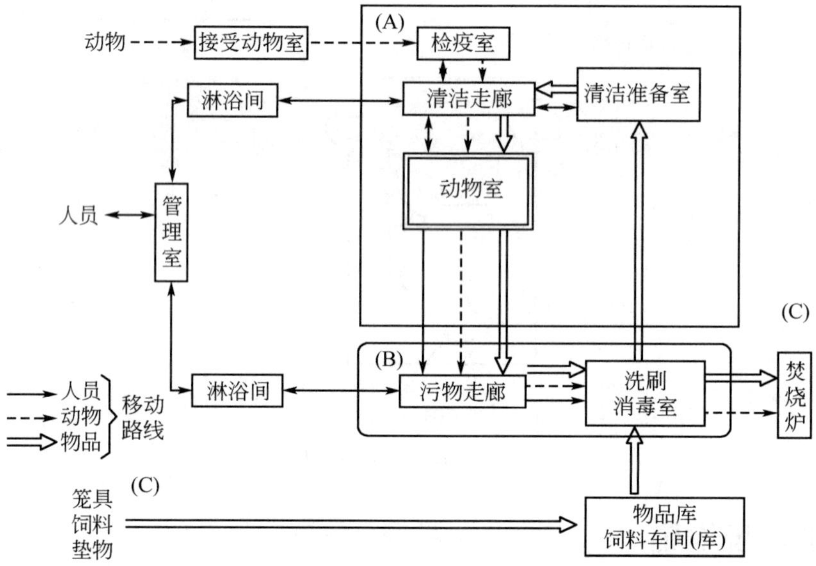

图 6-2 屏障环境双走廊实验动物房舍布局原理

A. 清洁区；B. 污染区；C. 外部区

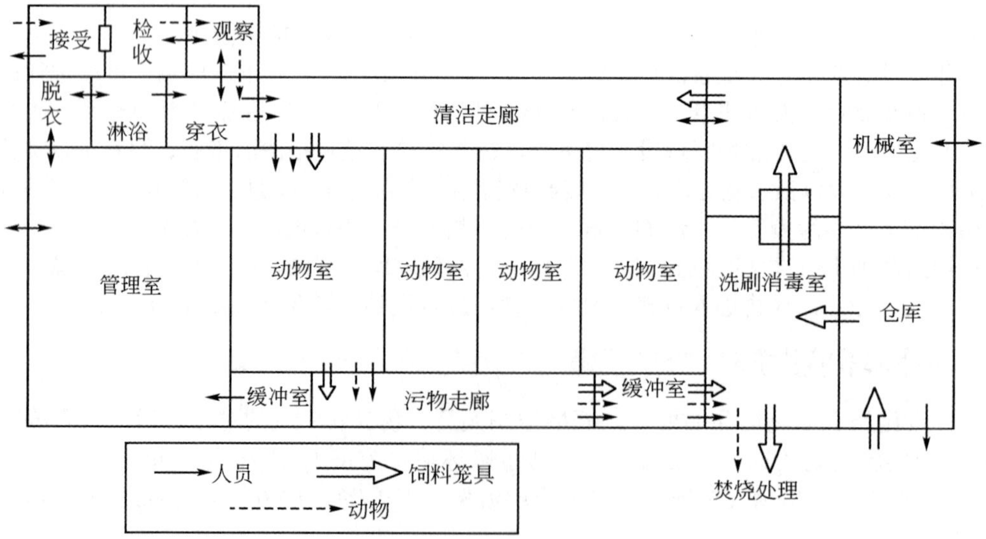

图 6-3 屏障环境的人、物移动路向模式图

（1）人员的移动路向：一更→淋浴→二更→风淋→清洁走廊→饲养室或动物实验室→污物走廊→洗刷消毒室→更衣→外部区域。

（2）物品的移动路向：物品→高压蒸汽消毒炉（包装好的消毒物品可经过传递窗，笼具经泡有消毒液的渡槽）→清洁准备室→清洁物品储存室→饲养室或动物实验室→污物经包装处理→污物走廊→外部区域。

（3）实验动物的移动路向：外来实验动物→传递窗（紫外线照射消毒包装盒外表面）→检疫室（经验收、观察后）→清洁走廊→饲养室或动物实验室→实验动物（生产供应或实验处理后须移出屏障环境）→污物走廊（包装）→外部区域。

（4）空气的流动路向：洁净空气→清洁走廊、清洁准备室、清洁物品储存室→饲养室或动物实验室→污物走廊→外部区域。

三、隔离环境设施

该环境设施采用无菌隔离装置以保持无菌状态或无外源污染物。隔离装置内的空气、饲料、水、垫料和设备应无菌，动物和物料的动态传递须经特殊的传递系统，该系统既能保证与环境的绝对隔离，又能满足转运动物时保持与内环境一致。适用于饲育 SPF 级、悉生及无菌级实验动物。

隔离器有正压和负压隔离器，可置于普通环境或屏障环境中运转，应严格控制环境温度和湿度。工作人员只能通过附于隔离器上的橡胶手套，对隔离器内的实验动物进行饲养和实验操作，而不能直接接触实验动物。进入隔离器的物品须包装消毒后，通过灭菌渡舱或传递窗移入。进入隔离器的空气要经高效过滤，并维持正压，由此保证饲养空间的洁净度达 5 级或 7 级。用于饲养无菌级动物和免疫缺陷动物时，洁净度应达到 5 级。隔离器呈长方形箱状，安放于工作台上。实验动物饲养于隔离器内，空气由送风机经空气过滤器通向隔离器的空气入口，隔离器内的空气经空气出口排出。隔离器的一侧装有橡胶手套，供工作人员在隔离器内部操作使用；隔离器的另一侧有传递渡舱，供传入、传出物料及动物使用（图 6-4）。有的隔离器还连有药液灭菌渡槽，供剖宫取胎使用。

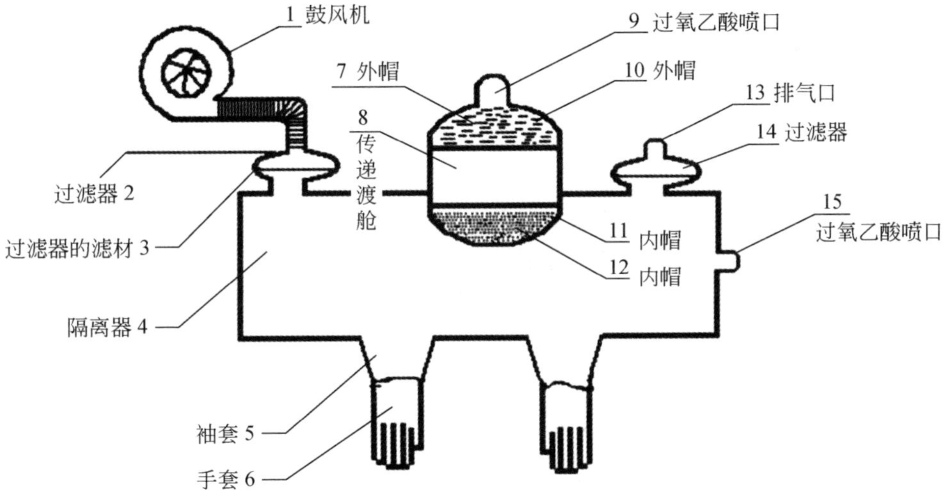

图 6-4　隔离器

第三节　实验动物饲养的辅助设施和设备

实验动物房舍设施是进行实验动物繁殖生产和动物实验的基本条件。而饲养辅助设施则指房舍设施内用作动物饲养的设备和材料，主要包括笼具笼架、饮水设备、垫料等，还有层流架、隔离器和运输笼。它们离实验动物最近，产生的影响最直接，需予以重视。其中，层流架和隔离器等设备可独立于房舍设施使用。而且，隔离器是迄今用作无菌动物繁殖生产和实验的重要设备。

一、笼具笼架

实验动物直接生活在笼具中，其小环境对动物非常重要。在笼具外的大环境达到标准的情况下，包围动物的小环境质量取决于笼具、笼架。

（一）笼具

笼具是实验动物的生活场所，并对动物的活动范围进行限制。笼具的材质、结构及大小对实验动物的质量、健康和福利产生直接影响。笼具的材质应符合动物的健康和福利要求，无毒、无害、无放射性、耐腐蚀、耐高温、耐高压、耐冲击、易清洗、易消毒灭菌。笼具结构上应符合动物习性要求，内部无伤害动物的尖锐突起，内外边角应圆滑、无锐口，动物不易噬咬、咀嚼。笼具的门或盖有防备装置，能防止动物自己打开笼具或打开时发生意外伤害或逃逸。笼具应限制动物身体伸出受到伤害，或伤害人类及邻近的动物。常用实验动物笼具的大小最低应满足表 6-6 的要求，实验用大型动物的笼具尺寸应满足动物福利的要求和操作的需求。

目前常用的实验动物笼具有带金属盒盖的塑料盒及不锈钢笼具等多种式样，可供不同动物在不同用途时选用。

1. 鞋盒式笼具　适合小型啮齿动物繁殖及实验使用。

鞋盒式笼具的盒体通常为长方形，可用透明或半透明塑料制作。透明笼盒用多聚碳酸盐塑料制成，可耐受高压消毒，且方便动物观察，适合喜光的品种、品系动物使用。半透明笼盒适合在黑暗或半黑暗环境繁殖的品种、品系动物。

盒盖通常用钻孔金属片或金属条编织制成。后者通风较好，可降低盒内有害气体浓度。此外，将盒体做得较宽浅也有利于通风。盒盖上可安装饮水和饲料装置。鞋盒式笼具的盒底密封，并使用垫料，因而保温性能好，动物还可在盒内建立自己的微环境。但其底面封闭，排泄物存在盒内，易引起交叉感染是其缺点。

2. 悬挂式金属网笼具　适用于兔等动物。

悬挂式金属网笼具多用不锈钢材料制作，有利于防止腐蚀和损坏。笼具下面常安装托盘，以收集排泄物，或设置自动冲水装置冲洗尿液和粪便。

该种笼具较鞋盒式笼具易清洗消毒，通风较好，观察动物更为方便。但这种笼具不太适合繁殖饲养某些实验动物。例如，豚鼠在悬挂式笼具中通常不繁殖或繁殖率很低。

3. 前开口式笼具　适用于犬、猫和灵长类动物等大动物。

这种笼具通常以不锈钢、普通钢和玻璃钢制作。在前方开口处底面具有坚实板状构造，可供动物休息。专用于猫和灵长类动物时，可在笼内装几块不同高度的木板，供动物休息和玩耍。用于灵长类动物实验者，应安装供保定动物用的挤压装置。

4. 其他笼具　还有如代谢笼具、组合式笼具、活动笼具动物围栏等特殊笼具。

（二）笼架

笼架实际上是承托和悬挂笼具的支架，可增加单位体积内笼具的密度。笼架有多种式样，简单笼架可放置鞋盒式笼具。悬挂式笼具所用的笼架比较高级，设有清理粪便的自动冲水装置，有的还有自动饮水系统。

一般笼架可用普通金属制造，而自动冲水笼架则以不锈钢制造。笼架不宜过大或过小，要求牢固稳定，并与笼具配套。笼架脚上可安装小轮，以便移动位置。笼架的层次和层数最好能够调整，这样，一个笼架就可供不同实验动物的笼具使用。

除了上述普通笼架之外，还有层流式超净笼架和隔离式笼架，是把净化功能与笼架组合在一起的特殊笼架。

二、饮水设备和无菌水生产系统

饮用水是实验动物生存的基本需求。饮用水中的有害物质超标可能损害实验动物的健康，对动物机体产生不利的影响，降低动物实验结果的可靠性和准确性，所以制定严格的实验动物饮用水质量要求与管理规范十分必要。实验动物饮用水的品质应符合人饮用水的标准，为保证水质的质量，必须定期监测其 pH、微生物状况及化学物质污染情况。特别对那些实验动物饮用水的水质可能影响实验结果的研究项目，需要对水进行处理或提纯，以尽量减少或消除其污染物的影响。水的处理方法应当合理选择，因为有些饮用水的处理方法可能影响动物生理过程。微生物状况的改变会影响实验结果，例如，经氯化处理的自来水对有些种类的动物是适用的，但对另一些动物如水生动物是有毒性的。普通动物饮水应符合现行国家标准《生活饮用水卫生标准》GB5749-2006 的要求。屏障环境设施的净化区和隔离环境设施的用水应达到无菌要求。屏障环境设施净化区内的给水管道和管件，应选用不生锈、耐腐蚀和连接方便可靠的管材和管件。

（一）饮水设备

饮水设备包括饮水瓶、饮水盆和自动饮水装置等。大鼠、小鼠、兔等小型实验动物多使用不锈钢或无毒塑料制造的饮水瓶，规格有 250ml 和 500ml 两种，而犬、羊等大动物则多使用饮水盆。这些饮水器具应定期清洗消毒，因而要耐高温、高压消毒和药液的浸泡。普通级实验动物饮用水灭菌处理不强制要求，但应防止二次污染的可能。清洁级及以上动物饮用水应经过灭菌处理，一般采用高压蒸汽灭菌和过滤除菌两种处理方法。

自动饮水装置虽然具有节省劳力等优点，但易漏水，使室内湿度增大，并会造成动物之间的交叉感染，因此在国内应用不普遍。

（二）无菌水生产系统

大型实验动物设施耗用大量无菌水，须安装无菌水生产系统。这种系统通常先以超滤膜滤去 0.5μm 以上的悬浮微粒，可滤去细菌和真菌，然后以紫外线照射，可杀灭病毒，并进一步杀灭细菌和真菌。

实验动物的饮用水无须蒸馏、离子交换和反渗透，这样更有利于满足动物对微量元素的需求。在日常操作与维护中，动物饮用水的净化程度应以无微生物和化学污染为标准，不能盲目追求水的纯度而造成净化水中矿物质元素的过度缺乏。必须严格按照生产无菌水各环节的操作说明进行规范化操作，并对水的净化效果进行定期检测，以保证生产出的水合格，符合要求。

三、双扉压力蒸汽灭菌器、渡槽及传递窗/间

洁净动物设施使用的物料均应经过消毒灭菌。耐高温高压的物料可使用双扉压力蒸汽灭菌器消毒，不耐高温高压的物料则可经渡槽或传递窗消毒后进入洁净区。

1. 双扉压力蒸汽灭菌器　是安装在普通物料进入洁净区的通道内的一种灭菌设备。该设备的主体跨过屏障墙，并有两个门，一个开启在非洁净空间内，物料由此门进入进行蒸汽灭菌；另一个开启在洁净控制区内，灭菌后的物料可从中取出使用。一些大型的双扉压力蒸汽灭菌器可对笼具甚至笼架作灭菌处理。

2. 渡槽　是内盛消毒药液的水槽，在非洁净区及洁净区各开一门，不耐高温高压的器械物料从非洁净区一侧放入，浸泡消毒后从洁净区取出使用。平时应随时注意观察液面，确保液面以上内外不能相通。根据所用消毒药剂（应选用广谱、作用强、腐蚀性小、稳定性好的消毒药剂，如季铵盐类）稀释后的有效期限和使用情况，适时补充或更换消毒药剂。

3. 传递窗/间 是内装紫外线灯，并跨非洁净区和洁净区的金属箱或房间，开有两个互锁的门，不耐高温高压也不能用液体浸泡的物料从非洁净区一侧开门放入，开启紫外线灯消毒后，从洁净区内开门取用。平时应保持传递窗/间内外和紫外线灯管的表面干净、整洁。每次使用前要检查门锁和紫外线灯是否正常，发现异常时及时维修或更新。

四、层流架

层流架是自身带空气净化和通风系统，可做实验动物饲养和动物实验观察的专用设备。一般为四周封闭、前方开启的柜形构造，其侧边及背部安装空气净化系统，内部分层放置动物饲养盒。

在某些情况下，可将层流架置于普通房间内，用作清洁级动物的短时间饲养、实验操作和处理后观察。亦可将其安放在洁净房舍，用于 SPF 级动物养殖和实验观察。在洁净房舍内的层流架，其内部物理洁净、生物洁净及通风状况可达 SPF 级环境控制标准，能直接作 SPF 级设施使用。在较多情况下，层流架内的空气压力高于外环境，为正压层流架。如进行感染动物实验，为了避免污染环境，需保持层流架内的气压低于外环境，为负压层流架。

层流架的构造简单，投资较少，适合于小规模和短时间实验动物的养殖与实验。但该设备本身仅能控制空气洁净和通风指标，而其他环境指标如温度、湿度等，则只能在设施内控制。因此，层流架作为 SPF 级动物设施，尚有很大局限性。而且，该设备空间较小，开门操作时易破坏其洁净指标，所以在操作时应格外仔细。

五、隔离器

隔离器是保持内环境完全无菌的密封装置，为无菌级实验动物饲养繁殖、实验操作和处理后观察的唯一设备。目前其他实验动物设施设备都无法达到这种无菌标准。隔离器的出现使实验动物设备设施有了巨大进展。有了隔离器，才有无菌级实验动物。

通常，隔离器用塑料制作外包裹层，内以刚性材料作构架支撑，其造价较低。另有隔离器以不锈钢和玻璃作外包裹层，可配置加热法空气灭菌送风系统，因为不锈钢外壳具有良好的散热性。

隔离器的核心控制指标是无菌，其他指标须在外环境调控。送入隔离器的空气的净化有两种方式，较常用的方式是将空气经高效过滤，使其物理洁净度达到 5 或 7 级，塑料隔离器一般配用过滤除菌法处理空气；另一种方式不考虑空气的物理洁净，而用高温杀灭空气中的所有微生物，不锈钢隔离器可配高温灭菌法处理空气。良好的隔离器可保证其中的动物 1～3 年处于无菌状态。一般来说，配置空气热灭菌系统的不锈钢隔离器具有更好的性能，可保持更长时间的无菌状态。目前我国无菌级实验动物使用较少的原因之一是高性能隔离器使用较少。

用于无菌级动物饲养及实验用的隔离器都采用正压，即罩内空气压力高于外界，压差达 150Pa，这有利于保持罩内无菌。如进行烈性病原体感染研究或有毒挥发物实验，应采用负压隔离器，以保护外环境和人员安全。负压隔离器应采用不锈钢和玻璃制作的刚性外壳。

在我国，隔离器较常用于 SPF 级实验动物的饲养繁殖和动物实验。由于隔离器保持动物无菌有一定的时限，因而获取无菌动物种源是一个经常性的问题，必须在手术隔离器中完成。手术隔离器是适用于剖宫产操作的特殊隔离器，它的设计能保证剖宫产取得无菌幼仔。无菌幼仔剖取后经转移盒送入普通饲养隔离器中饲养。

六、独立通气笼盒

独立通气笼盒（individually ventilated cages，IVC）是采用先进的微型隔离技术，通过在笼盒内部输送经过高效过滤的空气以保障动物免受微生物感染，具有持续防护作用的预防屏障。IVC 不仅提供了标准的微环境，为啮齿动物提供无菌环境和绝对可靠的分隔预防屏障，同时能防止交叉感染，保障实验人员的健康和安全。

IVC 可提供统一标准的通风，通过笼架上配置的设备将动物饲养笼中的气体以侧流形式排出饲养笼外，防止有害物质或被污染的气体在动物饲养笼之间传播、扩散；同时为动物提供高标准的低氨、低二氧化碳微环境和最适宜的湿度。由于独立通气系统的存在，各种动物可以分隔饲养，又可以在同一工作区内管理。即使在设备简陋的工作间，IVC 也可以满足科研、实验等工作需要。此外，还适用于进行免疫缺陷动物和 SPF 级等动物的饲养、实验研究。

由于笼盒内采用高效终端空气过滤器，因此在移动状况下可确保笼内空气达到 SPF 级，即使暂时停电，笼盒内也不会受到气流倒灌的污染。

七、运输笼

大部分实验动物从生产到使用都要经过运输这一环节。每当动物由它们原有的、熟悉的生活环境转移至运输笼内，再运输到陌生的动物房时，都会诱发动物产生一定程度的恐惧感即应激反应。因此，运输过程的管理、运输方式及运输容器的选择等都是至关重要的。用于实验动物的运输笼必须适合旅程需求和动物种类。

运输笼结构应适应动物特点，材质应符合动物的健康和福利要求，并符合运输规范和要求。运输笼必须足够坚固，能防止动物破坏、逃逸或接触外界，并能经受正常运输。笼具的大小和形状应适于被运输动物的生物特性，在符合运输要求的前提下使动物感觉舒适。笼具内部和边缘无可伤害到动物的锐角或突起。笼具的外面应具有适合于搬动的把手或能够握住的把柄，搬运者与笼具内的动物不能有身体接触。在紧急情况下，运输笼要容易打开门，将活体动物移出。运输笼应符合微生物控制的等级要求，并且必须在每次使用前进行清洗和消毒。可移动的动物笼具应在笼具顶部或侧面标上“活体实验动物”字样，并用箭头或其他标志标明动物笼具正确立放的位置。运输笼上应标明运输该动物的注意事项。

八、垫料

除少数中、大型实验动物如兔、犬、猴、猪使用水冲洗式的笼具饲养，更多的实验动物如啮齿类，通常使用可更换垫料的笼具饲养。垫料是用于满足实验动物保暖、筑巢等舒适性和行为习性，并吸附动物排泄物和臭气以维持卫生状况的铺垫物，是影响实验动物健康、动物实验结果或动物福利的重要因素之一。

垫料的材质应符合动物的健康和福利要求，应满足吸湿性好、尘埃少、无异味、无毒性、无油脂、耐高温、耐高压等条件。垫料的吸附性能是其控制动物生长环境的细菌增长和游离氨浓度的重要特性之一。按照材质分类，常用的垫料主要有以下几种：木质垫料、环保纸质垫料、植物纤维垫料、玉米芯垫料。

垫料通过吸附水分，使笼内保持干燥，又可吸附动物排泄物，从而维持笼具和动物身体的清洁卫生。垫料材质柔软，动物可根据需要在其中做窝，营造清洁舒适的微环境，大大有利于动物的健康。相关报道指出，饲养在垫料上的小型啮齿动物寿命较长。20 世纪 80 年代以前，世界各国包括发达国家均使用木材加工的下脚料、刨花及锯末作为垫料。随着实验动物科学的发展，人们发现某些垫料中含有影响动物正常生理并干扰实验结果的化学物质。20 世纪 80 年代开始，欧美发达国家开始采用标准垫料。这些国家较多考虑垫料的毒性因素和取材的难易，最终选取单一材料制作垫料。欧洲国家的垫料常用白杨木制作，而美国则多采用玉米芯垫料。

实验动物垫料按照是否与动物身体接触，可分为接触性和非接触性两种。非接触性垫料一般放置于悬挂式动物笼具下方的托盘内，只起到承接动物排泄物的作用，用于吸尿、吸湿、接粪便等，如干养家兔笼具下面接盘中的垫料，有纸板状垫料、塑料布垫料、木屑等。接触性垫料最为常用，铺在饲养笼具中与动物身体直接接触，起到保温、舒适、筑巢、吸收排泄物的作用，如大鼠、小鼠笼盒中的垫料，有纸屑、刨花，牛栏、猪圈中的稻草等。近年来，国外应用吸水材料压制成纸板状垫料，具有方便、卫生等优点，但成本较高。

垫料的包装应使用完全密闭的一次性包装材料。为了维持垫料品质及减少被污染的机会，垫料在储存过程中均宜用垫板、架子或台车与地面隔离，并储存在固定的专用储存间，保持储存间内通风、干燥和卫生，避免野鼠、虫媒等生物污染及其他化学性污染。与饲料相比，垫料的吸湿性强，更需注意保持储存室干燥，防止因长期放置而霉变或被污染。垫料保质期应不超过 1 年。

九、设施的维护与管理

环境和设施的使用、维护对于实验动物的生产及动物实验的正常进行是必不可少的。对环境与设施进行科学规范的管理，尤其是对使用和操作者的管理也是极其重要的，即确保环境和设施完好并运行正常。管理者与操作者一次疏忽或错误，均可导致严重后果，尤其是对环境的微生物污染，一旦发生，极难净化，除非中断生产或实验，对环境与设施进行全面的消毒灭菌。因此，环境和设施的管理是设施维护的重要组成部分。

（一）设施的维护

实验动物设施的各项环境因素指标通过有关设备的运转来维持，并始终处于动态变化之中。通过对环境指标的常规监测，可随时掌握机器设备的运行状况，并确定是否需要维修。

1. 空气过滤系统的维护 空气过滤系统有初效过滤、中效过滤和高效过滤三个级别。初效过滤材料可滤去空气中直径＞5μm 的微粒；中效过滤材料的过滤对象是粒径＞1μm 的微粒；而高效过滤材料的过滤孔径有多种，实验动物设施常用的高效过滤材料对 0.5μm 以上微粒的过滤效率可达到 99.97%。

空气过滤系统在工作时不断有粉尘被阻拦在滤材上，可逐渐形成堵塞，对多个环境因子造成不良影响，如进气量下降、换气次数减少，并导致氨浓度上升、梯度压差改变等。因此，过滤材料应及时更换。①初效过滤材料一般 1～2 周更换一次，更换频度取决于单位面积滤材的进气强度及外环境空气中的粉尘含量等因素。初效过滤材料换下后经水洗干燥可重复使用。②中效过滤材料每 3 个月清洗一次，1 年更换一次。影响其更换周期的因素与初效过滤材料相似。中效过滤材料通常做成袋状，称中效袋，外包中效箱，更换时打开中效箱更换中效袋。换下的中效袋经洗涤干燥后可重复使用。③高效过滤器装在送风系统末端，通常 1～2 年更换一次。准确判断空气过滤器更换标准的方法是，用阻力监测装置检测过滤器的“终阻力”（指被检测过滤器的阻力），当“终阻力”超过“初阻力”（指新过滤器的阻力）的 2～4 倍时，该过滤器要更换。当过滤器出现漏风时，也应及时更换。

2. 空调系统维护 空调系统的正常运行是温度、湿度两个重要指标得到有效控制的保证，因此必须充分重视实验动物设施中空调系统的维护。通常每年在机器较空闲的时候，进行一次检修。

空调系统最常发生的问题是热交换部件被灰尘和纤维状物质覆盖，从而导致热交换率下降，于是夏天的高温不能降低，冬天的低温不能提高，此时应清洗热交换部件。还应在每次更换初效过滤材料时检查及清洗热交换部件。制冷剂泄漏使制冷能力下降亦多见，若发现制冷能力下降，应考虑空调系统制冷剂是否不足。温度、湿度自动控制装置也可能发生故障，从而导致控制失灵或不准确，此时应予检修调校。

日常管理中，应每月检查一次送、排风机及控制装置的性能是否安全可靠，配电线路节点是否安全可靠，风量调节阀的开启大小，风机变频器的频率设置是否合适等。发现问题及时解决，以确保设施的通风净化符合国标要求。

3. 灭菌系统维护 压力蒸汽灭菌器是实验动物设施中最重要的物料灭菌设备，应随时注意其灭菌效果。最好每次灭菌都加指示剂。一次灭菌失败即可导致微生物污染，并造成严重后果。

水的灭菌系统也很重要，尤其在水源微生物控制不严格的情况下，要特别注意灭菌水系统的完好性。灭菌水系统常见的问题是超滤膜击穿而除菌失败，此外也有紫外光源损坏等，因而要经常检查维护。检查可用微生物培养法，系统正常运行时，水中应无微生物检出。

除了上述三个重要系统要经常维护外，尚有许多其他维护工作要做，如传递渡槽中消毒液的检查和更换等。任何一个环节的故障都可能导致设施环境质量下降，从而造成实验动物不合格而引起巨大损失。

设施保障人员每班作业前，应检查各仪表、内外门和水、电、气等管线是否正常。设备使用时，应注意观察设备运转是否正常，发现问题应及时解决。日常维护时，应严格按照设备维护说明进行规范作业，必要时请专业人员进行检修。此外，每月应检查一次灭菌效果如何、真空泵及其动力传送系统是否有异常、硅胶密封条是否有破损等，并做好日常性使用和维护工作。

（二）设施的管理

随着实验动物生产和使用硬件设施的不断完善，加强设施内部的软件建设，日常对设施进行规范化和合理化的管理，目的是保障设施内环境符合国家标准，提高实验动物的质量，并进一步提高动物实验结果的准确性、可靠性和重复性。

动物设施单位组织机构应设置合理，配备相应的工作人员，包括设施技术负责人、兽医、动物繁育与饲养管理人员、动物实验人员、设备管理和值班人员、后勤保障人员。所有从业人员应经过专业知识和业务技能培训，持证上岗，工作中执行本单位制定的各种规章制度和标准操作规程，每年进行一次身体健康检查。临时进入设施的实验人员应通过设施准入培训和考核。

设施内环境日常管理主要包括人员管理、物品管理、动物管理、内环境保洁与维持、饲养设备的管理与维护、笼具的使用管理、消毒剂的使用等。

1. 人员管理 进入实验动物设施内部的人员包括管理人员、兽医、动物实验人员、动物饲养员。

管理人员应具备医学、生物学或畜牧兽医学等相关专业大专以上学历，具有扎实的实验动物专业知识和较丰富的管理经验，能够组织工作人员对实验动物设施进行科学管理。

兽医应具备大专以上学历，熟练掌握各种实验动物疾病的防控知识和技能。

动物实验人员应该掌握实验动物学专业知识和动物实验操作技能，能够根据不同动物的生物学特性和实验设计的要求，自觉执行本单位动物实验管理规章制度和标准操作规程，规范开展动物实验工作。

动物饲养员应该掌握实验动物学专业知识和动物繁育、饲养管理操作技能，能够根据不同动物的生物学特性，自觉执行本单位的各种规章制度和标准操作规程，规范化开展动物繁育和饲养管理工作。

出入不同等级设施的人员，应严格执行相应等级设施的管理要求。

2. 物品管理

（1）物品进入设施的要求：与动物生产、实验或设施管理无关的一切物品均不得传入设施。必须传入设施的有关物品在进入设施前，必须根据设施的环境控制标准，进行相应的消毒灭菌处理。对于进入普通设施的物品，凡可能携带动物病原者，必须经过有效的消毒处理后再传入普通环境。对于进入屏障设施的物品，凡能耐高温高压灭菌的物品，如垫料、工作服、笼具、饮水瓶、某些工具和未经 ^{60}Co 照射灭菌的饲料等，均应先经过包装处理，再经过高压蒸汽灭菌后传入。不宜用高压蒸汽灭菌，但能用药物浸泡消毒的物品，如拖鞋、塑料容器、某些工具等，可经过药物浸泡，由渡槽传入屏障环境。不宜用高压蒸汽灭菌，也不能用药物浸泡消毒的物品，如记录用纸、笔、某些工具和实验材料等，需经传递窗/间消毒处理后传入屏障环境。对于进入隔离设施的一切物品，均应先经高压蒸汽灭菌处理，再传入隔离器。

（2）设施内物品的储存：实验动物设施内所有物品应设置固定位置存放，摆放整齐，标示明确，确保先进入的物品先使用。对于笼架笼具、台架等固定物品，平时应整齐地摆放于适宜位置。对于饲喂器具、使用工具、生产或实验器材等频繁出入设施的物品，消毒后应用适当容器盛装，标明类别和消毒日期，整齐摆放于相应储存间内，不得就地摆放。物品使用后，应将储存间打扫干净。更换下来的物品和其他废物，随时传出设施并及时实施分类处理。

（3）废弃物的处理：在动物生产或实验工作中，每天都会产生大量的废气、动物粪尿、废弃垫料、一次性口罩和手套、动物尸体及组织等废物。为了避免这些废物污染工作区域及周围环境，必须按照相关要求对其进行无害化处理。废弃的针头、玻璃、手术刀片等利器及时放入利器罐中保存，积存一定数量后实施无害化处理。实验动物废垫料应集中作无害化处理。一次性工作服、口罩、帽子、手套及实验废弃物等应按医院污物处理规定进行无害化处理。动物尸体及组织应装入专用尸体袋中存放于尸体冷藏柜（间）或冰柜内，集中交由有资质的处理单位作无害化处理。感染动物实验的动物尸体及组织须经高压灭菌器灭菌后传出实验室再作相应处理。

3. 动物管理

（1）动物进入管理：动物由外环境进入实验设施前，应核对实验动物的来源、数量、规格、性别、包装、质量合格证明和（或）检验检疫报告等基本情况，并根据动物等级分别实施相应的传递与检疫程序。

普通级动物：从运输容器中取出后，肉眼观察评判动物质量。一般要求精神状态良好，运动活泼；肢体匀称，四肢无残缺、畸形和外伤；被毛光亮、色正，紧贴身体；皮肤弹性良好，无创伤和异物；发育良好，肥瘦适中，体质健壮；天然孔无异常分泌物。发现动物不健康时，应拒收整批动物。未见异常时将动物传入检疫间进行检疫。检疫期间，饲养人员每天应参照上述标准，密切注意观察并记录动物的精神、运动、皮肤、被毛、饮食、粪尿等基本情况。兽医应参照相关国标，采用镜检、血清学检查等方法，对被检疫动物群的体内外寄生虫、病原微生物进行必要的抽检。检疫合格者，方可转入饲养间进行饲养和实验。

清洁级动物和 SPF 级动物：应将运输容器通过屏障设施的传递窗/间传入。清洁区的饲养人员打开运输容器，对动物进行外观检查，未见异常则将动物转入观察间进行 2～3 天的临床观察（国外引进动物的检疫期不少于 30 天）。未见异常情况，方可将动物转入饲养间进行饲养和实验。

无菌及悉生动物（包括转入隔离设施的 SPF 级动物）：将动物传入隔离器进行 2～3 天的临床观察（国外引进动物的检疫期不少于 30 天）。未见异常情况者方可进行饲养和实验。

（2）日常管理：实验动物进行日常管理应根据动物的生物学特性和习性，进行其他有针对性的管理。

4. 内环境保洁与维持

（1）设施启用前的保洁与消毒

1）卫生消毒：屏障设施建成后，首先要通过除垢、清扫、擦抹等方式，将设施内吊顶、墙面、地面、设备表面等所有区域的污垢、粉尘清除干净，然后进行设施的整体消毒。

2）环境检测与验收：设施整体消毒 48～72h 后启动送、排风机组。通风 24～48h 后，请具有实验动物环境检测资质的检测机构，按照有关国家标准对该设施的各项内环境指标进行检测。检测结果合格后，方可向实验动物管理机构提供验收申请，设施验收合格后方可投入使用。在正式使用前应重新进行整体消毒处理。

（2）内环境日常维护

1）日常维护：一方面应按照各种通风空调设备的操作和维护要求进行规范操作，避免环境指标出现异常；另一方面，应每天观察内环境指标，主要包括温度、相对湿度和相通区域的最小静压差，如出现异常，应及时查找原因并解决。

2）日常保洁与消毒：日常工作完毕后，应先将所有更换下来的笼架笼具、用具等污物按照物品退出设施的路线传至洗消间，再将设施内所有笼架笼具、台架、门、窗、地面等部位打扫干净。每天定时将所有无动物区域的紫外灯打开 30～60min 进行空气消毒；每周按照人员退出路线用消毒剂对地面进行两次以上的擦抹和拖地消毒；每周对整个设施内的饲养架具、管理用具和环境进行 1～2 次擦抹或喷雾消毒，不留死角。对于实验设施，每批实验结束后要进行一次彻底的清洗消毒。

（3）内环境指标的动态检测：对于温度、相对湿度和相通区域的最小静压差等日常性检测指标，应每天进行观察记录，最好进行不间断的实时动态监测和记录；对于氨浓度、噪声、照度等监督性检测指标，每年应有专业检测人员进行不少于一次的检测和记录；空气洁净度、最小换气次数等指标，应在必要时进行检测，用以评价设施的换气性能是否达标，即是否需要更新高效过滤器、更新高效过滤器后的调试等。设施内环境指标的动态监测是一项容易忽视的工作，应引起足够的重视。

5. 饲养设备的管理与维护 一般实验动物饲养设备的管理与维护按照设施日常保洁和消毒即可，但层流柜、IVC、隔离器等饲养设备有其特殊要求。在实际工作中必须保证这些设备的通风净化装置性能完好、电力供应连续及实际操作包括动物传递洁净化。为保证饲养设备内动物的安全，最好安装报警装置，以便及时发现并排除各种故障。在隔离器的日常使用中，还应每天观察手套、传递仓帽及隔离器软包是否膨隆，清洁时不要使用粗糙抹布和利器，以防隔离器的透明度降低甚至被划伤。每次操作完毕要把手套手指部拉出或变动折叠部位，以防材料老化折断。以上饲养设备一般每3～6个月进行一次内环境洁净度的检测，每半年保养一次送、排风机，初效滤材应每个月检查清洗一次，高效滤材应每年更换1～2次（视其前端保护情况而定）或终阻力达到初阻力的2倍时更新一次。

6. 笼具的使用管理

（1）中、大型实验动物笼具：若为干养式笼具，应根据饲养动物的规格和数量适时更换垫盘，通常每1～2天更换一次，垫盘的清洗、消毒同啮齿类笼具；若为水冲式笼具，应每天上、下午各冲洗一次，冲洗笼具应彻底、无粪尿等污物附着。每个月应对整个笼具进行1～2次全面的擦抹或喷雾消毒。

（2）啮齿类实验动物笼具：塑料盒一般每周更换2次；网盖和鼠笼，通常应每2～4周更换一次。更换下来的鼠盒和鼠笼应及时清洗、晾干、灭菌后备用。每个月应对整个笼架进行1～2次全面的擦抹或喷雾消毒。

7. 消毒剂的使用 在动物生产或实验过程中，为保障设施环境和动物质量达标，常需要使用各种清洗、消毒、驱虫药剂。购买和使用时，应选择洗消效果良好、对人员和动物危害较轻的产品。常用清洗、消毒、杀虫剂的使用浓度、范围与方法见表6-7。

表6-7 常用清洗、消毒、杀虫剂的使用浓度、范围与方法

药剂名称	使用浓度	使用范围	使用方法
洗衣粉	适量	各种衣物、用具的洗涤	单独或与84消毒液混用
洗涤灵	适量	各种用具的洗涤	单独或与洗衣粉混用
百毒杀	200～500倍稀释	一般物品和环境的消毒	浸泡、擦抹、喷雾
苯扎溴铵	0.1%～0.5%	一般物品和环境的消毒	浸泡、擦抹、喷雾
84消毒液	100～200倍稀释	一般物品和环境的消毒	浸泡、擦抹、喷雾
过氧乙酸	0.25%～2%	一般物品和环境的消毒	浸泡、擦抹、喷雾
来苏水	1%～5%	污物、地面的消毒	浸泡、擦抹
高锰酸钾	0.03%～0.05%	水果、蔬菜的消毒	浸泡
乙醇	75%	手、动物运输笼、实验用品的消毒	擦抹、喷雾
高锰酸钾、甲醛	（30g+40ml）/m^2	密闭环境的消毒	熏蒸
环氧乙烷	1200mg/L	一般物品的消毒	熏蒸
1%阿维菌素	0.02ml/kg BW	驱除大动物体内、外寄生虫	皮下注射
宠物香波	适量	驱除大动物体外寄生虫	药浴
除虫菊酯	适量	驱除一般环境中的蚊蝇	喷雾

注：为防止病原体产生耐药性，应交叉使用不同的消毒药剂。

本章PPT

第七章　实验动物的营养学控制

新陈代谢是生物体生命现象得以维持的基础。生物体不断摄入环境中的物质（营养素）加以转化、吸收和利用。营养素作为原料，在生物体的生长、发育和繁殖中，参与有关组织结构的更新和修补；作为能量物质，经生物氧化作用放出能量，供应生命活动需要；而产生的废物则由排泄系统交回外环境。这个过程就是新陈代谢。因而，营养在生物体的生命活动中具有极其重要的作用。

实验动物为维持正常的生长发育及生理功能、繁衍后代，必须从外界摄取食物。饲喂动物的食物称为饲料（feed），饲料中所含的营养成分称为营养素（nutrient）。营养素可以是简单的化学元素，如 Ca、P、Mg、Na、K、C、S、Fe、Zn、Mn、Cu、I、Se 等，也可以是复杂的化合物，如蛋白质、脂肪、碳水化合物和各种维生素。实验动物对食物的需要也就是对营养的需要。饲料是实验动物摄入营养素的主要来源，它所提供营养素的质和量直接影响实验动物的质量。

实验动物营养学是研究饮食物（营养素）与实验动物机体生长、发育、繁殖、健康及实验结果关系的科学。只有良好的营养才能使实验动物保持良好的健康状态，而健康的实验动物才能确保动物实验的结果可靠。因而，研究实验动物的营养状况、加强饲料质量标准化管理，是实现实验动物标准化的重要环节。

第一节　实验动物所需的营养素

实验动物所需要的营养素包括蛋白质、碳水化合物、脂类、矿物质、维生素和水六大营养成分。按常规饲料分析，这六大类营养素间的相互关系见图 7-1。

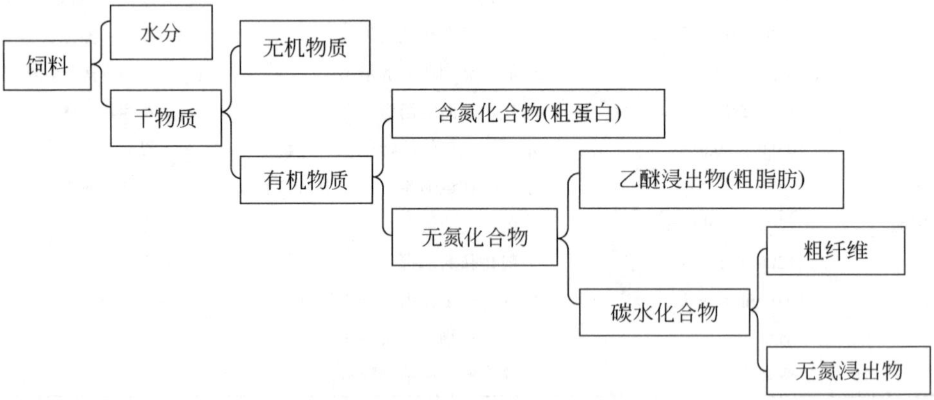

图 7-1　六大类营养素间的相互关系

一、蛋白质

蛋白质为生命的基本物质，是构成实验动物肌肉、神经、内脏器官、皮肤、血液等一切组织、细胞的基本成分，酶、部分激素和抗体等也由蛋白质及其衍生物组成。动物体的蛋白质通过新陈代谢不断更新，以促进发育，并修补有关组织结构的损伤。当饲料中的脂类和碳水化合物不足时，蛋白质可氧化释放能量作为补充。

蛋白质是由氨基酸组成的一类数量庞大的物质的总称。饲料中蛋白质在胃肠道内分解成氨基酸吸收，再在体内重新合成机体自身的蛋白质。动物蛋白不同于植物蛋白，在营养价值上动物蛋白优于植物蛋白，这种差异是由于组成蛋白质的氨基酸的种类、数量和结合方式不同造成的。因此蛋白质的营养实际上是氨基酸的营养。

（一）蛋白质的功能

蛋白质在动物的生命活动中具有重要的生理功能。

（1）构成机体组织细胞的基本成分：动物的肌肉、神经、结缔组织、腺体、血液、毛发等都以蛋白质为基本成分。

（2）组织更新、修补的主要原料：在动物的新陈代谢过程中，蛋白质不断更新、修补损伤的组织器官。

（3）机体内生物活性物质的主要成分：在动物的生命和代谢活动中起催化作用的酶、起调节作用的激素、具有免疫和防御功能的免疫中和抗体，都是以蛋白质为其主体构成的。

（4）蛋白质可供能和转化为糖、脂肪：机体在营养不足时，蛋白质也可分解供能，维持机体的代谢活动。当摄入蛋白质过多时，也可能转化成糖、脂肪和分解产热供机体代谢用。

（二）氨基酸

组成蛋白质的基本单位是氨基酸。饲料中的蛋白质只有被消化分解为小分子的氨基酸，才能被动物吸收利用。因此，蛋白质的品质主要取决于氨基酸，特别是必需氨基酸的含量和比例。氨基酸共有 20 种，其中有些氨基酸动物体内能够合成，不依赖饲料供给，这类氨基酸称为非必需氨基酸，包括丙氨酸、丝氨酸、谷氨酸、酪氨酸、胱氨酸、甘氨酸等。有些氨基酸动物体内不能合成，或合成量不能满足需要，必须由饲料供给，这类氨基酸称为必需氨基酸，包括异亮氨酸、亮氨酸、色氨酸、苏氨酸、苯丙氨酸、赖氨酸、蛋氨酸、缬氨酸、精氨酸、组氨酸等。在动物饲料中保持必需氨基酸和非必需氨基酸的合适比例是相当重要的，当饲料或日粮的某一种或几种必需氨基酸的含量低于动物的需要时，就会限制其他必需和非必需氨基酸的利用，从而降低此种饲料的营养价值。这类缺乏的一种或几种氨基酸就称为限制性氨基酸。

蛋白质的合理利用，不但要求饲料必须满足动物所需必需氨基酸的种类和数量，而且要求各种必需氨基酸之间的平衡。所谓氨基酸平衡，是指日粮氨基酸组分之间的相对含量与动物机体氨基酸需要量之间的比值较为一致的相互比例关系。蛋白质营养价值的高低，主要取决于其氨基酸组成是否平衡。在饲料配合中，利用各种饲料氨基酸含量和比例的不同，通过两种以上饲料蛋白质配合，相互间取长补短，弥补相互氨基酸的缺陷，使饲料氨基酸的平衡更理想，这种作用即为氨基酸的互补作用。如在苜蓿的蛋白质中赖氨酸含量较多，为 5.4%，蛋氨酸含量较少，为 1.1%；而玉米蛋白质中赖氨酸的含量较少，为 2.0%，蛋氨酸含量较多，为 2.5%。把这两种原料按一定的比例进行搭配，则两种限制性氨基酸的含量有所提高，利用率也相应得到提高。

饲料中的蛋白质含量不足，某些必需氨基酸缺乏或比例不当，则动物生长发育缓慢、抵抗力下降，甚至体重减轻，并出现贫血、低蛋白血症等，长期缺乏可导致水肿，繁殖性能下降。但长期给动物喂食蛋白质含量过高的饲料，则会引起代谢紊乱，严重者甚至出现酸中毒。因而，应供给实验动物含适量蛋白质的饲料。

二、碳水化合物

碳水化合物是指具有多羟基醛、多羟基酮或在代谢过程中能产生这类物质的化合物。碳水化合物广泛存在于植物性饲料中，是构成植物细胞壁和细胞质的成分。

（一）碳水化合物的组成与分类

碳水化合物由碳、氢、氧3种元素组成，通常分为无氮浸出物和粗纤维两大类。

1. 无氮浸出物 即糖类，包括淀粉和糖，是实验动物的主要能量来源。饲料中的糖类被动物采食后，在酶的作用下分解为葡萄糖等单糖而被吸收。在体内，大部分葡萄糖氧化分解产生热能，供机体利用；小部分葡萄糖在肝脏形成肝糖原储存，尚可转化为脂肪。

2. 粗纤维 包括纤维素、半纤维素、木质素和果胶等。草食性动物通过肠道内微生物把纤维素和半纤维素发酵分解为单糖利用。在动物的消化道中，葡萄糖可被吸收利用，也可进一步发酵，部分转变为挥发性脂肪酸被吸收，部分转变成二氧化碳和甲烷排出体外。粗纤维还对胃肠运动起刺激作用，有助于排便并排出毒素。因此，粗纤维是某些草食性动物饲料中不可缺少的成分。如家兔和豚鼠饲料中的粗纤维含量要求在10%～15%。

（二）无氮浸出物的功能

（1）供给动物能量的主要来源：动物所需要的能量约80%来自碳水化合物，特别是葡萄糖是供给动物代谢活动快速应变需能的最有效的营养素。葡萄糖是大脑神经系统、肌肉、脂肪组织、胎儿生长发育、乳腺等代谢的唯一能源。碳水化合物除了直接氧化供能外，多余的可转化为糖原和脂肪储存起来。

（2）构成机体组织器官不可缺少的成分：有些单糖如五碳糖是细胞核酸的组成成分；半乳糖与类脂质是神经组织的必需物质；许多糖类与蛋白质结合形成糖蛋白，参与构成细胞膜等。

（3）参与多种生命过程：如透明质酸具有高度黏性，对润滑关节、保护机体在受到强烈颤动时不致影响正常功能方面起到重要作用。由唾液酸组成的糖蛋白具有强的黏性，对消化道起润滑和保护作用。多余的糖类可在肝脏转化成肝糖原储存，或转化为脂肪储存起来。

（4）合成乳糖、乳脂的原料：动物在泌乳期时，碳水化合物是合成乳糖、乳脂的原料。

（三）粗纤维的功能

（1）可刺激胃肠道的发育和蠕动：在动物生产中，常用粗纤维来冲淡日粮营养浓度的方法，保证动物胃肠道充分发育，满足动物繁殖生产性能对采食量的需要。粗纤维可刺激消化道黏膜，促进胃肠蠕动及消化液的分泌和粪便的排出。特别是兔、豚鼠等草食性动物，饲料中粗纤维含量要求在10%～15%。如粗纤维含量不足，可造成消化功能紊乱，发生消化道疾病等。

（2）可给动物胃肠道饱感：粗纤维体积大、结构疏松，可填充胃肠容积，使动物食后有饱腹感。

（3）可作为能源：粗纤维在盲肠经过酵解产生一些挥发性脂肪酸，可成为能源，可以满足维持能量需要10%～30%。

三、脂类

脂类包括脂肪、脑磷脂、卵磷脂、胆固醇等，后3种类脂质是细胞膜和神经等组织的重要组成成分。脂肪被机体消化吸收后，可通过代谢产生热量供动物利用。多余的能量可转变为脂肪，并在皮下形成脂肪层。脂肪组织除了储备能量外，尚有保温及缓冲外力的保护作用。脂肪还是脂溶性维生素A、脂溶性维生素D、脂溶性维生素E、脂溶性维生素K的溶剂，可促进其吸收和利用。饲料中脂肪过多则使动物肥胖而影响健康，并且不利于实验研究。

（一）脂肪的组成与分类

脂肪主要由碳、氢、氧3种元素组成。脂肪根据结构不同分为真脂肪和类脂肪。真脂肪在动物体内可分解为脂肪酸和甘油；类脂肪分解为甘油、脂肪酸、磷酸、糖及其他含氮物。脂肪还可根据营养或营养辅助作用分为可皂化脂类和非皂化脂类。

脂肪由脂肪酸和甘油组成。根据所含氢原子的多少，脂肪酸可分为饱和脂肪酸（脂肪酸碳链中碳原子间以单键相连）和不饱和脂肪酸（脂肪酸碳链中部分碳原子间以双键相连）。动物性脂肪所含饱和脂肪酸较多，植物性脂肪所含不饱和脂肪酸较多。不饱和脂肪酸具有易氧化酸败、产生异味的特征，进而降低脂类的营养价值和适口性。脂肪酸碳链越短，异味越浓。

在不饱和脂肪酸中，亚油酸、亚麻酸和花生四烯酸等在实验动物体内不能合成，只能从饲料中摄取，称必需脂肪酸（EFA）。必需脂肪酸缺乏可引起严重的消化系统和中枢神经系统功能障碍，如可使动物皮肤鳞片化、脱毛、尾坏死、生长发育缓慢、生殖力下降、泌乳量减少，甚至死亡。

（二）脂肪的功能

（1）构成动物体组织的重要成分：动物的神经、肌肉、血液和骨骼中含有卵磷脂、脑磷脂和胆固醇等脂类。磷脂类和糖脂类是细胞膜的重要组成部分，棕榈酸是合成肺泡表面活性物质的必需成分。必需脂肪酸是组织的组成成分，对维持细胞及亚细胞膜的功能和完整性很重要。因此，脂肪是动物组织建造和修补不可缺少的物质。

（2）参与代谢：必需脂肪酸参与类脂代谢，在调节胆固醇的代谢，特别是输送、分解和排泄方面有重要意义。亚油酸是合成前列腺素的原料。

（3）供给动物体热能和储备能量的物质：脂肪含能量高，生理条件下脂类含有的能量是蛋白质或碳水化合物的 2.25 倍。直接来自饲料或体内代谢产生的游离脂肪酸、甘油酯是维持动物生命活动的重要能量来源。脂肪体积小，蕴藏的能量多，是动物体储备能量的最佳形式。人体合成脂肪的部位在肝脏，兔和鼠的脂肪在脂肪组织与肝脏中均可合成，猪的脂肪主要在脂肪组织中合成。某些动物体中沉积脂肪具有特别的生理意义，新生动物体内储存的棕色脂肪，在冷环境中是颤抖热的主要能量来源。

（4）其他作用：脂类作为溶剂能促进脂溶性物质的消化吸收。皮肤中的脂类具有保护机体、维持体温的作用。

四、矿物质

饲料分析中的粗灰分即矿物质，包括钙、磷、钾、钠、氯、镁等常量元素，以及铁、铜、锌、锰、碘等微量元素。前者占实验动物体重的 0.01%以上，而后者则占其体重的 0.01%以下。矿物质对实验动物机体的生理功能及生长、发育、繁殖起重要作用。

（一）钙和磷

在机体内，80%～90%以上的钙和磷是构成骨骼、牙齿的重要成分。钙尚参与对血液和组织液的调节，并与维持神经肌肉的适当兴奋性及血液凝固机制等生理过程有关。磷脂与蛋白质结合参与能量代谢过程。磷还参与形成 ATP、DNA 和 RNA，并有助于维持体液酸碱平衡等。

由于饲料原料成分中往往磷多钙少，为使饲料中钙磷达到（1.2～1.4）∶1 的最适合比例，须添加碳酸钙或骨粉。

（二）氯和钠

氯和钠两者以离子形式存在，参与维持血浆和体液的渗透压、pH 及水盐代谢平衡，维持神经系统的生理功能等。饲料中应含有 0.5%～1%食盐。氯和钠缺乏会引起实验动物对蛋白质和碳水化合物的利用减少，并发育迟缓，繁殖力下降。

（三）钾和镁

钾和镁参与糖、蛋白质的代谢。钾离子影响神经系统的活动，维持心、肾和肌肉的正常功能。镁离子为维持骨骼正常发育所必需，缺镁时，实验动物可出现神经过敏、肌肉痉挛、惊厥等症状。在植物性饲料和含钙高的饲料中，一般不缺乏钾和镁。但摄入过多的镁可引起实验动物腹泻。

（四）微量元素

微量元素的营养作用、缺乏症及来源见表 7-1。

表 7-1 微量元素的营养作用、缺乏症及来源

微量元素	营养作用	缺乏症	来源
铁（Fe）	是血红蛋白的重要成分，运输氧气，参与细胞内生物氧化过程	贫血、生长发育不良、精神萎靡、皮毛粗糙无光泽	奶、鱼粉、肉粉、$FeSO_4$
铜（Cu）	与造血过程、神经系统及骨骼正常发育有关，亦为多种酶的活化剂	腹泻、四肢无力、营养性贫血	豆饼、豆粕、$CuSO_4$
锌（Zn）	是许多酶的成分，以碳酸酐酶最重要	生长停止、进行性消瘦、脱毛、不孕、性周期紊乱、形态变异	动物性饲料、酵母粉，含锌应>2mg/kg
锰（Mn）	参与造血、骨骼发育、脂肪代谢	生长发育不良、共济失调、骨节肥大	米糠、麸皮、$MnSO_4$
碘（I）	是甲状腺素的成分，与基础代谢有关	甲状腺肿、黏液性水肿	碘化食盐

五、维生素

维生素在体内主要作为代谢过程的激活剂，调节控制机体的代谢活动。实验动物对维生素的需要量虽然很小，却为维护机体健康、促进生长发育、调节生理功能所必需。通常按溶解性把维生素分为脂溶性和水溶性两大类。脂溶性维生素包括维生素 A、维生素 D、维生素 E、维生素 K，水溶性维生素包括 B 族维生素和维生素 C。一般饲料中容易缺乏的是维生素 A、维生素 C 和维生素 E。豚鼠和猴体内不能合成维生素 C，须由饲料供给。

各种维生素的生理功能、缺乏症和来源见表 7-2。

表 7-2 维生素的生理功能、缺乏症和来源

维生素	生理功能	缺乏症	来源
脂溶性			
维生素 A	维持正常视觉，参与上皮细胞正常形成，促进生长发育	视觉损害、夜盲症、上皮粗糙、角化、骨发育不良、生长迟缓	肝、鱼肝油、蛋黄、牛奶
维生素 D	促进钙吸收，与骨骼的形成有关	软骨病	鱼肝油、蛋、苜蓿干草
维生素 E	与胚胎发育及繁殖有关，保持心血管系统结构功能的完整性	生殖系统损害、睾丸萎缩、肌肉麻痹、瘫痪、红细胞溶血	油脂，如花生油、玉米油；绿色植物、蛋、鱼肝油
水溶性			
维生素 B_1	参与糖代谢	多发性神经炎	谷类、豆类、酵母
维生素 B_2	参与生物氧化、晶状体及角膜的呼吸过程，维护皮肤黏膜完整性	生长停止、脱毛、白内障、角膜血管新生	麦麸、豆粉、动物内脏
维生素 C	参与糖、蛋白质代谢，参与胶原、齿质及骨细胞间质生成	维生素 C 缺乏病	新鲜蔬菜

六、水

任何生物都离不开水，水对实验动物的生存至关重要。水约占实验动物体重的60%，是一切组织、细胞和体液的组成成分。体内物质的输送、组织器官形态的维持、渗透压调节和体温调节、生化反应与排泄等活动的进行，都有赖于水的参与。

动物体内需要的水来源于饮水、饲料中的水分和代谢水3个方面。饮水是补充动物体内水分的重要来源，这些饮用水通常都采用高压灭菌、过滤除菌等处理措施。各种动物的需水量受动物种类、生理阶段、饲料成分及环境温度的影响。哺乳期动物、幼年动物需水量较多；动物如采食矿物盐、粗纤维、蛋白质较多，饮水量将会增加；当环境温度高于30℃时，动物需水量明显增加。动物对水的需要比对其他营养物质的需要更重要。当实验动物体内水分减少 8%时，就会有失水表现，如严重干渴、食欲丧失、黏膜干燥、抗病力下降、蛋白质和脂肪分解加强；水分减少10%时，会引起严重的代谢紊乱；水分减少20%，将导致动物死亡。因此，缺水比缺饲料对实验动物健康的危害更严重，一定要保证给实验动物供应充足的饮水。

第二节　实验动物的营养需要

实验动物的营养需要因动物食性、种类、品种、年龄、性别及生长发育、妊娠、泌乳等生理状态的不同而有所差异。在饲养过程中，应根据某种实验动物的营养需要量合理配制饲料，以满足实验动物不同生理时期对营养物质的需要。

一、实验动物的食性与营养需要

不同种动物摄取食物的习性各不相同，这种习性称为食性。通常依其食性，即摄取主食种类的不同，将动物分为三大类：草食性动物，如豚鼠、兔、羊等；肉食性动物，如犬、猫等；杂食性动物，如小鼠、大鼠、金黄地鼠、猴等。

由于生活环境和饮食习惯的缘故，食性不同的实验动物在进化过程中，逐步形成了消化系统结构与功能的差异，因而对饲料的要求也各不相同。如肉食性动物犬、猫等对蛋白质的要求就明显高于草食性动物兔和豚鼠。即使同种实验动物的不同品系，甚至同一品系动物的不同生长期，对营养的要求亦不相同。因此，必须充分了解营养成分和饲料种类，并依照不同实验动物的食性及所属的品种、品系，制定适当的饲料配方和加工工艺，以保证处于不同生长期动物的营养需要。

通常，实验动物的基本营养需要是指其对蛋白质、碳水化合物、脂类、矿物质、维生素、水等营养素的日平均需求量。而饲料标准则是依据某种动物的营养需要量所制定的有关营养素的数量与比例规定，是设计饲料配方、制作配合饲料、使用饲料营养添加剂、规定动物采食量的依据。营养的供给尚应根据实验动物的实际需要来确定。

当今，随着实验动物科学的不断发展，实验动物的种类不断增加。因此，必须制定符合不同种类实验动物的营养标准，并在实践中予以应用。

二、实验动物不同生理状态下的营养需要

实验动物的营养需要由两部分组成。一部分是维持需要，指动物处于维持状态下对能量、蛋白质等营养素的需要。维持状态的动物体内的养分处于合成代谢与分解代谢速度相等的“平衡”状态。实验动物只有在维持需要得到满足后，多余的营养物质才能用于生产。另一部分是生产需要，指实验动物的生长、妊娠、泌乳等生产活动的需要。实验动物的生长是指动物通过机体的同化作用进行物质积累、细胞数量增多和组织器官体积增大，进而使动物的体积及重量增加的过程，是体内物质

合成代谢超过分解代谢的结果。由于同一动物在不同生长阶段其组织和器官的生长不同，因而在不同的生长时期对营养的需要也不同。动物的繁殖过程包括雌雄动物的性成熟、性功能的形成与维持、妊娠及哺乳等环节，因此要求在不同的繁殖过程中提供适宜的营养物质。

三、各种常用实验动物的营养需要

不同实验动物种属间营养需要有明显差异，有些同一种属的特殊品系对营养也有不同的要求。无菌动物和自然环境饲养动物的营养需要差别更为明显。由于实验动物种属、品种、品系繁多，饲养环境各异，对其营养需要量自然不能一概而论，本节就常用实验动物的营养特点和正常环境下同种动物最低营养需要量做一叙述。实验动物各种营养物质的需要量见表 7-3。

表 7-3　常用实验动物对营养的要求

指标	大鼠、小鼠		豚鼠		兔		犬		猴	
	维持饲料	繁殖饲料	维持饲料	繁殖饲料	维持饲料	繁殖饲料	维持饲料	繁殖饲料	维持饲料	繁殖饲料
水分（%）	≤10	≤10	≤11	≤11	≤11	≤11	≤10	≤10	≤10	≤10
粗蛋白（%）	≥18	≥20	≥18	≥20	≥14	≥17	≥20	≥24	≥16	≥21
粗脂肪（%）	≥4	≥4	≥3	≥3	≥3	≥3	≥4.5	≥6.5	≥4	≥5
粗纤维（%）	≥5	≥5	10～15	10～15	10～15	10～15	≥3	≥3	≥4	≥4
粗灰分（%）	≥8	≥8	≥9	≥9	≥9	≥9	≥9	≥9	≥7	≥7
钙（%）	1.0～1.8	1.0～1.8	1.0～1.5	1.0～1.5	1.0～1.5	1.0～1.5	0.7～1.0	1.0～1.5	0.8～1.2	1.0～1.4
磷（%）	0.6～1.2	0.6～1.2	0.5～0.8	0.5～0.8	0.5～0.8	0.5～0.8	0.5～0.8	0.8～1.2	0.6～0.8	0.7～1.0
钙：磷	（1.2～1.7）：1	（1.2～1.7）：1	（1.3～2.0）：1	（1.3～2.0）：1	（1.3～2.0）：1	（1.3～2.0）：1	（1.2～1.4）：1	（1.2～1.4）：1	（1.2～1.5）：1	（1.2～1.5）：1

（一）大鼠、小鼠的营养需要

大鼠、小鼠喜食高碳水化合物的饲料，饲料中的蛋白质含量要求在 18%～20%，粗灰分占 8%，粗纤维占 5%，粗脂肪占 4%。维生素 A 和维生素 D 需求量高，维生素 A 为每公斤饲料含 7000～14 000U，通常以加入 1%的清鱼肝油来满足。对维生素 A 的过量很敏感，特别是妊娠小鼠，过量的维生素 A 会造成胚胎畸形。应适当补充维生素 E，以提高受孕率，一般在每公斤饲料中加入 60～120U 即可。无菌小鼠还应注意补充维生素 K，无菌大鼠还应注意补充维生素 B_{12}。由于大鼠、小鼠能自行合成维生素 C，因而在饲料中对维生素 C 不做特殊要求。

大鼠易发生脂肪酸缺乏，饲料中必需脂肪酸的含量应占总能量的 1.3%，其中亚油酸含量不能低于 0.3%。大鼠对钙、磷的缺乏有较大的抵抗力，但对镁的需要量较多。

（二）金黄地鼠的营养需要

金黄地鼠饲料中的蛋白质含量要求达到 21%～24%，动物性蛋白尚应含相当比例，否则将影响金黄地鼠的生殖功能。蛋白质不足，成年地鼠将出现性功能减退，幼鼠则生长发育迟缓。其动物性蛋白主要来源于鱼粉和鸡蛋，植物性蛋白主要来源于黄豆和豆粉。此外，应喂饲一些白菜、萝卜、黄瓜等青饲料。地鼠能有效利用非蛋白氮，与反刍动物相似。它有较为特殊的胆固醇代谢。

（三）豚鼠的营养需要

豚鼠饲料配方中的蛋白质应占 17%～20%，豚鼠对几种必需氨基酸特别是精氨酸的需要量很高，用单一蛋白质饲料若不补充其他氨基酸，则饲料中蛋白质含量需高达 35%才能使豚鼠生长最快。豚鼠属于草食性动物，它的盲肠较发达，对纤维素亦有较高需要，粗纤维应占饲料总量的10%～15%，若粗纤维不足，可发生排粪较黏和脱毛现象。

豚鼠体内不能合成维生素C，且对维生素C的缺乏特别敏感，缺乏时可引起维生素C缺乏病、生殖功能下降、生长不良、抗病力降低，最后导致死亡，必须在饲料中添加维生素C。一般每公斤饲料含1500mg维生素C，妊娠豚鼠则需1800mg。实际喂养时，主要可喂饲苜蓿草粉、干草粉和（或）绿色蔬菜等。

（四）兔的营养需要

家兔是草食性动物，应保证饲料中有足够的粗纤维，从而维持其正常的消化生理功能，但无菌级兔除外。新生家兔一般要哺乳1个月左右才能开始吃饲料。家兔饲料中蛋白质应占14%～17%，粗脂肪占3%，粗纤维占10%～15%。饲料中应含大量干草，以补足其对粗纤维的基本需要量，从而防止家兔因粗纤维摄入不足而导致腹泻。兔肠道微生物可以合成维生素K和大部分B族维生素，并通过食粪行为被其自身所利用，但对繁殖兔仍需补充维生素K。

（五）犬的营养需要

犬为肉食性动物，其饲料中应含蛋白质20%～24%，粗脂肪4.5%～6.5%，粗纤维3%。要注意添加维生素A、维生素D、维生素E、维生素B_1、维生素B_2、维生素B_{12}，特别是维生素E。犬能耐受高水平的脂肪，并要求日粮中有一定量的不饱和脂肪酸。尽管肠道内微生物可合成B族维生素，但仍需要补充维生素B_{12}。

（六）猴的营养需要

猴为杂食性动物，其饲料中的蛋白质应占16%～21%，粗脂肪占4%～5%。猴体内不能合成维生素C，其需求量为每公斤饲料含1700～2000mg，因而要注意补充。在人工喂养时，应以面粉、鸡蛋、食盐、骨粉制作的蛋糕或饼干作为主食，此外还应有苹果、香蕉、蔬菜等作为辅食。猴属于灵长类动物，其属性与人相似。其日粮能量的50%以上来自糖代谢。

（七）猫的营养需要

猫属肉食性动物，生长期的猫对蛋白质数量和质量都要求较高，特别是初生小猫对脂肪需要量高，亚油酸不能低于1%。猫属于不能利用β-胡萝卜素作为维生素A来源的动物，因此应在饲料中补充维生素A。

第三节 实验动物饲料的质量标准

一、饲料的种类及营养特点

实验动物的饲料原料与其他动物的饲料相近。动物饲料按其来源可分为植物性饲料和动物性饲料两大类，按物理性状可分为粉状饲料、颗粒饲料、膨化饲料等。而依国际上关于其营养特性的分类原则，则可将饲料分为以下数种。

（一）粗饲料

粗饲料主要包括干苜蓿、干青草粉、稻草等。其特点是粗纤维含量高，钙、磷及维生素D的含量亦较多。豆科植物饲料尚含较多粗蛋白。

（二）青绿饲料和青贮饲料

常用的青绿饲料和青贮饲料有天然牧草、树叶等。其特点是含水分多，蛋白质含量较多且品质好，尚含多种维生素，而钙、磷含量亦较多且比例适当。

（三）能量饲料

能量饲料是指每千克饲料干物质中含消化能2500千卡以上、粗纤维<18%、粗蛋白<20%的饲料，如玉米、高粱、大麦等。其特点是所含能量高，粗纤维少，易消化；但蛋白质含量则较低，矿物质含量亦较少且不平衡。

（四）蛋白质饲料

蛋白质饲料是指每千克饲料干物质中含粗蛋白20%以上、粗纤维18%以下、消化能2500千卡以上的饲料，包括植物性蛋白质饲料和动物性蛋白质饲料两大类。植物性蛋白质饲料如大豆、黑豆等，而动物性蛋白质饲料则有肉粉、鱼粉、骨粉等。其中，动物性蛋白质饲料的生物学营养价值较高，含蛋白质50%～80%，必需氨基酸齐全，钙、磷含量丰富且比例合适，维生素B_{12}和维生素D含量也很丰富。

（五）矿物质饲料

矿物质饲料如食盐、石灰石、贝壳等。

（六）维生素饲料

维生素饲料是指酵母、鱼肝油、各种人工合成或提纯的单一维生素、复合维生素制剂。但不包括某些维生素含量较多的天然饲料。

（七）添加剂

添加剂是指防腐剂、抗氧化剂、着色剂、激素等非营养物质。其主要作用是提高饲料的利用率，完善其营养的全价性，促进动物生长，减少储存期间饲料养分的损失等。添加剂可在动物饲料中使用，但在实验动物的饲料中则是禁止使用的。

二、饲料的分类

根据动物饲养标准及饲料原料的营养特点，结合实际生产情况，按照科学的饲料配方生产出来的由多种饲料原料组成的均匀的混合物称为配合饲料。根据不同的分类方法将配合饲料区分如下：

（一）按营养成分和用途分类

（1）全价营养配合饲料：是将各种饲料原料粉碎后按一定比例混合，含有各种营养物质且能量均衡，能够完全满足动物的各种营养需要，不需要添加任何其他成分就可以直接饲喂，并能获得最大的经济效益。目前，大鼠、小鼠、兔和豚鼠都采用全价营养配合饲料。

（2）混合饲料：又称基础饲料，由能量饲料、蛋白质饲料等按一定的比例组成，它基本上可满足动物需要，但营养不全面，还需另外添加一定量的青、粗饲料，部分中小单位用于饲养兔、豚鼠等动物。

（3）人工合成配方饲料：用完全人工提取的合成原料和营养素制成饲料配方，如高纯度酪蛋白、纯淀粉、纯油脂、纯纤维素、多种维生素及达到分析级纯度的混合无机盐等，已广泛应用于实验营养学研究中。

(4) 代乳饲料：也称人工乳，专门为各种哺乳期动物配制，可代替自然乳的全价配合饲料，如一些剖宫产动物可用其代替代乳动物。

（二）按饲料加工的物理性状分类

1. 粉料 是把所有的原料按需要粉碎成大小均匀的粉末状颗粒、再按比例混合的一种料型，加工方法简单、成本低，常拌入某些供试品进行饲喂。这种饲料易引起动物挑食造成浪费，同时饲养效果差。

2. 颗粒饲料

（1）分类

1）压制颗粒饲料：是以粉料为基础，经过高温加压成型处理的块状饲料。这种饲料密度大、体积小，适合啮齿动物喜啃咬的习性，并具有减少饲料浪费、易于消毒等优点。由于在加工过程中高温能破坏饲料中的部分有毒成分（如大豆中的抗胰蛋白酶），但同时也使得部分维生素和酶类受到破坏，在实际使用中应注意适量添加维生素。

2）膨化颗粒饲料：是在高温高压下强迫湿粉通过模孔膨化而形成，这种饲料对非人灵长类动物、犬、猫等动物的适口性好，其他动物不宜使用。

（2）优点

1）易于消化吸收：颗粒饲料在加工过程中经过水蒸气热压后，对饲料产生以下变化，有助于动物的消化吸收：①加热有烧煮作用，能将粉料湿润软化，并促使组织细胞破裂、纤维撕碎；②能使生淀粉 α 化（淀粉糊化），易消化吸收；③能引起蛋白质变性，降低蛋白质溶解性，增强蛋白食感优良性。

2）加工过程中产生的热具有以下作用：①杀菌，使颗粒饲料细菌数减少，烘干后提高了饲料质量，延长了保存期，保证了动物健康生长；②去除对生理代谢有害的物质，如在未经煮烧过的豆类蛋白中含有胰蛋白酶抑制剂，对动物生长和生理代谢有影响；③可除去腥味而增加饲料的适口性。

3）方便运输储存：颗粒饲料体积小，能减少储存和运输体积，便于密封长期保存。在饲料装卸和运输过程中，不会像粉料那样因饲料成分的比重不同而引起自动分级，破坏其均匀状态。特别是其中的微量成分，颗粒饲料能有效地保证其分布均匀。

4）便于饲养管理：因减少了饲料加工和饲喂工序，操作方便而减轻了劳动强度。颗粒饲料饲喂方便，一般大、小鼠每 2～3 天喂一次，兔、犬每天喂一次即可，而且饲喂量容易掌握。饲喂过程中能避免动物扒食而造成浪费。

（三）按所适用动物分类

（1）按适用的动物不同，可分为大小鼠料、豚鼠料、兔料、犬料等。

（2）按动物不同生理时期分为繁殖料、育成料。

（3）按不同的饲养目的分类，如正常动物饲料、为某种动物模型所特制的饲料。

（4）按供应不同微生物级别的动物分类，如普通级饲料、耐高压灭菌饲料、^{60}Co 辐照灭菌饲料等。

三、饲料的配方

（一）天然配方

根据动物的生理特点和对营养素的需要，参考其供给量标准，将不同原料中的营养成分互相搭配，组成基本满足动物需要的饲料。在配制饲料时，应注意配方中各种原料的蛋白质互补，粗纤维和维生素要充足，并有适口性。尽可能选用价格低廉、本地区较充足的原料。这类配方适用于一般繁殖动物、成年动物和幼年动物。

（二）人工合成配方

根据科研的需要，在饲料配方中人为地增加或减少某些营养素的比例，以观察其对动物生长发育及药物毒性等的影响。较著名的人工合成配方有美国的AOAC配方、英国的Lac配方等。

（三）混合配方

在天然配方中，某些营养素往往无法得到满足，需人为添加，如赖氨酸、蛋氨酸、锌、维生素等，从而使饲料更加完善合理。这类配方目前应用较多，见表7-4。

表7-4 常用实验动物的饲料参考配方（%）

原料	大鼠	小鼠	地鼠	豚鼠	家兔
大麦粉（黄豆粉）			（12）		12
小麦粉	20	20	21		
玉米粉	38	30	15	20	10
高粱粉		7			
豆饼粉	20	25	13	25	12
麸皮	10	5	8	12	14
苜蓿草粉				35	30
脱水蔬菜					16
鱼粉（进口）	5	6	8	2	4.5
酵母粉	1	3	5	2	
骨粉	1	2	5	2.5	1
食盐	1	1	1	0.5	0.5
鱼肝油	1		1		
植物油（鸡蛋）	2		（11）		
矿物质添加剂	0.9	0.8		0.8	
维生素添加剂	0.1	0.2		0.2	

四、饲料的加工

实验动物饲料的种类多，所采用的加工工艺也不尽相同，每道工序的设备选择、操作管理等都会对饲料质量有显著的影响，所以整个生产过程均应按工艺标准严格控制。

一般来讲，饲料加工的工序主要有原料的粉碎、饲料的配合、饲料的混合、成型、成品分装等过程。

（1）原料的粉碎：用于加工配合饲料的各种原料，必须首先按照质量标准检查有无霉变，进行除杂工作，然后按要求进行粉碎。粉碎后的饲料要妥善保存，防止受潮。

（2）饲料的配合：按配方要求将各种原料进行计量，依次投入混料箱内，称之配合。饲料的配合过程要注意计量准确和防止少投、误投。

（3）饲料的混合：将配合好的饲料在混料箱内经一定时间的搅拌过程，使各种原料均匀地分布。混合过程是饲料加工过程中保证质量的核心环节，混合均匀度是饲料质量检定的重要指标。影响混合均匀度的因素很多，一般要充分考虑设备的性能，混合机转速，进料程序，原料的比重、体积，搅拌的时间等因素，对于用量较少的原料应采用逐级稀释的方法进行混合。

（4）成型：是将混合好的饲料粉料按不同的要求制成不同剂型的颗粒。加工过程中既要严格控制适当的温度，尽量避免营养成分的破坏，又要保证适当的硬度和适口性。目前，我国大鼠、小鼠、地鼠、兔和犬的饲料，多采用颗粒饲料。颗粒的大小因动物的不同而异，一般大鼠、小鼠饲料直径10～12mm，兔、豚鼠饲料直径4～5mm。猕猴饲料可制成饼干或蒸糕。

（5）成品分装：加工好的成品饲料需经过烘烤将含水量降低到10%以下再进行分装。为了防潮，一般普通级动物饲料可用内衬塑料薄膜的双层牛皮纸袋包装密封。用于 ^{60}Co 辐照灭菌的饲料可用塑料袋或铝箔袋密封真空包装。

五、饲料的消毒

由于饲料的原料比较复杂，各种原料在加工、储存和运输过程中都有可能被病原菌污染。虽然在颗粒饲料的压制和烘烤过程中的高温能杀灭大部分微生物和寄生虫虫卵，但仍未达到无菌状态，在储藏、运输过程中还可能受到污染。因此，饲料厂生产的饲料在用于清洁级以上实验动物时，需要进行灭菌。用于饲料灭菌的常用方法有高压蒸汽灭菌法和 ^{60}Co 辐照灭菌法等，应按饲养动物的不同要求和灭菌的设备条件而定。

1. 高压蒸汽灭菌法 在121℃、1.05kg/cm^2 的高压蒸汽下加热15min以上，可达到彻底灭菌的目的。此种方法最安全，但对绝大多数维生素尤其是维生素C、维生素 B_1、维生素 B_6、维生素A的破坏严重，且有使饲料蛋白质凝固变性的缺点，对动物适口性差，采食量也会降低。

2. ^{60}Co 辐照灭菌法 ^{60}Co 辐照时射线穿透力强，灭菌效果好，辐照期间饲料温度不上升，营养素破坏很少。实验证明，γ射线对维生素 B_1、维生素 B_6 和维生素A仅有微小的破坏，对纯化学饲料则损伤较大。一般SPF级动物用饲料通过25kGy照射，可基本达到无菌状态。为保险起见，无菌级动物用饲料可加大剂量，通过50kGy辐照。

六、饲料的质量管理

（一）饲料污染的可能来源

饲料本身并不含有害因素，但是在生产、加工、储存、运输直至饲喂动物前的整个过程中，由于受外界各种因素、条件的作用，有可能受到有害物质的污染，从而使饲料的营养价值、卫生质量下降，危害动物的健康。这种有害物质进入饲料的过程称为饲料污染。饲料污染按其性质可分为如下3类：

1. 生物性污染 微生物、寄生虫及其虫卵、昆虫都可造成生物性污染。

（1）微生物污染：主要由细菌和细菌毒素、真菌和真菌毒素引起。细菌对饲料的污染可以由致病菌或非致病菌引起，非致病菌通过水、空气、土壤、操作人员的手等污染饲料，在适宜条件下大量生长繁殖，使饲料中的蛋白质、脂肪、糖类分解，分解产物对动物机体都是有害的。若致病菌在饲料中大量生长繁殖，则可引起动物食物中毒、人兽共患病等。

真菌在自然界分布广泛，部分真菌在适宜的环境下产生有毒的代谢物即真菌毒素，如黄曲霉毒素。黄曲霉毒素主要污染花生、花生油、玉米、大米、棉花等。麦类在生长期适逢多雨、潮湿，极易感染赤霉病。两者除引起急性中毒外，对动物还有致突变、致癌等作用。

（2）寄生虫及其虫卵污染：动物感染寄生虫较普遍，往往由饲料污染引起。常见的有兔肠球虫、肝球虫、犬旋毛虫、钩虫和蛔虫等。这不但造成动物质量下降，而且可能干扰动物实验结果。

（3）昆虫污染：常见的有甲虫、螨类及蝇、蛆等。它们的生长繁殖引起饲料感官性状变化，营养质量下降。因此，饲料仓库的清扫、消毒、灭虫等是重要的卫生措施。

2. 化学性污染 饲料的化学性污染涉及范围广，种类复杂。常见的有以下几种来源：

（1）农药、化肥使用不当，如有机氯、有机磷农药等。

（2）工业三废的不合理排放，造成重金属如铅、汞、镉污染饲料。

（3）不符合卫生要求的饲料容器、包装材料、运输工具的使用。

（4）其他，如多环芳烃、亚硝胺等污染饲料。这些污染可引起实验动物的急、慢性中毒并有致畸、致癌、致突变的报道。因此，对饲料的来源及其中的污染物残留应予以严格控制。

3. 放射性污染 饲料中的放射性污染主要来自两个方面：一是自然界中天然存在的放射性物质，即天然本底；二是利用原子能和核试验产生的放射性物质，即人为的放射性污染。两者均可通过牧草、水、空气污染饲料，进入动物体内，引起动物的血液学改变，影响繁殖能力，缩短寿命。

综上所述，污染饲料的有害物质种类繁多、性质各异，对动物健康的危害也各不相同。因此要建立严格的质量监督制度，尽可能减少饲料中的有害因素，使饲料营养成分稳定，并对动物无毒无害。

（二）饲料的质量控制

饲料的配方设计、原料选择、生产、储运的全过程都属于质量控制管理的范畴。

1. 配方设计 饲料产品必须达到饲料配方所规定的各种营养物质的浓度，必须符合饲料标准所限定的有关成分的比例，才能取得满意的饲养效果。

（1）饲料配方设计的原则

1）营养性原则：饲料配方的各项营养指标必须建立在科学的标准基础上，能够满足动物在不同阶段对各种成分的需要，各营养指标之间具备合理的比例关系，合理选择饲料原料，正确评估和决定饲料原料的营养成分含量，使生产出的饲料又具有良好的适口性和利用效率。

2）生理性原则：饲料的适口性和饲料的体积必须与动物的消化生理特点相适应。饲料的适口性直接影响动物的采食量，如菜籽饼适口性较差，在日粮中单独使用，配比不能过高，否则采食量降低，若与豆饼、棉籽饼合用，不但可以提高适口性，还可做到多种饲料合理搭配，有利于发挥各种营养物质的互补作用，提高日粮的消化率和营养价值。饲料中粗纤维的含量与能量浓度有关，也与饲料的体积有关。除了应满足动物对各种营养物质的需要外，还需注意日粮中的干物质含量，使饲料有一定的体积，既可吃得下，又可吃得饱，并能满足营养需要。

3）经济性原则：实验动物生产和使用成本中，饲料费约占整个成本的 50%以上，所以在配合日粮时，要因地制宜，就地取材，降低成本。

4）安全性和合法性原则：配方设计必须遵守国家有关饲料生产的法律、法规，严禁使用违禁药品，提高饲料产品的内在质量，使之安全、无毒、无药残、无污染，完全符合营养指标、感官指标和卫生指标。

（2）饲料配方设计的方法：饲料配方设计应根据饲养标准所规定的各种营养物质需要，选用适当的饲料原料，再根据饲料原料及其营养价值表，计算所设计的饲料配方是否符合饲养标准中各项营养物质规定的要求。饲料配方设计方法主要有交叉法、试差法、计算机配方法等。目前，采用试差法较为普遍。

2. 原料管理 原料要按饲料配方的要求确保各种营养物质的含量，还应根据价格、污染物的含量等因素进行选择，应尽可能固定原料产地、收割季节、加工储存方法等条件。

3. 生产设施管理 按《实验动物管理条例》规定，各地实验动物管理机构应对实验动物饲料生产部门的环境条件、设备、工艺、人员结构、监测设施和规章制度等进行检查验收，合格者方可取得生产许可。

4. 储运管理 实验动物饲料所用的原料、半成品、成品在储存和运输过程中都要防止霉变，防止野鼠、昆虫和有毒物质的污染。饲料储存室的温度、湿度、光照、氧气、微生物等都会影响饲料的品质。各种饲料应分批、分类存放，建立清楚的卡片、账目。严防原料和成品料混装。加工后的饲料保存期限可根据其水分含量多少来决定。原料含水量以在 12%以下为宜。饲料存放量不宜过多，储存时间不宜过长。

七、饲料的质量检测及质量标准

饲料的检测是实验动物饲料质量管理必不可少的一个重要环节和手段。要定期对产品和原料进行抽样，通过外观、营养成分和有毒有害物质含量的分析、检测，对饲料的品质进行评定。

1. 感官检验指标 用手、眼、鼻等器官通过色泽、气味、手感、杂质情况等指标对饲料的新鲜度、均匀度、含水量等进行直观判断。

2. 营养成分测定 按照国家实验动物饲料营养标准所规定的养分含量及分析方法对产品的营养成分和混合均匀度进行检测。饲料含水量应经常检测，其他营养成分应定期抽检，全价营养饲料中不得掺入抗生素、驱虫剂、防腐剂、色素、促生长剂和激素等添加剂。

3. 饲料卫生指标的测定 应定期对饲料产品的原料按国家标准限定的有毒有害物质含量和检测方法进行检测。配合饲料的微生物、化学污染物指标见表 7-5、表 7-6。

表 7-5 配合饲料的微生物指标

项目	动物种类					
	大小鼠	兔	豚鼠	地鼠	犬	猴
菌落总数（CFU/g）	$\leqslant 5\times10^4$	$\leqslant 1\times10^5$	$\leqslant 1\times10^5$	$\leqslant 1\times10^5$	$\leqslant 5\times10^4$	$\leqslant 5\times10^4$
大肠菌群（NPN/100g）	≤30	≤90	≤90	≤90	≤30	≤30
霉菌和酵母数（CFU/g）	≤100	≤100	≤100	≤100	≤100	≤100
致病菌（沙门氏菌）	不得检出					

表 7-6 配合饲料的化学污染物指标

项目	指标
砷（mg/kg）	≤0.7
铅（mg/kg）	≤1.0
镉（mg/kg）	≤0.2
汞（mg/kg）	≤0.02
六六六（mg/kg）	≤0.3
滴滴涕（mg/kg）	≤0.2
黄曲霉毒素 B_1（μg/kg）	≤20.0

本章 PPT

第八章　常用实验动物

第一节　小　鼠

在动物分类学上，小鼠（mouse，*mus.musculus*）（图 8-1）属于动物界（regnum animalia）、脊索动物门（phylum chordata）、脊椎动物亚门（subphylum vertebrata）、哺乳纲（classis mammalia）、啮齿目（ordo rodentia）、鼠科（familia muridae）、小鼠属（genus *mus.musculus*）、小家鼠种（species *musculus*）动物，染色体数 $2n=40$。小鼠寿命一般为 2～3 年。

图 8-1　小鼠

一、生物学特性

（一）习性和行为

1. 胆小怕惊　小鼠性情温顺，容易捕捉，一般不会主动伤人。不过，一旦逃出笼外过夜则恢复野性，行动敏捷，难以捕捉。当饲养室内有人时，小鼠活动受到限制，甚至停止活动；受到惊吓时，小鼠尾巴会挺直并猛力甩动。

2. 昼伏夜动　小鼠习于昼伏夜动，以傍晚时和黎明前最为活跃，白天喜居较黑暗的安静环境，固定一处营巢睡眠。

3. 喜群居　与单笼饲养的小鼠相比，群居的小鼠对饲料消耗快，生长发育也快。但雄性小鼠群居时易发生斗殴，而且群体中处于优势的雄性小鼠常常将处于劣势者的胡须拔光，自己保留胡须，被称为“理发师”。

4. 适应性差　小鼠体小娇嫩，不耐饥饿和缺水；对环境适应性差，不耐冷热，过冷、过热均会造成死亡；不耐强光和噪声；对疾病抵抗力差。

5. 喜欢啃咬　因为小鼠门齿终生都在生长，所以特别喜欢啃咬坚硬物品。

（二）主要解剖学特点

1. 外观 小鼠面部尖突，嘴脸前部有 19 根触须。耳耸立呈半圆形，小白鼠眼睛大而鲜红。尾长约与体长相等，尾部覆有短毛和环状角质鳞片。

2. 体形 小鼠在啮齿类实验动物中体形最小，出生时体重仅 1.5g，体长 2cm 左右，1～1.5 月龄达 18～22g，可供实验使用。小鼠最重时可达 30～40g，体长 11cm 左右，尾长与体长通常相等。

3. 骨 小鼠的骨由头骨、躯干骨（椎骨、胸骨、肋骨）和前后肢骨组成。其下颌骨的喙状突较小，髁状突发达，运用下颌骨形态分析技术，可进行近交系小鼠遗传质量的监测。

4. 牙齿 小鼠齿式为 $\left|\frac{1.0.0.3}{1.0.0.3}\right.$。共有牙齿 16 个，每侧上、下颌各有门齿 1 个和臼齿 3 个。

5. 消化系统 小鼠食管细长，长度约 2cm，食管内壁有一层厚的角质化鳞状上皮，有利于灌胃操作。胃属单室胃，分为前胃和后胃，前胃壁薄呈半透明状；后胃不透明，富含肌肉和腺体，伸缩性强。盲肠不发达。有胆囊。胰腺分散在十二指肠、胃底及脾门处，色淡红，不规则，似脂肪组织。

6. 呼吸系统 小鼠有左肺和右肺，左肺单叶；右肺分为 4 叶：上叶、中间叶、下叶、腔后叶。

7. 生殖系统 雌性小鼠为双子宫，呈“Y”形。卵巢有系膜包绕，不与腹腔相通，故无宫外孕。乳腺发达，共有 5 对乳头，胸部 3 对，鼠蹊部 2 对。雄性小鼠睾丸大，左右各 1 个，幼鼠的睾丸藏于腹腔内，性成熟后则下降到阴囊。前列腺分背、腹两叶。

8. 淋巴系统 小鼠的淋巴系统尤为发达，但腭或咽部无扁桃体，外界刺激可使淋巴系统增生，进而可导致淋巴系统疾病。脾脏有明显的造血功能，所含造血细胞包括巨核细胞、原始造血细胞等并组成造血灶。巨核细胞的核较大，有时易被误认为肿瘤细胞。

9. 骨髓 小鼠的骨髓为红骨髓而无黄骨髓，终生造血。

10. 皮肤 小鼠皮肤无汗腺。

（三）主要生理学特点

1. 生长快 小鼠生长速度快，其体重增长的快慢，因品种品系、母鼠健康状况、哺乳多少、生产胎次、饲料营养和环境条件的不同而有所差异（表 8-1）。

表 8-1 不同日龄小鼠体重情况（g）

品系	性别	初生	1 周	2 周	3 周	4 周	5 周	6 周	7 周	8 周
KM	雄	2.01	5.82	8.35	14.80	22.60	33.25	39.25	39.90	40.05
	雌	1.95	5.54	7.90	13.55	21.35	27.90	32.80	34.07	34.80
BALB/c	雄	1.46	3.50	5.60	7.40	12.45	16.10	17.40	18.65	20.25
	雌	1.40	3.35	5.50	7.32	11.60	14.75	15.60	16.10	18.16
C57BL/6	雄	1.44	3.50	5.60	6.90	12.57	18.10	20.50	21.60	22.40
	雌	1.40	3.42	5.55	6.40	12.20	16.90	18.40	19.00	20.25
615	雄	1.58	4.64	7.96	9.83	19.00	22.58	25.96	27.96	28.83
	雌	1.58	4.64	7.96	9.83	15.75	20.75	21.88	23.12	24.16
C3H	雄	1.44	4.40	7.70	9.70	13.30	17.20	20.00	21.20	22.30
	雌	1.44	4.40	7.70	9.70	12.10	15 20	17.80	18.00	19.27

注：画横线者表示达到 18～22g 体重，通过表格可了解相应日龄。

表 8-1 中，没有列举 NIH 小鼠的体重增长数据。根据初步观察，NIH 小鼠出生时体重，雄性约为 1.85g，雌性约为 1.80g。要达到 18～22g 体重，雄性约需 4 周，雌性约需 4.5 周。

2. 生殖生理 小鼠生长周期短、成熟早，雌性小鼠 35～50 日龄、雄性小鼠 45～60 日龄性发育成熟；体成熟雌性小鼠为 65～75 日龄、雄性小鼠为 70～80 日龄。小鼠性活动保持 1 年，繁殖力强；性周期（动情周期）4～5 天，妊娠期 19～21 天，哺乳期 20～22 天，每胎产仔 8～15 只。有产后 24h 内发情的特点，特别有利于繁殖生产。

雄性小鼠性成熟后开始产生精子及分泌雄性激素；雌性小鼠性成熟后，卵巢排卵并分泌雌性激素，出现明显的性周期。雌雄性小鼠交配后 10～12h，在雌性小鼠阴道口形成白色的阴道栓，有防止精液倒流、提高受孕率的作用。

成年雌性小鼠在动情周期的不同阶段，阴道黏膜均发生典型变化。采用阴道分泌物涂片和组织学检查，可观察阴道上皮细胞的变化，进而推测各个相应时期卵巢、子宫的状态和激素分泌的变化。小鼠阴道分泌物涂片的细胞学变化特点见表 8-2。

表 8-2 小鼠性周期阴道分泌物涂片变化

阶段	持续时间（h）	涂片可见	卵巢变化
动情前期	9～18	大量有核上皮细胞，少量角化上皮细胞	卵泡加速生长
动情期	6～12	满视野角化上皮细胞，少量有核上皮细胞	卵泡成熟、排卵
动情后期	30～48	角化上皮细胞及白细胞	黄体生成
动情间期	36～42	大量白细胞及少量黏液	黄体退化

3. 小鼠尾巴 是散热及维持平衡的主要器官。

4. 生理数据 一只成年小鼠的胃容量为 1.0～1.5ml，食料量为 2.8～7.0g/d，饮水量为 4～7ml/d，排粪量为 1.4～2.8g/d，排尿量为 1～8ml/d。

二、在生物医学研究中的应用

由于小鼠体形小、生长快、饲养管理方便、容易达到标准化，在生物医学研究中得到广泛的应用，其使用数量远远超过其他实验动物。有关资料表明，美国 1982 年使用小鼠 8000 万只；日本 1970 年使用小鼠 1115 万只；我国 1984 年、1985 年、1998 年分别使用小鼠 227 万只、244 万只、437 万只。

（一）药物研究

1. 药物安全性评价试验 小鼠常用于药物的急性、亚急性、慢性毒性试验及最大耐药量的测定等，“三致”（致畸、致癌、致突变）试验也常用小鼠进行。

2. 生物制品检定 小鼠广泛地应用于血清、疫苗等生物制品的检定，各种药物的效价测定，以及放射性同位素照射剂量与生物效应等试验。

3. 药物筛选 小鼠价廉易得，常常用于各种药物的筛选，如抗肿瘤、结核、疟疾药物的筛选。

4. 药效学评价试验 常用小鼠作某些药物的药效学和不良反应的评价，如利用小鼠瞳孔放大作用测试药物对副交感神经和神经接头的影响；用声源性惊厥的小鼠评价抗痉挛药物的药效；用小鼠热板技术引起的后爪运动或机械压尾评价止痛药的药效。

（二）肿瘤学研究

1. 自发性肿瘤 许多小鼠品系能自发产生肿瘤。据统计，近交系小鼠中大约有 244 个品系或亚系都有其特定的自发性肿瘤，AKR 小鼠白血病发病率为 90%，C3H 小鼠的乳腺癌发病率高达 90%～

100%。从肿瘤发生学来看，这些自发性肿瘤与人体肿瘤相近，所以常选用小鼠自发的各种肿瘤模型进行肿瘤病因、发病、防治及抗癌药物筛选的研究。

2. 诱发性肿瘤 小鼠对致癌物敏感，可诱发各种肿瘤模型，如用甲基胆蒽诱发小鼠胃癌和宫颈癌，用二乙基亚硝胺诱发小鼠肺癌等，用于肿瘤防治的实验研究。

3. 人癌细胞移植 胸腺严重缺陷的裸小鼠可接受人类各种肿瘤细胞的植入，成为活的癌细胞“试管”，是研究人类肿瘤生长发育、转移和治疗的最佳实验动物。

4. 肿瘤遗传学研究 在原病毒基因组学说和癌基因假说的研究中，小鼠是最常用的实验动物。

（三）遗传学研究

1. 遗传学分析 小鼠的毛色变化多种多样，其遗传学基础已经被研究得比较清楚，因而小鼠毛色常被用作遗传学分析中的遗传标记及品种品系鉴定的依据。

2. 基因研究

（1）重组近交系小鼠将双亲品系的基因自由组合和重组，产生一系列的子系，这些子系是小鼠遗传学分析的重要工具，主要用于研究基因定位及其连锁关系研究。

（2）同源突变近交系、同源导入近交系小鼠常用来研究多态性基因位点的效应和功能，以及发现新的等位基因。

（3）利用转基因小鼠可以进行基因功能、表达和调节方面的研究，探索疾病的分子遗传学基础和基因治疗的可能性。

3. 遗传性疾病动物模型 小鼠由于基因突变可能导致某些遗传性疾病的发生，如小鼠黑色素病、白化病、家族性肥胖、遗传性贫血等，均与人发病相似，可作为研究人类遗传性疾病的动物模型。

（四）病原体所致疾病的研究

1. 病毒性疾病 小鼠对淋巴细胞脉络丛脑膜炎、脊髓灰质炎、流行性感冒、狂犬病、脑炎等疾病的病原体敏感，可用作上述疾病的研究。

2. 细菌性疾病 小鼠可用于沙门氏菌病、钩端螺旋体病等细菌性疾病的实验研究。

3. 寄生虫疾病 小鼠宜做感染血吸虫、疟原虫、马锥虫等寄生虫疾病的研究。

4. 动物模型 小鼠对多种病原体敏感，可用于制作感染诱发的人类传染性疾病的动物模型。如将麻风杆菌接种于免疫功能低下或缺陷小鼠的足垫或耳部，可造成此病的动物模型，用以研究麻风杆菌的生物学性状和评价抗麻风药物的药效等。

（五）免疫学研究

1. 制备单克隆抗体 使用 BALB/c、AKR、C57BL 等小鼠免疫后的脾细胞与骨髓细胞融合，可进行单克隆抗体的制备和研究。

2. 动物模型 如利用无胸腺裸小鼠缺乏 T 淋巴细胞的免疫功能缺陷，研究 T 淋巴细胞功能及细胞免疫在免疫应答反应中的作用。SCID（severe combined immune deficiency）小鼠是 T、B 淋巴细胞联合免疫缺陷动物，对自然杀伤细胞（natural killer cell，NK 细胞）、淋巴因子激活的杀伤细胞（lymphokine-activated killer cell，LAK 细胞）、巨噬细胞和粒细胞等“自然防御”细胞和免疫辅助细胞的分化、功能及其与淋巴细胞、淋巴因子相互作用的研究非常有益。

3. 免疫功能 利用小鼠对病原体的敏感性进行病原体与宿主免疫系统相互作用等方面的研究。

（六）老年病研究

小鼠寿命短、个体差异小、价廉易得，在老年病实验研究中的使用仅次于大鼠，用于老年病的发病机制、表现及防治研究。日本京都大学胸部疾患研究所老化生物研究室竹田俊男教授在美国引进的AKR/J小鼠（胸腺肿瘤模型小鼠）中发现突变小鼠，用20年时间精心培育成功快速老化模型小鼠（senescence accelerated mouse，SAM）。SAM系列中的一个品系在4～6月龄以前与普通小鼠的生长一样，4～6月龄以后则迅速出现老化诸特征。该小鼠是研究老年病的理想动物模型，已由天津中医药大学老年病研究所引进及培育。

（七）其他疾病研究

1. 神经系统疾病 如亚急性坏死性脑脊髓病、癫痫可用小鼠进行研究。

2. 呼吸系统疾病 小鼠在氢氧化铵喷雾剂刺激下有咳嗽反应，可利用此特性研究镇咳药物的效果。因而，小鼠是研究镇咳药物的首选动物。

3. 消化系统疾病 中毒性肝炎、肝硬化和胰腺炎等也可在小鼠身上复制成功，进行研究。

4. 计划生育 雌性小鼠适合进行避孕药物的抗生育、抗着床、抗早孕、抗排卵等实验研究。

三、常用品种、品系

（一）近交系

近交系小鼠主要有BALB/c、C57BL、C3H、DBA、A系、AKR、CBA、TA1、TA2和615等品种、品系。

1. BALB/c

（1）来源：1913年，Bagg从美国商人Ohio处购得的白化小鼠原种，以群内方法繁殖。Mac Dowell在1923年开始作近交系培育，至1932年达26代，命名为BALB/c品系。Andervont等使BALB/c广为传播和应用。1985年从美国国立卫生研究院（NIH）引进到中国，为BALB/c第180代。

（2）毛色：白化。

（3）主要特性：①乳腺肿瘤自然发生率低，但用乳腺肿瘤病毒诱发时发病率高；卵巢、肾上腺和肺的肿瘤在该小鼠有一定的发生率。②易患慢性肺炎。③对放射线甚为敏感。④与其他近交系相比，肝、脾与体重的比值较大。20月龄的雄性小鼠脾脏有淀粉样变。⑤有自发性高血压，老年鼠心脏有病变，雌雄性小鼠均有动脉硬化。⑥对鼠伤寒沙门氏菌补体敏感，对麻疹病毒中度敏感，对利什曼原虫、立克次体和百日咳组胺易感因子敏感。

（4）主要用途：广泛应用于肿瘤学、生理学、免疫学、核医学研究，以及单克隆抗体的制备等。

2. C57BL

（1）来源：1921年，Little用Abby Lathrop的小鼠株，雌性小鼠57号与雄性小鼠52号交配而得C57BL。1937年从C57BL分离出C57BL/6和C57BL/10两个亚系。1985年从Ola引进到中国。

（2）毛色：黑色。

（3）主要特性：①乳腺肿瘤自然发生率低，化学物质难以诱发乳腺和卵巢肿瘤。②12%有眼睛缺损，雌性仔鼠16.8%、雄性仔鼠3%为小眼或无眼。用可的松可诱发腭裂，其发生率达20%。③对放射物质耐受力中等；补体活性高；较易诱发免疫耐受性。④对结核杆菌敏感，对鼠痘病毒有一定抵抗力。⑤干扰素产量较高。⑥嗜酒精性高，肾上腺素类脂质浓度低。对百日咳组胺易感因子敏感。⑦常被认作“标准”的近交系，为许多突变基因提供遗传背景。

（4）主要用途：是肿瘤学、生理学、免疫学、遗传学研究中常用的品系。

3. C3H

（1）来源：1920年，美国的Strong用Bagg白化雌性小鼠与乳腺肿瘤高发株DBA雄性小鼠杂交，再经近交培育而获得。C3H/He于1985年从Ola引进到中国。

（2）毛色：野鼠色。

（3）主要特性：①乳腺癌发病率高，6～10 月龄雌性小鼠乳腺癌自然发生率达 85%～100%，乳腺癌通过乳汁而不是胎盘途径传播。14 月龄雌性小鼠肝癌发生率为 85%。②补体活性高，干扰素产量低。③仔鼠下痢症感染率高。④对狂犬病毒敏感，对炭疽杆菌有抵抗力。⑤血液中过氧化氢酶活性高。雄性小鼠对氨气、氯仿、松节油等甚为敏感，病死率高。⑥带有 *mg* 基因（mahogany，mg，2 号染色体，隐性），故毛色较正常野鼠色偏红。

（4）主要用途：主要用于肿瘤学、生理学、核医学和免疫学研究。

4. DBA

（1）来源：1909 年由 Little 在毛色分离实验中建立，为最古老的近交系小鼠。1929~1930 年，在亚系间进行杂交，建立了两个亚系：DBA/1（又称亚系 12）、DBA/2（又称亚系 212），目前常用的是 DBA/2（DBA/2/Ola 及 DBA/2N）。DBA/1 于 1977 年从 Lac 引入中国，DBA/2/Ola 于 1985 年从 Ola 引入中国，DBA/2N 在 1986 年由 NIH 引入中国。

（2）毛色：淡棕色。

（3）DBA/1 主要特性：①抗 DBA/2 所生长的瘤株。②P_{1534} 瘤株的生长率为 50%。③雌性小鼠乳腺癌的发生率，1 年龄以上繁殖鼠（经产母鼠）为 75%。④对结核杆菌敏感，对鼠伤寒沙门氏菌补体抗性较强。⑤老龄雌性小鼠都有钙质沉着。⑥对疟原虫感染有抵抗力。

（4）DBA/2（DBA/2/Ola 及 DBA/2N）主要特性：①对大部分 DBA/1 的瘤株有抗性，但黑色素瘤 S-91 在两系小鼠中均能生长。②雌雄性小鼠均会自发产生淋巴瘤。③雌性小鼠乳腺肿瘤发生率，繁殖鼠（经产母鼠）为 66%，处女鼠为 3%。④白血病的发生率，DBA/2/Ola 雌性小鼠为 34%，雄性小鼠为 18%；而 DBA/2N 雌性小鼠为 6%，雄性小鼠为 8%。⑤DBA/2N 的肝癌发生率与饲料有关。⑥听源性癫痫发作，36 日龄小鼠为 100%，55 日龄后为 5%。⑦对鼠伤寒沙门氏菌补体有抵抗力，对疟原虫感染有一定的抗性。⑧对百日咳组胺易感因子敏感。⑨血压较低，心脏有钙质沉着；嗜酒精性低；红细胞计数高；肾上腺皮质类脂质浓度低。雄性小鼠接触氯仿和乙二醇的氧化物，以及维生素 K 缺乏时，病死率高。

（5）DBA/2 主要用途：常用于肿瘤学、遗传学和免疫学研究。

5. A 系

（1）来源：1921 年，由美国的 Strong 将冷泉港（cold spring harbor）白化小鼠与 Bagg 白化小鼠杂交而来。1988 年引入中国。

（2）毛色：白化。

（3）主要特性：①雌性小鼠乳腺肿瘤发生率，繁殖鼠为 30%，处女鼠低于 5%。②6 月龄雌性小鼠 44%有红斑狼疮细胞或抗核抗体阳性，补体未检出。③未足月幼鼠进行胸腺切除术后，84%出现矮小综合征。④与妊娠有关的齿槽结节性增生发生率高。⑤可的松易诱发唇裂和腭裂，初生仔鼠发生率为 7.6%。⑥对麻疹病毒高度敏感。

（4）主要用途：一般用作肿瘤学、免疫学研究，是目前国际上常用的品系之一。

6. AKR

（1）来源：1928～1936 年，Furth 用 A 系杂交培育出高发白血病株小鼠。尔后，在洛克菲勒（Rockefeller）研究所随机繁殖若干代后，由 Rhoades 做近交繁殖至 9 代，再经林科（Lynch）繁殖至 21 代，命名为 AKR。1988 年由美国杰克逊实验室引入我国。

（2）毛色：白化。

（3）主要特性：①为高发白血病株小鼠，雌雄性小鼠淋巴细胞白血病发生率可达 68%～90%。带有 *Thy-La*（Thy-l.1）基因（胸腺细胞抗原 Ⅰ）。②对 Graff 白血病因子敏感。③肾上腺皮质类脂质（类固醇）浓度低，Oslo 亚系有肾上腺皮质类固醇基因缺失。④血液过氧化氢酶活性高。

（4）主要用途：用于白血病等研究。

7. CBA

（1）来源：1920 年，由 Strong 用 Bagg 白化雌性小鼠与 DBA 雄性小鼠交配后，经近交培育而成。分为 CBA/J/Ola 和 CBA/N 等品系。1985 年和 1987 年分别从 Ola 及 NIH 引入中国。

（2）毛色：野鼠色。

（3）主要特性：①CBA/J/Ola 雌性小鼠的乳腺肿瘤发生率为 33%～65%；雄性小鼠肝细胞肿瘤发生率为 25%～65%。②CBA/J/Ola 对中等剂量放射线有抗性，对麻疹病毒高度敏感。③CBA/N 携带性连锁隐性基因 *xid*（X 连锁免疫缺陷基因），该基因使小鼠脾脏 B 淋巴细胞数目减少并有缺陷，导致缺少成熟 B 淋巴细胞，从而对某些 B 淋巴细胞抗原缺乏免疫应答。

（4）主要用途：乳腺肿瘤、B 淋巴细胞免疫功能等研究。

8. TA1（津白 1 号）和 TA2（津白 2 号）

（1）来源：1955 年，天津医学院将市售杂种白化小鼠经近交培育而成 TA1，1963 年又将昆明种小鼠经近交培育而成 TA2。1985 年被国际小鼠标准化遗传命名委员会承认。

（2）毛色：白化。

（3）主要特性：TA1 为自发低乳腺癌系，TA2 为自发高乳腺癌系，为乳腺癌 MA737 的宿主。

（4）主要用途：乳腺肿瘤研究。

9. 615

（1）来源：1961 年 5 月，中国医学科学院血液病研究所用该所饲养的昆明种白化雌性小鼠与苏联引进的 C57BL 雄性小鼠杂交，尔后又做近交培育而成 615 小鼠。1985 年被国际小鼠标准化遗传命名委员会承认。

（2）毛色：深褐色。

（3）主要特性：①8 月龄后开始出现衰老现象，表现为肥胖、增重，最大体重雄性小鼠为 40g 以上，雌性小鼠可达 38g 以上，被毛蓬松、脱落。②自发性肿瘤发生率：低白血病、低乳腺癌、高肺腺癌。③对津 638 白血病病毒敏感。

（4）主要用途：白血病等研究。

（二）封闭群

封闭群小鼠主要有 KM、NIH、ICR 和 LACA 等品种、品系。

1. 昆明种小鼠（Kunming，KM）

（1）来源：1926 年，美国洛克菲勒（Rockefeller）研究所的 Clara Lynch，从瑞士同事手中得到 2 雄 7 雌白化小鼠，培育成功瑞士（Swiss）种小鼠。1946 年，我国从印度哈夫金（Haffkine）研究所将 Swiss 小鼠引入云南省昆明市，1952 年由昆明空运引入北京生物制品研究所，1954 年推广到全国各地。

（2）毛色：白色。

（3）主要特性：①繁殖率和成活率高。②抗病力和适应性很强。③雌性小鼠乳腺肿瘤发生率为 25%。

（4）主要用途：广泛应用于药理、毒理、病毒和细菌学研究，以及生物制品、药品的检定。

2. NIH

（1）来源：由美国国立卫生研究院（NIH）培育而成。

（2）毛色：白色。

（3）主要特性：繁殖力强，产仔成活率高，雄性好斗，容易致残。

（4）主要用途：常用于药理、毒理研究和生物制品的检定。

3. ICR（又称 Swiss Hauschka）

（1）来源：为美国豪斯卡（Hauschka）研究所饲养的 Swiss 种小鼠，后由美国癌症研究所分送各地，取名为 ICR。1973 年由日本国立肿瘤研究所引进中国。

（2）毛色：白色。

（3）主要特性：繁殖力强。

（4）主要用途：广泛应用于药理、毒理、肿瘤、放射性研究及食品、生物制品的检定。

4. LACA

（1）来源：1935 年英国卡尔沃尔斯（Carworth）公司由美国洛克菲勒（Rockefeller）研究所引进，经 20 代近交培育后，采用随机交配繁殖，命名为 CFW。后又引入英国实验动物中心（Lac），改名为 LACA。1973 年由英国实验动物中心引入中国。

（2）毛色：白色。

（三）杂交群

国际上常用的杂交群（F1 代）小鼠见表 8-3。

表 8-3　国际上常用的杂交群小鼠

F1 代小鼠名称	交配亲代名称	F1 代小鼠名称	交配亲代名称
AKD2F1	AKR X DBA/2	CBA-T6D2F1	CBA-T6 X DBA/2
BA2GF1	C57BL X A2G	CB6F1	BALB/c X C57BL/6
BCF1	C57BL X BALB/c	CCBA-T6F1	BALB/c X CBA-T6
BCBAF1	C57BL X CBA	CC3F1	BALB/c X C3H
BC3F1	C57BL X C3H	CD2F1	BALB/c X DBA/2
B6AF1	C57BL/6 X A	CBF1	BALB/c X C57BL
B6D1F1	C57BL/6 X DBA/1	C3BF1	C3H X C57BL
CAF1	BALB/c X A	C3D2F1	C3H X DBA/2
CAKF1	BALB/c X AKR	129B6F1-dy	129 X C57BL/6-dy
CBAAF1	CBA X A		

（四）突变系

突变系动物（mutant strain animal）是由自然变异或人工致畸，使正常染色体上的基因发生突变，而具有某种遗传缺陷或某种独特遗传特点的动物，如裸小鼠、SCID 小鼠、快速老化模型小鼠等。

1. 裸小鼠（nude mice）

（1）来源：1962 年，英国格拉斯哥皇家医院的 Crist 在非近交系的小鼠中偶然发现有个别无毛小鼠，后来证实是由于基因突变造成的，并伴有先天性胸腺发育不良，称为裸小鼠（nude mice），用“*nu*”表示裸基因符号。1966 年，爱丁堡动物研究所的 Flanagan 又证实了这种无毛小鼠是由于染色体（11 号染色体）上等位基因突变引起的。1968 年，Pantelouris 发现，裸小鼠已失去正常胸腺，原胸腺残留结构中，部分上皮样细胞呈巢状排列而部分呈外分泌腺结构；淋巴结内胸腺依赖区的淋巴细胞消失，外周血中的淋巴细胞数目减少。1969 年，丹麦的 Rygaard 首次将人结肠癌移植到裸小鼠并获得成功，为免疫缺陷动物的研究和应用开创了新局面。

（2）主要特性：①无毛、裸体、无胸腺。随着年龄增长，皮肤逐渐变薄，头颈部皮肤出现皱褶，生长发育迟缓。②由于无胸腺而仅有胸腺残迹或异常胸腺上皮（该上皮不能使 T 淋巴细胞正常分化），导致缺乏成熟的 T 淋巴细胞，因而细胞免疫功能低下。但 6～8 周龄裸小鼠的 NK 细胞活性高于一般小鼠。③B 淋巴细胞正常，但其免疫功能欠佳。表现在 B 淋巴细胞分泌的免疫球蛋白以 IgM 为主，仅含少量的 IgG。④抵抗力差，容易患病毒性肝炎和肺炎，因此必须饲养在屏障系统中。⑤为了提高繁殖率和存活率，一般采用纯合型雄性小鼠与杂合型雌性小鼠交配的繁殖方式，可以获得 1/2 纯合型仔鼠。⑥常用裸小鼠品系：BALB/c-*nu*、NIH-*nu*、NC-*nu*、Swiss-*nu*、C3H-*nu*、C57BL-*nu* 等。

（3）主要用途：广泛应用于肿瘤学、免疫学、毒理学等基础医学和临床医学的实验研究。

2. 严重联合免疫缺陷（severe combined immune deficiency，SCID）小鼠

（1）来源：1983 年由美国的 Bosma M.J 首先从 C.B-17 近交系小鼠中发现，位于 16 号染色体，认为是 scid 的单个隐性基因发生突变所致，SCID 小鼠是 C.B-17/IcrJ 的同源近交系。1988 年从美国杰克逊实验室引入中国。

（2）主要特性：①外观与普通小鼠无异，体重发育正常，仅胸腺、脾、淋巴结的重量不足正常小鼠的 1/3。②胸腺、脾脏、淋巴结中的 T 淋巴细胞和 B 淋巴细胞大大减少，细胞免疫和体液免疫功能缺陷；但巨噬细胞和自然杀伤细胞功能未受影响。③骨髓结构正常，外周血中的白细胞和淋巴细胞减少。④容易死于感染性疾病，必须饲养在屏障环境中。⑤两性均可生育，每胎产仔 3～5 只，寿命达 1 年以上。

（3）主要用途：广泛应用于免疫细胞分化和功能的研究，异种免疫功能重建，单克隆抗体制备，人类自身免疫性疾病和免疫缺陷性疾病的研究，病毒学和肿瘤学研究等。

3. 快速老化模型小鼠（SAM）

（1）来源：日本京都大学胸部疾患研究所老化生物研究室竹田俊男教授在美国引进的 AKR/J 小鼠（胸腺肿瘤模型小鼠）中发现突变小鼠，用 20 年时间精心培育成功快速老化模型小鼠（senescence accelerated mouse，SAM）。在我国已由天津中医药大学老年病研究所引进和繁育。

（2）主要特性：SAM 系列中的一个品系在 4～6 月龄以前与普通小鼠的生长一样，4～6 月龄以后则迅速出现老化诸特征。如脑、视器、心、肺、肾、皮肤等器官老化，血液、免疫和抗氧化等系统老化，出现骨质疏松和老化淀粉样变。

（3）主要用途：SAM 是研究老年病的理想动物模型，也是研究老化肾虚的自发性动物模型。

常见的突变系小鼠还有肌萎缩症小鼠、肥胖症小鼠、侏儒症小鼠、糖尿病小鼠等。

四、饲养管理要点

（一）饲料及喂养

颗粒饲料应为全价日粮，不得加入抗生素、防腐剂和激素等，并保持相对稳定。成年小鼠日采食量一般为 2.8～7.0g，应采取“少量勤添”饲喂方式，限量添加可减少小鼠啃咬颗粒干料磨牙造成的浪费。饲料应使用专用饲料桶（袋）盛装，在凉爽干燥的地点存放，储存期不得超过 90 天，以保证饲料中的营养成分。

（二）饮水

保持充足清洁饮水，每周换水 2～3 次，每只 4～7ml/d，应经常检查瓶塞，防止瓶塞漏水弄湿动物被毛而引发疾病。由于小鼠在吸水过程中，口内食物颗粒和唾液可倒流入水瓶，因此换水时应清洗饮水瓶和吸水管，以避免微生物污染。严禁未经高温高压消毒的饮水瓶继续使用。

（三）外观观察

小鼠外观健康的标准是：①食欲旺盛；②眼睛有神，反应敏捷；③体毛光滑，肌肉丰满，活动有力；④身无伤痕，尾不弯曲，体表孔腔无分泌物，无畸形；⑤粪便呈黑色麦粒状。

（四）性别鉴别

成年小鼠性别很易区分，雄性小鼠的阴囊明显，雌性小鼠可见阴道开口和5对乳头。仔鼠或幼鼠则主要从外生殖器与肛门的距离判定，近者为雌性，远者为雄性。

（五）记录

科学管理必须有各种完好的工作记录，包括：①种群记录、谱系记录、品系记录和个体记录；②生产记录；③环境记录：温度、湿度、天气情况、消毒灭菌记录；④动物健康记录；⑤实验处理及观察记录。

第二节 大 鼠

大鼠（rat，*rattus norregicus*）（图8-2）属于动物界、脊索动物门、脊椎动物亚门、哺乳纲、啮齿目、鼠科、大家鼠属（genus *rattus*）、大家鼠种（species *rattus norregicus*）的动物，学名褐家鼠（大家鼠）（*rattus norregicus*），染色体数 $2n=42$。大鼠寿命一般为2.5～3年，最长寿命5年。

大鼠是野生褐家鼠的变种，起源于北亚洲，于17世纪初期传到欧洲。18世纪后期开始人工饲养，19世纪，美国维斯塔尔（Wistar）研究所在开发大鼠作为实验动物方面做出了突出贡献，目前世界上使用的许多大鼠品系均起源于此。大鼠体形较小，遗传学较为一致，对实验条件反应较为近似，常被誉为精密的生物研究工具。

图8-2 大鼠

一、生物学特性

（一）习性和行为

1. 昼伏夜动 大鼠习于昼伏夜动，白天喜欢挤在一起休息，夜间和清晨比较活跃，采食、交配多在此时间进行。

2. 喜群居 大鼠和小鼠一样，喜欢群居生活，但是，当雄性大鼠合群饲养时，其斗殴倾向却明显少于小鼠。

3. 胆小怕惊 大鼠性格较温顺，行动迟缓，易于捉取。但当捕捉方法粗暴、缺乏维生素A，或受到其他同类尖叫声影响时，则难于捕捉，甚至攻击人。尤其是处于妊娠期和哺乳期的母鼠，由于上述原因，常常会主动咬饲养人员喂饲时伸进鼠笼的手。

4. 喜啃咬 大鼠门齿较长，终生不断生长，因而喜啃咬。所以喂饲的颗粒饲料要求软硬适中，以符合其喜啃咬的习性。

5. 抗病力较强 大鼠对外环境的适应性强，成年大鼠很少患病。

6. 敏感性强 大鼠对外界刺激反应敏感，在高分贝噪声刺激下，常常发生母鼠吃仔现象。故饲养室内应尽量保持安静。

（二）主要解剖学特点

1. 外观与体形 大鼠外观与小鼠相似，但体形较大。成年雄性大鼠身体前部比后部大，雌性大鼠身体相对瘦长，后部比前部大，头部尖小。大鼠尾部被覆短毛和环状角质鳞片。新生仔鼠体重为5.5～10g，根据环境和营养状况的不同，1.5～2月龄达到180～220g，其体长达到18～20cm，可供实验使用。雄性大鼠最大体重达300～800g，雌性大鼠达250～400g。

2. 骨 大鼠的骨由头骨、躯干骨（椎骨、胸骨、肋骨）和前后肢骨组成。

3. 牙齿 大鼠的齿式：$\frac{|\ 1.0.0.3}{|\ 1.0.0.3}$，共有16个，每侧上、下颌各有门齿1个、臼齿3个。

4. 消化系统

（1）口腔：大鼠上唇于中线处裂开，门齿外露，口腔后部因有硬腭和软腭存在，鼻后孔后移直接通向喉咽，空气与食物的通道在咽腔交叉。该解剖特点使大鼠在口腔充满食物时，仍可进行呼吸。

（2）胃：大鼠的胃属单室胃，分为前后两部分，前部胃壁薄而呈半透明状；后部壁厚而不透明，富含肌肉和胃腺，伸缩性强。

（3）肠：分为小肠和大肠。小肠分为十二指肠、空肠和回肠。大肠包括盲肠、结肠和直肠，终止于肛门。

（4）肝：大鼠肝分为6叶，即左叶、左副叶、右叶、右副叶、尾状叶及乳头叶。再生能力极强，被切除60%～70%后仍可再生。

（5）胆道：大鼠无胆囊，胆管直接与十二指肠相通。

（6）胰腺：把胃与脾之间的薄膜除去，可见其下方有如树枝状的肉色组织，就是胰腺。胰腺呈长条片状，分为左、右两叶，左叶在胃的后面与脾相连，右叶紧连十二指肠。胰腺与脂肪组织的区别：胰腺颜色较暗，质地较坚硬。

5. 呼吸系统 大鼠有左肺和右肺，左肺单叶，右肺分为上叶、中叶、下叶和后叶4叶。

6. 泌尿系统 大鼠有左、右肾，均呈蚕豆形，右肾比左肾高。

7. 循环系统 大鼠的心脏有4个腔，即左心房、左心室、右心房和右心室。

8. 内分泌系统 大鼠的甲状腺位于颈部肌肉的深面，喉头的下方，气管两侧，为一对长椭圆形的器官，呈红褐色。肾上腺位于肾脏上端，芝麻大小，呈粉黄色。脑垂体较松弛地附于漏斗下部，易做去垂体模型。

9. 生殖系统 雌性大鼠的生殖器包括1对卵巢、1对输卵管、子宫、阴道和阴道孔，为双子宫，呈"Y"形排列，共有6对乳头，胸部和鼠蹊部各有3对。雄性大鼠的生殖器由睾丸、附睾、输精管、储精囊、凝固腺、前列腺、尿道球腺和阴茎组成，阴茎有阴茎软骨。

10. 神经系统 大鼠的神经系统包括脑、脊髓、脑神经、脊神经和内脏神经等。

11. 汗腺 大鼠的皮肤缺少汗腺，汗腺仅分布于爪垫上，主要通过尾巴散热。

（三）主要生理学特点

1. 生长速度 大鼠生长速度的快慢，与品系、母鼠体质、生产胎次、哺乳只数、饲料和环境条件等因素有关。Wistar 大鼠及 SD 大鼠的生长速度见表 8-4。

表 8-4 大鼠体重增长表（g）

品系	性别	日龄							
		21	28	35	42	49	56	63	70
Wistar	♂/♀	56/54	97/91	134/134	187/166	233/209	297/214	325/232	370/246
SD	♂/♀	52/50	101/86	150/130	206/172	262/210	318/240	365/258	399/272

注：画线者表示体重达到 180～220g，通过表格可了解相应日龄。

2. 生殖生理 大鼠成熟快，繁殖力强，在 6～8 周龄时达到性成熟，约于 3 月龄时达到体成熟。雌性大鼠为全年多发情动物，其性周期为 4～5 天，分为动情前期、动情期、动情后期和动情间期。在性周期不同阶段，阴道黏膜可发生典型变化，通过做阴道涂片观察，可以推断雌性大鼠处于性周期的哪一阶段（表 8-5）。大鼠妊娠期为 19～23 天，平均 21 天，每窝产仔 6～12 只；产后 24h 内出现一次发情；哺乳期为 21～28 天，一般情况下可在 21 天离乳。

表 8-5 大鼠性周期阴道分泌物涂片变化

阶段	持续时间（h）	涂片可见	卵巢变化
动情前期	17～21	大量有核上皮细胞，少量角化上皮细胞	卵泡加速生长
动情期	9～15	满视野角化上皮细胞，少量有核上皮细胞	卵泡成熟、排卵
动情后期	10～14	角化上皮细胞及白细胞	黄体生成
动情间期	60～70	大量白细胞及少量黏液	黄体退化

3. 无呕吐反射 大鼠的食管通过界限嵴的一个皱褶进入胃小弯，该皱褶阻止胃内容物反流到食管，是大鼠不会呕吐的原因，因此，不适宜做呕吐实验。

4. 血压 大鼠血压对药物的反应敏感。

5. 感觉器官 大鼠视觉灵敏，对光照较敏感，嗅觉灵敏，对噪声较敏感，适宜做条件反射实验。

6. 应激反应 大鼠垂体-肾上腺系统功能发达，应激反应灵敏。

7. 营养 大鼠对某些营养缺乏非常敏感，尤其是蛋白质、维生素 A、维生素 E。

8. 血液成分呈动态性变化 大鼠一昼夜血液内激素和酶水平具有动态性变化，不同时间采血、不同的采血方法、粗暴虐待均能影响血液成分，造成实验结果的误差。

9. 对湿度要求高 空气湿度低于 40%时，大鼠尾巴易发生环状坏死症（环尾病）。因此，饲养室内相对湿度应保持在 40%～70%。

10. 生理数据 成年大鼠的胃容量为 4～7ml。50g 大鼠的食料量为 9.3～18.7g/d，饮水量为 20～45ml/d，排粪量为 7.1～14.2g/d，排尿量为 10～15ml/d。

二、在生物医学研究中的应用

（一）内分泌研究

1. 内分泌学研究 大鼠的内分泌腺容易摘除，常用于研究各种腺体及激素对全身生理生化功能的调节；激素腺体和靶器官的相互作用；激素对生殖功能的影响，如发情、排卵、胚胎着床等的调控作用，以及计划生育。

2. 内分泌疾病模型 大鼠常被用于自发性或诱发性尿崩症、糖尿病、甲状腺功能减退症、甲状旁腺功能低下造成的新生儿强直性痉挛等内分泌功能失调所致疾病的研究。肥胖症大鼠可用于高脂血症的研究。大鼠垂体-肾上腺系统发达，应激反应灵敏，适用于制作应激性胃溃疡模型。

（二）营养、代谢性疾病研究

大鼠对营养物质缺乏敏感，可发生典型缺乏症状，是营养学研究使用最早、用量最多的实验动物。适用于各种维生素缺乏症的研究，蛋白质、氨基酸和钙、磷等代谢的研究，营养不良、动脉粥样硬化等的研究。

（三）药物研究

1. 药物安全性评价试验 大鼠常用于药物亚急性毒性试验、慢性毒性试验、致畸试验和药物毒性作用机制的研究，以及某些药物副作用的研究。

2. 药效学研究

（1）神经系统药物的评价：利血平和阿扑吗啡可诱导大鼠神经性异常行为。可利用迷宫或惩罚和奖励试验来测试大鼠的学习记忆能力，进而评价上述药物的药效。

（2）心血管系统药物的评价：大鼠血压和血管阻力对药物的反应很敏感，常用作研究心血管药物的药理和调压作用的动物模型。还用于心血管系统新药的筛选。

（3）抗感染药物的筛选和评价：如大鼠踝关节对炎症反应敏感，常用以筛选抗关节炎药物；大鼠也用于多发性、化脓性及变态反应性关节炎、中耳炎、内耳炎、淋巴结炎等治疗药物的评价。

（四）行为学研究

大鼠行为表现多样，情绪反应敏感，具有一定的变化特征，常用以研究各种行为和高级神经活动的表现。

1. 迷宫试验 利用迷宫试验测试大鼠的学习和记忆能力。

2. 奖励和惩罚试验 采用跳台试验等方法，测试大鼠记忆判断和回避惩罚的能力。

3. 成瘾性药物的行为学研究 大鼠适合于成瘾性药物的行为学研究，在一定时间内给大鼠喂饲一定剂量的酒精、咖啡因、鸦片后，大鼠对上述药物（物质）产生依赖及行为改变。如对酒精依赖的大鼠，当取消酒精喂饲后，可产生行为改变，甚至出现阵发性强直性肌肉痉挛乃至死亡。

4. 高级神经活动研究 行为学研究中常用大鼠研究那些假定与神经反射异常有关的行为情景。如神经官能症、抑郁性精神病、脑发育不全或迟缓等疾病的行为学研究。

（五）老年病学研究

大鼠是进行老年病学研究常用的实验动物，由于老年病学的动物实验周期长，老年实验动物体质差，在普通环境进行实验，大鼠存活率低。因此，最好在屏障环境和隔离环境中进行实验，并使用 SPF 级和无菌级大鼠，确保实验成功。

使用大鼠可以进行衰老的机制研究，如衰老的生理变化、成活率与年龄相关曲线的关系、胶原老化、器官老化、饮食方式与寿命的关系等方面的研究。还可以进行老年高发肿瘤和非肿瘤损伤所引发的老年性疾病研究。

（六）肿瘤研究

大鼠可用于自发性和诱发性肿瘤模型的研究。自发性肿瘤动物模型如肾上腺髓质肿瘤、乳腺癌和粒细胞性白血病等；诱发性肿瘤模型使用的化学物质如二乙基亚硝胺和二甲基氨基偶氮苯诱发肝癌，甲基苄基亚硝胺诱发食管癌，3-甲基胆蒽诱发肺鳞癌及恶性胸膜间皮瘤、大肠癌等。

（七）感染性疾病研究

常用大鼠制作细菌性、病毒性和寄生虫性疾病动物模型，其中部分模型的发病经过与人相似。制作感染性疾病常用的病原体，细菌有沙门氏菌、大肠埃希菌、巴斯德杆菌、念珠状链杆菌、各种厌氧菌、黄曲霉菌等；病毒有肝炎病毒、疱疹病毒、流感病毒等；寄生虫有旋毛虫、血吸虫、钩虫、疟原虫、马锥虫等。

（八）心血管疾病研究

常用大鼠制作心肌缺血、心律失常、高血压、动脉硬化、实验性动脉瘤、肺水肿、恶性贫血、血小板减少症等动物模型，进行上述疾病发病机制和治疗等方面的研究。

（九）中医药研究

有关内容将在第十章第四节中详细介绍。

三、常用品种、品系

（一）近交系

近交系大鼠主要有 F344/N、Lou/CN 等品种、品系。

1. F344/N

（1）来源：1920 年由哥伦比亚大学肿瘤研究所 Curtis 培育，我国从美国 NIH 引进。

（2）毛色：白化。

（3）主要特性

1）寿命：10 周龄时雄性大鼠体重达到 190～280g，雌性大鼠达 160～190g。平均寿命雄性大鼠为 31 个月，雌性大鼠为 29 个月。

2）免疫学方面：原发性和继发性脾红细胞免疫反应性低，其 NADPH-细胞色素 C 还原酶的诱发力较 SD 大鼠为低。

3）生理学方面：旋转运动性低；血清胰岛素含量低；肝结节状增生的发生率为 5%；雄性大鼠乙基吗啡和苯胺的肝代谢率高，可作苯酮尿症动物模型；对高血压蛋白质的产生有抵抗力；脑垂体较大；己烯雌酚吸收快且易引起死亡；戊巴比妥钠的 ID_{50} 低，为 70mg/kg；肾病发生率低；可作周边视网膜退化模型；对血吸虫的囊尾蚴易感。

4）肿瘤学性状：①自发性肿瘤：各种大鼠自发性肿瘤的发生率，甲状腺癌为 22%；单核细胞白血病为 24%；乳腺癌雄性大鼠为 23%、雌性大鼠为 41%；脑垂体腺瘤雄性大鼠占 24%、雌性大鼠占 36%。雄性大鼠睾丸间质细胞瘤为 85%。雌性大鼠乳腺纤维腺瘤为 9%；多发性子宫内膜肿瘤为 21%。②移植性肿瘤：有肝癌（dunning 肝癌、LC-18 肝癌、novikoff 肝癌）、乳腺肿瘤（HMC 和 R-3230 乳腺癌、乳腺纤维瘤 F-609）、垂体肿瘤（MtT 和 $MtTf_4$ 脑垂体瘤）、肉瘤（walker256 癌肉瘤、吉田肉瘤、肉瘤 IRS-9802 和 R-13259、纤维肉瘤 R-3244、R-3251 淋巴肉瘤）、白血病（dunning 白血病，HLF1 白血病，IRC-741 和 R-3149 白血病，白血病 R-3323、3330、3399、3432）和子宫肌瘤 F-529 等。

（4）主要用途：广泛用于毒理学、肿瘤学、生理学研究。

2. Lou/CN

（1）来源：是由 Bazin 和 Beckers 培育出的浆细胞瘤高发系，其同类系 Lou/MN 为浆细胞瘤低发系，两者组织相容性相同。1985 年从美国 NIH 引入中国。

（2）毛色：白化。

（3）主要特性：Lou/CN 大鼠免疫细胞瘤（免疫球蛋白分泌瘤）发病率，雄性大鼠为 31%，雌性大鼠为 16%，发病部位主要位于回盲部淋巴结。该肿瘤细胞的分化率极低，多在 1 个月内死亡。此肿瘤可移植到同系大鼠及其杂交的 F1 代，60%的免疫细胞瘤合成并分泌单克隆免疫球蛋白，免疫球蛋白的分泌量百分比或占比为 IgM 2.9%、IgA 2.9%、IgD 0.9%、IgE 43.3%、IgG_1 37.9%、IgG_{2a} 6.1%、IgG_{2b} 0.7%、IgG_{2c} 4.5%。

（4）主要用途：常用于免疫学研究，特别是制备单克隆抗体。Lou/CN 大鼠的腹水量比 BALB/c 小鼠大几十倍，可大量生产单克隆抗体。

其他近交系大鼠有 ACI、ACUS、BN、CAS、LEW、M520、WKY/Ola、WN/N 等。

（二）封闭群

封闭群大鼠主要有 Wistar、SD、Long-Evans 等品种、品系。

1. Wistar 大鼠

（1）来源：1907 年由美国维斯塔尔（Wistar）研究所育成，现已遍及世界各国的实验室。我国从日本及苏联引进，是引进最早、使用最广泛、数量最多的大鼠品系之一。

（2）毛色：白化。

（3）主要特性：①头部较宽、耳朵较长、尾的长度小于身长。②性周期稳定，繁殖力强，产仔多，平均每胎产仔在 10 只左右，生长发育快。10 周龄时雄性大鼠体重可达 280～300g，雌性大鼠达 170～260g。③性情温顺。④对传染病的抵抗力较强。⑤自发性肿瘤发生率低。⑥目前各地饲养的 Wistar 大鼠的遗传状况差异较大。

（4）主要用途：广泛应用于生理学、营养学、代谢疾病、药物学、心血管疾病、老年医学和计划生育研究。

2. SD（Sprague Dawley）大鼠

（1）来源：1925 年，美国 Sprague Dawley 农场用 Wistar 大鼠培育而成。

（2）毛色：白化。

（3）主要特性：①头部狭长，尾长接近身长，产仔多，生长发育较 Wistar 大鼠为快。10 周龄时雄性大鼠体重可达 300～400g，雌性大鼠达 180～270g。②性情比 Wistar 大鼠稍凶猛。③对疾病的抵抗力较强，尤其对呼吸道疾病的抵抗力很强。④自发性肿瘤的发生率较低。⑤对性激素敏感性高。

（4）主要用途：广泛应用于药物学、肿瘤、营养与代谢、神经与内分泌、卫生学、老年学和计划生育研究。

3. Long-Evans 大鼠　1915 年由 Long 和 Evans 用野生雄性褐家鼠与雌性白化大鼠杂交培育而成。体形比 Wistar 和 SD 大鼠小，头颈部为黑色，背部有一条黑线，尾部为黑白色或黑色毛。应用广泛。

此外，常用的封闭群大鼠尚有 Osborne-Mended、Sherman、August、Brown-Norway 等。

（三）杂交群

大鼠 F1 代使用不如小鼠广泛，常用的有 AS X AS2F1、LEW X BNF1、F344 X Wistar Fl、Lou X RF1、WAG X BNFl 等。

（四）突变系

突变系大鼠主要有 SHR/Ola 大鼠、癫痫大鼠、裸大鼠等品种、品系。

1. SHR/Ola 大鼠

（1）来源：SHR（spontaneously hypertensive rat）大鼠是东京的 Okamoto 在 1963 年用具有自发

性高血压的 Wistar 大鼠培育而成。

（2）毛色：白化。

（3）主要特性：①自发性高血压，且发生率高，无明显原发性肾或肾上腺损伤，在 10 周龄后雄性大鼠的收缩压为 200～350mmHg，雌性大鼠为 180～200 mmHg。本品系为筛选抗高血压药物的理想动物模型。在幼年大鼠中，血浆去甲肾上腺素和多巴胺 6-羟化酶水平增加，比对照大鼠高，但总儿茶酚胺无明显不同，肾上腺儿茶酚胺含量减少。循环血中的促肾上腺激素水平明显偏高。^{131}I 代谢率较正常大鼠减少，甲状腺重量增加。②SHR 大鼠的生育力及寿命无明显下降，平均寿命 13～14 个月，繁殖时每代均应选择具有高血压的种鼠。

（4）主要用途：高血压疾病的实验研究。

能够自发性产生高血压的突变系大鼠还有新西兰高血压大鼠（GHR）和米兰高血压大鼠（MHS）。

2. 癫痫大鼠 用铃声刺激可旋转数秒钟，然后向一侧倒地发作癫痫，与人的癫痫发作很相似，可用于癫痫病的实验研究。

3. 裸大鼠

（1）来源：裸大鼠（nude rat）由英国罗威特（Rowett）研究所在 1953 年首先发现，基因符号为 *rnu*，但在普通环境下仅仅维持了 15～16 代。1975 年再次发现纯合子裸大鼠（rnu/rnu），证实属常染色体隐性遗传。1977 年，英国实验动物中心建立了裸大鼠种子群。1978 年首次详细描述了裸大鼠，并报道了裸大鼠的人癌组织异种移植。1983 年引入中国。

（2）主要特性：①躯干部被毛稀少，头部、四肢和尾根部毛较多。2～6 周龄期间皮肤上有棕色鳞片状物，随后变得光滑。繁殖方法采用纯合型雄性大鼠与杂合型雌性大鼠交配，可获得 1/2 纯合型裸大鼠仔。仔鼠 4 周左右断乳，发育相对缓慢，体重约为正常大鼠的 70%，在 SPF 环境下可活 1～1.5 年。因免疫力低下易患呼吸道疾病。②免疫学特性为先天无胸腺、T 淋巴细胞功能缺陷，同种或异种皮肤移植生长期达 3 个月以上。对结核菌素无迟发性变态反应，血中未测出 IgM 及 IgG，淋巴细胞转化试验为阴性。B 淋巴细胞功能一般正常，NK 细胞活力增强，可能与干扰素水平有关。

（3）主要用途：主要用于多种肿瘤移植研究。

突变系大鼠还有糖尿病大鼠、肥胖症大鼠、尿崩症大鼠等。

四、饲养管理要点

大鼠的饲养管理基本与小鼠相同，可参考本章第一节中的有关内容。这里仅仅针对大鼠的特点，提出几点注意事项。

（1）饲养环境中相对湿度不得低于 40%，避免环尾病的发生。

（2）哺乳母鼠对噪声特别敏感，强烈噪声容易引起吃仔现象的发生。

（3）由于大鼠体形较大，排泄物多，产生的有害气体也多。因此必须控制大鼠的饲养密度，确保室内通风良好，勤换垫料。

（4）大鼠用的垫料除了要注意消毒外，还应注意控制它的物理性能，垫料携带的尘土容易引起异物性肺炎，软木刨花可引起幼龄大鼠肠堵塞。

（5）大鼠体形较大，饲料和饮水的消耗量也大，要经常巡视观察，及时补充。

（6）妊娠母鼠容易缺乏维生素 A，要定期予以补充。

第三节 豚　鼠

豚鼠（guinea pig，*cavia porcellus*）（图 8-3）在分类学上属于动物界、脊索动物门、脊椎动物亚门、哺乳纲、啮齿目、豪猪亚目、豚鼠科（familia caviidae）、豚鼠属（genus *cavia*）、豚鼠种（species *cavia porcellus*）的动物，学名豚鼠，又名海猪、天竺鼠、荷兰猪。染色体数 $2n$=64。豚鼠寿命一般为 4～5 年，最长可达 7 年。

图 8-3 豚鼠

一、生物学特性

（一）习性和行为

1. 草食性 豚鼠属草食性动物，喜食纤维素较多的禾本科嫩草，特别是葡萄状茎的青草，而不喜欢食水分过多的水草，对粗纤维的需要量与家兔接近。喜欢日夜自由采食，在两餐之间有比较长的休息期。一般不吃苦、咸、辣、甜饲料，如进食了这类食物，容易造成减食、废食和流产等。

2. 喜群居 豚鼠喜群居，群体采取一雄多雌有利于群居的稳定。群居行为表现在集体采食、活动和休息等方面，如休息时喜欢紧挨着躺卧，活动时幼鼠跟随成年鼠。豚鼠喜爱干燥清洁而又宽敞的生活及活动环境，过于拥挤容易发生脱毛、皮肤损伤和皮炎。

3. 性情温顺 豚鼠性情温顺，极少斗殴，很少伤人。在极个别情况下，斗殴发生在重新组合到一起的雄性种鼠之间。

4. 胆小怕惊 豚鼠胆小，喜欢安静的环境，对外界突然产生的响声、震动或环境变化十分敏感，首先表现为呆滞、僵直、不动，耳朵竖起（普赖厄反射-听觉耳动反射），并发出“吱吱”的尖叫声，然后四散逃跑。

5. 性行为 雌性豚鼠发情期间，雄性豚鼠接近、追逐雌性豚鼠并发出低鸣声，随后出现嗅、转圈、啃、舔及爬跨动作。雌性豚鼠交配时取脊柱前凸姿势，后半身抬高，交配完成后表现为舔毛，雄性豚鼠则迅速跑开。

6. 用叫声表达要求 豚鼠饥饿时一旦听到饲养员的脚步声，马上发出“吱吱”的叫声；在受到惊吓及雄性豚鼠求偶时，也会以叫声来表示。

（二）主要解剖学特点

1. 外形 豚鼠身形短粗，头大，身圆，耳朵和四肢短小，无尾巴，只遗留尾巴的残迹。前足有

4 趾，后足有 3 趾，每个趾都有突起的大趾甲，脚形似豚，故名豚鼠。新生豚鼠体重一般为 50～150g；成年豚鼠体长 22.5～35.5cm，体重 450～700g。雌性豚鼠最高体重可达 800g，雄性豚鼠达 950g 左右。

2. 骨 豚鼠的骨由头骨、躯干骨（椎骨、肋骨、胸骨）、前后肢骨和阴茎骨组成。

3. 牙齿 齿式为：$\left|\frac{1.0.1.3}{1.0.1.3}\right.$，共有 20 个，每侧上、下颌各有门齿 1 个、前磨牙 1 个、磨牙 3 个。

4. 消化系统 豚鼠的上唇分裂，胃壁非常薄，黏膜呈皱襞状。肠管较长，约为体长的 10 倍，其中盲肠约占整个腹腔的 1/3，这是草食性动物的共同特征。

5. 生殖系统 雌雄性豚鼠腹部均有一对乳头，但雌性豚鼠乳头比较细长，位于乳腺表面。雌性豚鼠具有无孔的阴道闭合膜，发情时张开，非发情期闭合。雄性豚鼠睾丸并不下降到阴囊，阴茎松弛时被会阴皮肤覆盖。

6. 循环系统 豚鼠的心脏位于胸腔前部中央，分为左、右心房和左、右心室 4 个腔。在心脏前端有出入心脏的大血管，和大鼠相似。豚鼠的淋巴系统较为发达，肺部淋巴结对刺激具有高度的反应性，在少量机械或细菌刺激时，很快发生淋巴结炎。

7. 神经系统 豚鼠的大脑半球没有明显的回纹，只有原始的深沟和神经，属于平滑脑组织，较其他同类动物发达。脑的发育在胚胎期 42～45 天就已经成熟，新生第一天的豚鼠有被毛、牙齿和视力，出生后 4h 就能行走和进食，3～4 天后就能独立生活，属于胚胎发育完善动物。

（三）主要生理学特点

1. 生长发育 豚鼠 2 月龄达到性成熟，体重在 400g 左右。5 月龄达到体成熟，此时雌性豚鼠重 700g，雄性豚鼠重 750g 左右。

2. 体温调节差 豚鼠自身体温调节能力较差，受外界温度变化影响较大。

3. 红细胞少 豚鼠红细胞、血红蛋白和血细胞比容比其他啮齿类实验动物低。

4. 不能合成维生素 C 豚鼠体内缺乏左旋葡萄糖内酯氧化酶，不能合成维生素 C。

5. 有速发型和迟发型超敏反应 豚鼠是研究抗原诱导速发型呼吸过敏反应的良好模型，过敏原引发豚鼠出现发绀、虚脱、支气管平滑肌痉挛，随即窒息死亡。

迟发型超敏反应与皮内注射结核菌素有关，一般在注射后 24～48h 发生。

豚鼠对青霉素、四环素、红霉素等抗生素特别敏感，常在用药 48h 后引起急性肠炎，甚至导致死亡。

6. 呼吸系统和消化系统抗病能力较差 豚鼠最易患细菌性肺炎和急性肠炎。豚鼠对麻醉药物也很敏感，故麻醉死亡率较高，患病豚鼠对麻醉药更为敏感。

7. 抗氧化能力强 豚鼠抗氧化能力是小鼠的 4 倍、大鼠的 2 倍。

8. 生殖生理 豚鼠有性早熟特征，雌性豚鼠 60 日龄开始排卵，性周期为 13～20 天（平均 16 天），动情期持续 1～18h，分为动情前期、动情期、动情后期和动情间期四个阶段。妊娠期 65～70 天，每窝产仔 1～7 只，多数为 3～4 只，分娩后出现 1 次产后发情；哺乳期 15～21 天，母鼠间有互相哺乳仔鼠的习惯。

9. 生理数据 成年豚鼠的胃容量为 20～30ml，食料量为 14.2～28.4g/d，饮水量为 85～150ml/d。体温 38.6（37.8～39.5）℃，心率 280（200～360）次/分，呼吸频率 90（69～104）次/分，潮气量 1.8（1.0～3.9）ml，通气率 16（10～28）ml/min，耗氧量 816mm^3/g 体重，血压 75～120mmHg，红细胞总数 5.6（4.5～7.0）×10^{12}/L，血红蛋白 144（110～165）g/L 全血，白细胞总数 10（6～20）×10^9/L，血小板 116（68～310）×10^9/L，血浆总蛋白 5.4（5.0～5.6）g/L，血容量占体重的 6.4%。排粪量为 21.2～85.0g/d，排尿量为 15～75ml/d。

二、在生物医学研究中的应用

（一）免疫学研究

1. 过敏反应 豚鼠是进行过敏性休克和变态反应研究的理想动物模型，特别是迟发型超敏反应与人相似，最适合进行这方面的研究。实验动物对致敏原的敏感程度从高到低依次为豚鼠＞家兔＞犬＞小鼠＞猫。

2. 提取补体 免疫学实验所用的补体多数用豚鼠血清制备，豚鼠血清中补体含量最丰富。

3. 皮肤刺激试验 豚鼠皮肤对毒物刺激反应灵敏，其反应近似人类，常用作局部皮肤毒物作用的试验，如研究化妆品和外用药品对局部皮肤的刺激反应。

（二）药物研究

1. 平喘药研究 组胺能诱发豚鼠支气管痉挛性哮喘模型，可用于评价平喘药和抗组胺药的作用。

2. 镇咳药研究 吸入氨气、二氧化硫、柠檬酸能引起豚鼠咳嗽，常用于评价镇咳药的药效。

3. 局部麻醉药研究 豚鼠常用于评价局部麻醉药的药效。

（三）传染病学研究

豚鼠对结核杆菌、白喉杆菌、鼠疫杆菌、钩端螺旋体、霍乱弧菌、布鲁氏杆菌和沙门氏菌等病原体十分敏感，尤其对结核杆菌高度敏感，感染后的病变与人类似。研究支原体感染后的病理及细胞免疫变化常用幼龄豚鼠。

（四）耳科学研究

豚鼠是耳科疾病研究中最常使用的实验动物，用于制作中耳炎、前庭器损伤、迷路炎、耳聋等中耳和内耳疾病模型。

豚鼠听力特别敏锐，尤其对700～2000周/秒音频更敏感，常用于研究噪声对听力的影响。

豚鼠耳郭大，易于进入中耳和内耳，耳蜗和血管伸至中耳腔，便于进行内耳微循环的观察。

（五）其他研究

（1）切断豚鼠迷走神经引起肺水肿的实验结果比其他实验动物更佳。

（2）豚鼠的血管反应敏感，在观察出血性炎症和血管通透性实验时也常应用。

（3）豚鼠是研究维生素C生理功能的重要动物模型。

（4）豚鼠对缺氧耐受力强，适合做缺氧耐受性和测量耗氧量的实验。

（5）豚鼠的被毛致密，皮厚，很难找到浅表静脉和进行血管注射，故急性实验极少使用豚鼠。

三、常用品种、品系

（一）品种

豚鼠可以分为短毛、长毛和刚毛3种。短毛种豚鼠的毛色光亮而紧贴身体，生长迅速；长毛种豚鼠的被毛柔软，富有弹性，有光泽；刚毛种豚鼠的毛常为竖立，并有一定花纹，富有光泽。目前用作实验动物的是英国种短毛豚鼠，其毛色有单色、双色和三色，单色的颜色有白、黑、棕、灰、淡黄、巧克力色；双色的为白与黑色；三色为白、棕、黑色。

我国饲养的豚鼠，早在1919年从日本引入东北，按其毛色特征鉴别，为英国种短毛豚鼠，属于封闭群。

（二）品系

根据 1975 年《国际实验动物索引》第 3 版，可知豚鼠近交系有 8 个品系，封闭群有 30 种。常用的是近交系 2 号和近交系 13 号豚鼠，均由美国培育，毛色均为黑、白、红三色。

近交系 2 号豚鼠体形较小，对结核杆菌抵抗力强，并具有纯合的 GLP-A（豚鼠主要组织相容性复合体）B1 抗原，血清中缺乏诱发的迟发型超敏反应因子。

近交系 13 号豚鼠除了体形较大、对结核杆菌抵抗力弱、繁殖能力比近交系 2 号差以外，其他特性与近交系 2 号比较接近。

四、饲养管理要点

（1）豚鼠胆小怕惊、听觉敏锐，因此，饲养和实验环境应保持安静；温度控制在 18～29℃并保持恒定。由于豚鼠活动性强，所以笼具空间要大一些，采用经过消毒且不具机械损伤的软刨花作为垫料，垫料每周要更换 2 次。

（2）豚鼠饲养室内应保持清洁卫生，定期喷雾消毒，减少空中浮游物质。豚鼠所用的食具和饲养笼具也要保持清洁，定期消毒。

（3）确保饲料中纤维素的含量，特别注意维生素 C 的补给，可以通过喂饲新鲜多汁的绿色蔬菜或在饮水中添加维生素 C 进行补充。喂饲的新鲜蔬菜应经过彻底清洗、消毒、晾干表面水分后，方可喂食。

第四节　家　　兔

家兔（rabbit，*oryctolagus cuniculus*）（图 8-4）属于动物界、脊索动物门、脊椎动物亚门、哺乳纲、兔形目（ordo lagomorpha）、兔科（familia leparidae），作为实验动物的兔主要为穴兔属（genus *oryctolagus*）、家兔种（species *cuniculus*）。兔属或林兔属的一些种也作为实验用动物（如野兔）。家兔染色体数 $2n=44$，野兔 $2n=48$。家兔的寿命一般为 8～15 年。

图 8-4　家兔

在分类学上，家兔曾经被列为啮齿目，也有人称之为复齿目，后又被称为兔形目。原因是一般啮齿目有 4 个门齿，而兔却有 6 个，其中 1 对为较小的切齿，与啮齿目门齿数目不同，因此归为兔形目。

一、生物学特性

（一）习性和行为

1. 昼伏夜动 兔原是夜间活动的动物，成为实验动物后习性依旧，夜间十分活跃，白天活动少，除进食外常处于假眠或闭目休息状态。

2. 胆小怕惊 家兔异常胆小，如受惊过度往往乱奔乱窜，甚至冲出笼门，被陌生人接近或捕捉时，常用后肢拍击踏板，甚至咬人，或因挣扎而抓伤捕捉者。

3. 群居性差 家兔性情温顺，但群居性差，群养的同性别成年兔间往往发生斗殴。

4. 食粪癖 家兔有从肛门直接食粪的癖好，哺乳期仔兔也有吃母兔粪的习惯，以吃夜间排出的软粪为主。吃粪可使软粪中丰富的粗蛋白、粗纤维素和 B 族维生素得到重新利用。

5. 怕潮湿 家兔耐干燥而不耐潮湿，潮湿环境下易患肠道疾病。家兔还具有耐寒不耐热，排粪、尿固定在笼具一角的特性。

6. 喜啃咬 家兔具有啮齿动物的习性，喜欢磨牙和啃咬木头，损坏木制品。

7. 草食性 家兔属草食性动物，其消化道结构利于粗纤维和粗饲料的消化吸收。

8. 喜穴居 散养的家兔保留穴居习性，喜欢在泥土地上挖洞穴。

（二）主要解剖学特点

1. 外观和体形 在众多实验动物中，兔的体形属中等，毛色主要有白、黑、红、灰蓝色，还有咖啡色、灰色、麻色。耳朵大、眼睛大，腰臀丰满，四肢粗壮有力，某些品种母兔颈下有肉髯。

新生仔兔体重约 50g，成年家兔体重有的为 1.5～2.5kg，有的为 4～5kg，因品种而异。

2. 骨 家兔的骨由头骨、躯干骨（椎骨、肋骨、胸骨）和前后肢骨组成。

3. 牙齿 家兔的齿式：$\frac{|\ 2.0.3.3}{|\ 1.0.2.3}$，共有 28 个，上颌比啮齿目动物多了一对小切齿。

4. 消化系统 家兔上唇纵裂，形成豁嘴，门齿外露。家兔属草食性动物，其肠管长达体长的 10 倍左右，盲肠特别大，占据腹腔的 1/3 以上，盲肠末端连有蚓突，长约 10cm，蚓突壁较厚，富含淋巴组织。回盲部膨大形成一壁厚的圆囊，称为圆小囊，为兔所特有，囊内充满淋巴组织，其黏膜可分泌碱性液体，中和盲肠中微生物分解纤维素所产生的各种有机酸，有利于消化吸收。肝分为左外侧叶、左内侧叶、右叶、中央叶、尾状叶和乳状突 6 叶。

5. 呼吸、循环系统 家兔的胸腔构造特别，由纵隔将胸腔分为左右两部分，互不相通，肺被肋胸膜和脏胸膜隔开，心脏又被心包膜隔开。开胸打开心包膜进行心脏实验操作时，只要不弄破由膈胸膜和纵隔胸膜组成的纵隔膜，就不会破坏胸膜腔，也就不需要进行人工呼吸。家兔左肺分为上、下两叶，右肺分为上、中、下叶和中间叶。兔后肢腘窝部有卵圆形淋巴结，在体外极易触摸和固定，适于做淋巴结内注射。

6. 生殖系统 雄性家兔的腹股沟管宽短，睾丸可自由地下降到阴囊或缩回腹腔。雌性家兔有 2 个完全分离的子宫，属双子宫类型，2 个子宫颈分别开口于单一的阴道。雌性家兔有 3～6 对乳头。

7. 感觉器 家兔耳郭大，血管清晰，便于血管注射和采血。家兔眼球大，虹膜内有色素细胞，并由此决定了眼睛的颜色。白兔眼睛的虹膜完全缺乏色素，由于眼球内血管的血液颜色透露，看起来是红色的。

8. 内分泌系统 家兔的甲状旁腺分布比较分散，位置不固定，因此不宜做甲状旁腺切除术。

9. 神经系统 家兔颈部有减压神经的独立分支，颈神经血管束有3根神经，最粗的为迷走神经，较细的是交感神经，最细者为减压神经。家兔的脑与鸟类相似，表面光滑。

（三）主要生理学特点

1. 感觉器官灵敏 家兔的听觉和嗅觉灵敏。

2. 对射线敏感 家兔对射线敏感，照射后常发生特有的休克样反应或死亡，其休克发生率和死亡率与照射剂量呈一定的线性关系。

3. 生殖生理 家兔的性成熟期因品种而异，小型、中型、大型品种家兔的性成熟期分别为3～4月龄、4～5月龄、5～6月龄，体成熟时间比性成熟时间晚1个月。

家兔属于刺激性排卵的多胎动物，必须通过公兔的交配动作刺激才能排卵。雌性家兔性周期一般为8～15天，无明显发情期，但性周期期间有3～4天表现为性欲活跃，行为方面表现为爬跨同笼雌性家兔，做出类似雄性家兔交配的动作；器官变化方面，外阴呈现出淡粉红色、粉红色、紫红色的变化过程，外阴粉红色时交配受孕成功率最高。利用刺激性排卵的特性，能够准确地掌握其排卵妊娠时间。

家兔的妊娠期为30～35天，平均31天；每胎产仔数1～13只，哺乳期40～50天，因品种而异。

4. 血型 家兔有α′、β′、α′β′、O型4个血清型。

5. 体温调节 家兔主要利用呼吸散热维持体温平衡，气温为5～30℃时，家兔可进行体温调节，高于30℃的气温可导致家兔呼吸过于急速，从而对机体造成损害。

家兔体温变化十分灵敏，最容易产生发热反应，而且发热过程典型、恒定。

6. 换毛 家兔皮肤长满被毛，一生中经常换毛，分为大换毛和小换毛。大换毛有2次，分别在100天换乳毛和130～190天大换毛，大换毛后即进入成年，每年在春秋两季各有一次小换毛。

7. 生理数据 成年家兔的胃容量为80～150ml，食料量为28.4～85.1g/d，饮水量为60～140ml/d，排粪量为14.2～56.7g/d，排尿量为40～100ml/（kg·d）。

二、在生物医学研究中的应用

（一）发热及热原实验

家兔容易发热且反应典型恒定，常用于感染性和非感染性发热试验。给家兔皮下注射灭活的大肠埃希菌、乙型副伤寒杆菌液、伤寒-副伤寒四联菌苗等，均可引起感染性发热。而给家兔注射某些化学药品或异体蛋白，如皮下注射二硝基酚溶液、松节油，肌内注射蛋白胨等，可引起非感染性发热。

检查生物制品中是否存在致热原，即进行热原试验，选用的实验动物均为家兔。

（二）皮肤刺激试验

家兔皮肤对刺激反应敏感，观察各种毒物和药物对皮肤的刺激性，往往选用家兔。

（三）制作动脉粥样硬化症模型

通过给家兔喂饲高胆固醇、高脂肪饮食一段时间，形成动脉粥样硬化症模型。其造模时间仅为3个月，比用犬、猴制作同类模型所需时间（分别为4个月、6个月以上）短。

（四）计划生育研究

兔属刺激性排卵动物，利用雄性家兔的交配动作，或者静脉注射绒毛膜促性腺激素，均可诱发排卵，可以准确判断其排卵时间，同期胚胎材料容易取得。注射黄体酮及某些药物可抑制排卵，故常使用家兔进行计划生育方面的研究，以及生殖生理研究。

（五）免疫学研究

大多数高效价和特异性强的免疫血清都用家兔研制。如鉴定多种细菌、病毒、立克次体的病原体免疫血清，兔抗人球蛋白血清、羊抗兔免疫血清等间接免疫血清，兔抗大鼠肝组织、兔抗大鼠肝铁蛋白等抗组织免疫血清，以及兔抗豚鼠球蛋白等抗补体抗体免疫血清。

（六）心血管疾病研究

结扎左冠状动脉前降支制作心肌缺血动物模型是一种常用的造模方式，由于家兔胸腔结构的特殊性，使造模过程不需要采用人工呼吸，减少了人为损伤导致实验失败的概率，因而家兔是制作心肌缺血模型常用的动物。

制作心律失常动物模型、肺心病动物模型和肺水肿动物模型也经常使用家兔。还可采用兔耳灌流、离体兔心、主动脉条等方法研究药物对心血管的作用。

（七）微生物学研究

家兔对许多病毒和致病菌非常敏感，故常用于建立天花、脑炎、狂犬病、细菌性心内膜炎、沙门氏菌、溶血性链球菌、血吸虫、弓形虫等感染性疾病动物模型。

（八）眼科学研究

家兔眼球大，便于手术和观察，可以制作角膜瘢痕模型、眼球前房内组织移植模型，并观察药物对上述模型的作用。

（九）急性实验

常用家兔进行生理学、药理学和病理学等学科的急性实验，如失血性休克、感染性休克、阻塞性黄疸、微血管缝合、眼球结膜和肠系膜微循环观察、离体肠段和子宫的药理实验，观察颈动脉压、中心静脉压、冠脉流量、心搏量、肺动脉和主动脉血流量、卵巢和胰岛等内分泌实验等。

（十）遗传学研究

家兔可用于开展软骨发育不全、低淀粉酶血症、脑小症、药物致畸等遗传学疾病研究。

（十一）口腔科学研究

家兔可作为口腔黏膜病、牙周病及整形材料毒性试验的对象。还可用于唇裂、腭裂等口腔畸形的研究。

三、常用品种、品系

家兔按照体形大小可分为大型、中型和小型 3 种类型。大型家兔有新西兰兔、日本大耳白兔等，体重为 3.5～5.0kg；中型兔有喜马拉雅兔、畸形大耳兔等，体重为 2.2～4.0kg，小型兔有波兰兔、荷兰兔、中国白兔等，体重为 1.2～2.2kg。青紫蓝兔属皮肉兼用型兔，有标准型、中型和巨型 3 个种群，实验常用标准型。世界上的实验用兔多达数十种，我国常用的有日本大耳白兔、新西兰白兔、青紫蓝兔、中国白兔 4 个品种，均属于封闭群动物。

（一）日本大耳白兔

日本大耳白兔原产于日本，以中国白兔与日本兔杂交培育而成，属皮肉兼用型。毛色纯白，头型方长、粗大，眼睛红，嘴稍钝，两耳长大高举，耳根细，耳端尖，形同柳叶，母兔颌下有肉髯，被毛浓密。生长发育快，四肢粗壮，体长而匀称，母性好，繁殖力较强，产仔多，每胎约 8 只，成年体重可达 4～8kg，但抗病力较差。由于耳大，血管清晰便于注射和取血，是一种较理想的实验用兔。

（二）新西兰白兔

由美国加利福尼亚州培育的品种，有白兔、红兔两种。新西兰白兔毛色纯白，皮肤有光泽，体格健壮，头部圆粗且短，耳较厚竖立。繁殖力强，每胎 7～8 只。生长迅速，3 月龄可达 2.5kg，成年体重可达 3.5～5.0kg。性情温和，容易管理。广泛用于皮肤刺激试验、热原试验、致畸试验、毒性试验、胰岛素检定、妊娠诊断、人工受孕试验、计划生育研究和制造诊断血清等。

（三）青紫蓝兔（山羊青、金基拉）

青紫蓝兔在法国育成，为一种优良的皮肉兼用兔。每根毛分为 3 段颜色，毛根灰色，中段灰白，毛尖黑色。耳尖、尾、面部黑色，眼圈、尾底及腹部呈白色。耳一竖一垂，母兔颌下有肉髯。分小型、中型、大型 3 个品种，成年体重分别为 2.5～3.0kg、4.5～5.0kg、6.0～6.5kg。青紫蓝兔体质健壮，耐寒，适应性强，生长快，每胎产仔 7～8 只，3 月龄可达 2kg 以上。

（四）中国白兔（中国兔、菜兔）

中国白兔是我国常用的一种皮肉兼用兔，为世界上较为古老的品种之一。头型清秀，嘴较尖，体形偏小而结构紧凑，毛色纯白、短而紧密，皮板厚实，耳短小直立，眼红色，也有呈现为黑色、棕色的。其优点为抗病力强，耐粗饲料，易饲养，繁殖力强，每胎产仔 8～9 只，生长较慢，成年体重 1.5～2.5kg。

四、饲养管理要点

（1）采用全价营养颗粒饲料，饲料配方应符合有关规定标准并保持相对稳定，投料应定时定量，防止过食或不足，保证供应足够的清洁饮水，饮水器具要定期清洗消毒。

（2）根据不同等级实验动物环境条件要求，为兔群提供相应的环境条件，饲养间或实验室必须通风干燥，并且严防野生动物入侵，笼具要定期清洗消毒。

（3）在饲养室内转群或购买实验用兔，必须注意安全运输及合理分群，避免造成意外伤害或外逃，新引进的种兔必须经过隔离检疫，发现病兔要及时淘汰。

第五节　猫

猫（cat，*felis catus*）（图 8-5）属于动物界、脊索动物门、脊椎动物亚门、哺乳纲、食肉目（ordo carnivora）、猫科（familia felidae）、猫属（genus *felis*）、猫种（species *felis catus*）动物。染色体数 $2n$=38。猫的寿命一般为 12～30 年。

图 8-5　猫

一、生物学特性

（一）习性和行为

1. 神经质　猫是天生的神经质，其行动谨慎，对陌生人或环境十分多疑，因而在环境变化的情况下，应使猫有足够的时间调整其适应能力，方可进行实验。正常情况下，猫对人非常温顺和亲切，成为主人的宠物，但遇到威胁时会弓背。

2. 爱独居　猫喜孤独和自由生活，不喜群居。除发情和交配与配偶一起以外，一般喜欢独来独往，眷养的家猫喜欢离家出走。猫没有永久的居住地，哪里有好食物和适宜的生活环境就在哪里定居。这种习性给繁殖、饲养和管理造成一定困难。

3. 有洁癖　猫特别爱干净，大、小便后立即用土掩埋。尤其喜爱干燥明亮的环境。

4. 肉食性　猫属于肉食性动物，利用能伸缩的爪捕食其他动物，常窥视和迅速捕捉鼠类、鸟类、爬行类、鱼类、昆虫类动物为食。

（二）主要解剖学特点

1. 体形　在实验动物中，猫属于中等体形。出生时体重为 90～120g，成年猫体重雄性为 2～4kg，雌性为 2～3kg，体长为 40～45cm。

2. 骨　猫骨由头骨、躯干骨（椎骨、肋骨、胸骨）、前后肢骨和阴茎骨组成。

3. 牙齿　猫的齿式：$\frac{|\ 3.1.3.1}{|\ 3.1.2.1}$，共有 30 个牙齿。

4. 舌　猫舌的结构是猫科动物所特有的，舌上面布满无数丝状乳头，该乳头被有较厚的角质层，呈倒钩状，便于舔食骨头上的肉。

5. 循环系统　猫的血压稳定，血管壁较坚韧，对强心苷较敏感。

6. 生殖系统　雄性猫阴茎有阴茎骨。雌性猫为双角子宫，有 4 对乳头。

7. 神经系统　猫的大脑和小脑发达，其头盖骨和脑的形态特征固定，对去脑实验和其他外科手术耐受力较强。此外，猫的平衡觉和反射功能发达，角膜反应敏锐。

8. 皮毛　猫全身有被毛，成年猫每年在春夏和秋冬交替的季节各换毛一次。

（三）主要生理学特点

1. 刺激性排卵 猫属典型的刺激性排卵动物，交配后25～27h才排卵。猫又是季节性多次发情动物，每年只有春季和秋季两次交配期，性周期14天，妊娠期63（60～68）天，哺乳期60天。

2. 视力好 猫的瞳孔能按照光线强弱灵敏地进行调节，光线强时瞳孔收缩成线状，晚上视力极好，便于在黑暗中捕食鼠类。

3. 对某些刺激或药物的反应性

（1）猫在正常条件下很少咳嗽，但受到机械刺激或化学刺激后易诱发咳嗽。猫的呼吸道黏膜对气体或蒸汽反应很敏感。

（2）猫对所有酚类都敏感。

（3）猫对吗啡的反应和一般动物相反，犬、兔、大鼠、猴等主要表现为中枢抑制，而猫却表现为中枢兴奋。

4. 呕吐反射 猫的呕吐反射敏感，适宜进行呕吐反射方面的实验。

5. 红细胞折射体 红细胞大小不均匀，细胞边缘有一环状灰白结构，称为红细胞折射体，正常情况下，10%的红细胞中有红细胞折射体。

6. 血型 猫有A、B和AB三种血型。

7. 生理数据 成年猫的胃容量约为340ml，食料量为113～227g/d，饮水量为100～200ml/d，排粪量为56.7～227g/d，排尿量为20～30ml/（kg・d）。

二、在生物医学研究中的应用

猫主要用于神经学、药理学、心血管系统等方面的研究。

（一）神经学研究

常用猫做去大脑僵直模型，用猫脑室灌流研究药物作用部位、血脑屏障的作用等。

采用辣根过氧化物酶法进行神经传导通路、周围神经形态、中枢神经系统之间、周围神经与中枢神经之间联系等研究。

猫可用于姿势反射实验，以及观察刺激交感神经时角膜及虹膜的反应实验。

（二）药理学研究

可用猫观察药物对心血管系统、呼吸系统的作用及药物的代谢过程。常用猫进行冠状窦血流量的测定、观察药物对血压的影响，以及阿托品对毛果芸香碱的拮抗作用等药理实验。

（三）心血管系统研究

猫的血压恒定，能描绘出完好的血压曲线，血管对药物反应灵敏，且反应与人相似，适合做血压方面的实验。猫的血管壁坚韧，手术操作不易撕裂，便于进行血管插管操作。猫可反复应用于药物筛选实验。猫特别适合于药物对循环系统作用机制的分析，因为猫不仅有角膜反射，便于分析药物对交感神经节及其节后纤维的影响，而且易于制备脊髓猫模型，以排除脊髓以上中枢神经系统对血压的影响。

（四）其他研究应用

猫可用于炭疽病的诊断及阿米巴痢疾的研究、针刺麻醉原理的研究；生理学方面利用电极刺激神经观察脑部各功能区的反应；用于白血病和恶病质者血液的研究；制作白化病、耳聋、先天性心脏病、脊柱裂、卟啉病等动物模型。

三、常用品种、品系

一般将猫分为家猫和品种猫两大类。

（一）家猫

家猫是家庭眷养猫的统称，一般是随机交配的产物。

（二）品种猫

品种猫经选育而成，每个品种猫都具有特定的遗传特征。目前全球有 35 个以上的品种，分为长毛种和短毛种两类。

目前我国用作实验的猫主要来自家养猫，有黑猫、白猫、花猫、麻猫等。实验用猫应选用短毛猫，不宜选用长毛猫，因为长毛猫易污染实验环境、操作不便，且体质较弱，实验耐受性差。我国华北制药厂已经培育出虎皮猫，具有较稳定的遗传背景，是比较理想的实验用猫。

四、饲养管理要点

（1）猫爱清洁，饲养室内应保持干燥、清洁，地面及用具应定期洗刷消毒。因猫对所有酚类都敏感，所以要避免使用酚类消毒药物。

（2）猫是肉食性动物，喜腥食，有偏食习性。饲料配方中，动物性饲料应占 30%～40%。猫不能用β-胡萝卜素作为维生素 A 的来源，因此，可经常喂食猪肝以补充维生素 A 和维生素 B_1。猫科动物最必需的氨基酸是牛磺酸和精氨酸，应在饲料中添加。

（3）猫因不易成群饲养，发情期有心理变态，饲养中涉及动物心理学问题，繁殖较为困难。

（4）日常饲养管理中，要注意观察猫的健康状态。健康猫对外界反应灵敏，食欲旺盛，鼻尖湿冷没有分泌物，口周清洁，口腔无臭味，齿龈、舌和腭呈粉红色，眼睛有神且左右对称，耳道内清洁，肛门闭缩呈菊花状且周围干净，被毛有光泽，全身无成片脱毛现象。

第六节　犬

犬（dog，*canis familiaris*）（图 8-6）属于动物界、脊索动物门、脊椎动物亚门、哺乳纲、食肉目、犬科（familia canidae）、犬属（genus *canis*）、犬种（species *canis familiaris*）动物。染色体数 $2n$=78。犬的寿命一般为 10～20 年。

一、生物学特性

（一）习性和行为

1. 与人为伴　犬喜欢接近人，经驯养可与人为伴，能理解人的简单意图，服从主人的命令。犬喜欢主人轻轻拍打、抚摸其头颈部，但臀、尾部忌摸。犬的归家性很强。

2. 适应性强　犬对外环境的适应能力较强，能适应比较热和比较冷的气候。

3. 合群欺弱　雄性犬性成熟后爱厮咬，并有合群欺弱的特点。

4. 爱活动　犬习惯不停地活动，必须提供足够的活动场所。

5. 性情凶猛　粗暴对待及不合理饲养可使犬恢复野性，性情凶猛，使人难以接近，甚至咬伤人。

6. 肉食性　犬是肉食性动物，经过长期饲养，也可杂食或素食，但要保证饲料中含有一定数量的蛋白质和脂肪。

图 8-6　犬

（二）主要解剖学特点

1. 体形　犬属于大型实验动物，根据其体重的差异，可分为大型犬（50kg 以下）、中型犬（25kg 以下）和小型犬（10kg 以下）。

2. 骨　犬骨由头骨、躯干骨（椎骨、肋骨、胸骨）、前后肢骨和阴茎骨组成。锁骨不易找到，是三角形的薄骨片或软骨片，或完全退化。

3. 牙齿　犬的恒齿齿式：$\frac{|\ 3.1.4.2}{|\ 3.1.4.3}$，共 42 个。尖齿、臼齿发达，断咬力强，但咀嚼力差，是食肉目动物牙齿的特征，通过犬齿可估计年龄。犬出生后 10 多天开始出乳牙，2 个月后开始换恒牙，8～10 个月恒牙出齐。

4. 内脏构造　犬的内脏构造及比例与人相似。

5. 消化系统　犬的食管肌层均为横纹肌；胃较小，容易做胃导管手术；肠道短，仅为体长的 3 倍；肝脏较大；胰腺小，易摘除。

6. 呼吸系统　犬的鼻黏膜上布满嗅神经；左肺分尖叶、心叶和膈叶 3 叶，右肺分尖叶、心叶、膈叶和中间叶 4 叶。

7. 泌尿系统　犬的肾比较大，两肾位置高低不一。

8. 循环系统　犬的循环系统比较发达，与人相似，心脏较大，占体重的 0.1%～0.5%；脾是最大的储血器官。

9. 感觉器　犬的视网膜上无黄斑，即无最清晰的视觉点。

10. 生殖系统　雌性犬为双角子宫，乳头 4～5 对，分列腹中线两侧。雄性犬无精囊和尿道球腺，附睾很大，前列腺极发达，有特殊的阴茎骨。

11. 神经系统　犬的神经系统发达，大脑特别发达，与人脑有许多相似之处。

12. 皮肤　犬的皮肤汗腺极不发达，仅趾垫有少许汗腺。

（三）主要生理学特点

1. 神经类型　犬有 4 种神经类型，即多血质（活泼的）、黏液质（安静的）、胆汁质（兴奋占优势、不可抑制的）和忧郁质（兴奋和抑制不发达的、衰弱的），这对一些慢性实验，特别是研究高级神经活动的实验很有帮助。

2. 服从命令 犬的大脑发达，通过有目的地加以调教训练，能很好地配合实验并承受巨大的痛苦，直至死亡前都能尽量服从实验者的命令。

3. 感觉灵敏 犬感觉器官的灵敏程度，可以通俗地用“鼻好、耳好、眼不行”来形容。

“鼻好”是指犬的鼻黏膜上布满嗅神经，嗅脑、嗅神经发达，其嗅觉超过人类嗅觉 1000 倍，非常灵敏。“耳好”是指犬的听觉很灵敏，可听范围在 50～55 000Hz。“眼不行”是指犬的视力差，具体表现在以下 3 个方面：其一，视网膜上无黄斑，视程仅 20～30m，视力较差；其二，每只眼有单独视野，视角低于 25°，正面近距离看不见，只对移动着的物体感觉较灵敏；其三，犬是红绿色盲，不宜以红绿色作为刺激来进行条件反射实验。

4. 生殖生理 犬属春秋季单发情动物，多数在春、秋季发情，发情期 13～19 天，分为发情前期和发情期，发情后 1～2 天排卵。雌犬发情前期表现为外阴红肿，有血液和黏液排出，神情不安，阴道涂片有多量红、白细胞和有核上皮。年龄较大雌犬发情前期不太明显。发情前期延续 7～9 天。发情期除外阴红肿外，血性分泌物明显变淡，神情不安并爬跨其他雌犬。被雄犬爬跨时会下塌腰部，尾巴歪向一边接受交配，阴道涂片可见红细胞明显减少，无核角化上皮细胞增加。发情期持续 6～10 天。

性周期 180（126～240）天，妊娠期 60（58～63）天，每胎产仔 2～8 只，哺乳期 60 天。适合配种年龄，雄性犬为 1.5～2 岁，雌性犬为 1～1.5 岁。

5. 血型 犬有 A、B、C、D、E 共 5 种血型，只有 A 型血有抗原性，可引起输血反应。

6. 散热 犬的汗腺不发达，体内散热主要通过增加呼吸频率，将舌头伸出口外做喘式呼吸来实现。

7. 生理数据 中型犬的胃容量约为 2500ml，食料量为 300～500g/d，饮水量为 250～350ml/d。正常体温 39（38.5～39.5）℃，心率 80～120 次/分，呼吸频率 18（15～30）次/分，潮气量 320（251～432）ml，通气量 5210（3300～7400）ml/min，耗氧量 72ml/ min（10kg），收缩压 149（108～189）mmHg，舒张压 100（75～122）mmHg。总血量为体重的 7.7（5.6～8.3）%，心排血量 14ml/次，红细胞数 680（550～850）×10^5/mm^3，血红蛋白 14.8（11～18）g/100ml，白细胞数 11.5（6.0～17.0）×10^3/mm^3，全血比重 1.054～1.062，红细胞比重 1.090，血浆比重 1.023～1.028，血小板数（21.86±9.22）×10^4/mm^3，血浆总蛋白 71（63～81）g/L。排尿量为 65～400ml/d，尿 pH 为 6.1，排粪量为 113～340g/d。

二、在生物医学研究中的应用

（一）实验外科学

实验外科学常使用犬进行实验，通过实验以取得经验和技巧后用于临床。如心血管外科、脑外科、断肢再植、器官和组织移植等。

（二）基础医学研究

犬常用于基础医学研究尤其是生理学和病理生理学研究。犬的神经、循环系统发达，适合做失血性休克、弥散性血管内凝血、脂质在动脉中的沉积、急性心肌梗死、心律失常、急性肺动脉高压、肾性高血压、脊髓传导、大脑皮质定位、条件反射、内分泌腺摘除、各种消化道和消化腺瘘管（食管瘘、胃瘘、肠瘘、胆囊瘘、涎腺瘘、胰腺管瘘）等实验研究。

（三）药理、毒理学实验

药理、毒理学实验常用于药物临床前的各种药理实验研究，如药理实验、药物代谢实验、毒性实验等。

（四）非传染性疾病研究

犬常用于非传染性疾病如蛋白质营养不良、高胆固醇血症、动脉粥样硬化、糖原缺乏综合征、先天性白内障、遗传性耳聋、血友病、先天性心脏病、先天性淋巴水肿、家族性骨质疏松、视网膜发育不全、淋巴肉瘤、红斑狼疮、中性粒细胞减少症、肾盂肾炎、青光眼等的研究。

（五）传染病学研究

常用犬进行传染病学研究，如制作病毒性疾病如病毒性肝炎、狂犬病等动物模型，细菌性疾病如链球菌性心内膜炎动物模型，寄生虫病如犬恶丝虫病、十二指肠钩虫病、日本血吸虫病等动物模型。

（六）肿瘤学研究

常用犬制作淋巴肉瘤、甲状腺肿瘤、血管肿瘤等动物模型。

三、常用品种、品系

（一）比格犬

比格犬（Beagle）又称小猎兔犬，是猎犬中较小的一种，原产于英国，1880 年引入美国，开始大量繁殖。1950 年美国推荐该犬为实验用犬以来，世界各国纷纷引进进行饲育繁殖。20 世纪 80 年代初，我国广东、上海、北京等地已引入比格犬种犬，并成功地进行饲养繁育。比格犬具有如下优点：体形小（成年体重 8～13kg，体长 30～40cm）、短毛、性成熟早、产仔多、性情温顺、易于驯服和抓捕、抗病能力强、遗传性能稳定、反应一致等。

目前，比格犬已成为实验用犬中的标准动物，广泛用于基础医学研究、药品和农药的各种安全性实验及慢性实验研究。

（二）四系杂交犬

四系杂交犬由 Gvayhowd、Samoyed、Besenji、Labrador 四品系动物杂交而成，是一种专门用于实验外科手术的犬，兼有每种犬的优点，具有体形大、心脏大、耐劳、不爱吠叫等特点。

（三）纽芬兰犬

纽芬兰犬专用于外科实验。

（四）墨西哥无毛犬

墨西哥无毛犬可用于黑头粉刺病的研究。

（五）Boxer 犬

Boxer 犬可用于淋巴肉瘤、红斑狼疮病的研究。

（六）黑白花斑点短毛犬

黑白花斑点短毛犬可制作嘌呤代谢动物模型。

我国繁殖饲养的犬品种繁多，如华北犬、西北犬、中国猎犬、西藏牧羊犬、狼犬、四眼犬等。华北犬耳较小，后肢较小，颈部较长，前肢较大，而西北犬正好与此相反。两种犬各部体表面积的百分比有一定的差异，广泛应用于烧伤、放射损伤、复合伤等研究。华北犬头、颈、胸腹各占 10%；西北犬颈部加尾巴为一个 10%，每个后肢各为一个 10%，其余和华北犬相似。体表面积这些差异对烧伤实验研究时烧伤面积的计算具有重要意义。狼犬适用于胸外科、脏器移植等实验研究。

四、饲养管理要点

（一）饲养方式

犬可采用散养和笼养方式饲养。生产群、待用犬可散养，需要向阳、有运动场的房舍，一般每厩不超过 10 只。仔犬和实验用犬可笼养。犬吠声大，需单独养在一个独立区域，必要时可采用破坏声带手术来减低犬吠声。

（二）清洁卫生

保持环境卫生清洁，注意冬天保暖、夏天防暑。每天打扫粪便，进行地面冲洗，洗刷食盒和饮水盆，经常刷、梳犬毛，除去浮毛和污物。夏天可给犬洗澡。

（三）饲料营养

犬的饲料多样，可用膨化颗粒饲料，也可喂煮熟的米饭、窝窝头等，应注意全价营养，喂食量按体重计算，膨化颗粒饲料按体重的 4%供给，每日分 2 次喂饲，保证供给充足的饮水，自由饮用。

（四）检疫

做好隔离检疫工作，新购入犬需有实验动物合格证明、检疫和注射狂犬疫苗等疫苗的证明，隔离饲养 10～14 天，此期间做临床观察和血液检查等工作，对没有注射狂犬疫苗的要补注射。

第七节 猕　猴

猕猴（rhesus monkey，*macaca mulatta*）（图 8-7）属于动物界、脊索动物门、脊椎动物亚门、哺乳纲、灵长目（ordo primate）、猴科（familia cercopithecidae）、猕猴属（genus *macaca*）、猕猴种（species *macaca mulatta*）动物，又称恒河猴。染色体数 $2n=42$。猕猴的寿命一般为 10～30 年。

猕猴作为非人灵长类动物，是人类的近属动物，在组织结构、生理和代谢功能等方面与人类相似。应用此类实验动物进行实验研究，容易掌握人类相似疾病的发病机制并找出治疗疾病的方法。

一、生物学特性

（一）习性和行为

1. 昼行性　猕猴属昼行性动物，其活动与觅食均在白天进行，野外情况下，拂晓即见猴群觅食，夜晚则回到树上或岩石上休息。

2. 喜群居　猕猴喜群居，猴群活动范围固定，群体之间从不相互跨越。群体中有一定的社会等级关系，由直线型社会组成，群猴领袖即为“猴王”，是最凶猛、强壮的雄性猕猴，进食时“猴王”先吃，并担负本猴群的警戒和调解职责。“猴王”地位短暂，4～5 年更换一次。猴群过大则分群，并产生新的“猴王”。

图 8-7 猕猴

3. 聪明伶俐 猕猴大脑较发达，故聪明伶俐、动作敏捷，好奇心与模仿力很强，能用手操纵工具。善攀登、跳跃，会游泳。

4. 栖息地 猕猴属于热带、亚热带野生群居动物，一般生活在接近水源的丛林和草原，栖息在树木和岩石坡面上。

5. 杂食性 猕猴属杂食性动物，以植物果实、嫩叶、根茎为主，觅食时找一点吃一点，细嚼慢咽，并特别喜欢甜食。

6. 难驯养 猕猴难以驯养，有毁坏东西的特性，常龇牙、咧嘴、暴露野性；通常怕人，不容易接近；捕捉时必须小心谨慎，否则会被猕猴抓伤和咬伤。猕猴之间经常打架，打斗时或受惊吓时发出叫声。

7. 母子之间行为 婴猴不需母猴协助即能以手指抓住母猴腹部皮肤或背部，在母亲携带下生活，母猴活动、跳跃时婴猴均不会掉落。

（二）主要解剖学特点

1. 外观和体形 猕猴属于大型实验动物，而在猴类中，其体形属中等且匀称，背毛棕黄色，至臀部逐渐变为深黄色，胸腹部浅灰色，脸部和耳部呈肉色，臀部的胼胝为粉红色；四肢粗短，眉骨高，眼窝深。新生猕猴体重为 0.4～0.55kg；成年猕猴体重，雄性为 6～12kg，雌性为 4～8kg；体长为 50～60cm，尾长约为体长的 1/2。

2. 骨 猕猴骨由头骨、躯干骨（椎骨、胸骨、肋骨）和前后肢骨组成。前后肢的爪具有 5 指（趾），拇指（趾）与其他 4 指（趾）分开，能做对掌动作，指（趾）甲为扁形。

3. 牙齿 猕猴牙齿在大体结构、显微解剖、发育次序和数目等方面与人类牙齿有许多共同之处。猕猴一生中有 2 副牙齿，即乳牙和恒牙。恒牙齿式：$\frac{|\ 2.1.2.3}{|\ 2.1.2.3}$，共 32 个。

4. 消化系统 猕猴口腔的两颊有颊囊，可储存食物；胃单室，呈梨形；盲肠发达，无阑尾；肝分 6 叶，胆囊位于肝的右中央叶。

5. 呼吸系统 猕猴左肺分上、中、下 3 叶，右肺分上、中、下叶和奇叶 4 叶。

6. 生殖系统 雄性猕猴阴茎下垂，睾丸在阴囊内。雌性猕猴为单子宫，有1对乳房和乳头，有胎盘。

7. 感觉器 猕猴视网膜有黄斑和中央凹，视觉较人类敏感，立体感强，能辨别物体的形状和空间位置，并有双目视力。视网膜黄斑的视锥细胞与人类相似，故能辨别各种颜色。

8. 神经系统 猕猴大脑发达，有大量的脑回和脑沟，但嗅脑不发达，因此嗅觉不灵敏。

（三）主要生理学特点

1. 进化程度高 猕猴脑的进化程度接近人类，具有与人类相似的生理代谢特性、代谢方式及相同的药物代谢酶等。

2. 不能合成维生素C 猕猴体内缺乏左旋葡萄糖内酯氧化酶，不能在体内合成维生素C，只能通过食物补充。如果缺乏维生素C，则内脏发生肿大、出血和功能不全。

3. 生殖生理 猕猴的性成熟时间，雄性约4.5岁，雌性约3岁，性周期28（21～35）天，月经期2～3（1～5）天，月经开始后12～13天排卵。月经发生之前，会出现乳腺肿大，月经时最明显，月经后开始消退。妊娠期165天左右，每胎产仔1只，极少2只，年产1胎，分娩时雌性猕猴用手帮助孕猴娩出，舐仔，并吃胎盘。哺乳期7～14个月。

“性皮肤”是猕猴属的生殖生理特征之一，雌性猕猴的生殖器附近及整个臀部的皮肤，甚至前额和脸部皮肤，在性活动期明显肿胀、发红，在排卵期特别明显，月经来临之前消退。

4. 感觉功能 猕猴的听觉、触觉和味觉都比较敏感。

5. 血型 猕猴的血型有A、B、O型和Lewis型、MN型、Rh型、Hr型等，但以B型为主。

6. 生理数据 猕猴正常体温白天为38～39℃，夜间为36～37℃，心率为（168±30）次/分、随年龄增长而减慢；收缩压（120±26）mmHg，舒张压（84±12）mmHg，随动物年龄和体重的增加，血压会相应升高，雄猴比雌猴高10～15mmHg，呼吸频率40（31～52）次/分，潮气量为21.0（9.8～29.0）ml，通气率860（310～1410）ml/min。成年猕猴的食料量为113～907g/d，饮水量为200～950ml/d，发热量253.5～780cal/h（1cal=4.1859J），排粪量为110～300g/d，排尿量为110～550ml/d，红细胞数5.2（3.56～6.95）$\times10^{12}$/L，白细胞数10（5.5～12）$\times10^{9}$/L，血小板数217（199～235）$\times10^{9}$/L，血液量55～80ml/kg，血红蛋白126（100～160）g/L，总蛋白75（49～93）g/L，白蛋白36（28～52）g/L，球蛋白40（12～58）g/L，全血容量54.1（44.3～66.6）ml/kg体重，血浆容量36.4（30～48.4）ml/kg体重，血细胞比容39.6（35.6～42.8）。

二、在生物医学研究中的应用

（一）传染病学研究

1. 病毒性疾病 猕猴可用于制作脊髓灰质炎、麻疹、疱疹、病毒性肝炎、病毒性腹泻、病毒性流感、艾滋病等病毒性传染病的动物模型。

2. 细菌性疾病 猕猴对人的痢疾杆菌和结核杆菌易感。用猕猴可以制作链球菌病、葡萄球菌病、肺炎球菌性肺炎、鼠伤寒沙门氏菌病、立克次体病等细菌性疾病的动物模型。

3. 寄生虫病 寄生虫病可用人疟原虫感染猕猴动物模型来筛选抗疟药。猕猴也是研究阿米巴脑膜炎、丝虫病、弓形虫病等寄生虫病的动物模型。

（二）营养和代谢性疾病研究

1. 动脉粥样硬化症动物模型 用添加胆固醇的饲料喂饲猕猴，可造成严重而广泛的动脉粥样硬化症，出现冠状动脉、脑动脉、肾动脉及股动脉的粥样硬化，还会造成心肌梗死。

2. 营养性疾病动物模型 可用猕猴制作胆固醇代谢、脂肪沉积、肝硬化、铁质沉着症、肝损伤、维生素 A 和维生素 B_{12} 缺乏症、镁离子缺乏伴随低血钙、葡萄糖利用降低等动物模型。

（三）老年病研究

可以用猕猴进行老年性白内障、慢性支气管炎、肺气肿、老年性耳聋、牙龈炎、口腔疾病等老年性疾病的研究。还可以用电解损伤的方法制作猕猴帕金森病动物模型。

（四）生殖生理研究

1. 计划生育研究 猕猴的生殖生理与人类非常接近，可用于类固醇型避孕药、非类固醇型避孕药、子宫内节育器的研究；也可用于性周期及性行为、受精卵着床过程和卵子发育的研究。

2. 其他 猕猴可用于宫颈发育不良、子宫内膜生理学、淋病、妇科病理学、妊娠肾盂积水、妊娠毒血症、胎儿发育迟滞、胎粪吸引术、子宫肿瘤等妇产科疾患的研究，以及前列腺、输精管发育异常、淋病等男性科疾病的研究。

（五）环境保护方面研究

（1）可用猕猴制作一氧化碳、二氧化碳、臭氧、硅肺病动物模型，进行大气污染研究。

（2）可用猕猴作为动物模型，开展重金属、农药、微生物的环境污染研究。

（六）药理学和毒理学研究

（1）猕猴对麻醉药与毒品的依赖性表现与人类接近，戒断症状比较明显且易于观察，已成为新型麻醉剂和具有成瘾性新药进入临床前所进行试验使用的动物。

（2）猕猴也是研究致畸作用的良好动物。

（七）器官移植研究

猕猴组织相容性白细胞抗原（rhesus monkey histocompatibility leukocyte antigen，RHLA）是灵长类动物中研究主要组织相容性复合体基因区域的重要对象之一。同人类白细胞抗原（human leukocyte antigen，HLA）相似，猕猴 RHLA 也具有高度的多态性。RHLA 的基因位点排列同人类有相似性。

（八）肿瘤学研究

猕猴自发性肿瘤很常见，如上皮肿瘤和恶性淋巴瘤等。这些肿瘤在转移、侵袭、致死性、致突变性及肿瘤病因学研究方面与人类有相似之处。它是研究人类肿瘤的良好动物模型。

（九）生理学研究

猕猴可用于脑功能、血液循环、血型、呼吸、内分泌、神经等生理学研究，以及行为学和老年学研究。

三、常用品种、品系

猕猴属共 12 个种 46 个亚种，分布于我国的有 5 个种，其中恒河猴分布最广，数量最多，用量最大。猕猴属中作为实验动物的主要品种如下。

（一）恒河猴

恒河猴（*macaca mulatta*）最初被发现于孟加拉国的恒河河畔，故得名，也称孟加拉猴。我国广西壮族自治区分布最多，又称为广西猴；其次在我国西南、华南、东南、华北也有分布。恒河猴身上大部分毛为黄棕色，体前部色较浅，腹部呈淡灰色，面部呈肉红色，尾长约为体长的 1/2。雄性恒河猴体重 5.5～10.9kg，雌性恒河猴体重 4.3～10.7kg。

（二）食蟹猴

食蟹猴（*macaca fascicularis*）又称爪哇猴。被毛淡黄褐色至深褐色，腹面的毛颜色较淡，冠毛从额部直接向后，有时在中线形成一条短嵴。颊毛在脸周围形成须，眼睑周围形成苍白的三角区，鼻子平坦，鼻孔很窄。成年食蟹猴身长为 40～47cm，尾长为 50～60cm，尾长等于或大于体长。雄性食蟹猴体重约 8kg，雌性食蟹猴体重约 5kg。

（三）熊猴

熊猴（*macaca assamensis*）又称阿萨密猴、蓉猴，熊猴和蓉猴是广西土名。产于缅甸北部阿萨密及我国云南省、广西壮族自治区，形态和恒河猴相似，如不仔细分辨，则很难区别。体形比恒河猴稍大，面部较长，毛色较褐，腰背部的毛色和其他部分相同，缺少恒河猴那种橙黄色的光泽，毛也较粗，不如恒河猴细密，面部、两耳为肉色，老猴面部常生雀斑，头皮薄，头顶有旋，头毛向四面分开，雄猴身长约 65cm，尾长为 23～25cm，体重为 12～14kg，雌性较小。其行动不如恒河猴敏捷和活泼，小猴也不如恒河猴聪明易驯，叫声和恒河猴不同，声嘶，有时如犬吠。

（四）红面断尾猴

红面断尾猴（*macaca speciosa*）分类所属同恒河猴。产于广东、广西、福建等地，模式亚种（L.S.*Speciosa*）产于泰国、缅甸、印度和我国云南等地。红面断尾猴又称华南断尾猴，土名叫黑猴和泥猴。本属各猴的尾巴有的已退化到几乎没有，有的已缩至仅占身体的 1/10～1/8。被毛蓬松，深褐色，但随年龄和性别稍有不同，有的几乎全黑，有的较褐，略似朱古力色。冠毛较长，自中间向两侧披开。面部大多数发红，但红的深浅不同，与发育阶段有关，小时不红，越接近成熟面色越红，到老年红色又渐衰退，转为紫色或肉色，还有少数变成黑面。小猴生下时为乳白色，非常鲜明，不久毛色就变深，由黄褐色变为乌黑色。平顶的毛长，由正中向两边分开，自幼即很明显。雌猴乳头为红色，因为色素的关系，有时为一红一蓝。幼猴身长为 60～65cm，尾长为 5～7cm。红面断尾猴常用于眼科和行为学研究。

（五）平顶猴

平顶猴（*macaca nemestrina*）主要产于东南亚各国，猴尾圆粗，在日本又称为猪尾猴，其 4 岁达性成熟，妊娠期 162～168 天，哺乳期 8～10 个月，体重雌性平顶猴为 4.5～10kg，雄性平顶猴为 10～14kg。

此外，还有中国台北岩猴（*macaca cyclopis*）、日本猴（*macaca fuscata*）、狮尾猴（*macaca silenus*）等。

四、饲养管理要点

（一）设施和笼具

饲养猕猴的方法主要有笼养和舍养两种。检疫驯化群、隔离群、急性实验群用笼养，繁殖群和慢性实验群可舍养。饲养笼要配有锁或门闩固定系统，笼底下设废物盆，并使动物不能碰到。合理安置料斗和饮水器，饲养房舍多样，内室供休息、避风雨、防寒，外室供活动，用露天封闭铁栏杆或网眼结构。有些饲养场设在孤岛或用高墙围起来，也是一种很适合的方法。隔离检疫用房要远离健康猴群。多数饲养场设有病猴房，配备转移笼和挤压笼，以转移动物和进行检查及注射。所有笼、舍门应向内开，活动场也可设能攀登的架空金属杆，以利于猕猴活动。

（二）饲料

饲喂食物由谷类主食和瓜菜等组成，但也需一些动物性食物，如蛋类、鱼粉、牛奶等。饲料中应含有足够的维生素 C 和矿物质，成年猴需食物 200～300g/d，其中含新鲜果蔬 100g/d，食物要煮熟或加工成饼干，也可微火焙制，某些谷物豆类可用盐水浸泡 12h 以加强适口性。喂食时应先粗后细，每日将定量分 3 次以上投喂。应按生长需要调节喂食量，瓜菜饲料质量要保证。饮水必须全日满足，无自动饮水设备的，更要注意保持水质清洁，每日更换。饮水量成年猴平均为 200～950ml/d。

（三）环境

环境最适温度为 20～25℃，但猕猴对环境的适应性较强，可有一定变动范围；相对湿度 40%～60%。环境要保持冬暖夏凉，并有一定遮阴装置。保持环境清洁卫生，定期消毒。

（四）饲养管理

注意关门上锁；勤观察，随时挑出老、弱、病猴，调整猴群，驯养群可从齿序变化和体重变化估计年龄。捕捉猴时，可用捕猴网、挤压笼，捕捉过程要小心谨慎，防止被猴咬伤和抓伤。工作时要佩戴必需的防护用品。

（五）检疫

对新入场猴隔离检疫是必需的。在完全隔离情况下进行检疫，检疫期至少 1 个月。要登记和编号，做好临床观察记录和有关生理生化项目的检验。必须进行结核菌素试验和驱除体内外寄生虫，还应特别注意其他人兽共患病的检查。

第八节　小　型　猪

小型猪（minipig，*sus scnrfa dnmestica*）（图 8-8）属于动物界、脊索动物门、脊椎动物亚门、哺乳纲、偶蹄目（artiodaotyla）、野猪科（suidae）、猪属（*sus*）、猪种（*sus scorfa*）动物。染色体数 $2n$=38。猪的寿命平均 16 年，最长达 27 年。

图 8-8　小型猪

一、生物学特性

（一）习性和行为

1. 采食行为　小型猪是杂食性动物，吃得多，消化快，并有择食性，能辨别口味，特别喜爱甜食。颗粒料和粉料相比，猪爱吃颗粒料；干料与湿料相比，猪爱吃湿料。在多数情况下，饮水与采食同时进行。饮水量大，约为干料的 3 倍。拱土觅食是猪采食行为的一个突出特征，常以吻突沿着饲槽拱动，所以对猪舍建筑物和饲槽有破坏性，也容易从土壤中感染寄生虫和其他疾病。

2. 排泄行为　在良好的管理条件下，猪是家畜中最爱清洁的动物。猪能保持其睡窝干净、清洁，能在猪栏内远离窝床的一个固定地点排粪、尿。一般多在采食、饮水后或起卧时，选择阴暗潮湿或污浊的角落排粪、尿。

3. 群居行为 在无猪舍的情况下，猪能自找固定地方居住，表现出定居漫游的习性。猪有合群性，但也有竞争习性，如大欺小、强欺弱和欺生的好斗特性，猪群越大，这种现象越明显。

4. 争斗行为 包括进攻、防御、躲避和守势等活动。在生产实践中能见到的争斗行为一般是为争夺饲料和争夺地盘所引起，新合并猪群内的相互交锋，除争夺饲料和地盘外，还有调整猪群群居结构的作用。

5. 性行为 包括发情、求偶和交配行为，母猪在发情期，可以见到特异的求偶表现，公、母猪都表现出一些交配前的行为。公猪一旦接触母猪，会追逐，嗅其体侧肋部和外阴部，把嘴插到母猪两腿之间，突然往上拱动母猪的臀部，口吐白沫，往往发出连续的、柔和而有节律的喉音哼声。管理人员压母猪背部时，立即出现静立反射，这种静立反射是母猪发情的一个关键行为。

6. 母性行为 母仔之间是通过嗅觉、听觉、视觉来相互识别和相互联系的，母猪非常注意保护自己的仔猪，在行走、躺卧时十分谨慎，一般不踩伤、压伤仔猪。母猪躺卧时不断用嘴将仔猪赶出卧位，慢慢地依猪栏躺下，一旦遇到仔猪被压发出尖叫声，母猪马上站起，再重新缓慢躺下。

7. 活动与睡眠 猪的行为有明显的昼夜节律，活动大多在白昼，在温暖的季节，夜间也有活动和采食，遇上阴冷天气，活动时间缩短。泌乳母猪睡卧时间表现出随哺乳天数的增加，睡卧时间逐渐减少，走动次数由少到多，时间由短到长，这是泌乳母猪特有的行为表现。

（二）主要解剖学特点

1. 体形 小型猪体形矮小，性情温顺，无毛或有稀疏的被毛，通常成年小型猪体重为 30～40kg（6 月龄），毛色有白、黑、黑白及褐色。

2. 骨 猪的颈椎 7 块，胸椎 13～16 块，腰椎 5～6 块，荐椎 4 块，尾椎 21～24 块。

3. 牙齿 小型猪门齿和犬齿发达，齿冠尖锐突出；臼齿也较发达，齿冠有台面，上有横纹，既便于食肉，又便于食草。

小型猪的齿式：$\frac{|\ 3.1.4.3}{|\ 3.1.4.3}$，共有 44 个。

4. 消化系统 小型猪有发达的唾液腺，但消化粗纤维能力有限，必须借助盲肠内少量共生的有益微生物。肝分 4 叶，重量近似于人类。胆囊浓缩胆汁的能力很低，而且胆汁的分泌量也相当少。胃为单室混合型，胃的腺体分布在整个胃壁；在近食管口端有一扁圆锥形突起，称憩室。贲门腺占胃的大部分，幽门腺宽大。消化特点介于食肉类与反刍类之间，盲肠较发达。

5. 呼吸系统 小型猪有左肺和右肺，左肺分 3 叶，右肺分 4 叶，叶间结缔组织发达。

6. 泌尿系统 小型猪有左肾和右肾，呈蚕豆状。两肾位于第 1～4 腰椎水平。

7. 皮肤 猪皮肤组织学结构与人相似（表 8-6），包括毛发的疏密、皮肤各层厚度、具有皮下脂肪层、表皮形态、表皮增生动力学等。猪汗腺不发达，幼猪和成年猪都不耐热，汗腺为单管状腺，皮脂腺分布全身。小型猪皮肤与猪相似。

表 8-6 人与 3 月龄小型猪皮肤各结构厚度的比较

皮肤机构	人	3 月龄小型猪
皮肤	2.0（0.5～3.0）mm	1.3～1.5mm
表皮	0.07～0.17mm	0.06～0.07mm
真皮	1.7～2.0mm	0.93～1.70mm
基底细胞层所处的深度	0.07mm	0.03～0.07mm
表皮和真皮厚度的比例	1∶24	1∶24

（三）主要生理学特点

1. 进化程度较高 小型猪的心血管系统、消化系统、皮肤、营养需要、骨骼发育及矿物质代谢等都与人类极其相似。

2. 胎盘类型 猪的胎盘类型属上皮绒毛膜型，没有母源抗体（不能通过胎盘屏障）。猪初乳中含多量的 IgG 和 IgA、IgM，常乳中含有多量的 IgA。

3. 内脏重量与人接近 小型猪的脏器重量近似于人，以猪（50kg）和人（70kg）相比，其脏器重量的比值为脾 0.15∶0.21；胰 0.12∶0.10；睾丸 0.65∶0.45；眼 0.27∶0.43；甲状腺 0.618∶0.029；肾上腺 0.006∶0.29；其他器官 8.3∶9.4。

4. 生殖生理 雌性小型猪性成熟时间为 4～8 月龄，雄性为 6～10 月龄。雌性小型猪为全年多发情动物，性周期为（21±2.5）（16～30）天，发情持续时间平均 2.4（1～4）天；排卵时间在发情开始后 25～35h，最适交配期在发情开始后 10～25h，妊娠期 114（109～120）天；产仔数 2～10 头；哺乳期 1 个月。

5. 生理数据 小型猪正常体温为 39（38～40）℃，心率 55～60 次/分，血容量占体重的 4.6（3.5～5.6）%，心排血量 3.1L/min，收缩压 169（144～185）mmHg，舒张压 108（98～120）mmHg，呼吸频率 12～18 次/分，通气率 37L/min，耗气量 220mm^3/g 活体重，血液 pH 7.57（7.36～7.79），红细胞计数 6.4×10^{12}/L，血红蛋白 13.78（13.2～14.2）g/100ml，白细胞计数（7.53～16.82）×10^6/L，血小板计数 240×10^9/L，尿比重 1.1018～1.022，尿 pH 6.5～7.8。

二、在生物医学研究中的应用

猪的心血管、消化器官、免疫系统及肾、皮肤、眼球、鼻软骨等在解剖、组织、生理和营养代谢等方面与人类极为相似，目前已逐渐成为研究人类疾病的实验动物。

（一）皮肤烧伤研究

烧伤和烫伤是临床上常见的疾病，由于小型猪的皮肤与人非常相似，是进行实验烧伤研究的较理想动物。猪的皮肤用于患者烧伤后创面敷盖，既能缓解患者疼痛和创面感染，又无排斥现象，血管联合也好。创面愈合速度比用液状石蜡纱布敷盖快 1 倍。

（二）肿瘤研究

小型猪是用于研究肿瘤无可比拟、资源丰富的模型。经过选育后的一种美洲辛克莱小型猪，有 80%可发生自发性皮肤黑色素瘤，其特点是发生于子宫内和产后自发的皮肤恶性黑色素瘤发病率很高，有典型的皮肤自发性退行性变，有与人黑色素瘤病变和传播方式完全相同的变化，这些黑色素瘤的细胞和临床表现很像人的黑色素瘤从良性到恶性的变化过程，故辛克莱小型猪可作为研究人类黑色素瘤的良好模型。

（三）免疫学研究

小型猪的母体抗体通过初乳传递给仔猪，刚出生的仔猪，体液内γ-球蛋白和其他免疫球蛋白含量极少，但可从母猪的初乳中得到γ 球蛋白。用剖宫产手术所得的仔猪，在几周内体内γ 球蛋白和其他免疫球蛋白仍极少，因此，其血清对抗原的抗体反应非常低。无菌猪体内没有任何抗体，所以在生活后一经接触抗原，就能产生极好的免疫反应。可利用这些特点进行免疫学研究。

（四）心血管研究

小型猪常用作冠状动脉粥样硬化症的研究。小型猪的冠状动脉在解剖学、血流动力学方面与人类很相似，发生动脉粥样硬化病变也与人类相似。在饲料中加入10%乳脂喂饲2个月左右，小型猪即出现动脉粥样硬化症的典型表现。因此，猪是研究动脉粥样硬化症理想的动物模型。

（五）糖尿病研究

乌克坦小型猪（墨西哥无毛猪）是糖尿病研究中一个很好的动物模型，只需一次静脉注射水合阿脲（200mg/kg 体重）就可以造成典型的急性糖尿病模型，其临床体征包括高血糖症、口渴、多尿和酮尿。

（六）营养学、畸形学和产期生物学等研究

产期仔猪和幼猪的呼吸系统、泌尿系统、血液系统与新生婴儿很相似。像婴儿一样，仔猪易患营养不良症，诸如蛋白质、铁、铜和维生素A缺乏症等，所以仔猪广泛应用于营养和婴儿食谱的研究。由于母猪泌乳期长短适中，一年多胎、一胎多仔，易管理和便于操作，仔猪的胚胎发育和胃肠道菌丛也很清楚，所以仔猪成为畸形学、毒理学、免疫学和儿科学的极佳动物模型。

（七）遗传性和营养性疾病研究

猪可用于遗传性疾病如先天性红细胞病、卟啉病、先天性肌肉痉挛、先天性小眼病、先天性淋巴水肿、食物源性肝坏死等疾病的研究。

（八）组织移植研究

用猪组织活体进行多种组织移植的研究已成为近年来的研究热点。

（九）外科手术方面的研究

在猪腹壁拉链是可行的，且对猪正常生理功能无较大干扰，保留时间可达 40 天以上。这为解决治疗和科研中进行反复手术的问题提供了较好方法。猪的颈静脉插管可保留 26～50 天，这为进行频繁采血提供了良好而方便的手段。

（十）牙科研究

利用猪牙齿解剖结构与人的相似性，给予致龋菌和食物可复制出良好的龋齿动物模型。

（十一）其他疾病研究

猪的病毒性疾病如病毒性胃肠炎，可做婴儿病毒性腹泻模型。猪的霉形体关节炎可做人的关节炎模型。猪的自发性人兽共患疾病有几十种，可作为人或其他动物的疾病研究模型。猪还是双白蛋白血病（只见于猪和人，电泳上有两个白蛋白峰或带）、血友病（已培育成 von Willbrand 猪专供血友病研究）、十二指肠溃疡、胰腺炎等疾病研究的理想动物模型。悉生猪和无菌猪完全排除了其他猪病抗原、抗体对所研究疾病的干扰作用，不仅可用于研究细菌、病毒、寄生虫病、血液病、代谢性疾病和其他人类疾病，更是研究猪病不可缺少的实验动物。还可利用猪的心瓣膜修补人的心瓣膜缺损或其他疾患，目前国外已普遍推广，每年可达几万例，我国临床上也已开始应用。

三、常用品种、品系

（一）国外小型猪

目前，国外培育的小型猪品种、品系主要有明尼苏达-荷曼小型猪、皮特曼-摩尔小型猪、汉佛特小型猪、哥廷根小型猪、乌克坦小型猪、阿咪尼种小型猪、布尔诺小型猪、科西嘉小型猪和日本小型猪等。国外选育小型猪时选用多品种作亲本，因而遗传基础不一，体形较大，毛色类型参差不齐。

1. 明尼苏达-荷曼小型猪（Minnesota Hormel minipig） 是美国明尼苏达大学 L.M.Winters 教授领导的小组在荷曼（Hormel）研究所中历时 15 年选育成的第一个小型猪品系。毛色有黑白斑，遗传性状较稳定，出生时体重约为 0.76kg，6 月龄时体重约为 22kg，12 月龄达 43kg 左右，48 月龄则重达 86kg。

2. 皮特曼-摩尔小型猪（Pitman Moore minipig） 是美国皮特曼-摩尔制药公司选用佛罗里达岛的猪和明尼苏达-荷曼小型猪杂交后选育成的黑白斑或带有褐色的小型猪。头较大，颜面部突起，耳直立。

3. 汉佛特小型猪（Hanford minipig） 是美国汉佛特研究所 1957 年用皮特曼-摩尔小型猪和白色的派罗斯猪杂交后，引入路易斯安那州的白猪选育成的被毛稀少的白色小型猪，是汉佛特研究所做皮肤研究用的小型猪，也可用于化妆品的研究。

4. 哥廷根小型猪（Cttingen minipig） 是德国哥廷根大学用越南黑色野猪和美国明尼苏达-荷曼小型猪杂交后，引入德国长白猪的血液育成的小型猪，简称 G 系小型猪，根据毛色又可分为白色系和有色系。12 月龄时体重为 30～35kg，24 月龄时体重约为 50kg。是国际上享有盛誉的小型猪品系，主要用于致畸试验、各种药物代谢、器官移植和皮肤实验等领域。

5. 乌克坦小型猪（Yucatan minipig） 是 1978 年美国科罗拉多州立大学用墨西哥南部尤卡坦半岛和美国中部的野猪杂交后选育而成的深褐色小型猪，主要用于糖尿病的研究。

6. 阿咪尼种小型猪（Ohmini minipig） 原始基础种群是 1942 年从中国东北输入的小型东北民猪（荷包猪）的后代，经 10 余年选育而成。8 月龄时体重约为 25kg，成年体重为 40～50kg。体形小，黑色，垂耳，强健，耐粗饲料，多产。其杂交种或原种的去势猪供实验用。

7. 布尔诺小型猪（Brno minipig） 是原捷克斯洛伐克的布尔诺研究所用哥廷根小型猪、明尼苏达-荷曼小型猪和瑞斯猪杂交后选育而成的小型猪。

8. 科西嘉小型猪（Corsica minipig） 是法国原子能研究所用地中海科西嘉岛上的半野生猪选育而成的，成年平均体重为 45kg。

9. 日本小型猪 日本现有的小型猪有会津系、阿米尼系、克拉文系、皮特曼系、CSK 系和育克坦系。

（二）中国小型猪

我国是养猪大国，具有培育小型猪的得天独厚的资源及条件。从 20 世纪 80 年代初起，我国开始对小型猪资源进行调查并进行实验动物化研究，目前国内的小型猪品系主要有版纳小型猪、广西巴马小型猪、贵州小型猪、五指山小型猪、甘肃蕨麻猪和藏猪等。

我国具有独特的、无可比拟的小型猪资源，在原产地存在的小型猪品种均为长期自然近亲交配形成的封闭群体。以特有小型猪资源为基础，进一步进行品种内选育，不仅保存了珍贵的品种资源，而且使品种更加实验动物化、纯化，遗传及表型特征更加稳定，更加符合生命科学研究的要求，达到了保种与选育的双重目的。经过选育的小型猪品系各具特色，使我国小型猪品系呈现出高水准、独特多样、适应生命科学研究的多种需求，为其研究提供了完善的比较参照系统的格局。

1. 版纳小型猪 云南农业大学以西双版纳小耳猪为种源，经过长期近亲繁殖，培育出近交系版纳小型猪。体形矮小，全身黑毛，头轻，额平无皱纹，耳小直立，嘴筒长短适中而直，背腰平直，后腿丰满，四肢短细坚实有力，腹部不下垂，乳头 5 对。成年体重为 20kg（JS 近交系）或 70kg（JB 近交系）。

由于采取了不同于美、英等国的设计方案和一系列重要措施，克服了近交衰退，使早期世代的近交系得以存活继代，纯合的有利或合格的基因通过遗传的分离和重组，逐代增加而形成稳定状态。

目前，近交系已顺利进入19世代，培育成功两个体形大小不同、基因型各异的近交系和6个家系，在不同的家系内又进一步分化出具有不同表型和遗传标记的18个亚系。

2. 广西巴马小型猪 是以广西巴马香猪作为基础群，采用基础群内闭锁纯繁选育及半同胞为主的近交方式进行选育，形成遗传相似性高、遗传性稳定的封闭群，并达到了一定程度的近交。其特点是遗传特性一致、稳定，体形趋于微型，早熟多产，耐粗饲料。该小型猪的最大特点为白毛占体表面积大，为92%以上，主要表现为头至颈部前1/2或1/3处及臀部为黑色，腹正中有白斑或白线伸至鼻端，部分个体背腰部稍带黑斑，额头有白线或倒三角形白斑，俗称“两头乌”，而且出现双耳突变个体及除尾尖少许黑毛的全白突变个体。小猪被毛稀疏，有光泽，皮肤红润细腻；成年猪被毛较长，尤其是公猪，被毛和嘴粗长似野猪。成年母猪体重为 40～50kg，公猪体重为30～40kg。

3. 贵州小型猪 由贵州中医药大学用丛江香猪为基础群，以小型化为育种目标进行定向培育。外观特点是短、圆、肥。体躯矮小，全身被毛黑色有光泽。头长额平，眼周围有明显的无毛区，额部皱纹纵横，吻端粉红色或黑色，耳朵较小、薄且向两侧平伸，耳根硬，背腰呈凹状下陷，腹大而圆下垂，四肢细短，尾巴细长似鼠尾，成年猪体重约30kg。

中国农业大学1985年从原产地引进贵州香猪，系统地进行了贵州小型猪的实验动物化的开发和培育，完成了组织与解剖、生物学特性、微生物净化技术、实验医学应用的系统研究，组建了一个包括三个亚系的实验用小型猪种，成为医学应用小型猪的主要供应基地。目前又建成了一个微生物净化的普通级的小型猪核心群。

4. 五指山小型猪 又称老鼠猪，主要分布在海南省五指山区。体形小，体质细致紧凑。头小而长，耳小嘴直立，胸部较窄，腰背直立，腹部下垂，臀部不发达。四肢细长。全身被毛大部为黑色，腹部和四肢内侧为白色，鬃毛呈黑色或棕色。成年猪体重为30～35kg，很少超过40kg。

1987年五指山小型猪从原产地迁至北京保种获得成功。原种猪的DNA指纹图与原种猪相似系数已达 0.698，在原近交的基础上又继续进行全同胞或亲子近交繁育，而且遗传稳定，未发现有严重的遗传分离现象。现已广泛应用于药学、比较医学、畜牧兽医学等生命科学领域，产生了一定的经济效益和社会效益，引起国内外专家的关注。

5. 甘肃蕨麻猪 产于我国青藏高原，又称合作猪、山地猪，是高原型小型猪，可以耐受高寒恶劣气候。体形矮小，头窄长呈锥形，面平直，额无明显皱纹，耳小直立，体躯窄，背腰微弓，腹下垂，臀窄而倾斜，四肢长短适中，肢势端正健壮，细长有力，蹄小质坚，被毛浓密粗长，鬃毛长而坚韧，冬生棕色绒毛，毛色纯黑者多数在四肢、腹部出现白色。中驱带行白色称白环腰。成年公猪平均体重为（33.31±6.94）kg，成年母猪平均体重为（35.37±7.00）kg。

由于甘肃蕨麻猪长期生存在恶劣高寒气候（海拔2000～3000m，最高气温27.7℃，最低气温-28℃，年平均温度1～7℃，温差较大）和低劣的饲养条件（终年以放牧为主，采食蕨麻等牧草的根、茎、籽及农作物的落叶等）下，能很好地适应高原环境，长期以来自繁自养封闭繁殖，未受外来血缘的影响，形成一个稳定的小型原始地方猪种。

6. 藏猪 也产于我国青藏高原，耐受高寒恶劣气候。被毛多为黑色，鬃毛长而密，被毛下密生绒毛。体形小，嘴筒长、直，呈锥形，耳小直立、转动灵活。胸较窄，体躯较短，背腰平直或微弓，后躯略高于前躯，臀倾斜，四肢结实紧凑、直立，蹄质坚实，乳头多为5对。成年母猪体重为（54.34±5.54）kg，公猪略轻。

藏猪在长期高寒气候和低劣的饲养条件下终年放牧，形成了适应高原环境的特点。而且产区交通闭塞，商业不发达，藏猪多在一定范围内自繁自养。藏猪就是在这一特定的生态条件下，经过自然选择和人工选择形成了一个特有的高原小型猪种。

四、饲养管理要点

（一）房舍要求

在实验条件下，饲养应在有金属围栏和混凝土地面的房舍内，并且每头猪饲养面积应达到1.5～3.0m^2，隔栏至少0.6m高，在每个隔栏内必须为每只动物提供能躺下且完全伸展躯体的干燥地面；地面和运动场必须是水泥地面，并有明显的坡度，以免污水滞留或倒灌圈内，通道和地面应有有效的排水系统，并设有漏粪、尿地板（块式、缝隙式或金属网式）和自动饮水器。猪粪最好“干处理”，即粪和污水分开，猪粪堆积发酵，污水通过封闭的排污沟排到远离猪舍的处理区，有条件的饲养者可采用母猪产床、仔猪网上饲养。所有地面无论是块式、缝隙式还是金属网式都应保证动物踩着舒适，对猪无伤害。SPF级小型猪应饲养在屏障环境设施内，并定期进行微生物鉴定。

（二）饲料及喂养

猪极贪食，常是给多少吃多少，一般每日喂2次，辅以少量绿色蔬菜、青绿多汁饲料或优质牧草（如紫花苜蓿）。每天的饲喂量要根据其体重来计算，一般为体重的2%～3%。仔猪喂食约为其体重7%的牛奶或特制人工乳。如果任其自由采食，会使小型猪长得非常肥胖，因此，限制采食量是有益的，而限食喂养不等同于营养缺乏。丹麦Novo Nordisk公司饲养小型猪每天喂养2次低能饲料，其能量平均为9.3MJ/kg，粗蛋白、粗脂肪、粗纤维及灰分分别为13.8%、2.6%、12.7%和6.7%。更换任何类型的实验日粮，通常都不会影响它们的食欲。对小型猪日粮营养成分要求标准，一般10～30kg的小型猪消化能为10.46～10.88MJ/kg，蛋白质占13%～15%，赖氨酸占0.5%～0.62%。

饮水应保持连续不断，最好采用自动饮水器给水，也可用水泥砌水泥槽做料槽和饮水用，如采用陶瓷或不锈钢器皿盛水，一定要固定好，因为猪具有翻拱天性和较大的力气。

（三）环境

饲养的适宜温度为18～25℃，新生仔猪的适宜温度为25～30℃，相对湿度为40%～70%。猪舍要求冬季暖和，无穿堂风，夏天凉爽通风，并有遮荫处。如果猪的饲养密度大，天气又比较热，则要求每小时至少通风20次，以便有效地排出舍内的潮气和热气。光照对小型猪性成熟有明显影响，同时还能影响动物生长率和饲料利用率，所以要求给予每天不小于10h的光照。如房舍为混凝土地面，可选择干草、锯木、刨花或木屑作为铺垫物。铺垫物每天更换一次，但在夏天一般不用铺垫物，待产母猪除外。

（四）检疫

严格执行卫生消毒防疫制度，卫生消毒工作总的要求是整齐、干净，防止传染病。购进动物之前，应做好室内外的清扫，熏蒸消毒，并对饲养圈和笼具、饲具清洗、消毒。饲养过程中，每天扫栏2次，每周冲洗栏2次，每个月消毒猪栏1次；若不使用自动饮水器，水具料槽要经常清洗，每周消毒1次。饲养室和全部用具每年彻底消毒2次。预防接种是饲养小型猪一项重要的防疫措施，主要是预防猪瘟、猪副伤寒、猪丹毒、日本脑炎和猪细小病毒传染病，还要注射猪传染性胃肠炎和猪萎缩性鼻炎疫苗，小型猪驱虫一般在仔猪断奶时进行。注意观察小型猪的饮食情况、粪便有无异常及身体不适等症状，如出现便秘、下痢和呕吐，应对症治疗。另外，对周围环境要经常打扫卫生、除草、灭鼠、灭蝇、灭蚊。

新购入的小型猪最少要经过1周的检疫，并使其适应新的环境后才能用于实验，实验完毕的小型猪要处死后焚烧。

第九节　地　鼠

地鼠（图 8-9），又名仓鼠（hamster，*cricetidae*），属动物界、脊索动物门、脊椎动物亚门、哺乳纲、啮齿目、鼠科（familia muridae）、仓鼠亚科（cricetinae）、仓鼠属（genus *cricetidae*）、仓鼠种动物。它是由野生动物经驯养后培育成的实验动物，主要有金黄地鼠和中国地鼠两种，金黄地鼠染色体数为 $2n$=44，中国地鼠（又名黑线仓鼠）染色体数为 $2n$=22。地鼠的平均寿命为 2～3 年。

图 8-9　地鼠

一、生物学特性

（一）习性和行为

1. 杂食性　地鼠善营巢，为杂食性动物，食性广泛，有储食习性，可将食物储存于颊囊内。

2. 夜行性　地鼠是昼伏夜行动物，一般在夜晚 8～11 时最为活跃，运动时腹部着地，行动不敏捷。

3. 嗜睡和冬眠　地鼠有嗜睡和冬眠习性，睡眠时全身肌肉松弛，如死亡状，且不易弄醒。室温低时出现冬眠，一般于 8～9℃时冬眠，此时体温、心率、呼吸频率、基础代谢率均降低。室温低于 13℃时幼仔易于冻死。饲养时室温最好保持在 20～25℃，相对湿度以 40%～70%为宜。

4. 好斗性　地鼠好斗，难以成群饲养。雌鼠比雄鼠大而且凶猛，性成熟后除发情期外，雌鼠不与雄鼠同居，且雄鼠易被雌鼠咬伤。初产的金黄地鼠有食仔的恶习。

（二）主要解剖学特点

1. 头部　地鼠头部较长。口腔内两侧各有一个颊囊，深为 3.5～4.5cm，直径 2～3cm，一直延伸到耳后颈部，由一层薄而透明的肌膜构成，容量可达 10cm^3。颊囊缺少腺体和完整的淋巴通路，因此对外来组织不产生免疫排斥反应，是进行组织培养、人类肿瘤移植和微循环观察的良好区域。

2. 骨骼 地鼠共有脊椎骨 43～44 块，其中颈椎 7 块、胸椎 13 块、腰椎 6 块、荐椎 4 块、尾椎 13～14 块。

3.牙齿 地鼠的牙齿十分坚硬，可咬断细铁丝，受惊时会咬人。兴奋时发出强烈的金属性音响。门齿小，臼齿呈三棱形，门齿能终生生长。齿式：$\dfrac{|\ 1.0.0.3}{|\ 1.0.0.3}$，共有 16 个牙齿。

4. 呼吸系统 地鼠的肺有 5 叶，右肺 4 叶，左肺 1 叶。

5. 消化系统 地鼠的肝分 7 叶，左右各 3 叶，中间有一很小的中间叶。胃分前胃和腺胃，胃小弯极小。十二指肠和空肠较长，回肠较短，盲肠较大，而结肠长。

6. 泌尿系统 地鼠的肾乳头很长，一直延伸到输尿管内，因此，可从活体的单一收集管内获得尿液标本。

7. 生殖系统 雄鼠的睾丸特大，为体重的 1/7～1/6，上端有两个积液囊。雌鼠有乳头 6～7 对。

8. 免疫系统 地鼠全身有 15 个淋巴中心，35～40 个淋巴结。

雄性地鼠在臀髋部有一种发育良好的腺体（腰窝腺），呈暗黑色色素斑。该部位的皮肤粗糙，腹侧区被毛的颜色也暗淡。色素的深度标志着性激素活性的强弱。当雄鼠处于性兴奋状态时，臀腺表面的被毛变湿，雄鼠搔抓和摩擦臀腺区。雌性地鼠的臀腺不如雄性发育完全，腺体外露也不明显，很难分辨。

中国地鼠与金黄地鼠解剖生理特点基本相似，但也存在一些差异，如中国地鼠的染色体少而大，二倍体细胞 $2n=22$，大多数能相互鉴别，定位明确，尤其 Y 染色体在形态上是独特的，极易识别。无胆囊，大肠长度比金黄地鼠短 1 倍，但脑和睾丸均比金黄地鼠重近 1 倍。

（三）主要生理学特点

1. 生殖生理 地鼠生殖周期短，繁殖能力强，生长发育快。成熟后除发情期外，雌鼠不许雄鼠靠近。地鼠发情交配时应将发情雌鼠放入雄鼠笼内，交配完毕取出单养。也可采取长期同居法，但雄鼠易被雌鼠咬伤。雌鼠 1 月龄左右已性成熟，1.5 月龄即可配种；雄鼠 2.5 月龄即可交配。雌鼠性周期为 4～5 天，且较准。妊娠期为 14～17 天，是妊娠期最短的哺乳类实验动物。每年每只雌鼠可产 7～8 胎，每胎产仔 5～10 只。

新生地鼠体重为 2～3g，幼仔出生后生长发育很快，出生时全身裸露，3～4 天耳壳开始突出体外，以后张开，4 天长毛，12 天可爬出窝外觅食，14 天眼睁开，一边觅食一边靠母鼠乳汁哺育，哺乳期 20～25 天。离乳时体重可达 25～28g，成年地鼠体重约为 150g，雌鼠体重比雄鼠稍大。

2. 体温 地鼠体温的高低与季节有关，夏天一般为（38.7±0.3）℃。一天内也有变化，晚上 9～11 时体温最高，从中午到傍晚较低，凌晨 3～5 时和上午 10 时体温升高。颊囊内的温度为（37±1）℃，雄鼠直肠温度和颊囊温度大体一致，雌鼠直肠温度比颊囊低 1～2℃。

3. 生理数据 雄鼠成熟时体重为 100g 左右，雌鼠为 120g 左右。金黄地鼠心率为 400 次/分，呼吸频率 73.6（33～127）次/分，呼吸量 60（33.3～82.8）ml/min，颈动脉血压 8～12 周龄时为 78.7～101.3mmHg，12～17 月龄为 64.3～88.3mmHg，17～24 月龄为 65.5～92.5mmHg，24 月龄以上为 62.0～91.8mmHg，红细胞总数（5.9～8.3）$\times 10^{12}$/L，血红蛋白 14.85～16.20g/100ml 血，白细胞总数（7.2～8.48）$\times 10^{9}$/L。成年地鼠血液总量为体重的 5%。

二、在生物医学研究中的应用

（一）肿瘤学研究

地鼠是肿瘤学研究中最常用的动物。地鼠对可诱发肿瘤的病毒很易感，还能成功地接受某些同源正常组织细胞或肿瘤组织细胞的移植。肿瘤组织接种于地鼠颊囊中易生长，可利用颊囊观察其对致癌物的反应。金黄地鼠对移植瘤接受性强，肿瘤易生长，被广泛应用于肿瘤增殖、致癌、抗癌、移植、药物筛选、X 线治疗等研究中。

（二）生殖生理学研究

地鼠性成熟早，妊娠期短，性周期准确，繁殖传代快，便于进行生殖生理的研究。人类精子可穿过地鼠卵子的透明带，完成受精过程，便于计划生育的研究。

（三）遗传学研究

中国地鼠被细胞遗传学、辐射遗传学等学科广泛应用，它的地理分布、生活习性和生殖特点也成为进化遗传学的研究对象。并且中国地鼠染色体大，数量少，易于相互鉴别，为研究染色体畸变和复制机制的极好动物模型。

（四）微生物学和寄生虫学研究

地鼠对各种血清型的钩端螺旋体感受性强，病变典型，适宜复制钩端螺旋体病理模型和进行病原分离等研究。地鼠对病毒和细菌敏感，适宜复制病毒、细菌性疾病模型，进行传染性疾病的研究。地鼠还可作为风湿病和病毒性胚胎病的模型。地鼠肾细胞可供脑炎、流感、腺病毒、立克次体、原虫等分离使用，也是制作狂犬疫苗和脑炎疫苗的原材料。

（五）组织移植研究

地鼠对皮肤移植的免疫反应特别强。许多情况下，非近交系的封闭群个体之间皮肤相互移植后均可长期存活，而不同种群动物之间皮肤相互移植后则不能存活。这一特点有利于皮肤移植的研究。另外，还可用于胎儿心肌、胰腺等移植的研究。

（六）组织培养研究

在对各种鼠组织的体外培养中，不仅容易建立保持染色体在二倍体水平的细胞株，而且自发性和内源性病毒感染发生率低，在抗药性、抗病毒性、温度敏感性和营养需要的选择中，建立了许多突变型细胞株。

（七）微循环、冬眠、龋齿、内分泌和营养学等研究

（1）常选用地鼠颊囊黏膜观察淋巴细胞和血小板变化及血管反应性变化。

（2）诱发地鼠冬眠可研究冬眠时的代谢特点，适宜做微循环、冬眠生理、药物致畸、免疫学等研究。

（3）地鼠龋齿的产生与饲料的成分及口腔内微生物的种类、数量密切相关，可用于牙科研究，适宜建立龋齿动物模型。

（4）地鼠可用于内分泌腺如肾上腺、脑垂体、甲状腺等的研究。

（5）近交系中国地鼠易发生自发性遗传性糖尿病，是研究真性糖尿病的良好动物模型。

（6）地鼠对维生素 A、维生素 B 及维生素 E 缺乏敏感，适宜于营养学研究。

三、常用品种、品系

地鼠共有 4 个属、66 个变种或亚属。常用的地鼠有金黄地鼠、中国地鼠和欧洲黑腹地鼠。

（一）金黄地鼠

金黄地鼠（golden hamster，*mesocricetus auratus*）在医学科研工作中用途广泛，约占地鼠使

用量的 90%。金黄地鼠系仓鼠属、叙利亚亚种，又称叙利亚地鼠，金黄色，成年雄鼠体重为 85～100g，雌鼠为 95～120g。金黄地鼠实验动物化的历史较短，全部品系的来源都是 1930 年 Aharoni 从叙利亚 Aleppo 地区的田野里捕捉的一只野生成年雌鼠及其 8 只仔鼠，其中的 3 只（1 雄 2 雌）在人工饲养下繁殖，以后逐渐扩散到世界各地。1975 年《国际实验动物索引》公布的金黄地鼠近交系有 38 个，突变系 17 个，封闭群 38 个。我国饲养的金黄地鼠最早由兰春霖教授于 1947 年从美国引入上海。

金黄地鼠 2 月龄体重为 80～100g，体长约 16cm，尾粗短，耳色深，眼小而亮，被毛柔软。常见金黄地鼠脊背为鲜明的淡金红色，腹部与头侧部为白色。由于突变毛色呈多样，可有野生色、褐色、奶酪色、白色等。近交系金黄地鼠无原发性肺肿瘤，常用于诱发性支气管性肺肿瘤的研究。

（二）中国地鼠

中国地鼠（Chinese hamster，*cricetulus griseus*）系仓鼠属、中国种，又称黑线仓鼠或条背地鼠。灰色，体形小，体重约 40g，体长约 10cm，背部从头顶直至尾基部有一黑色条纹。我国学者谢恩增于 1919 年将中国地鼠引入实验室，用于肺炎球菌的检定。张昌颖等于 1938 年进行人工繁殖，用激素调整其发情周期，在 2 年内繁殖了 5 代。1948 年，美国 Schwentker 从中国带走 10 对野生地鼠原种，采用笼养、人工昼夜逆转等办法繁殖成功。数年后，其后裔便遍及欧洲国家、美国、日本等的主要实验室。1952 年中国地鼠开始用于糖尿病研究。现已培育成 4 个近交品系，并已引入欧洲国家、美国、日本等的主要实验室。

中国地鼠在近亲交配至第 2～7 代后，有 50%自发产生糖尿病，但各品系的发病率不一致。病鼠血浆胰岛素变化不一致，耐糖曲线类似人类患者。其临床症状变化较大，病鼠血糖最高可达正常地鼠血糖值的 500%，严重者出现尿糖阳性和弥漫性肾小球硬化。该模型类似于人类 2 型糖尿病。从遗传系谱分析，中国地鼠属于多基因遗传方式。中国地鼠使用量约占全世界实验地鼠使用量的 10%。

目前，我国也有地鼠近交系和白化突变系育成的报道。近交系中国地鼠易发生自发性遗传性糖尿病，用于 1 型糖尿病的研究很有价值。

（三）欧洲黑腹地鼠

欧洲黑腹地鼠（European hamster，*cricetus cricetus*）体形大，性情凶猛，体重约 200g，染色体 22 对。世界上使用数量较少。

四、饲养管理要点

（1）地鼠饲养管理基本上同小鼠，但金黄地鼠妊娠期短，生长发育快，生殖力强，饲料营养应特别注意蛋白质的含量和质量。如果不能满足蛋白质要求，可引起成年动物性功能减退和仔鼠生长发育缓慢，在配制的饲料中，蛋白质一般要达到 20%～25%。饲料中动物性蛋白质数量还得有一定比例（动物蛋白∶植物蛋白为 1∶2 或 2∶3），否则动物生殖功能会发生障碍，无生育力的仔鼠增多。饲料消耗量在不同生长发育阶段有一定差异，对青绿饲料的需要以喂新鲜瓜果蔬菜及麦芽为主，如少喂或不喂青饲料则需饮水。成年鼠每天采食量 10～15g，饮水量 15～20ml。

（2）地鼠应采取单笼饲养，保持室内安静，空气流通，垫料每周更换 1～2 次。育成笼规格是 25cm×38cm×22cm，繁殖用笼规格是 23cm×40cm×19cm。

（3）因雌鼠特别好斗，动物性成熟后要按性别分饲以免伤亡。种雄鼠单独饲养，给予充分的活动空间。地鼠为夜行性动物，繁殖时要注意夜间配种，以提高其受孕率。仔鼠离乳后，雌雄分开养，种鼠从春夏季出生的 2～3 胎仔鼠中选择。

（4）中国地鼠性喜清洁干燥，环境湿度要稍低。13h 光照，11h 黑暗，以人工光照为好。

第十节 鸡

鸡（chicken，*gallus dnmestiaus*）（图 8-10）属于动物界、脊索动物门、脊椎动物亚门、鸟纲（aves）、鸡形目（oallifonnes）、雉科（phasianidae）、原鸡属（G.*gallus*）、家鸡亚种（G.g.*dnmestiaus*）。染色体数 $2n=78$。鸡的寿命平均为 7～8 年，饲养环境下一般最长存活 13 年。

图 8-10 鸡

一、生物学特性

（一）习性和行为

1. 喜啼鸣 公鸡喜啼鸣，特别是在黎明前夕。

2. 觅食习性 鸡习惯于四处觅食，不停地活动，用灵活的两脚爪向后刨。食性广泛，有食砂粒帮助消化的特性。

3. 听觉和视觉 鸡的听觉灵敏，白天视力敏锐，黑夜视力极差。鸡对色彩敏感，鲜红色对其形成的刺激可造成严重的损伤。

4. 就巢性 家养的鸡仍保持有一定的就巢性和较弱的飞行能力。鸡具有成群结队采食的习性，不同群体一般不出现斗殴现象。

5. 易惊恐 鸡具有神经质的特点，易惊恐。闪烁的光照、异常的声响、明暗阴影的变化及气压的突变都会使鸡乱飞、不停地鸣叫和挤成一团，在屏障环境或隔离器中饲养时，应予以注意。环境不佳和管理不善时易产生异食癖。

6. 皮毛 鸡体表羽毛丰满，一年有 4 次换羽现象。

（二）主要解剖学特点

1. 体形 鸡外形像鸟，头部有喙、鸡冠，躯干部有一双翅膀，靠双脚站立，鸡全身被绒毛和羽毛覆盖，有白色、黑色、黄色、褐色等颜色，翅膀和尾部的羽毛较明显。

2. 消化系统 鸡喙角质化，无牙齿，食管的中部扩张为嗉囊，具有储存食物和软化饲料的作用。胃分腺胃和肌胃，腺胃消化性差，主要靠肌胃和砂粒磨碎食物。小肠长，直肠短，有一对消化少量粗纤维的管状盲肠。

3. 呼吸、泌尿系统 鸡肺为海绵状，紧贴于肋骨上，无脏胸膜及横膈，肺上有许多小支气管直接通气囊，气囊共有 9 个，其中胸部气囊 7 个，腹部气囊 2 个。肾脏位于腹腔脊柱两侧，左右各 1 个，各分为 3 叶，无肾盂、膀胱。

4. 循环系统 鸡的循环系统包括血液循环器官、淋巴器官和造血器官。

血液循环器官：鸡的心脏较大，相当于体重的 4%～8%，在胸腔偏左部位，夹于两肝叶中间，正对第 5～11 肋。右心房与右心室之间不像哺乳动物有三尖瓣，由一个特殊膜代替三尖瓣。鸡在胚胎时（出壳前）有主动脉，左右共 2 条，出壳后左侧主动脉慢慢萎缩，成年后只剩右侧主动脉。

淋巴和造血器官：鸡的淋巴器官主要存在于消化管管壁上，如小米状。还有腔上囊，位于肛门背侧上方，壁厚，黏膜皱襞多，含大量淋巴小结。脾为最大的免疫器官，同时又是青年鸡的造血器官。成年鸡的储血器官位于腺胃、肌胃交界的右侧，呈圆形、红褐色。胸腺位于气管两侧，呈长圆形，数目很多，也是免疫器官。

红骨髓主要位于棒骨中央，是主要的造血器官，含有不同阶段的发育红细胞、白细胞、凝血细胞。

鸡同样有大循环（体循环）、小循环（肺循环）和微循环。通过这 3 个循环将营养供应全身各个部位，以完成机体生长发育和生产的需要。废物通过循环系统经过肾脏排出。

5. 生殖系统 公鸡生殖器由 1 对睾丸、1 对输精管组成。睾丸位于腹腔脊柱两侧，在肾前叶的下方，输出管由睾丸内缘通出，形成扁平的隆起为附睾，向后延续为输精管，沿输尿管外侧后行，开口于泄殖腔。公鸡无阴茎，交配时与雌性泄殖腔紧贴，精液射入母鸡泄殖腔。

母鸡生殖器由卵巢和输卵管组成，右侧输卵管呈囊状残迹，只有左侧发育正常。卵巢位于腹腔背部、肾的前下方，表面有许多大小不等、发育不同的卵泡；输卵管可分为伞部、卵白分泌部、峡部。

（三）主要生理学特点

1. 体温调节 鸡的标准体温为 41.5℃，短时间内能承受环境温度的变化，随着湿度的增大，鸡对温度的耐受力减小。鸡不畏寒。

2. 散热 鸡仍然保持鸟类某些生物学特性，没有汗腺，散热主要依靠呼吸，怕热更甚于怕冷。生长快，代谢旺盛。

3. 排泄 鸡每天排尿很少，呈白色，为尿酸及不溶解的尿酸盐，与粪一起排出。粪便呈粥状，表面多附有白色尿酸盐，与少量的尿一起通过泄殖腔排出体外。

4. 生殖生理 鸡为卵生动物，4～6 月龄时性成熟，母鸡交配后 12 天仍有 60%产受精蛋，30 天仍能保持受精力。母鸡产第一枚受精蛋的最短时间为 25.33h，最长 139h。产蛋鸡最适温度为 10～21℃，温度的任何变化均可使产蛋量迅速下降。光照对产蛋也很重要，每天 14~16h 的光照，才能使产蛋量达到最高。

受精鸡蛋孵化需 21 天。新生雏鸡一般体重为 37～40g，生长发育特别快，2 周龄时体重可达出生时的 2 倍。

5. 生理数据 鸡的体温为 41.7（41.6～41.8）℃，呼吸频率 12～21 次/分，潮气量 4.5ml，心率 120～140 次/分，血压（颈动脉压）150mmHg，总血量占体重的 8.5%，红细胞计数 335（306～344）$\times 10^{10}$/L，白细胞计数 3.26$\times 10^{10}$/L，血小板计数（13～23）$\times 10^{10}$/L，血红蛋白 10.3（7.3～12.9）g/100ml，血细胞比容 1.090，血浆比重 1.029～1.034，血液 pH 7.42。鸡红细胞呈椭圆形，有大的细胞核，染色后细胞质为红色，细胞核为深紫色。

二、在生物医学研究中的应用

（一）疫苗生产与检定

鸡卵是生物制品生产的重要材料。鸡胚是生产小儿麻疹疫苗、狂犬病疫苗和黄热病疫苗的主要材料。鸡和鸡胚还是研究生产、检验鸡新城疫Ⅰ系苗、Ⅱ系苗、F系苗、L系苗，鸡马立克苗，禽法囊苗、山羊传染性胸膜炎培养浓缩苗的主要材料。通过鸡胚传代可使某些病毒毒力减弱，常用于病毒疫苗的生产检定和病毒学研究。

（二）药物研究

利用1～7日龄雏鸡的膝关节和交叉神经反射，可评价脊髓镇静药的药效。6～14日龄雏鸡可用于评价药物对血管功能的影响。鸡的离体器官也用于某些药物评价试验中，如离体嗉囊可用于评价药物对副交感神经肌肉连接的影响，离体心脏可用于评价药物对心脏的作用，离体直肠可用于评价药物对血清素的影响等。

（三）肿瘤学研究

鸡马立克病是疱疹病毒引起的肿瘤，用疫苗可以防治。因此鸡可用于病毒致肿瘤的研究，建立人类肿瘤动物模型。另外，鸡还可用于研究病毒性的白血病。

（四）传染病研究

鸡可用于研究支原体感染引起的肺炎和关节炎，并用于研究链球菌感染、细菌性心内膜炎等。

（五）内分泌学研究

将雄鸡睾丸手术摘除，可进行雄性激素的研究。这时可见雄性性征退化，冠、肉髯不发达、颜色干白，翼毛光亮消失，性情温顺安静，不再斗架，很少啼鸣，腿长也缩短等；还可研究因切除睾丸而导致的甲状腺功能减退症、垂体前叶囊肿等内分泌疾病。

（六）营养学研究

鸡适用于研究维生素B_{12}和维生素D缺乏症，因其高代谢率适用于研究钙、磷代谢和嘌呤代谢的调节，并用于碘缺乏症的研究。

（七）老年学研究

鸡的生殖功能随着年龄的增长而衰退，其产蛋状态可作为研究老龄化的一个客观指标。

（八）环境污染研究

有机磷化合物对鸡的脱髓鞘作用可用于监测环境的有机磷水平。鸡易通过空气感染疾病，可由此监测空气中微生物的污染水平。

（九）其他

鸡还可作为研究高脂血症、动脉粥样硬化症的动物模型，并适用于遗传学、关节炎、痛风等的研究。

三、常用品种、品系

实验鸡近交程度很高，生产和饲养环境控制水平高，SPF 鸡和鸡胚是我国得到最广泛应用的 SPF 级实验动物。

（一）白来航鸡

白来航鸡是世界著名的蛋用型鸡种，原产于意大利，现已遍布全世界。根据冠型和毛色不同，来航鸡有 12 个变种。白来航鸡的外貌特征是体形小而清秀，全身羽毛洁白而紧贴，冠较大，鲜红色，公鸡冠较厚，高而直立，母鸡冠较薄，多倒向一侧，喙、胫和皮肤黄色，耳叶白色。本品种鸡成熟早，产蛋多，耗料少，年产蛋量 200 枚以上，高产者可达 300 枚左右，平均蛋重 55～60g，蛋壳白色，体重较轻，成年公鸡重 2～2.5kg，母鸡重 1.5～2kg，性情活泼好动，觅食力强，神经敏感，一般无就巢性，适应性强。

（二）洛克鸡

洛克鸡原产于美国，属肉蛋兼用型洛克品种，现已遍及世界各地，按毛色区分有 7 个变种。早年以横斑芦花羽最普遍，近年来以白羽洛克鸡为主，浅黄、银纹、蓝色者少见。白羽洛克鸡体形大，呈椭圆形，全身羽毛白色，喙、胫、皮肤黄色，单冠，冠、肉垂、耳叶呈红色。本品种早期生长快，胸、腿肌肉发达，饲料利用率高，多作肉用鸡的母系，公鸡体重为 4～4.5kg，母鸡为 3～3.5kg，年产蛋量 150 枚左右，高产者可达 180 枚，平均蛋重 55～60g，蛋壳呈褐色。

（三）考尼什鸡

考尼什鸡，肉用型，原产于英国康瓦尔，有深色（红色）、白羽、红羽白边和浅黄色 4 个变种，现在饲养的白考尼什鸡是近年来美国用深色考尼什鸡引进白色马来斗鸡的显性白色基因后培育而成的。目前，各国多用白考尼什鸡与别的品种杂交生产肉用仔鸡，一般作父系。本品种体躯坚实，胸宽而深，胸、腿肌肉发达，似斗鸡体形，头部较小，豆冠，全身羽毛白色，喙、脚、皮肤为黄色，其肉用性能好，缺点是成熟晚，产蛋少，有就巢性，成年鸡体重公鸡为 4.5～5kg，母鸡为 3.5～4kg，平均产蛋 120 枚，平均蛋重 54～57g，蛋壳呈浅褐色。

（四）洛岛红鸡

洛岛红鸡，兼用型，育成于美国罗得岛州，有单冠和玫瑰冠两个变种，我国引入的是单冠的变种。本品种鸡羽毛深红色，尾羽黑色，喙黄褐色，脚黄色（或黄红色），皮肤黄色，冠、耳叶、肉垂呈鲜红色，背宽平，体躯近长方形，体躯各部分肌肉发育良好，体质健壮，适应力强，成熟期平均 180 天，年产蛋量 160～170 枚，高产者可达 200 枚以上，蛋重 60～65g，蛋壳呈褐色，深浅不一，成年鸡体重公鸡为 3.5～3.8kg，母鸡为 2.2～3.0kg，现代各育种公司推出褐壳蛋配套系的父本通常是用洛岛红鸡。

（五）新汉夏鸡

新汉夏鸡，兼用型，原产于美国的新罕布什尔州。本品种鸡的羽毛比洛岛红鸡稍浅，用洛岛红鸡改良而育成，全身橙红色，尾羽有黑色镶边，单冠红色，喙、皮肤黄色，外貌与洛岛红鸡相似。特点是早熟，适应力强，耐粗饲，蛋大，体形丰满，年产蛋量 180～200 枚，平均蛋重 56～60g，蛋壳呈深褐色，公鸡体重 3.5～4.0kg，母鸡为 2.5～3.0kg。

（六）芦花洛克鸡

芦花洛克鸡，兼用型品种，经多品种杂交后育成于美国。本鸡种体形椭圆，个体大部分发育良好，全身羽毛黑白相间，单冠，耳叶红色，喙、胫及皮肤黄色。本品种鸡性情温顺，肉质优良，易肥育，年产蛋170～180枚，蛋重56g，经选育高产品系可产蛋250枚。蛋壳呈褐色，成年鸡体重公鸡为4.0～4.5kg，母鸡为3.0～3.5kg。

（七）澳洲黑鸡

澳洲黑鸡育成于澳洲，本品种鸡羽毛紧密，体躯深广，胸部丰满。全身羽毛黑色，有光泽，喙、眼、脚呈黑色（脚底白色），单冠红色，肉垂、耳叶红色，皮肤白色。本品种适应范围广，抗病力强，产蛋性能好，年产蛋量160枚左右，平均蛋重60～65g，蛋壳呈褐色，成年鸡体重公鸡为3.75kg，母鸡为2.5～3kg。

（八）北京白鸡

北京白鸡是由北京市种禽公司在引进外国鸡种的基础上选育而成的优良蛋用型鸡，具有体形小、耗料少、产蛋多、抗病力较强、易饲养等优良特性。具有白来航鸡的外貌特点，有Ⅰ、Ⅱ、Ⅲ系，年产蛋量170枚左右，蛋重57～60g，蛋壳白色。

（九）滨白鸡

滨白鸡是由东北农业大学育成的蛋用型配套品系杂交鸡，其特点是产蛋多、蛋大、质量好、生活力强，可根据羽型自别雌雄。有滨白1、2、4和慢羽3系4个品系。经配合力测定，选出滨白42、自别1号、自别3号3个最优杂交组合。滨白42是以滨白4系为父本、滨白2系为母本的二系配套杂交鸡，属来航鸡型，体形小，羽毛紧密，白羽单冠。自别3号是以慢羽3系为母本，滨白2系为父本的二系配套羽型自别雌雄杂交鸡，母鸡为快羽型，公鸡为慢羽型，初生后即可自别雌雄，准确率达98%～100%，属来航鸡型，体形清秀，全身羽毛白色。成年鸡体重1.7～1.9kg，年产蛋量190～200枚。蛋壳白色。

（十）星杂288（白）鸡

本品种是由加拿大谢弗种鸡有限公司利用白来航鸡中4个不同特点的品系，进行正反反复选择法配套杂交培育而来，属于白来航小型高产配套杂交品系。其优点是体形小、耗料少、产蛋多、觅食力强、性成熟早、适应性强、无就巢性。其鸡属高产蛋中等体形来航鸡，母本属高产蛋小型来航鸡。外观清秀而紧凑。全身白羽紧贴体躯，尾羽上翘，舒展，略开张。头大小适中，眼大有神。冠、肉垂、脸为红色，耳叶白色。喙、胫、皮肤呈黄色。单冠，公鸡冠大较厚而直立，母鸡冠薄，直立或略倒向一侧，年产蛋量190～200枚，蛋重55～63.2g。成年鸡体重公鸡为2kg，母鸡为1.5kg。

四、饲养管理要点

（1）鸡的饲料成分应包括谷类、骨粉、鱼粉、豆粉、维生素及矿物质等。根据鸡龄、品种、类型、体重、用途等喂以全价混合饲料，满足它们对各种营养物质的需要。

（2）鸡的建筑物、活动地带、窝棚、食物及水源应保持清洁。适当的光线、温度及通风都是必要的。清洁的环境保证鸡免受寄生虫（虱和虫）、微生物和细菌等疾病的困扰，鸡宜在干爽通风的环境中生长，如果鸡舍内潮湿，容易产生病原菌和霉菌，鸡粪会发酵有毒气体，使鸡容易得病，特别是雏鸡，很容易受到有害微生物的侵袭。因此，除做好环境的清洁卫生外，还要做好预防工作，如鸡舍严禁外人进出，环境和笼具要消毒，各种鸡都要定期注射各种疫苗。

（3）饲养 SPF 鸡的屏障环境和隔离器，要保证噪声、照明、空气中细菌及粉尘、温度、湿度、气流速度、换气次数、梯度压强等指标符合国家实验动物环境设施标准。

温度对鸡特别是雏鸡的生长至关重要。初出壳的雏鸡，体温比成年鸡低 3℃，要 10 天后才能达到正常体温，加上雏鸡绒毛短而稀，不能御寒，所以对环境的适应能力不强，必须依靠人工保温，雏鸡才能正常生长发育。1～30 天的雏鸡都要保温，并放在清洁卫生的环境中饲养。30 天以上的小鸡，羽毛基本上长满长齐，可以不用保温。鸡体温高，发育快，所以必须在冬暖夏凉、通风良好的环境中饲养。另外，鸡的消化道短，新陈代谢旺盛，生长发育快，因此要喂给营养充足、易消化的饲料才能满足需要。

（4）鸡胆小，特别是雏鸡很容易惊群，轻者拥挤，生长发育受阻，重者相互践踏引起伤残和死亡。因此，要保持环境安静，防止突来的噪声引起鸡群骚乱，影响生长。

（5）鸡舍必须定期彻底打扫并消毒，用高压热水冲洗地面和墙面，并清洗笼具，当笼舍还保持湿热时，以甲醛熏蒸，温度在 26.6℃，相对湿度等于或大于 70%，效力最佳。场地和设备洗净之后也可用碘剂、季铵类化合物、氯剂或其他消毒剂进行消毒。鸡舍的门口要设消毒池，人员、物品的进入要严格消毒，非饲养人员应严格控制进入鸡舍。

第十一节 树 鼩

树鼩（tree shrew，*tupaia belangeri*）（图 8-11）是一种生活在热带和亚热带地区的哺乳纲攀鼩类的小型动物，形态酷似松鼠，与人类有较近的亲缘关系，为动物界的特有类群，通称树仙，属哺乳纲、攀鼩目（scandentia）、树鼩科（tupaiidae）、树鼩属（*tupaia raffles*）。树鼩因种的不同，染色体数目不同，$2n$=44～62，种间差异很大。树鼩的寿命达 5～7 年。

图 8-11 树鼩

树鼩主要分布于尼泊尔、不丹、印度锡金邦、印度北部和东北部、孟加拉国北部、缅甸、泰国、老挝、越南、柬埔寨、马来西亚、新加坡、印度尼西亚和菲律宾，以及我国南部和西南部的云南、贵州、广东、广西、海南等地。

树鼩全基因组测序分析和国内外多项研究结果表明，其亲缘关系与灵长类最接近（约 93.4%），在组织解剖学、生理学、生物化学、神经系统（脑功能）、代谢系统和免疫系统等方面与人类近似，与灵长类动物比较，其自身具有体形小、繁殖周期短、易于实验操作、饲养成本低等特点。

一、生物学特性

（一）习性和行为

1. 活动方式 树鼩属四足型运动的小型兽类，在地上或树上用急速弹跳式奔跑的形式运动。起动时，尾突然翘起呈半卷曲状；奔跑时，尾也如此或贴近身体背面。当受惊时，尾会向上翘起，且不停抖动。停息的姿势是侧卧，或腹卧，或臀部落地呈坐式。

2. 杂食性 树鼩属杂食性动物，常以昆虫、小鸟、五谷、野果为食，喜食甜食。树鼩以黎明和黄昏时最为活跃，中午活动较少，觅食时间主要集中在上午8～10时和傍晚15～19时，成年树鼩的日食量为100～150g，用两前肢抓取食物。

3. 栖息地 树鼩栖于热带和亚热带的山地、丘陵、平原谷地的森林或林缘灌丛，也常见于村寨附近的稀树灌丛。善于攀缘，营地栖和树栖生活。白昼活动。树鼩晚上蜷缩在一角，以尾裹颈而眠。

4. 领地意识 雌性树鼩成对生活，不群居，雄性凶暴，两雄相处常互相咬斗。在自然条件下，单个或成对生活，家族群是短暂的最大社会单位。它们通过多样的视觉信号、标记环境的有特殊气味的分泌物等识别周围环境和相互联系。它们具有自身的领域，并猛烈攻击同种的入侵者。

5. 敏捷易惊 树鼩善攀登、跳跃，行动敏捷，有较灵活的手、视力和嗅觉，脑颅发达，胆小易惊，雌性树鼩如长时间受惊，处于紧张状态时，会出现不育症、流产，甚至产后吃仔等现象。能发出8种不同的声音用于警报、注意、接触和防御，其声音范围为0.4Hz～20kHz，声音结构取决于个体的状态和动机，音调随着恐惧的增加而增加。

（二）主要解剖学特点

1. 外观和体形 树鼩形似松鼠，尾部毛发达，并向两侧分散。体长约18cm，尾长约16cm，成年体重为120～150g。脑颅宽平，略呈扁卵圆形，眼窝与颞窝分开，眼眶后有骨桥，形成骨形眼眶。前后足均5趾，每趾都有发达而尖锐的爪，吻部尖长，耳较短。尾毛向两侧排列，尾形平扁，略短于体长。体色因不同亚种而异，体毛常见栗黄色，颌下及腹部为浅色，颈侧有条纹，这是区别树鼩种属的重要标志。

2. 骨 树鼩有7个颈椎、13个胸椎、6个腰椎、3个骶椎和24～26个尾椎。头骨的眶后突发达，形成骨质眼球。

3. 牙齿 树鼩犬齿细小，臼齿具“W”形齿尖，后臼齿宽大。成年树鼩齿式：$\frac{|\ 2.1.3.3}{|\ 3.1.3.3}$，共有牙齿38个。

4. 消化系统 树鼩具有一个呈披针状的舌下器，胃形态简单，似人胃，小肠由十二指肠、空肠和回肠组成，大肠包括盲肠、结肠和直肠，肝分左、右外侧叶和中央叶，肝脏能合成维生素C。胰总管和胆总管共同开口于十二指肠。

5. 呼吸系统 树鼩的肺分上叶、中叶、下叶及奇叶组成的右肺和3叶或4叶组成的左肺。

6. 生殖系统 雌树鼩的子宫为双角子宫，分为子宫角、子宫体和子宫颈3个部分。

7. 皮肤 树鼩皮肤相似于食虫类，具有一种原始的回肢肌。

8. 泌尿系统 树鼩的肾在形态上与一般哺乳动物一样。

9. 神经系统 树鼩的神经系统接近于灵长类，大脑相对发达，脑体之比约为1∶30，接近人类的1∶50。

（三）主要生理学特点

1. 血液学和血清学 树鼩的白蛋白与人的相似。胆固醇值有种和亚种的区别，野生树鼩比笼养者有更低的血糖值，血糖值可作为种和亚种的鉴别特征之一。树鼩的骨髓细胞由粒系细胞、红系细胞和淋巴细胞组成，其中碱性粒细胞多于酸性粒细胞，前者出现少量的环型核粒细胞。树鼩还具有退化细胞和裸核细胞。树鼩的血象与人相比有以下特点：红细胞数较高，白细胞数较低，在白细胞分类中淋巴细胞所占比率较高。

2. 酒精耐受能力 人类通常被认为是唯一能定期摄入酒精的动物，但是科学家发现马来西亚的羽尾树鼩依靠一种相当于啤酒的饮食生活，而且可能已经这样生活了长达5500万年之久。

树鼩以玻淡棕榈（bertam palm）花蕾的花蜜为食。它的花蜜发酵产生多达3.8%的酒精，对树鼩毛发的生物标志物的分析证实了这种动物的高酒精摄入量，树鼩可能拥有一种能有效地降解酒精的生物化学路径。

3. 生殖生理 树鼩性成熟时间约为 6 个月，为诱导排卵，繁殖能力强，妊娠期 41～50 天，胎仔数为 2～4 只，有产后动情期，产后 4～8h 即交配，每年 4～7 月为生殖季节。其仔初生时体重约 10g，体长约 6.4cm，尾长约 3.8cm，全身无毛，皮肤粉红，眼闭，只会蠕动，5～6 天皮肤变黑，开始长毛，14～21 天开眼，3 周开始走动，4 周可跳动，5～6 周断奶而独立生活。

4. 生理数据 树鼩的平均体温为（37.82±0.06）℃，最高值为（39.45±0.26）℃，最低值为（36.34±0.24）℃，静止代谢率，最大值 O_2 含量为（2.58±0.04）ml/（g•h），最小值 O_2 含量为（2.28±0.09）ml/（g•h），心率（394.33±37.74）次/分，收缩压（138.64±20.10）mmHg，舒张压（99.52±17.08）mmHg，平均动脉压（112.57±17.09）mmHg，血细胞比容 14%～55%，血红蛋白 110～180g/L，红细胞数（6～10）$\times10^{12}$/L，白细胞数（0.4～10.0）$\times10^9$/L，淋巴细胞数（0.3～3.5）$\times10^9$/L，中性粒细胞数（0.5～3.5）$\times10^9$/L，平均红细胞血红蛋白含量 14～22pg，平均红细胞血红蛋白浓度 250～400g/L，单核细胞数（0.2～0.8）$\times10^9$/L，平均血小板体积 6～10fL，血小板压积 0.05%～0.15%，血小板数（250～600）$\times10^9$/L。血糖 1.15～7.40mmol/L，丙氨酸氨基转移酶 0～50.6U/L，天冬氨酸氨基转移酶 0～58.6U/L，总胆红素 2.43～12.90μmol/L，总胆固醇 1.29～3.89mmol/L，三酰甘油 0～2mmol/L，免疫球蛋白 G 1.25～15.00mg/ml，白蛋白 28.94～54.90g/L，总蛋白 45.49～84.20g/L，尿素氮 2.00～10.52μmol/L，肌酐 19.93～56.39μmol/L。

二、在生物医学研究中的应用

树鼩原属食虫目，Gray（1825）将其列为食虫目鼹科中的一个亚科。Simpson（1945）首次将树鼩归属入灵长目。一百多年来，人们对树鼩产生了浓厚的兴趣，随着灵长类资源的逐渐枯竭和实验动物小型化的发展趋势，对树鼩的研究越来越广泛和深入。

由于树鼩是一种体小、价廉的介于食虫目和灵长目之间的动物，加之存在许多自发性疾病，它的新陈代谢远比犬、鼠等动物更接近于人，大体解剖也近似于人，因此，在医学生物学领域用途很广。

自 20 世纪 80 年代，树鼩已被广泛作为多种疾病研究的动物模型用于医学和生物学研究。WHO 曾呼吁用树鼩代替数量日趋濒危的非人灵长类动物。利用树鼩开展的研究已涉及形态学、生态学、行为学、繁殖生物学、胚胎学、遗传学、病毒学、肿瘤学、免疫学、病理学、生物化学等生命科学各个领域。

（一）病毒学研究

1. 甲型肝炎的研究 甲型肝炎病毒（hepatitis A virus，HAV）可在树鼩体内繁殖，感染后 7～13 天开始从粪便中排出病毒，持续时间 15～21 天，部分动物转氨酶升高，78%的动物血清中出现 HAV 抗体，有人提示树鼩有可能成为研究人类 HAV 的动物模型。

2. 乙型肝炎的研究 用乙型肝炎病毒（hepatitis B virus，HBV）感染树鼩，在第 5 天有 18%的动物 HBsAg 阳性。病理切片显示出类似病毒性肝炎的病理性改变。表明树鼩可能作为 HBV 的动物模型。

3. 疱疹病毒的研究 树鼩对疱疹病毒（herps simplcx virus，HSV）敏感，经静脉、腹腔或皮下接种 HSV-Ⅰ后在第 2～14 天发病死亡。用 HSV-Ⅰ经腹腔和阴道感染树鼩后，第 3 天出现死亡，第 5～7 天死亡达到高峰，第 11 天可检测到中和抗体。

成年树鼩对人轮状病毒易感，可用于对人轮状病毒性感染致病、免疫机制、疫苗制备和检定的研究。

（二）神经系统研究

树鼩是介于食虫目和灵长目之间的代表，适宜进行食虫目演化为灵长目的研究。树鼩的大脑较发达，与人类相似，多用作神经系统研究，如对大脑皮质的定位、纹状体颞皮质、小脑发育、小脑核团的形态等脑功能的研究，视神经、嗅神经、听神经等感觉功能的研究，应激反应等运动功能的研究，学习、记忆和情绪等高级神经活动的研究，还可用于乙酰胆碱、5-羟色胺、肾素、血管紧张素等神经介质方面的研究。

（三）肿瘤学研究

国内外学者先后报道了在自然条件下树鼩可产生自发性肿瘤，如树鼩乳腺癌、淋巴肉瘤、肝细胞瘤、表皮肝细胞瘤（鳞状细胞癌/皮脂腺癌）。某些化学物质（如黄曲霉毒素）是诱发树鼩肝癌的原因。若将黄曲霉毒素加入饲料中，饲喂后72～172周，50%以上的树鼩发生肝癌。注射3-甲基胆蒽（3-methylcholanthrene，MCA），14～16个月可诱发树鼩发生纤维瘤。

（四）代谢性疾病研究

血中高密度脂蛋白成分占血脂总量的60%～70%，比例较高，已用于探索抑制动脉粥样硬化发病机制的研究。高胆固醇膳食下，容易形成胆结石，以胆盐的形式从尿中排出，但不易形成动脉粥样硬化，为研究高血脂时胆固醇排出途径提供了客观依据，也是人类胆结石研究的理想模型。

（五）寄生虫学研究

树鼩对血吸虫不易感。对泰国6种树鼩的微丝蚴进行普查，在树鼩体内发现丝虫寄生于树鼩的淋巴系统，且出现病理改变，但树鼩能否成为人类丝虫病研究模型尚待进一步研究。

（六）老年痴呆研究

老年树鼩存在类似于人类老年痴呆症病理样的老年斑，通过对树鼩基因组的分析，发现人类与老年痴呆症有关的基因和树鼩中的直系基因具有较高的同源度。显然，树鼩有可能是创建人类老年痴呆症模型的另一理想动物。

（七）脱发研究

实验室笼养野生中国树鼩（tupaia belangeri chinensis）1年以上，部分动物于尾根部、两后腿外侧、腰臀部出现脱毛现象，并持续2～3个月后新毛再次长出但杂有部分白化毛，故呈花斑形外貌，树鼩的花斑现象（piebaldism phenomenon）可用于人类斑秃和无发再生的研究。

（八）其他

树鼩也可应用于糖尿病、白内障等疾病的研究。总之，用树鼩自发性疾病和建立起的某些疾病模型，正在被人们关注。

三、常用品种、品系

树鼩的最初专用属名来源于马来语“Tupai”，意为松鼠，因为它的外形和生活习性与松鼠相似。目前，树鼩的分类大致有三种意见：①归入灵长类；②仍属食虫目；③处于灵长目与食虫目中间地位，作为一个独立的目——攀鼩目（scandentia），这一观点得到许多分类学家的赞同。

树鼩分成两个亚科，即白昼活动的树鼩亚科和夜间活动的笔尾树鼩亚科，8个属，47个种和100多个亚种。我国目前有8个亚种，即阿萨姆亚种、滇西亚种、高黎贡山亚种、喜马拉雅亚种、海南亚种、越北亚种、瑶山亚种和滇南亚种，主要分布于云南、贵州、海南三省和广西壮族自治区。

（一）树鼩阿萨姆亚种（*tupaia belangeri assamensis*）

Wroughton 于 1921 年命名。本亚种的成体尾长短于体长，背后多藏黄色和褐黄色毛，后背富有赤褐色毛，腹面淡黄至橙黄色。

本物种的模式产地在印度阿萨姆。产地为中印边境，分布于中国西藏的阿波尔山（Abor Hills）和米什米山区（Mishmi Hills）等地区，以及印度一侧的德林（Dening）。

（二）树鼩滇西亚种（*tupaia belangeri chinensis*）

Anderson 于 1879 年命名。本亚种的体背和体侧色调均匀一致，呈橄榄绿或橄榄灰绿色，下体污白色（到毛基）或淡黄白色。肩纹白色且较显著。体较小，颅全长平均 47.7（45.0～50.7）mm。尾长相对较长，尾长平均值与体长相等。眼眶相对较小，眼眶横径约为颅基长度的 23.8%。脑颅宽约为颅基长度的 42.8%。

本物种的模式产地在云南滇西和孟拉的桑达河谷。分布较广，在中国分布于四川西南部（西昌、米易、德昌、木里和攀枝花）和云南大部分地区（腾冲以北的高黎贡山、云南中部无量山和东南部文山地区除外）等地区，在国外分布于缅甸东部（掸邦）、泰国北部（清迈）和老挝北部。

（三）树鼩高黎贡山亚种（*tupaia belangeri gaoligongensis*）

Wang 于 1987 年命名。本亚种体形较大，颅全长 49.2（47.7～50.5）mm；肩纹黄棕色；体色深暗，上体多暗黑色，下体胸腹中央区乳黄或淡黄色，下体余部与体侧色调一致；眼眶较大，眼眶横径约为颅基长度的 26.0%；尾长相对较长，均超过体长，约为体长的 103.6（100～113）%。

本物种的模式产地在中国云南泸水。本亚种仅分布于中国云南西北部中缅边境的高黎贡山中段和北段（北纬 26°～28°）。

（四）树鼩喜马拉雅亚种（*tupaia belangeri lepcha*）

Thomas 于 1922 年命名。本亚种体形小，体长 160mm 或更少，尾长明显长于体长。

本物种的模式产地在印度。本亚种分布于中国西藏南部亚东、达旺、德让宗和洛渝地区的低海拔地带（海拔 2800m 以下），喜马拉雅山南坡的锡金、不丹和印度大吉岭地区（Agrawal）。

（五）树鼩海南亚种（*tupaia belangeri modesta*）

G.Allen 于 1906 年命名。本亚种显著大于 *T.b.chinensis*，而与 *T.b.gaoligongensis* 近似，颅全长平均 49.8（48.8～53.0）mm。但尾长显著短于体长，多为体长的 88.6（77～94）%。幼体的肩纹稍微明显，但成体多半模糊甚至退化消失。体背较 *T.b.chinensis* 多灰色，缺乏菜黄色调和 *T.b.yunalis* 后背的暗褐色。下体胸腹中央区棕黄色。牙齿（特别是臼齿）比 *T.b.chinensis* 宽大。

本物种的模式产地在中国海南岛黎母山。本亚种仅分布于中国海南的那大、东方、乐东、琼中、五指山、霸王岭、吊罗山、文冒和白沙等地。

（六）树鼩越北亚种（*tupaia belangeri tonquinia*）

Thomas 于 1925 年命名。本亚种的特征是尾毛带有宽阔的亚端部黑斑。在牙齿形态上，本亚种的颊齿（特别是臼齿）大而宽阔，臼齿齿形像一个横置的梯形，而其他树鼩的亚种臼齿内侧次尖较不发育或缺失，臼齿内侧多半呈尖三角形。与海南亚种的不同还在于本亚种具黄棕色肩纹，体背更较褐黄。

本物种的模式产地在越南。本亚种分布于中国广西西南部（扶绥、靖西、大新、上思、龙津和龙州等地），在国外分布于越南北部和老挝北部。

（七）树鼩瑶山亚种（*tupaia belangeri yaoshanensis*）

Wang 于 1987 年命名。本亚种为我国树鼩各亚种中的最大者，颅全长 52.2（51.0～54.0）mm，体色最为鲜浓，上体和体侧多橙棕色和褐红色，颊部、耳周和颈下侧棕褐色，肩纹橙黄而显著，胸腹中央黄橙色，肛区和后肢下侧淡橙棕色。染色体二倍体数目 $2n=62$。

本物种的模式产地在中国广西金秀。本亚种分布于广西西北部大瑶山区，广西北部红水河以东的天峨、环江、河池、融安、融水也有分布。

（八）树鼩滇南亚种（*tupaia belangeri yunalis*）

Thomas 于 1914 年命名。本亚种体型偏小，颅全长平均 47.8（45.6～50.7）mm，肩纹灰白色且显著，尾长相对较长，几乎等于体长，为体长的 98.4（87～109）%，下体多数白色（特别是雌性），颊齿显著细窄，眼眶相对较大，眼眶横宽平均为颅基长度的 25.5%，而越北亚种和海南亚种分别为 22.8%和 22.2%。与其不同之处还在于尾毛短，亚端部黑斑窄，故尾侧环状黑纹细窄而不显。上述特征与滇西亚种 *T.b.chinensis* 颇相似（眼眶大小除外），但本亚种体色深浓多褐，腰臀部中央多暗黑色，且明显深于前背和体侧。尾长亦相对较短，多数小于体长。

本物种的模式产地在中国云南蒙自。本亚种分布于云南东南部红河流域及其以东地区，包括江城绿春红河、元阳、河口、金平、屏边、马关、麻栗坡、文山、西畴、富宁，云南中部景东无量山区，贵州西南部兴义地区，广西西北部百色地区。

除上述 8 个亚种外，还有 9 个亚种：*T.b.sicata*（缅甸中部曼德勒附近）；*T.b.belangeri*（缅甸南部至泰国西南部）；*T.b.brunetta*（缅甸典那沙冷的金岛和土瓦岛）；*T.b.clarissa*（典那沙冷南部和泰国西南部）；*T.b.sinus*（泰国南部强岛）；*T.b.dissimilis*（越南南部昆仑岛）；*T.b.conlolor*（泰国东南部、柬埔寨至越南南部）；*T.b.olivacea*（泰国曼谷附近）；*T.b.laotum*（泰国中部向南延至曼谷附近）。

四、饲养管理要点

随着医学和生物学的发展，作为实验动物的灵长类动物越来越珍贵，而树鼩在某些方面较啮齿类、家兔、猫、犬等更接近于人类，大量的树鼩被应用到研究中，但目前使用的树鼩一般都是野外捕捉来的，它们的遗传、生长发育、病史等不清，大大影响了实验的可靠性。因此，有计划地开展我国树鼩的驯养繁殖，提高实验动物的质量，满足实验科学的发展需要，是必要和亟待解决的问题。

（1）野外树鼩进入笼养状况，需要一个适应过程，建立严格的管理制度和科学的饲养方法是树鼩驯养的关键。野生树鼩的繁殖有季节性，多集中在 1～5 月，尤以 1～2 月为繁忙。而笼养的中国树鼩无明显的生殖季节，大多数在 3～8 月生小树鼩，60%的交配发生在 2～6 月，而在一天中，8：30～10：30 和 15：00～16：00 的性行为发生较多。在交配期，雄性追逐雌性，爬跨式交配。妊娠期平均为 41～50 天，孕酮的变化情况与人类相似。值得注意的是，在妊娠情况下，树鼩还会继续受配，至分娩前几天为止。树鼩胆小机敏，易受惊，外界的干扰会影响其繁殖率的提高。

（2）新生小树鼩的死亡是驯养繁殖的重要因素。在笼养情况下采用半人工哺乳法，即幼仔出生后，立即与父母隔离，每隔 48h，把幼仔放回巢箱内，让其哺乳 20～30min，可大大提高其成活率。树鼩在出生后 35～40 天时隔离和断奶较为合适。树鼩的性成熟年龄可能为 3～4 月龄。

（3）树鼩的饲育室温度应维持在 15～24℃，湿度在 50%～70%，人工光照 12h，饲育室每天打扫一次，保持笼具和食具的清洁卫生。喂食要定时、定量、保持充足的饮水，室内应避免不必要的干扰和惊动。

实验室饲养时，树鼩喜在笼内翻滚蹿跳，笼不宜过小，繁殖笼内宜设多个小室，供繁殖育仔用。小室要避光隐蔽，以防其产育时受到惊动，造成拒哺乳或引起仔鼩被吞食。树鼩的饲养方式可分为群养和笼养，通常采用一雌一雄或二雌一雄方式配对繁殖。大笼饲养主要作为实验供应群。繁殖笼具大小一般为 60cm×60cm×80cm，铁丝间距为 1cm，底面为便于更换和冲洗的活动网板，笼内设 2

个巢箱，一条栖木。大笼大小一般为 488cm×427cm×283.5cm，饲养 10～16 只。

根据经验，在半人工哺乳情况下，笼养繁殖的幼仔，饲养管理人员经常和它们保持接触、玩弄，使动物变得温顺，且乐于和人接近，选择这些动物进行繁殖，已能驯化育种到第 4 代且繁殖成功。

（4）树鼩喜食昆虫、水果和多脂的甜软食物。笼养时要供给足够的蛋白质饲料，否则，将造成营养缺乏，体重减轻，毛无光泽，易患病死亡。一般可供较软的高蛋白质饲料，并喂些水果、蔬菜。如饲料蛋白质水平较低，每周可补饲 2 次。

配制营养饲料的原料有鱼粉、玉米粉、大豆饼粉、面粉、酵母粉、麦麸、鸡蛋、奶粉、骨粉、蔗糖、食盐及微量元素添加剂、多种维生素等，营养成分为粗蛋白 24%、粗脂肪 10.25%、粗纤维 2.04%、无氮浸出物 28%、粗灰分 6.43%、能量 16.76MJ/kg（4004.3kcal/kg）、水分 29%。可做成膨化料或蒸料饲喂。

第十二节　斑　马　鱼

斑马鱼（danio rerio）（图 8-12）属硬骨鱼纲（osteichthyes）、鲤形目（cypriniformes）、鲤科（cyprinidae）、短担尼鱼属（*danio*），原产于南亚，在世界上广泛分布，是一种典型的亚热带观赏鱼类。斑马鱼具有体形小、生长快、体外受精、体外发育、胚体透明、繁殖周期短、繁殖能力强等特点，是国际标准化组织认可的 5 种鱼类实验动物之一。染色体数 $2n$=50。斑马鱼的寿命为 2～3 年。

图 8-12　斑马鱼

目前，斑马鱼野生型品系纯系主要有 AB 品系、Tuebingen 品系（简称 TU，起源于 Streisinger laboratory），其中斑马鱼基因组计划所用品系为 Tuebingen 品系。斑马鱼已成为最受重视的脊椎动物发育生物学模型之一，是研究胚胎发育、基因调控与功能的优良材料，也是遗传学、发育生物学、环境毒理学、基因组学等研究重要的模式生物。

许多国家和地区如美国、新加坡、印度、印度尼西亚、中国香港等建立了斑马鱼研究机构，而我国内地开展斑马鱼相关的研究无论在规模上还是数量上与国际比较还存在一定的差距。

一、生物学特性

（一）习性和行为

斑马鱼个体小，养殖花费少，能大规模繁育。对水质要求不高，耐热性和耐寒性都很强，属低温低氧鱼，一般水温不低于 20℃即能生活，最适生长温度 25℃。对各种动物性饵料或干饲料，都能食用。斑马鱼性情温和，喜结群游动。

（二）主要解剖学特点

成鱼体长 3～4cm，略呈纺锤形，头小而稍尖，吻较短，身躯玲珑而纤细。雌雄鉴别较容易，雄斑马鱼鱼体修长，鳍大，蓝色条纹偏黄，间以柠檬色条纹；雌鱼的蓝色条纹偏蓝而鲜艳，间以银灰色条纹，臀鳍呈淡黄色，身体比雄鱼丰满粗壮，各鳍均比雄鱼短小，怀卵期鱼腹膨大明显。有较完整的消化、泌尿系统，泌尿系统末端是尿生殖孔，也是生殖细胞排出体外的通道。鱼的心脏只有一个心房和一个心室，单核-吞噬细胞系统无淋巴结，肝、脾、肾中有巨噬细胞积聚。

（三）主要生理学特点

斑马鱼的发育分为 6 个阶段：卵裂期、囊胚期、原肠胚期、分裂期、成形期和孵化期。卵子体外受精和发育，发育温度要求为 25～31℃。繁殖周期约 7 天，胚胎发育同步且速度快，胚体透明。幼鱼约 2 个月后可辨雌雄，3 个月后可达性成熟。雌鱼性成熟后可产几百个卵子，速度很快，卵子和受精卵完全透明。每年可繁殖 6～8 次。

二、在生物医学研究中的应用

（一）发育生物学和遗传学研究

较完善的胚胎和遗传学操作技术在斑马鱼可以像在低等模式动物如线虫、果蝇一样，很方便进行细胞标记和细胞谱系跟踪；也可像在爪蟾一样做胚胎细胞移植。此外，还可培育单倍体及基因组倍增。1994 年 5 月，德、美两家实验室筛选出约 4000 个斑马鱼突变体，发表了斑马鱼第一个基因连锁图，为脊椎动物发育分子机制储备了丰富的遗传资源。斑马鱼是迄今适合用于饱和诱变唯一的脊椎动物。

（二）人类疾病的研究

斑马鱼的生长发育过程、组织系统结构与人有很高的相似性，两者在基因和蛋白质的结构、功能上也表现出很高的保守性，因此，斑马鱼是研究人类疾病发生机制的优良模式动物。迄今已鉴定的一些斑马鱼突变体，其表型类似于人类疾病。例如，sauternes（sau）突变体表现为血细胞小、血红蛋白含量低的贫血，类似于人类 ALAS.2 基因突变引起的先天性铁粒幼红细胞性贫血症；斑马鱼 yqu 突变体因尿卟啉原脱羧酶基因缺陷而使成红细胞中积累过多的卟啉，表现为对光过敏，它与人的红细胞卟啉症类似；gridlock 突变体不能形成正常的动脉血管而导致血液循环受阻，类似人类先天性动脉血管收缩症；doublebubble 突变体的表型类似于人类常染色体显性囊性肾病的症状，belladonna 等突变体是人视网膜变性病的模型；sapje 突变体是人类肌无力症的模型。

肿瘤是对人类健康威胁最大的疾病之一，斑马鱼同样可以用来制备肿瘤模型。常用的方法是构建绿色荧光蛋白（green fluorescent protein，GFP）融合蛋白，利用斑马鱼胚胎透明的特点，观察 GFP 融合蛋白的荧光分布情况，以此确定目的基因或目的蛋白的功能和表达特点。

通过在斑马鱼的胸腺中过量表达小鼠的 *c.Myc* 基因而制备白血病动物模型。在斑马鱼中将抑癌基因 TP_{53} 突变后，易发生恶性周边神经鞘瘤。*b-myb* 基因突变后的突变体杂合体经甲基硝基亚硝基胍（N-methyl-N’-nitro-N-nitrosoguanidine，MNNG）处理后，比野生型鱼更易发生血管瘤、睾丸生殖细胞瘤等肿瘤。

目前，斑马鱼模式生物的使用正逐渐拓展和深入到生命体多种系统（如神经系统、免疫系统、心血管系统、生殖系统等）的发育、功能和疾病（如神经退行性疾病、遗传性心血管疾病、糖尿病等）的研究中，并已应用于小分子化合物的大规模新药筛选。

（三）环境毒理监测

斑马鱼胚胎和幼鱼对有害物质非常敏感，可用于测试化合物对生物体的毒性。目前，美国、新加坡等国分别构建了报告基因受芳烃响应元件、亲电子响应元件、金属响应元件、类固醇激素响应元件控制的转基因斑马鱼，这些转基因斑马鱼对水中多环烃、多氯连苯、苯醌、重金属离子、类固醇激素或类似物等污染物非常敏感，利用荧光检测计，通过检测荧光强度来判定污染物的浓度。

三、常用品种、品系

（一）AB 系

斑马鱼的品系有 20 余种，但应用较广、适用范围较大的种类为 AB 系。

Streisinger 在不同时间从美国俄勒冈州的奥尔巴尼购进了 A 和 B 两个品系，AB 系便是从 A 系和 B 系衍生而来的（原 A 系和 B 系可能起源于佛罗里达州的一个孵化厂），首先选取发育良好、形态正常的 A 系母本单倍体及 B 系母本单倍体，繁育其后代，再把这些 A、B 系母本与未经选择的父本进行杂交产生后代。20 世纪 70～80 年代，俄勒冈州一直用此法保存 AB 系，并降低了死亡突变，故此系可用于病理研究。截至 1991 年，Gorge Streisinger 和 Charline Walker 用于建立 AB 系的野生鱼已到了 70 代。而 AB 星系（star-AB）又是 1991～1992 年用 21EP（用早期压力法产生的纯合子）母本（无父本）从 AB 系中筛选出来的。根据单倍体胚的表现型，Charline Walker 从 180 个包本中选择出这些母本，用 EP 法处理这些母本的卵子产生二倍体原种，分离放置，并为每个后代编号。这些鱼则以任意组合杂交，6 个后代个体杂交，形成 AB 星系，第一个 AB 星系于 1992 年产生。尽管这个原种与 Streisinger 的 AB 系有渊源关系，但目前称作 AB 系，而不是 AB 星系。

目前，AB 系用"Round Robin"交配技术保存。此技术为：从不同代中选出 60～66 个父本和 30 个母本，每个后代个体都是从这些亲本中产生的。首先将父本的精子收集到 6 个试管中，每个父本的精子放在 1 个试管中，从 30 个母本的每个母本中收集卵子（30 窝），每窝的卵子单独放置，并用不同试管中的精子受精，从每窝中选出 15 个形态发育良好的胚（受精卵），并标记 15 个胚中存活鱼的数量和产生游泳浮囊的鱼的数量。而产出 AB 系，86.66%的鱼必须有发育良好的游泳浮囊。将每窝胚中可以游泳的鱼混合在一起，则形成了新的 AB 原种。

（二）其他品系

除 AB 系外，其他的斑马鱼品系见表 8-7。

表 8-7　斑马鱼的品系

品系名称	品系来源
AB（AB）、WIK（WIK）、WT（WT）、Tuebingen long fin（TL）	Zebraflsh International Resource Center（ZIRC）
AB/TL（AB/TL）	
AB/Tuebingen（AB/TU）	Hopkins Lab
C32（C32）	
Cologne（KOLN）	Reugels/Campos-Orttega Lab
Darjeeling（DAR）	Westerfield Lab
Ekkwill（EKW）	Grunwald Lab
HK/AB（HK/AB）、HK/Sing（HK/SING）	Driever Lab
Hong Kong（HK）、India（IND）	Driever-W.
Indonesia（INDO）	The Fishman Laboratory

续表

品系名称	品系来源
Nadia（NA）	Trevarrow-B.
SJD（SJD）	Stephen-L.Johnson Lab
Singapore（SING）	The Fishman Laboratory Fishman， Mark C.
Tuebingen（TU）	N.Slein-Volhard Lab

四、饲养管理要点

（一）一般饲育方法

斑马鱼作为一种观赏鱼类，在全世界范围内都有养殖。通常可用 45L 的玻璃箱进行养殖，每箱中养殖成鱼 25 尾左右，控制水温在 28.5（25～31）℃，超出此范围斑马鱼可能会出现畸形或不能繁殖。每天用虹吸法吸出玻璃箱中的残饵和粪便，并换水 1/3，可不使用滤水设备，如使用滤水设备，也要每周至少换水 1/2。斑马鱼可用自来水养殖，但养殖和换水时要注意，所用之水要曝气 1 天以上，同时加温到所需温度。成年斑马鱼每天要喂食 2 次，每次喂食后吸出玻璃箱中的污物。

（二）饵料及投喂

斑马鱼对饵料要求不高，人工饲料及各种活饵料均能很好地利用。为了保持斑马鱼较好的繁殖和生长条件，最好使用多种饵料结合投喂。人工饵料可用全价硬颗粒饲料或软颗粒饲料，也可用片状和粉末状观赏鱼饲料。饲料不能投喂太多，以所有饲料可在 5min 之内被吃完为好。用于繁殖的成鱼最好的饵料是优质的活饵料，如丰年虫幼虫及成体。各地出产的丰年虫卵孵化要求条件不一，可按其说明进行孵化，一般情况下可用浓度为 3%左右的盐水，控温 30℃，充气孵化。孵化 24～48h 后，静止 10min，漂去卵壳，用 200 网目的纱绢滤去盐水后投喂。投喂量以水体中不出现大量吃不掉且死亡的饵料为好。其他的活饵料有水蚤、果蜕幼虫、水丝蚓（污染的水丝蚓可能会引起疾病）等。

（三）饲育用水

通常情况下，斑马鱼成鱼可以养殖于淡水中，但繁殖时胚胎发育及幼鱼对水质条件的要求稍高。如孵化或养殖用水不合适可能造成鱼发育不良、对疾病的抵抗力下降及失去繁殖能力等。如当地水质条件较差，不能满足孵化及养殖要求，可采用蒸馏水加入适当的盐进行孵化及幼鱼养殖。一般情况下，自来水经曝气、过滤处理 24h 以上即可用于养殖。繁殖时胚胎和幼鱼应在孵化液中孵化、养殖，另外 ZR 液也可有同样的效果。

孵化液：用于人工授精、卵孵化及幼鱼培育。以 10%Hank’s 液为基础，扩大 Ca^{2+}、Mg^{2+}浓度，按以下配方配制：

1.0ml Hank’s 储存液 1
0.1ml Hank’s 储存液 2
1.0ml Hank’s 储存液 3
95.9ml 双蒸水
1.0ml Hank’s 储存液 4
1.0ml 新鲜 Hank’s 储存液 5
加入约 10 滴 1mol/L NaOH 调节 pH 到 7.2
储存液 1
8.0g NaCl

0.4g KCl

溶于 100ml 双蒸水中

储存液 2

0.358g Na_2HPO_4（无水）

0.60g KH_2PO_4

溶于 100ml 双蒸水中

储存液 3

0.72g $CaCl_2$

溶于 50ml 双蒸水中

储存液 4

1.23g $MgSO_4 \cdot 7H_2O$

溶于 50ml 双蒸水中

储存液 5

0.35g $NaHCO_3$

溶于 10.0ml 双蒸水中

除储存液 5 要现用现配制外，其他储存液可于冰箱中存放数月。

配好的孵化液中各物质的浓度为：

13.7mmol/L NaCl

0.54mmol/L KCl

0.025mmol/L Na_2HPO_4

0.044mmol/L KH_2PO_4

1.3mmol/L $CaCl_2$

1.0mmol/L $MgSO_4$

0.42mmol/L $NaHCO_3$

ZR 液：用于人工授精、受精卵孵化及幼鱼培育，也有同样的效果，配方如下：

38.7mmol/L NaCl

1.0mmol/L KCl

1.7mmol/L HEPES

2.4mmol/L $CaCl_2$

调节 pH 为 7.2，高温消毒。

（四）疾病防治

只要饲养条件合适，斑马鱼很少得病。对于实验用鱼来说，如果发现有病鱼出现，最好是将其淘汰，因为用药物治疗过的鱼不能再用来进行毒理学或药理学实验。好在斑马鱼繁殖力极强，在实验开始前要注意多养殖一部分斑马鱼备用，以防因淘汰病鱼而影响实验进度。在日常养殖过程中要注意，器具尽量避免使用药物消毒，也不用药物预防鱼病。日常用具，如网、水族箱、滤水装置等，可用清水洗净、日晒或紫外线消毒，不能日晒的可用 4%的盐水浸泡 20～30min。

本章 PPT

第九章　遗传工程动物

第一节　概　　述

一、概念

遗传的基本物质是基因，是位于染色体上有遗传效应的DNA片段，对于储存在生物全套染色体中的全部遗传信息，可称其为基因组。由于不同种类、不同个体的生物基因组成是不同的，因此对动物个体来说，非自身的基因成分属于外源基因，如果通过实验方法把外源基因整合或导入动物染色体基因中，那么这个外源基因就被称为转基因（即转移来的基因）。将特定的外源基因导入动物受精卵或胚胎，使之稳定整合于动物的染色体基因组并能遗传给后代的一类动物，称为遗传工程动物，也称转基因动物。

近年来，由于克隆技术发展迅速，遗传工程动物可由克隆转基因培养细胞培育，而不必将外源基因导入生殖细胞而建立。因此，遗传工程动物又可定义为“携带了外源基因并能表达和遗传的动物”。

遗传工程动物所有的细胞均整合有外源基因，并具有将外源基因遗传给子代的能力，若动物只有部分组织细胞整合有外源基因，则称为嵌合体动物，这类动物只有在整合了外源基因的“部分组织细胞”恰为生殖细胞时，才能将其携带的外源基因遗传给子代。

二、遗传工程动物的研究进展

遗传工程动物的出现是重组DNA技术和胚胎技术发展的必然结果。重组DNA技术的出现，使人类首次可以分离并扩增足够数量的遗传物质DNA。在这种情况下，人们不仅仅满足于在微生物宿主中表达基因，而是要把基因转移到植物和动物中，看一看会发生什么情况。20世纪70年代初，在美国活跃着一批科学家，他们尝试各种方法，向动物体转移外源遗传物质。经过数年的努力，终于找到了向动物转移外源基因的可靠方法，并证明了遗传物质的统一性，即无论是微生物来源的基因还是动植物来源的基因，它们在动物基因组中都可以有效地表达。从此，遗传工程动物作为生物学中的一个分支学科被确立下来，并逐步展示出越来越光明的发展前景。

早在20世纪60年代末和70年代初，就有人向蛙卵和小鼠胚胎注射mRNA，研究mRNA能不能在动物卵细胞和早期胚胎中翻译。当然，这还不是今天意义上的遗传工程动物研究，而是与转基因动物技术的出现密切相关的事件，因为后来建立了动物转基因技术的也是这一批科学家。1974年，Jaenisch和Mintz首次报道通过向移植之前的小鼠囊胚注射SV40的DNA，在发育成的幼鼠体内检测到了SV40 DNA序列的存在。当然，这还不是我们今天所讲的真正意义上的转基因小鼠，因为向囊胚注射DNA只能使少数细胞摄取外源DNA，发育成的幼鼠只在其体内一部分细胞中含有被注射的DNA，并且遗传到其下一代的机会很小。1976年，Jaenisch又报道了通过用反转录病毒感染小鼠的胚胎，使病毒DNA整合到小鼠的基因组中，并传递给后代。与此同时，Ruddle领导的实验室和Brinster领导的实验室致力于发展另一种转移 DNA 的方法，即向处于原核期的小鼠胚胎直接注射纯化的 DNA。1980 年，耶鲁大学的 Gordon 等将一种新的基因通过受精卵原核显微注射的方法导入小鼠受精卵原核，被导入新基因的受精卵经胚胎移植后所获得的后代小鼠携带了导入的新基因。显微注射技术使转基因动物的研究迅速发展起来。在此后的 1 年内，有 6 个实验室陆续报道通过向原核期的小鼠胚胎显微注射 DNA，获得了转基因小鼠。从此，向原核期的胚胎直接注射纯化的 DNA 作为生产转基因动物的主要方法被确立下来，并且至今仍是一种最可靠和最常使用的方法。

但是，在这些早期的实验中，使用的基因结构未曾认真地设计和构建，大多是使用容易得到的材料进行实验，实验结果仅仅表明使用 DNA 显微注射的方法可以将外源基因导入小鼠种系之中。至于被导入的基因有何生理作用，则不能检测出来，因而在科学界影响不是很大。例如，Gordon 等使用的 DNA 是含有一种 cDNA 序列的质粒 DNA，根本不可能表达；Wagner、Costantini 和 Lacy 等使用的珠蛋白基因没有表达，而 Wagner 等宣布他们新使用的 B-珠蛋白基因在小鼠中获得表达，但实验过程中为了检测基因表达把实验小鼠杀死了，没有进行传代实验。真正发生重大影响的是 Brinster 和 Palmiter 合作生产的超级小白鼠。这两位转基因动物研究的启蒙者的合作始于 1980 年。当时，Brinster 正在致力于研究转基因方法，苦于没有一种很容易检测的基因结构；而 Palmiter 正在研究小鼠的 *MT* 基因，打算在细胞系中表达这个基因并分析基因的调控序列。当 Brinster 告知他的问题之后，Palmiter 立刻给他构建了一个由 *MT* 基因启动子驱动的 *TK* 基因，原因是这个结构很容易构建，利用一个 *Bgl*D 酶切位点就可以将 *TK* 基因的编码序列融合到 *MT* 的启动子下游。当用了这个融合基因生产转基因小鼠之后，在小鼠的肝脏中表达了 *TK* 基因，活性是对照小鼠的 100 倍，这是到 1981 年第一个在小鼠中得到了高效表达的外源基因。因此，这两位科学家决定长期合作，并且把用转基因的方法矫正遗传性疾病作为研究的重要目标之一。次年，Palmiter 由 William Held 处得知，有一种微型鼠是由于体内缺少生长激素造成的，注射生长激素后可以矫正这种遗传缺陷。当时正好听说 Ron Evans 克隆了大鼠的生长激素基因序列，Palmiter 就力邀 Evans 合作，构建了用 *MT* 启动子驱动大鼠 *GH* 基因编码序列的基因表达结构，供 Brinster 进行显微注射实验。他们当时手边没有微型鼠，只好将这个融合基因注射到正常小鼠的单细胞胚胎中。实验结果证明，含有外源 *GH* 基因的小鼠长得比正常小鼠几乎大 1 倍。当这一实验结果在 1982 年英国的《自然》杂志第 300 期上发表并在该期的封面上刊登超级小白鼠的照片之后，引起了全世界的轰动。科学家、企业家、卡通画作者和动物保护主义者一时间都在谈论转基因动物技术，估价它对社会和经济发展的潜在影响，担忧它会对环境和社会伦理造成何种后果。这些快速生长的转基因小鼠被誉为“超级小鼠”，这一系列具有轰动效应的实验结果证实了两点：①融合基因可以在宿主体内得到有效、正确表达；②表达产物可以在宿主动物内行使功能。

1983 年，Gordon 和 Ruddle 将这种携带了外源基因的动物称为转基因动物，这是学术界首次使用“转基因动物”这一术语。

一系列成功的实验引起众多研究者对培育转基因经济动物的极大兴趣，按照研究转基因小鼠的思路，转基因兔、转基因绵羊、转基因猪、转基因山羊及转基因牛都陆续育成。到了 1985 年，美国人用转移 *GH* 基因、*GRF* 基因和 *IGF-1* 基因的方法，生产出转基因兔、转基因羊和转基因猪。同年，德国人 Brem 生产出转基因兔和转基因猪，使用的基因是人的 *GH* 基因。1987 年，澳大利亚人转移羊自身的 *GH* 基因，生产出转基因羊。次年，又报道用转移猪的 *GH* 基因的方法生产出转基因猪。1989 年，英国人 Polge 报道了用注射牛的 *GH* 基因的方法生产出转基因猪。

1980～1990 年，是全世界对转基因动物进行研究的高潮时期，有一系列重大技术突破。其中最成功的是利用动物乳腺作为生物反应器生产医用蛋白质。1987 年，Gordon 将人组织纤溶酶原激活剂 cDNA 与小鼠乳清酸蛋白基因启动区构建融合表达结构，首建乳腺生物反应器小鼠模型。迄今为止，人α-抗胰蛋白酶、人尿激酶等诸多重要蛋白质已得到有效表达。转基因动物正在改变农业、医药、生物材料，甚至整个生命科学的研究与发展面貌。

2000～2020 年，转基因动物得到飞速的发展，被转移的基因可以来自同种或者异种动物，抑或来自植物和微生物。如此一来，打破了物种之间的界限，即动物能与农作物、微生物杂交。国内 Wang 等将人溶菌酶基因转入家鸡，且与非转基因鸡相比，转基因鸡促进了肠道双歧杆菌的生长。目前转基因模型大部分局限于单个基因的转移，但是随着科学技术的进一步发展，转基因动物模型的应用会扩展为多个基因的同时转移。

中国的遗传工程动物资源发展以基因工程动物为主。我国政府和科学界对转基因动物的研究和应用十分重视，转基因动物的研究取得了重大技术进步。我国是从 1984 年开始转基因动物研究的，并先后开发出一批有价值的转基因小鼠，如阿尔茨海默病转基因小鼠、人突变载脂蛋白转基因小鼠、高脂血症模型、四环素调控的 HCV 嵌合体小鼠等。中国科学院于同年获得了含人伊珠蛋白基因的转基因小鼠。利用显微注射法，1985 年和 1986 年又分别获得了含人生长激素基因的转基因泥鳅和小鼠。1987 年获得含有大肠埃希菌 *galk* 和 *gpt* 基因的转基因小鼠。以后又相继获得了含 *HBsAg* 基因的转基因兔、转基因猪和含 *EPO* 和 *HbsAg* 两种基因乳腺特异性表达的转基因山羊、含人凝血因子Ⅸ的转基因山羊、含人血清白蛋白基因的转基因奶牛、乳腺表达“生物钢”蛋白基因的转基因鼠。

2001 年，科技部资助南京大学建立了“国家遗传工程小鼠资源库”。上海成立了全国首家转基因动物公司，基因工程药物在我国也已初步形成产业。

2003 年 3 月，中国农业大学取得我国首例转基因体细胞克隆牛成功，它的顺利出生，表明我国科学家已完全掌握了世界上只有少数国家掌握的动物体细胞克隆技术。同年 10 月，第 2 头转有人岩藻糖转移酶基因的体细胞克隆牛出生，这标志着我国已经成熟掌握了转基因体细胞克隆牛的技术体系，在该领域的研究跻身世界前列。

2004 年，中国人民解放军军事医学科学院利用精子载体法制备乳腺生物反应器的转基因兔模型获得成功，获得 F_1 代转基因兔 184 只，通过鉴定发现，转基因阳性后代 89 只，阳性率 48.4%。目前获得的转基因动物还有转基因绵羊、猪、鸡、大鼠、猴等。

随着 ZFN、TALEN 等技术的发展，中国开始研制基因敲除动物资源。2006 年，科学技术部启动了基因条件性突变小鼠计划，通过 4 年攻关，完成了 150 个基因突变小鼠品系的研制。但由于研究机构缺乏和资助有限，基因工程技术当时仍然以小鼠为主，且引进的资源占很大比重。2013 年，华东师范大学生物医学研究所和生命科学学院的 Qiu 等发现，转录激活因子样效应物核酸酶（transcription activator-like effector nucleases，TALEN）技术是具有不同遗传背景的小鼠中高效、高遗传力的快速基因破坏的有效遗传工具。

成簇的规律间隔的短回文重复序列（clustered regularly interspaced short palindromic repeats，CRISPR）技术的出现，为中国遗传工程动物资源发展带来了新的契机，基因快速编辑技术首先促进了转基因小鼠、基因敲除小鼠、基因条件性敲除小鼠和靶点基因人源化小鼠资源的大力发展，使中国以南京大学模式动物研究所为代表机构的基因修饰小鼠资源不断增加，总量达到 3000 余种。在大鼠方面，随着掌握了基因敲除大鼠技术和基因条件性敲除大鼠技术，国内以中国医学科学院医学实验动物研究所和武汉大学为代表机构的基因修饰大鼠资源迅速增加，建立了国际上第二大基因修饰大鼠资源库。同时，由于率先开展了 CRISPR 技术在猴、小型猪等大动物基因编辑方面的应用，使中国的基因编辑的大型实验动物资源处于国际领先地位。

2015年，陆军军医大学基础医学学院实验动物科学系Wang等证明用Cas9 mRNA和sgRNA注入合子是产生基因修饰猪的一种有效且可靠的方法。2018 年，浙江大学的 Niu 等使用CRISPR-Cas9 灭活了猪原代细胞系中的所有 PERV，并通过体细胞核转移产生了 PERV 灭活的猪，他们的研究解决了临床异种移植中的安全问题。2019 年，浙江大学和斯坦福大学合作在 *Science* 发表了关于一种称为 CRISPR 活细胞荧光原位杂交的方法，活细胞荧光原位杂交方法可在单细胞的基因组编辑、转录和重排过程中对 DNA 和 RNA 进行实时成像。

遗传多样性动物资源是应用协同重组技术等建立的基因高度多态性，能反映人群复杂遗传背景差异的动物品系资源，是复杂性状疾病研究、疾病易感动物资源鉴定、药物敏感基因筛选、重要致病基因功能发现、精准医疗研究的重要动物资源。中国参与了国际复杂性状疾病小鼠联盟，培育了遗传多样性小鼠资源，目前该资源全球共 200 种品系，中国则拥有 70 种，占比超过 1/3。

第二节　转基因动物制备方法

一、转基因动物制备方法简介

按照人类的要求改造生命，一直是人类追求的目标。分子生物学研究的长足进展，基因工程和胚胎工程技术的成熟运用，为人类改造物种提供了重要的理论与技术基础。转基因技术诞生于 20 世纪 70 年代末，由于其在农业、医学、生物学中的重要价值和运用，已引起世界各国的广泛关注，并随着生物技术和相关学科的快速发展，转基因技术得以不断完善和日趋成熟，其研究领域也在不断拓宽。目前，获得的转基因动物有转基因实验鼠、大鼠、羊、猪、鸡等，尤其转基因实验鼠技术已成熟完善，并在生命研究领域广泛运用。

转基因技术是通过基因工程技术将感兴趣的目的基因导入受体动物的基因组中或把受体基因组中的一段 DNA 切除，从而使受体动物的遗传信息发生人为改变，并且这种改变能遗传给后代的一门生物技术。转基因动物是指将特定的外源基因导入动物受精卵或胚胎，使之稳定整合于动物的染色体基因组，并能遗传给后代的一类动物。

转基因技术涉及外源基因的组建、载体、受体、基因导入技术、供转基因胚胎发育的体外培养体系和宿主动物等方面，主要包括转基因载体的构建、转基因动物的建立和鉴定、转基因动物品系或品种的建立等步骤。

（一）转基因载体的构建

典型的完整转基因载体应包括启动子序列、内含子序列（备选）、目的基因和 PolyA 加尾信号。目的基因是准备导入受体的 DNA 序列，可通过以下途径获得：①人工合成小片段碱基序列，一般不可超过 100 个碱基；②通过提取组织中的 mRNA，经反转录酶合成 cDNA，建立 cDNA 文库，再克隆目的蛋白的 cDNA；③先建立动物的 DNA 文库，再通过基因克隆技术获得目的蛋白的基因序列。

目的基因被克隆后连入表达载体，形成一个独立表达的调控单元，再通过扩增和纯化，使 DNA 达到一定浓度就可用于基因导入。

（二）转基因动物的建立和鉴定

通过基因工程技术将目的基因导入生殖细胞、早期胚胎干细胞和早期胚胎，并整合到受体细胞的基因组中，经过各种发育途径形成所有细胞均携带目的基因的个体。

根据外源基因导入的方法和对象的不同，目前制作转基因动物的方法主要有原核显微注射法、反转录病毒感染法、胚胎干细胞法等。

在外源基因导入过程中，需要各种动物，包括受精卵供体的雌性动物和胚胎移植受体的假孕动物及相对稳定的正常雄性动物等。以转基因实验鼠为例，如受精卵供体的雌性实验鼠，要求遗传背景明确，常采用杂交 F1 代实验鼠等。在准备供体实验鼠的同时，同期准备假孕雌鼠，使之各项生理指标适于胚胎移植。此外，选择遗传背景与受精卵供体雌鼠一致的健康正常雄鼠，用于与雌鼠交配合笼，以提供足够合格的受精卵。还需要与雌鼠交配产生胚胎移植受体假孕雌鼠的输精管结扎雄鼠，用于交配刺激雌鼠，产生适于妊娠的内分泌环境。

通过胚胎移植生育出的动物，通常有 5%～40%携带外源目的基因，需用分子生物学方法进行基因鉴定。为了检测动物基因组中是否整合外源 DNA，常用 PCR 方法扩增目的基因，再通过电泳初步检测是否含有目的基因。也可用 Southern 杂交检测 PCR 阳性个体是否含有目的基因，如果出现阳性，就可判断为转基因阳性动物，以此挑选出成功导入外源基因的实验鼠进行培育饲养和繁殖。

（三）转基因动物品系或品种的建立

第一代转基因动物是半合子转基因动物，呈杂合子状态，但整合位点位置和数量大多不同。只有通过选种选配，将第一代转基因动物和野生型动物交配，获得整合位点相同的转基因阳性动物，再选择同胞的转基因阳性动物进行交配，得到纯合子转基因动物，进而建立转基因动物家系，外源 DNA 才能在后代中稳定遗传。

二、原核显微注射法

原核显微注射法是目前最常用且成功率最高的方法。它是运用显微操作系统，把外源 DNA 分子直接注入受精卵的原核中，通过 DNA 在复制或修复过程中造成的缺口，把外源 DNA 整合到胚胎基因组中。它的优点是外源基因的导入整合效率较高，不需要借助载体，直接转移目的基因，且目的基因的长度可达 100kb；可直接获得纯系，实验周期短，效果稳定。缺点是需要贵重、精密的仪器，受胚胎发育阶段限制，操作复杂、难度大，转基因效率低，并且外源基因的整合位点和整合的拷贝数都无法控制，易造成宿主动物基因组的插入突变，引起相应的性状改变，重则致死。

以转基因实验鼠的制作为例，操作步骤叙述如下：

（一）采集受精卵

1. 超排卵 选取 6～8 周龄的雌性实验鼠，腹腔注射 5U 孕马血清促性腺激素和 2.5～5.0U 人绒毛膜促性腺激素诱导母鼠排卵。其中，孕马血清促性腺激素模拟卵泡刺激素作用，人绒毛膜促性腺激素模拟黄体生成素的作用。二者注射时间间隔为 42～48h，排卵发生在注射人绒毛膜促性腺激素后 10～13h。将每只促排的雌性实验鼠与 12 周至 1 年的雄性实验鼠合笼交配，于次日上午检查雌性实验鼠的阴道口是否有白色的阴道栓，作为判断交配成功的标志。

2. 取受精卵 与雄性实验鼠合笼的次日上午，将确认有阴道栓的雌性实验鼠经颈椎脱臼处死，取出其输卵管，置于培养液中。在体视显微镜下，小心划破输卵管膨大的壶腹部，流出带有卵丘细胞层的受精卵。用透明质酸酶消化处理，分离受精卵和卵丘细胞。在体视显微镜下，观察并选择原核清晰的受精卵，移入含有培养液的胚胎培养皿中，滴加矿物油覆盖培养液的表面，放入 37℃含 5%CO_2 的细胞培养箱中继续培养 5h。一般在上午 10 时左右取受精卵，培养至 13 时可观察到雌、雄性原核，多数受精卵在 13～18 时原核形成且清晰可见。

（二）向受精卵雄性原核注入外源 DNA

受精卵中有分别来自卵子和精子的两个原核，通常来自精子的雄性原核较大，能容纳更多的外源 DNA，因此一般都是向雄性原核注入 DNA 溶液。注意待导入的外源 DNA 要检测其纯度和浓度，以备用。

显微注射需用显微操作仪，用来控制显微持卵针和显微注射针。持卵针是显微注射时固定受精卵的细玻璃管，管口平滑，通过注射器控制持卵针，使其吸住要进行注射的受精卵。用来注射外源 DNA 的细注射针管表面平滑，尖端锋利，便于注射时穿过透明带、细胞膜等。

将含有 10～20 个受精卵的培养液滴和 DNA 液共同滴放于载玻片上，固定在显微注射仪的载物台上。将 DNA 液面调整至倒置显微镜视野中央，先用右手持充满矿物油的显微注射针吸取 DNA 溶液，吸入量以 DNA 溶液和矿物油之间出现弯月形位置为准。再将视野中央移至受精卵液滴上，左手控制持卵针，利用负压固定受精卵。然后推动显微注射针移至固定好的受精卵一侧，继而刺入受精卵的雄性原核，注入外源 DNA 溶液。通过肉眼确定雄性原核是否膨大，以判断 DNA 注入是否成功。注射完毕，慢慢抽出注射针，将受精卵放入新的培养液中，使其恢复。一般 50%～80% 的受精卵在显微注射后仍保持健康无损伤。

将注射成功的受精卵收集，放入 37℃细胞培养箱中培养过夜，第 2 天发育成 2-cell 的胚胎，挑选并收集出来。

（三）将 2-cell 的受精卵移植到假妊娠雌性实验鼠的输卵管中

将经显微注射的 2-cell 受精卵移植至交配第 3 天的假孕母鼠输卵管中，移植的胚胎经输卵管可移行到子宫着床，正常发育。

操作时，建议同时在两侧输卵管移植 10 多个受精卵，移植率高时可望获得多至 8 只仔鼠，少时仅能获得 1 只仔鼠或无仔鼠产出。原因可能是外源 DNA 的注入引起胚胎损伤，进而引发发育中途阻滞，此外，胚胎移植操作的熟练度也会影响移植的成功率。

（四）导入基因的鉴定

通常，可通过 PCR 和 Southern blot 方法检测外源基因的整合情况，筛选和鉴定出转基因阳性实验鼠，以用于转基因实验鼠品系种群的建立和繁育。此外，可提取转基因实验鼠某一组织的 mRNA，用 Northern blot 法进行分析检测，出现阳性表明外源基因具有转录活性。还可提取转基因实验鼠某一组织的蛋白质，用酶联免疫法、免疫荧光法和 Western blot 法等检测转基因实验鼠组织中是否含有目的基因编码的外源蛋白，且是否具有活性。

三、反转录病毒感染法

反转录病毒作为转基因载体是目前应用较成功的一种基因转移方法。以反转录病毒作载体，把重组的反转录病毒载体 DNA 包装成高滴度病毒颗粒，感染发育早期的胚胎，将外源基因导入宿主的染色体内的方法称为反转录病毒感染法。反转录病毒是双链 RNA 病毒，它侵染细胞后可通过自身的反转录酶以 RNA 为模板在宿主细胞染色体中反转录成 DNA。同时，反转录病毒基因组具有特征结构——具有长末端重复序列（LTR），也称为 LTR 反转录座子（LTRs）。利用 LTRs 区域具有转录启动子活性这一特点，可将外源基因连接到 LTRs 两侧翼 LTR 的下部进行重组，再包装成高滴度病毒颗粒后，可高效率地整合到宿主染色体上，以实现外源基因的导入。

以反转录病毒为载体导入外源基因时，外源基因多属单拷贝整合，这一点区别于显微注射法。

反转录病毒感染法的优点是操作简单，外源基因的整合率较高；动物病毒所具有的启动子不但可促使一些选择标记基因的表达，还能促使所导入的外源基因的表达。但是，反转录病毒载体容量有限，并且外源基因难以植入生殖系统，成功率较低，影响外源基因在宿主动物的表达；病毒衣壳大小有限，不能插入大的外源 DNA 片段，它们只能转移小片段 DNA（≤10kb），否则影响外源基因的活性和稳定。

目前使用的反转录病毒载体表达系统包括反转录病毒载体和包装细胞两大部分。反转录病毒载体是由野生型反转录病毒改造而成，去掉与病毒复制有关的基因元件 gag、pol 和 env 等，仅保留 LTR 和ψ+包装信号作为反转录病毒的必需元件，因为在外源基因插入宿主细胞基因组后可利用载体中的 LTR 启动子活性，提供启动转录和加工功能，而ψ+包装信号可促使病毒 RNA 被细胞识别后，复制并包装成病毒颗粒。包装细胞基因组内包含病毒复制所需的 gag、pol 和 env 等，可表达 gag、pol 和 env 的基因产物。由于改造后的病毒载体本身不具有感染性，需要通过包装细胞提供病毒复制所需的酶系和病毒结构蛋白，转染进入包装细胞后，才能包装成高感染性的病毒颗粒，进而感染受精卵或胚胎，以实现外源基因的导入。

反转录病毒载体制备转基因动物的操作环节主要包括：

（一）构建携带外源基因的反转录病毒表达载体

目前改造后的反转录病毒表达载体均已商品化，广泛运用在各类基因工程实验中。该表达载体设计有一个含多个限制性内切酶位点的多克隆位点区域，便于外源基因的插入。利用分子克隆技术制备外源目的基因，并连接到反转录病毒载体中，构建携带外源目的基因的重组反转录病毒表达载体，鉴定正确后扩增纯化，酶切线性化质粒 DNA，收集纯化后转染进入包装细胞，包装病毒颗粒。

（二）病毒颗粒的包装和测定

包装细胞可为病毒载体提供必需的包装元件，以形成具有感染力的完整病毒。目前，用于重组反转录病毒包装的细胞也已商品化，市面有售。利用脂质体法或电穿孔法，将重组的反转录病毒表达载体转染包装细胞，包装获得具有感染性的完整病毒颗粒，并释放到细胞培养上清中。收集含有成熟病毒颗粒的培养上清，进行病毒滴度测定。为提高病毒滴度，可反复感染包装细胞 2～3 次，收集最后一次的感染细胞培养上清，反复冻融 3 次离心收集后，用于早期胚胎细胞的感染。

（三）重组病毒载体感染

利用透明质酸酶去除受精卵的透明带，滴加收集的含重组反转录病毒的细胞培养上清，让病毒液和受精卵共孵育，使重组病毒感染受精卵，将外源目的基因整合到宿主染色体内。体外培养病毒感染的受精卵，使之发育到桑葚胚阶段，收集进行胚胎移植。

（四）胚胎移植

观察挑选发育良好的胚胎移植到假孕受体实验鼠体内，待 18 天后可获取转基因仔鼠。

（五）外源基因的鉴定

对出生的转基因仔鼠进行 PCR 和 Southern blot 检测，鉴定是否获得转基因阳性实验鼠。

四、基因敲除动物制备方法简介

基因敲除是 20 世纪 80 年代发展起来的一门新技术，指通过一定的途径使机体内特定的基因失活或缺失的技术。应用 DNA 同源重组技术将灭活的基因导入小鼠胚胎干细胞（embryonic stem cell，ES 细胞）以取代目的基因，再筛选出已靶向灭活的细胞，显微注射到小鼠囊胚。该细胞参与胚胎发育形成嵌合型小鼠，再进一步传代培育可得到纯合基因敲除小鼠。基因敲除小鼠模型的建立阐明了许多与人类疾病相关的新基因的功能，使现代生物学及医学研究取得了突破性的进展。2007 年该项技术获得诺贝尔生理学或医学奖。下面对几种常报道的基因敲除技术做一简要描述。

（一）ES 细胞基因打靶技术

基因敲除最常使用的是小鼠（常用的品系为 129SV）的 ES 细胞，主要是因为 ES 细胞是利用小鼠囊胚内细胞团中的多潜能细胞建立的，在体外白血病抑制因子可维持其多潜能未分化的状态；ES 细胞有利于各种体外操作；具有发育成胚系各种组织的能力。

为了建立基因敲除动物模型，在体外先构建一个打靶载体，这个载体上含有一段与欲敲除的基因具有高度同源性的外源基因，在外源基因中插入一带有启动子的选择标记基因，把这个含有修饰后外源基因的载体利用转染的方法，如磷酸钙共沉淀、电转移和反转录病毒介导等方法导入 ES 细胞中，这样导入细胞中的外源基因就有机会与染色体上的靶基因发生同源重组，把修饰的外源基因置换到 ES 细胞中，再通过筛选标记基因而检出发生同源重组的 ES 细胞并在体外扩增，将此 ES 细胞注入供体囊胚，再将带有此 ES 细胞的囊胚胎移植到假孕鼠的子宫内，发育成一个嵌合体，经过进一步杂交传代的方法，使外源基因纯合，即建成基因敲除动物模型。

（二）Cre/LoxP 重组酶系统

1981 年从 P1 噬菌体中发现，Cre 重组酶基因编码区序列全长 1029bp，编码由 343 个氨基酸组成的 38kDa 单体蛋白。它不仅具有催化活性，而且与限制酶相似，能识别特异性的 DNA 序列，即 LoxP 位点，使 LoxP 位点间的基因序列被删除或重组。Cre 重组酶有 70%的重组效率，不借助任何辅助因子，可作用于多种结构的 DNA 底物，如线形、环状甚至超螺旋 DNA。它是一种位点特异性重组酶，能介导两个 LoxP 位点（序列）之间的特异性重组，使 LoxP 位点间的基因序列被删除或重组。

Cre 重组酶介导两个 LoxP 位点间的重组是一个动态、可逆的过程，可以分成 3 种情况：①如果两个 LoxP 位点位于一条 DNA 链上，且方向相同，Cre 重组酶能有效切除两个 LoxP 位点间的序列；②如果两个 LoxP 位点位于一条 DNA 链上，但方向相反，Cre 重组酶能导致两个 LoxP 位点间的序列倒位；③如果两个 LoxP 位点分别位于两条不同的 DNA 链或染色体上，Cre 酶能介导两条 DNA 链的交换或染色体易位。

另外，Cre 不仅可以识别 LoxP 的 2 个 13bp 的反向重复序列和 8bp 的间隔区域，而且当一个 13bp 的反向重复序列或者 8bp 的间隔区发生改变时仍能识别并发生重组。利用这一特点，人们在构建载体时可以根据需要改造 LoxP 位点序列，以用于特定的基因突变或修复，增加了该系统的应用范围。

基于 Cre/LoxP 的基因打靶分两步进行。首先要在胚胎干细胞的基因组中引入 LoxP 序列，这一步可以通过打靶载体的设计和对同源重组子的筛选来实现。下一步通过 Cre 介导的重组来实现靶基因的遗传修饰或改变。Cre/LoxP 系统既可以在细胞水平上用 Cre 重组酶表达质粒转染中的靶细胞，通过识别 LoxP 位点将抗性标记基因切除，又可以在个体水平上将重组杂合子小鼠与 *Cre* 转基因小鼠杂交，筛选子代小鼠就可得到删除外源标记基因的条件性敲除小鼠。或者将 *Cre* 基因置于可诱导的启动子控制下，通过诱导表达 *Cre* 重组酶而将 LoxP 位点之间的基因切除（诱导性基因敲除），实现特定基因在特定时间或组织中的失活。

20 世纪 80 年代 Cre/Loxp 系统的时间与空间的控制依赖于 Cre 的启动子，现在已发展为依赖于受体与配体的结合来实现其时间、空间的控制。目前，可从两个水平进行调控，即转录水平和翻译后水平。转录水平的调控以四环素（抑制）控制系统为例：在没有四环素的情况下，转录激活蛋白（tTA）与 tet 操纵子相结合，下游基因发生转录；在四环素存在的情况下，四环素与转录激活蛋白结合，使其不能结合 tet 操纵子，下游基因不能转录，从而达到了抑制的目的。翻译后水平以雌激素系统为例：2007 年，Bradley 等在 *scl* 基因的启动子或加强子-0.9E3 后面加上 1 个 Cre-er（er 表达雌激素他莫昔芬的受体）的基因，*Cre* 基因就可以按照 *scl* 基因的表达方式表达，从而得到“Cre-er 工具小鼠”。在正常情况下“Cre-er 工具小鼠”不表达 Cre 重组酶，使用雌激素他莫昔芬诱导才能表达 Cre 重组酶。这只 scl-Cre-er 小鼠可以与其他的“Loxp 小鼠”进行交配，交配的后代可以在特定时间注入雌激素他莫昔芬，与雌激素受体结合后，表达 Cre 酶，就可以对后代小鼠的 Loxp 位点进行重组。为了避免体内雌激素的干扰，可对雌激素受体基因的配体结合区做一定程度的改变，使其只能和某些雌激素衍生物相结合，确保条件重组的特异性。

（三）锌指核酸酶技术

锌指核酸酶（zinc finger nuclease，ZFN）又名锌指蛋白核酸酶，不是自然存在的，而是一种人工改造的核酸内切酶，是一种由锌指蛋白和 *FokI* 核酸内切酶的剪切结构域重组形成的嵌合蛋白，其中锌指蛋白可特异性结合 DNA 靶序列，*FokI* 核酸内切酶可对 DNA 序列进行非特异性剪切。现已公布的从自然界筛选的和人工突变的具有高特异性的锌指蛋白可以识别所有的 GNN、ANN 及 TNN 三联体。当两个 ZFN 分别结合到位于 DNA 双链上间隔 5～7 个碱基的 9～18 个碱基的靶序列后，可形成二聚体，进而激活 *FokI* 核酸内切酶的剪切结构域，使 DNA 在特定位点产生双链断裂，再通过非同源末端连接或同源重组修复断裂。ZFN 能够对靶基因进行定点断裂，显著提高同源重组效率，是一种高效的新型基因打靶技术。

ZFN 技术的优势在于仅通过向受精卵内注射 ZFN 表达载体或 mRNA 就可获得基因敲除动物，可在短时间内高效地建立起新的动物模型。与通过 ES 细胞系或核移植技术等传统方法相比，ZFN 具有效率高、操作简单、应用范围广等优势。这一技术不仅在生物医学研究中应用广泛，更因其不需向基因组中引入外源序列而在临床医学和农业等领域受到重视。但 ZFN 因脱靶效应严重，而且较难找到完全符合条件的匹配三联子，价钱昂贵，因而限制了该技术的发展和推广。

（四）转录激活样效应物核酸酶技术

2010 年，美国 Voytas 博士的研究团队在 *Genetics* 上首次报道利用 TALEN 技术成功靶向断裂 DNA 双链，为 TALEN 技术在构建基因敲除动物模型中的应用奠定了基础。

科研人员发现一类由植物致病细菌分泌的具有转录激活功能的蛋白质 TALE，可通过其内部保守的重复氨基酸序列（即 DNA 结合域）与植物宿主基因启动子区的相应核苷酸序列发生特异性结合，并激活基因表达。利用此特性，构建包含 DNA 结合域和 *FokI* 核酸内切酶的 TALEN 限制性内切酶，DNA 的靶点两侧分别被两个 TALEN 分子结合，形成二聚体的 *FokI* 将 DNA 剪切，细胞内的修复机制随后启动，断口处随机删除和插入一定数量的碱基，导致移码突变而使基因失活。

TALEN 敲除步骤：①TALE 识别模块的构建。TAL 的核酸识别单元为 34 个氨基酸的重复序列，每个重复序列仅第 12、13 位点的氨基酸发生变化，这两个氨基酸被称为 RVD，并且与 A、T、C、G 有恒定的对应关系，即 NI 识别 A，NG 识别 C，NN 识别 G/A。因此未来识别某一特定核苷酸序列，只需要按照其 DNA 序列将相应的 TAL 单元串联克隆即可。由于物种基因组大小不同，选择的特异序列长度也不同；对于哺乳动物，一般选取 16～20bp 的 DNA 序列作为识别靶位点。②TALEN 质粒对的构建。将识别特异靶 DNA 序列的 TALE 与核酸内切酶 *FokI* 偶联，*FokI* 须形成二聚体方能发挥活性。因此在目标基因的编码区选择间隔 13～22bp 的两段 16～20bp 序列，分别克隆形成真核表达载体，得到 TALEN 质粒对。③*TALEN* 基因敲除/同源重组。TALEN 质粒对共转入细胞后，表达的融合蛋白即分别与其 DNA 靶点特异性结合。同时，两个 TALEN 融合蛋白中的 *FokI* 核酸内切酶形成二聚体，发挥非特异性核酸内切酶活性，在两个靶位点之间打断目标基因，形成 DNA 双链断裂，诱发 DNA 损伤修复机制。细胞即通过非同源重组方式修复 DNA，由于缺乏修复模板，或多或少会删除或插入一些碱基，造成移码，使得目标基因失活，形成目标基因敲除突变体。若有同源修复模板，细胞可通过同源重组方式修复 DNA，便可对目标 DNA 做更精细的修饰，如点突变、碱基替换、加标记等。④TALEN 活性检测。目前采用套峰法、错配酶法和限制性内切酶法检测 TALEN 活性。

TALEN 技术靶向基因敲除相比 ZFN 技术更经济、更有效，尤其是以一种开发活性形式应用时，ZFN 只能作用于特异性的靶向序列，而 TALEN 有潜力对任何的 DNA 序列起作用。

（五）成簇的规律间隔的短回文重复序列系统

细菌和古菌在与病毒的生存斗争中，进化出了获得性免疫系统 CRISPR，最近发现一组名为 *Cas*（或称 *CRISPR* 相关基因）的基因与 CRISPR 密切相关。*Cas* 基因编码一种核酸酶及解旋酶蛋白，它可以解开和切割 DNA 序列。目前发现 CRISPR/Cas 主要有 3 个（Ⅰ、Ⅱ、Ⅲ）类型，其中Ⅱ型由 3 种成分组成：靶特异性 CRISPR 衍生 RNA（CRISPR-derived RNA，crRNA）、靶独立反式激活 RNA（*trans*-activating RNA，tracrRNA）和 Cas9 核酸酶。

CRISPR/Cas9 系统的基本原理是：首先 crRNA 将 Cas9 复合物引导至靶序列，tracrRNA 与 crRNA 结合并与 Cas9 核酸酶形成核糖核蛋白复合物，然后 Cas9 以靶向方式切割染色体 DNA，产生位点特异性 DNA 双链断裂。通过同源重组或非同源末端连接的内源性 DNA 修复系统可以在细胞中有效修复这些 DNA 双链断裂。crRNA 和 tracrRNA 的基础部分可以连接形成单链指导 RNA（sgRNA），sgRNA 的碱基可以与靶标 DNA 配对编程靶向目的序列，唯一的限制是 sgRNA 结合位点必须与短 DNA 基序相邻，称之为原型间隔相邻基序。在原型间隔相邻基序处人工设计 sgRNA，sgRNA 可以与目的基因的靶序列特异性结合；Cas9 核酸酶在 sgRNA 引导下对靶序列进行切割，导致 DNA 双链断裂。通过同源重组、非同源末端连接的内源性 DNA 修复系统等机制对切断的双链进行修复，在断裂处插入异常碱基或使碱基缺失，导致移码突变，最终实现目的基因敲除。

CRISPR/Cas9 技术编辑胚胎基因组主要包括 3 个步骤：①从超排卵的雌性动物中分离受精卵；②将 sgRNA 和 Cas9 mRNA 递送到受精卵中；③随后将胚胎转移到假孕动物中以产生 F0 代。2013 年，Jaenisch 实验室应用 CRISPR/Cas9 技术成功构建了第一个基因敲除小鼠，研究者将 Tet1 和 Tet2 sgRNA 与 Cas9 mRNA 一起注入受精卵，产生的基因敲除小鼠中这两种基因的突变率达到 80%。此项研究表明，CRISPR/Cas9 系统是一种快速、便捷和有效的生产基因敲除小鼠的方法，为转基因动物的产生提供了新的技术平台。迄今为止，该技术已成功应用于多种生物中，包括大鼠、猪、山羊、兔、狗、猴和人类胚胎。Cas9/sgRNA 指导的基因编辑通过在单链寡核苷酸模板的存在下将 Cas9 mRNA 和 sgRNA 共注入受精卵中，可以实现特异和精确的基因组编辑，包括敲除、敲入和基因修复。通常情况下，基因组编辑中涉及大片段的 DNA 插入、缺失或倒位时都存在效率低下的问题，片段越大重组效率越低，而 Cas9 系统由于具有同一染色体中两个不同靶向基因座的 sgRNA 可以显著提高重组效率，已被用于高效处理基因组中大片段的 DNA。

（六）RNA 干扰介导的基因沉默技术

RNA 干扰是双链 RNA 介导的特异性基因表达沉默现象，自从 20 世纪末被发现之后，其基础研究和应用迅速成为 21 世纪初生命科学中的热点领域之一。利用该方法，可以部分地抑制特定内源基因的表达，或通过 mRNA 的降解使目的基因表达下调沉默，从而实现基因表达调控的时空性和可逆性。双链小分子 RNA 可通过互补序列特异性地结合目标 mRNA，被结合的 mRNA 将不再翻译，而使动物表现出特定的性状改变。

2005 年，Acosta 等设计了斑马鱼 *myostatin* 基因的干扰片段并注入其受精卵，这段干扰片段即双链小分子 RNA 干扰了 myostatin 的表达并降低了其 mRNA 水平，从而解除 *myostatin* 基因对肌肉组织生长和发育的抑制作用，产生肌肉发达的斑马鱼。

2007 年，Dickins 等将启动子四环素反应元件与 RNA 干扰基因结合后转入小鼠中，成功转入的小鼠再与转有 tTA 的小鼠杂交，制备出同时含有四环素反应元件、RNA 干扰基因及 tTA 的转基因小鼠。利用给予这些小鼠四环素药物来激活 tTA 系统并使之与启动子结合，进而激活四环素反应元件，从而启动 RNA 干扰。

五、ES 细胞介导基因敲除小鼠的制备

基因敲除是 20 世纪 80 年代后半期应用 DNA 同源重组原理发展起来的。80 年代初，ES 细胞分离和体外培养的成功奠定了基因敲除的技术基础。1985 年，首次证实的哺乳动物细胞中同源重组的存在奠定了基因敲除的理论基础。到 1987 年，Thompsson 首次建立了完整的 ES 细胞基因敲除的小鼠模型。直到现在，运用基因同源重组进行基因敲除依然是构建基因敲除动物模型中最普遍的使用方法。

（一）原理

基因敲除小鼠的制备首先是在 ES 细胞水平上进行基因打靶，实现细胞的基因突变，随后将突变的 ES 细胞注入小鼠囊胚内转化为个体的突变，从而实现了按照人们意愿制作基因敲除小鼠的可能性。

外源基因打靶载体是根据同源重组原则设计的。一般打靶载体的设计原理是将要基因敲除的一段外显子序列中插入一个外源筛选标记基因（如 *Neor* 基因），当同源重组后由于外源筛选标记基因的插入导致该基因的失活，达到基因敲除的目的。

ES 细胞是指从囊胚期的内细胞团中分离出来并能在体外培养的未分化的胚胎细胞。将 ES 细胞在体外培养、扩增后，用经过改造的外源基因打靶载体导入 ES 细胞内，在细胞水平筛选外源基因定点整合的 ES 细胞株。将外源基因定点整合的 ES 细胞注入囊胚期胚胎的囊胚腔内，在体外短暂培养后，移植到假孕小鼠的子宫内。出生的小鼠为 ES 细胞来源品系和供囊胚供体品系之间的嵌合体。外源基因能否传给下一代取决于 ES 细胞在嵌合体动物中的嵌合程度，嵌合程度越高，ES 细胞在嵌合体动物中分化成生殖细胞、遗传给下一代的可能性就越大。

（二）步骤

1. 打靶载体的构建 将外源基因转移到受体细胞的一种能自我复制的 DNA 分子称为载体，它起着将外源基因带到特定位置的作用。

制备打靶载体需要用到遗传工程技术将目的基因从同品系小鼠 DNA 中克隆出来，再把目的基因和与细胞内靶基因特异片段同源的 DNA 分子都重组到带有标记基因（如新霉素抗性基因 *Neor*，*TK* 基因等）的载体上，成为重组载体。基因敲除是为了使某一基因失去其生理功能，所以一般设计为替换型载体。

完整的打靶载体包括一段同源序列中的外显子中插入一个筛选标记基因，在载体的一端或两端连接 *TK* 基因，这样的载体导入 ES 细胞后，能在细胞水平筛选出定点整合的突变细胞。

2. ES 细胞的获得 ES 细胞最常用的是鼠，而兔、猪、鸡等的 ES 细胞也有使用。常用的鼠的种系是 129 及其杂合体，因为这类小鼠具有自发突变形成畸胎瘤和畸胎肉瘤的倾向，是基因敲除的理想实验动物。而其他遗传背景的 ES 细胞系也逐渐被发展应用。

3. 打靶载体导入 ES 细胞内进行同源重组 将 ES 细胞在体外扩增到一定数量，用胰蛋白酶消

化分散，以一定比例与重组载体混合，重组载体通过一定的方式（如电穿孔法或显微注射）导入同源的 ES 细胞中，使外源 DNA 与 ES 细胞基因组中相应部分发生同源重组，将重组载体中的 DNA 序列整合到内源基因组中。一般来说，显微注射命中率较高，但技术难度较大；电穿孔命中率比显微注射低，但便于使用。

4. 导入目的基因的细胞筛选 目前常用的导入目的基因的细胞筛选方法是正负筛选法、标记基因的特异位点表达法及 PCR 法。其中应用最多的是正负筛选法，它是在细胞培养液中加入筛选药物进行筛选（如插入新霉素抗性基因：正筛选 G418，负筛选 Ganc），将存活的未被筛选药物杀死的细胞克隆进行扩增并鉴定，从中挑选出定点整合的细胞系。

5. 超排卵采集囊胚 选取 6～8 周龄的雌性小鼠，中午 12：00～13：00 腹腔注射 5U 孕马血清促性腺激素，48h 后注射 2.5～5.0U 人绒毛膜促性腺激素，即与成年雄性小鼠按 1∶1 交配。交配成功的标志是次日上午在雌性小鼠的阴道口发现白色阴栓。见阴栓后 3～5 天获取囊胚期胚胎，作为 ES 细胞的移植受体。

6. 向囊胚腔内注入带有外源基因的 ES 细胞 通过显微操作将定点整合的 ES 细胞注入囊胚期胚胎的囊胚腔内。ES 细胞有发育的多能性，能共同参与胚胎的发育。

7. 将囊胚移植到假孕小鼠的子宫内 将注射过的囊胚，经短暂培养后挑选无发育缺损的胚胎，移植到交配第 3 天的假孕受体动物子宫内，出生的仔鼠为 ES 细胞和囊胚供体之间的嵌合体。

8. 检查嵌合体是否具有生殖系传播能力 突变 ES 细胞的遗传特性能否遗传给下一代取决于 ES 细胞是否在嵌合体小鼠中分化成生殖细胞（精子）。因此需要将嵌合体小鼠与正常小鼠交配，检查后代小鼠体内是否带有外源基因。

9. 外源基因的鉴定 由于基因敲除小鼠是插入一个外源标记基因，其 DNA 序列长度和限制性内切酶位点将有改变。因此可设计引物用 PCR 法，设计探针用 Southern blot 法进行鉴定。

10. 基因敲除小鼠建系 如此获得的基因敲除小鼠是杂合子，因另一条染色体的等位基因正常，因而不表现异常。为了研究该基因敲除对小鼠的影响，需要将杂合子与杂合子交配，按照孟德尔定律，出生的仔鼠中将有 1/2 为纯合子，可用于研究。纯合子与纯合子交配，产生 100%纯合子，由此建立基因敲除小鼠的品系（图 9-1）。

由于常规的 ES 细胞注入二倍体囊胚获得 ES 细胞遗传背景的子代需要经过嵌合体阶段，使得研究成本昂贵，研发周期长。近年来发展的四倍体补偿技术可以绕过嵌合体小鼠阶段，直接获得 ES 细胞遗传背景的小鼠。其方法是：将受体二细胞（2-cell）胚胎用电融合方法获得四倍体胚胎。培养到囊胚阶段后，将 ES 细胞注射到囊胚内，经短暂体外培养后将它移植于假孕第 2 天小鼠的子宫中，出生的子代全部是 ES 细胞遗传背景。其基本原理是四倍体胚胎具有明显的胚外组织限制性分布，基本不参与胎儿及胚外中胚层组织的发育。四倍体补偿技术能显著缩短基因修饰小鼠的研发，直接得到近交遗传背景动物，大大降低了研发成本，具有明显的技术优势。

（三）ES 细胞介导制备基因敲除小鼠的优缺点

ES 细胞介导的转基因技术有很多优点，如能在细胞水平进行筛选，外源基因整合率高，设计的载体可随机整合，也可定点整合；能加入、剔除或替换某个基因，或进行小到一个或几个核苷酸的修饰，并能充分利用分子生物学发展起来的各种先进办法，是很有前途的技术。

ES 细胞介导的转基因技术的缺点是：① ES 细胞培养条件苛刻，技术要求高，成本大；②不同 ES 细胞株的生殖系传播能力差异很大；③目前 ES 细胞仅在小鼠和人的早期胚胎中分离出来，而对生物医药产业有重要意义的大动物家畜还没有建立分离 ES 细胞的技术；④由于 ES 细胞介导的转基因需要经过嵌合体这一中间步骤，所以整个实验周期比较长。

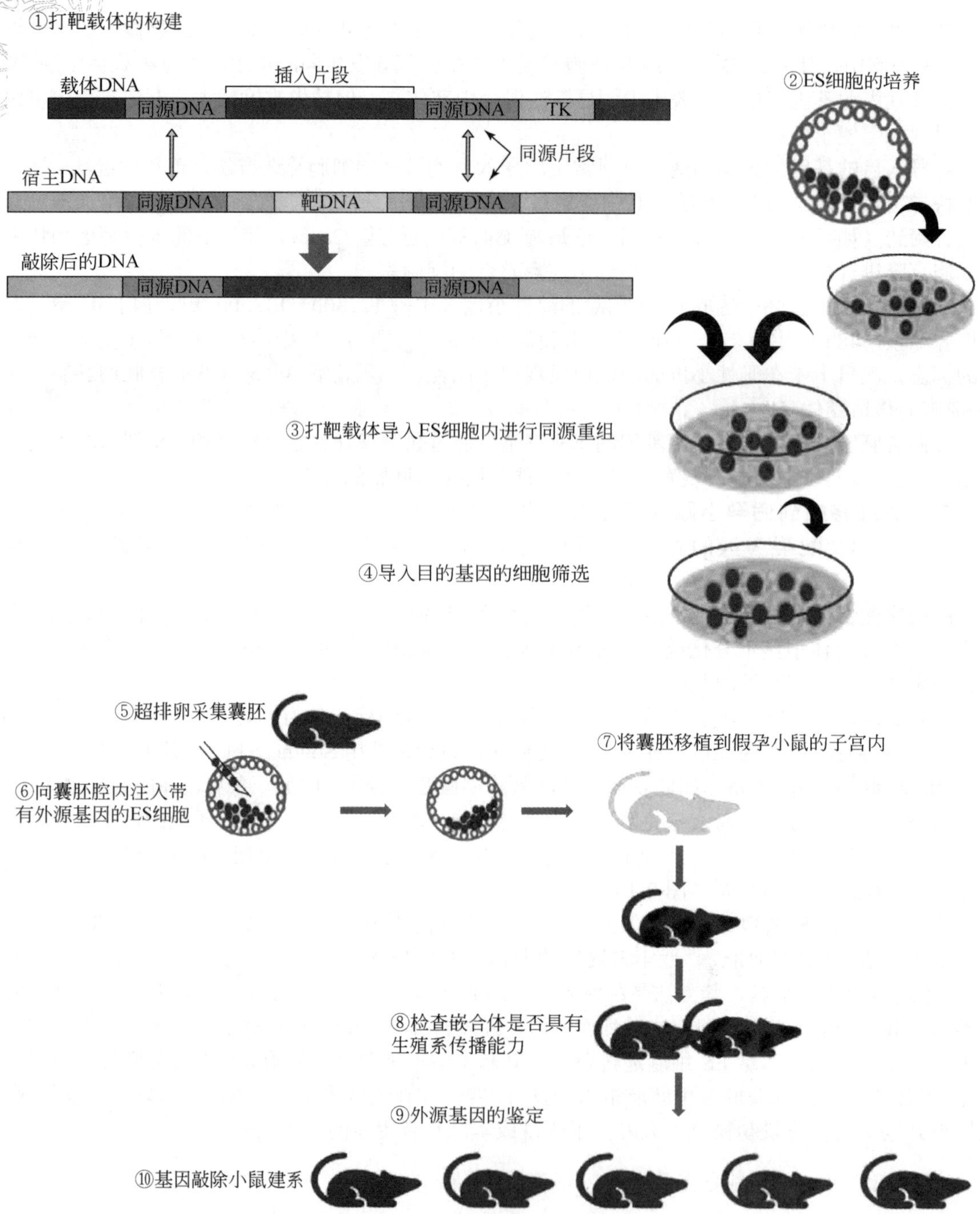

图 9-1　ES 细胞介导制备基因敲除小鼠的制备方法

第三节　遗传工程动物的建系及保种

遗传工程动物的建系及保种是按育种程序进行选育并建系，并使外源目的基因能够稳定保持并遗传后代，从而实现不断地在整体动物上对目的基因的功能及其调控进行重复研究，以及对遗传工程动物的应用开发。

一、遗传工程动物的建系

（一）遗传工程动物背景种系的要求

1. 遗传工程动物种类要求 随着遗传工程动物技术的迅猛发展，基因工程小鼠、大鼠、牛、羊、猪、兔、鸡、鱼等均已获得成功。但是小鼠由于饲养繁殖容易，遗传背景清楚，品系较为齐全，小鼠基因组的大小与人类相同，均含有约 50 000 个基因，这些基因有许多又都是同源的，有小鼠基因组数据库等资源，为利用小鼠基因对人类遗传疾病相关基因研究提供了便利。因此，小鼠一直被作为制备遗传工程动物首选的实验动物种类。

2. 遗传工程动物背景品系的要求 制备遗传工程动物背景品系通常又称为品系的野生型，小鼠作为制备遗传工程动物首选实验动物种类，制备遗传工程小鼠背景品系最好用遗传背景明确的近交系或其杂交 F1 代，有利于目的基因的分析。用 ICR 等远交群制备的转基因小鼠当需要建立纯合子品系时，容易出现近交衰退或致病基因的纯合，从而影响小鼠建系及外源目的基因的表达。目前，国际上制备遗传工程小鼠最常用的遗传工程动物背景品系是 C57BL/6、FVB 和 DBA X C57BL/6。

（1）C57BL/6 小鼠：是 1921 年成功建立的近交系，历史悠久，它是继人类之后第二个完成基因组测序的哺乳动物，国际小鼠表型联盟（IMPC）一直对其基因进行功能分析，C57BL/6 小鼠因为是近交系，遗传背景一致，是大多数定点修饰和转基因的首选遗传背景品系。

（2）FVB：是近交系小鼠，但是具有封闭群动物的产仔率高、生活力强等特点，而且母性不错，一般不吃仔。另外，它的受精卵的原核大，不易裂解，雄性原核清楚，因此是显微注射转基因的首选小鼠。

（二）遗传工程动物建系

1. 原代阳性动物的筛选 显微注射法和逆转录病毒法制备的转基因、目的基因都是随机整合到基因组，制备出的原代 F0 阳性动物可能会有不同的整合位点，或者不同的整合基因的拷贝数，因此制备出的每一个转基因动物都需要对目的基因遗传和表达的检测，只有目的基因修饰阳性的动物（F0 原代）进行建系，检测结果阴性的动物弃去不用。

在 ES 细胞介导的基因打靶中，由于目前所用的 ES 细胞都是雄性，当注入囊胚分化成生殖细胞时，出生的嵌合体仔鼠应该都是雄性的，雌性嵌合体应该弃去，但有时雌性胚胎被雄性 ES 细胞集落化，形成表型是雄性嵌合体但不能生育。

2. 原代 F0 阳性动物与背景品系回交 所谓“回交”不是指子代与父母代交配，而是原代阳性动物与背景品系之间的交配。

转基因制备出的每一个阳性动物因整合位点及基因拷贝数不同而可以有不同的表达水平，因此每一个阳性动物需要作为一个独立的原代 F0（也称 G0）阳性动物谱系。F0 原代阳性动物应该首先单独与该品系野生型（背景品系）进行交配，而不应该在不同 F0 原代阳性动物之间交配，不同 F0 原代阳性动物之间交配产生多位点整合，导致目的外源基因出现不同表达方式，同时也不利于目的阳性基因系谱分析。

制备基因打靶动物时将 ES 细胞注入囊胚的过程中，动物的每一个器官的细胞组织都可能来自受体囊胚或 ES 细胞，会产生含有不同来源的细胞的嵌合体，有些细胞来自原来的基因型细胞的囊胚，有些来自基因型被改变了的 ES 细胞，该嵌合体中嵌合了两种不同遗传结构的细胞，因此其后代自交可能会出现不可预见的遗传性状的分离，故嵌合体小鼠不能直接用于科学研究。ES 细胞在嵌合鼠中的嵌合发育是随机的，采用背景品系回交，如果嵌合动物的生殖细胞是由 ES 细胞发育而来，那么，嵌合动物与背景鼠回交就可以得到携带中靶基因的后代，即杂合子；如果嵌合的生殖细胞由囊胚发育而来，那么，无论毛色如何，都不能将中靶基因遗传给后代。

原代 F_0 阳性动物与背景品系回交，根据孟德尔定律，这样交配产生的子代约 50%是杂（半）合子，50%是野生型。

每只 F_0 原代动物基因型可能都不一样，不能进行 F_0 之间的自交，只能先与野生型交配，筛选出基因型一致的 F_1。

3. F1 代阳性动物自交建系 建立遗传工程动物品系的目的是研究目的基因型与表型之间的关系。根据孟德尔定律，F_1 杂合子自交可以建立纯合子基因动物和杂合子基因动物。只有在目的基因纯合的品系才不发生分离而稳定保持下去。

转基因动物通过同一窝 F_1 代杂合阳性雌雄动物交配，在基因的同源重组作用下，可以得到目的基因纯合子动物和杂合子动物。

对中靶基因而言，所谓杂合子，其中一条同源染色体（源自嵌合鼠）上的基因为中靶基因，而另一条同源染色体（源自背景鼠）上的基因为野生型基因。其后代基因能够稳定遗传，故杂合子可以用于建立种系。

基因敲除动物在 ES 细胞内用同源重组方法一般仅灭活一个位点，是不表现任何基因缺失的表现型，一般以纯合子建系，即一对等位基因的两个位点都灭活，纯合子基因敲除动物才表现出基因敲除的性状，才可用于科学研究。

CRISPR/Cas9 技术构建完全性基因敲除、基因敲入的 F_0 代阳性动物可能会出现不同的表达水平。不同表达水平的 F_1 基因型不一样，因此不能进行互交，需要与野生型交配获得稳定基因型的 F_1 代阳性动物。条件性的基因敲除（敲入）需要与全身/组织特异性工具动物交配达到目的，在繁殖过程中可根据全身/组织特异性工具动物自身的特点选育繁殖。

遗传工程动物必须对建立个体系谱作为资料长期保存，通过建立系谱可以确定外源靶基因的遗传方式，可以为外源靶基因科研进行数据分析等提供依据。

4. 遗传工程动物品系的命名 对建立的基因工程动物品系进行命名，以便开展有效的广泛的交流。常见的基因工程小鼠有两种命名方式：随机转基因动物命名方式和基因定点修饰动物命名方式，如敲除、敲入、点突变等。

（1）转基因动物的命名方式：一个转基因品系名称符号由以下五部分组成：背景品系名、转基因符号与方式、插入片段标识、实验室或机构指定序号、实验室代码，均以罗马字体表示。品系名和转基因符号以连字符分开，实验室代码前面加“/”进行间隔。

格式：背景品系-*TgX*（基因名称）实验室或机构指定序号/实验室代码。

例如，BALB/c-*TgN*（CD8GE）1/J，这个名称可以知道：背景品系 BALB/c，转基因符号通常冠以 *Tg* 字头，代表转基因（transgene）。随后的字母（X）表示 DNA 插入的方式，如 H 代表同源重组，R 代表经反转录病毒载体感染的插入，N 代表非同源插入。CD8GE 表示转入基因名称，写在括号内，1 表示实验室或机构指定序号，J 表示实验室注册代码。

（2）基因定点修饰动物的命名方式：一个基因定点修饰动物品系名称符号由以下五部分组成——背景品系名、基因名、基因修饰类型、实验室或机构指定序号、实验室代码。品系名和基因名称以连字符分开，实验室代码前面加“/”进行间隔。

格式：背景品系-基因名称基因修饰类型实验室或机构指定序号/实验室代码。

例如，C57BL/6-t*Ctnnb1*tm1/J，由这个名称可以知道：背景品系是 C57BL/6，靶基因名称是 *Ctnnb1*，基因修饰品系通过 ES 打靶方法构建（基因修饰方式一般分为 tm 和 em），tm 或 em 后面的数字 1 表示实验室或机构指定序号，J 表示实验室注册代码。

（3）情况说明

1）品系背景：背景品系如果是混合品系，混合品系少于 3 个时以几个混合品系缩写，用分号作为间隔。分号前表示受体，分号后表示供体。例如，在一个来自 C57BL/6 与 129 杂交 ES 细胞系上定点敲除某个基因，可以用 B6；129 表示。若基因工程动物的遗传背景由不同的近交系或远交群之间混合且超过 3 个，该转基因符号应不使用动物品系或种群的名称。

2）一般实验室代号是机构名称的首字母缩写，常见实验室代码为 J：Jackson Laboratory；Kyo ：Kyoto University；N：National Insititutes of Health；Crl：Charles River Laboratory。

二、遗传工程动物品系的维持保种

（一）遗传工程动物品系的饲养繁殖保存

为了对遗传工程动物品系研究的利用和保存，必须对遗传工程动物品系进行饲养繁殖扩群。基因工程动物因为外源基因修饰或者基因编辑的影响，出现一些有害基因表达，造成有些寿命相对野生型小鼠短、成活率低、生殖力低、影响代谢导致小鼠不能合成某种物质，可通过需要额外补充该物质、代乳，改善饲养条件，超排或者体外受精等育种技术、辅助生殖技术也许能得以解决。

从经典遗传理论上讲，以纯合子品系维持进行饲养繁殖最理想，建立的纯合子遗传工程品系就能稳定遗传，从此不必每一代都进行基因型检测和鉴定。

转基因动物的外源基因有可能出现多位点整合，必须对多位点整合的 G0 原代动物的每个整合位点进行分离，形成单位点稳定遗传纯合子品系，需要每一代繁殖都对所有子代检测来确定基因型进行繁杂的筛选，此时建立纯合子转基因品系时间长、成本高。纯合的靶基因有致畸或胚胎致死性，动物出现在胚胎期或出生后早期死亡，或性成熟前死亡，无法得到 F0 代基因动物；或者由于纯合后靶基因的毒性增加，导致纯合子小鼠不育及后代健康状况差或存活期短等问题，纯合的靶基因动物有此两种情况不适合用纯合子种系保存，必须以杂合子靶基因维持，此时需要每一代繁殖都对所有子代检测来确定基因型进行繁杂的筛选，所以筛选工作的工作量较大。

遗传工程小鼠若是出现只剩下单个雄性或单个雌性纯合子情况，则濒临绝种的危险。解决此情况的方法是将其与野生型背景品系交配，所生的 F_1 代杂合子再与亲代回交就可以产生纯合子靶基因品系，从而恢复原有的遗传特性，达到保种的目的。

（二）生殖细胞和组织的冷冻保存

目前实验动物品系资源的缺乏严重影响生物医学研究的开展，因此开发新的实验动物品系资源显得十分迫切，而遗传工程技术是开发实验动物新品系的前沿技术和有效途径。

随着基因编辑技术的发展，遗传工程大小鼠模型迅速增长，据估计已达到 2000 多个基因品系，而且每年以几百的速度递增。但是我们也知道，建立遗传工程动物品系工作量非常大，每一种基因工程技术都不容易，鉴定和品系的建立耗时耗力，同时许多遗传工程动物由于疾病模型基因的表达造成生活能力下降，饲养繁殖困难，如果以活体动物的饲养繁殖方式来保存这些遗传工程品种品系，将需要很大的空间、大量的财力和人力，可能面临动物保存技术能力不足、动物疾病、繁殖失败、种系衰退、基因变异和污染等问题。另外，较大数量的遗传工程大小鼠的应用面窄而导致应用量不多，这些暂时不用的遗传工程大小鼠就会因为课题组经费、空间和精力不足而处理掉，造成实验动物品系资源的巨大浪费。生殖细胞和胚胎的冷冻保存可以有效地解决以上问题。

生殖细胞和组织的冷冻保存是指在低温冷冻环境下，减少生殖细胞和组织的代谢，以便长期储存的一种技术。冷冻方法主要有两种：慢速冷冻和快速冷冻（玻璃化冷冻）。慢速冷冻需要程序降温仪，程序较多，耗时数小时；而快速冷冻就是用液氮罐，程序较少，耗时少于 10min。慢速冷冻、快速冷冻法都可以满足哺乳动物卵母细胞和胚胎的冷冻保存要求，但慢速冷冻技术的应用程序较烦琐、费时，需要昂贵的程序降温仪，而玻璃化冷冻法操作简单、容易实现，已被广泛应用于实验动物卵母细胞及哺乳动物胚胎的冷冻保存。

目前，用冷冻方法已经成功地冷冻保存未成熟卵母细胞（GV 期）、MⅡ期卵母细胞、1～2 细胞胚胎、桑葚胚、囊胚、卵巢组织、腔前卵泡 7 种生殖细胞和组织，并得到快速发展。冷冻保存技术还存在生殖细胞及组织在冷冻保存后有一定的损伤，对一些特殊的动物品种、品系的低温保存仍不理想，有的尚未建立相应的技术等问题，但是生殖细胞和组织（甚至生殖器官）冷冻将是未来研究的趋势之一。通常认可冷冻保存一个品系至少需要 500 个胚胎以防止品系的丢失。

生殖细胞和胚胎的冷冻保存除了可以有效地解决遗传工程品系保存经费、空间、衰退等方面的问题，也可以解决动物长距离运输容易死亡问题，还可以作为对引进和感染的遗传工程动物生物净化的一个手段，对引进和感染病原微生物的遗传工程动物采集卵母细胞和受精卵，进行冷冻保存和胚胎移植的方法，移植到洁净的受体雌性动物中生产出健康动物。美国杰克逊实验室等建立了小鼠冷冻保存胚胎库，实现基因工程品系资源及相应数据的共享，这些冷冻保存胚胎库将成为全球的遗传工程小鼠的保种供应中心，解决生物医学研究疾病动物模型工具缺乏难题。

第四节　遗传工程动物的应用

一、建立人类疾病动物模型

因人体实验涉及生物安全及伦理问题，所以构建人类疾病的动物模型可对很多人类疾病的发病机制进行研究和探索，也可解决自然突变及人工诱变突变率低和突变方向不确定性的难题。近年来，人们已成功构建了多种疾病的遗传工程动物模型，如癌症、哮喘、老年痴呆症、糖尿病、肥胖症、珠蛋白生成障碍性贫血等，对于疾病的研究意义重大。

（一）哮喘动物模型

哮喘是一种常见的慢性气道炎症，由于无法预防或完全治愈，严重威胁社会经济和人类的身心健康，已成为当前危害公共健康的主要疾病之一。哮喘的发生过程十分复杂，其中变应性气道炎症作为典型的病理基础，具有气道炎症反应明显、气道反应性高、黏液分泌增多、气道重塑等特点。如以患者为研究对象研究其发病机制，过程缓慢，且因伦理性限制，很多实验方法也受到限制，局限性很大。转基因动物模型的出现，使实验过程中的影响因素人为可控，也规避了人体实验时可能带来的不良后果。目前针对哮喘的动物模型主要有 IL-35 过表达转基因小鼠、*Nrf2* 基因缺陷鼠、IL-33 和 ST2 缺陷转基因小鼠及 HLA-DR2 和 HLA-DR3 转基因小鼠。

（二）肿瘤动物模型

1. 食管癌动物模型　针对食管癌模型，利用遗传工程手段诱导出了多种模型，以小鼠为模式动物，涉及的基因分别是 *p53*、*Cuclin D1*、*Brcal* 及 *p120ctn*。

食管癌小鼠模型的构建有助于了解肿瘤的生物学特征，尤其在确认新的癌基因、肿瘤标志物、验证基因功能、了解肿瘤发生的分子和细胞机制、分子诊断等方面做出了突出贡献。

2. 舌癌动物模型　在口腔癌中，舌癌其生长快、浸润性强、转移较早且转移率高，是口腔部位发病率最高的恶性肿瘤。其发生要经历单纯性上皮增生、异常增生、原位癌和侵袭性癌形成四个阶段，受限于不能对患者各阶段病损进行活检，使发病机制的研究受到制约。

例如，在 CRE 重组酶调控下，他莫昔芬诱导 *K-rasG12D* 致癌基因活化后建立的鼠模型，在黏膜处出现鳞状上皮过度增生，口腔黏膜尤其明显。舌癌动物模型的构建可以重现癌变的四个阶段，可对各阶段病损进行基因学、分子生物学和病理学分析，有助于研究舌癌的发病机制，对于筛选预防、治疗的药物至关重要。

除小鼠作为动物模型外，在肿瘤发生机制的研究中，可表达人类原癌基因的转基因兔已被广泛应用，可为寻找有效预防和治疗措施提供有力支撑。

（三）糖尿病及肥胖相关的动物模型

糖尿病及肥胖症属多基因所致的代谢性疾病，中国目前糖尿病发病率约为 5%，糖尿病患者人数居世界第二位。近 20 年来，我国肥胖症的患病率呈现低龄化趋势，且患病率逐渐增长，两者都已成为影响人类健康的主要疾病。因其遗传模式复杂多样且机制复杂，所以构建理想的遗传工程动物模型，是我们深入了解病因、验证新的治疗药物的重要工具。

此外，通过基因过量表达方式建立的阿尔茨海默病模型 *APP/PS1* 转基因小鼠，是世界范围内广泛应用的评价这一病症药物和治疗疫苗的动物模型。贫血转基因小鼠模型的建立，为研究贫血的发病机制、药物治疗效果提供了重要的支撑。

二、研究疾病的分子机制

根据基因对机体生理状态的影响，建立疾病动物模型，对于研究疾病的分子机制至关重要，人类有 20 000～25 000 个基因，已知的疾病有数千种，其中很多都是由基因突变引起的。20 世纪 80 年代以前，人们只能通过自发突变个体及其出现的表型变化研究人类遗传性疾病，随着遗传工程技术的不断成熟，通过精确增强或失活某些基因的表达，建立了很多人类遗传性疾病的小鼠模型，为阐明疾病发生原因及致病的分子机制提供了有力保障。例如，在蛋白质生理功能研究方面，基因敲除动物模型提供了极大的帮助。1989 年发现水通道蛋白家族，Verkman、麻彤辉和杨宝学等花费十几年时间构建了一系列水通道蛋白基因敲除小鼠，可用来研究水通道蛋白在消化液、脑脊液、尿浓缩等代谢过程中的生理功能。

小鼠为非灵长类动物，所以其解剖学、生理学都明显区别于人类，因此作为人类疾病模型具有很多局限性。如研究需较长时间观察期的疾病，大型家畜如猪、牛、羊等更为合适。例如，将猪的视紫红质基因突变，其表现出与人类夜盲症表型相似的性状，可用来研究色素性视网膜炎致病机制。还可利用灵长类动物猕猴为模型，其含有可致肌营养不良突变基因，可加快该疾病防治研究的进度。Sasaki 等还制备了含有绿色荧光蛋白标记基因并可遗传给后代的猕猴模型，广泛应用于疾病分子机制研究的很多领域。

三、在畜牧生产中的应用

传统的家畜育种通过有性杂交的方式获得动物新品种，此种方式多限定于物种内进行，究其原因有两点，一是生殖隔离的制约，二是基因库的有限性，给远缘杂交带来了极大的限制，因此同物种内杂交能获得的遗传进展非常有限。近年来，分子遗传学基于碱基配对的一致性和生物界遗传密码的通用性迅猛发展，衍生出的遗传工程技术可绕过上述两点局限性，实现动物、植物甚至微生物之间的基因交流，从而创造新的遗传性状，进而创造新的动物品种和生物类型。

（一）提高生产性能

遗传工程技术运用到家畜育种中，一般用来降低肉质脂肪含量，改善肉质口感，提高家畜生长速度，增强家畜抵抗力。其实，经过遗传工程技术改良的家畜早在 1996 年就进入了英国市场，数量可达 6 万头以上。美国伊利诺伊大学培育出了具有牛基因的猪，这种转基因猪个体大、生长速度快、瘦肉率高、饲料利用率高，为养猪业带来了丰厚的经济效益。1996 年，新西兰科学家 Damak 等培育出的 *IGF-1* 转基因绵羊，产毛量比非转基因羊提高了 6.2%。英国、澳大利亚等国培育出的转基因羊，同样具有高产毛量的优势，带来显著的经济效益。

（二）培育新品种

在新品种培育方面，不止局限于提高生产性能，很多带有特殊性的转基因动物已应运而生。如含有菠菜基因 *FAD12* 的转基因猪，其不饱和脂肪酸比普通猪高出 20%，而 *fat-1* 转基因动物所产乳、肉含有较多不饱和脂肪酸，因而可以降低多种相关疾病的发生。新型转基因动物的培育为发展保健动物指明了方向。

（三）增强抵抗力

畜牧养殖中，动物产出率低的主要原因是受到多种疾病的侵害，如能将疾病的抗病基因导入动物体内，或敲除易感疾病的基因，对于畜牧业的健康发展是强有力的保障。2006 年，莱阳农学院董雅娟等与日本山口大学合作，成功培育出 2 头转有抗疯牛病基因的转基因奶牛。2009 年，我国培育出抗蓝耳病的转基因猪，其对蓝耳病病毒的抑制率达 60%。对仔猪腹泻具有抵抗力的转溶菌酶基因猪，目前已进入生产试验阶段。

四、研制生物反应器，生产天然活性药物

生物反应器是利用转基因活体动物，在其组织或器官中高效表达某种外源蛋白，并将相应蛋白进行工业化量产。根据目的蛋白表达的部位不同，可分为乳腺、尿液、蛋清、血液、唾液腺、精囊腺等生物反应器。其中乳腺生物反应器因乳腺具有高表达重组蛋白及翻译后修饰的能力，是目前国际上唯一可达到商业化的生物反应器。乳腺反应器的研究始于 1987 年，Gordon 等首次构建转基因小鼠乳腺生物反应器，并成功表达提取出组织型纤溶酶原激活剂。此后，以转基因动物为主要核心技术的生物制药公司相继成立，如荷兰 Genpharm 公司和美国 GTC 公司。荷兰 Genpharm 公司主要培育转基因牛，生产乳铁蛋白。GTC 公司利用山羊乳腺生物反应器生产重组人抗凝血酶III，是首个在欧洲药品管理局（EMA）和美国 FDA 获准上市的生物工程药物。乳腺反应器与传统的需要特定培养基和培养环境的哺乳动物细胞表达系统相比，其优势在于能够得到高产量、低价格且具有天然构象的蛋白质。

乳腺反应器最主要的应用是生产一些医用价值高的酶或细胞因子，如抗凝血酶III，是血浆中最重要的抗凝血酶因子，在维持血液的凝血与抗凝血的平衡中具有重要作用。由青岛森淼实业有限公司在崂山奶山羊中建立的乳腺发生器，所生产的 rhATIII已达到规模化生产的要求。

人凝血因子Ⅷ的缺陷可导致出血性疾病，如甲型血友病。Wang 等通过建立转基因小鼠乳腺生物反应器，高效且特异地表达了人重组凝血因子Ⅷ，对于防治缺乏该因子导致的凝血机制障碍具有良好的治疗和纠正作用。

干扰素α-2b 是重要的免疫调节因子，临床上广泛用于治疗慢性粒细胞白血病、慢性肝炎和多发性骨髓瘤等。传统的生产方式是由原核表达系统产生的重组蛋白，但其存在一定的缺陷，如翻译后缺少糖基化、血清半衰期短，其表达的蛋白质多存在于包涵体中。复性过程中有近 50%的蛋白损失，这也是该技术领域中公认的技术瓶颈。Hui Li 等通过构建转基因小鼠乳腺生物反应器成功表达了具有生物活性的人干扰素α-2b，具有高表达、低成本的优点，极大地解决了原核表达系统存在的不足。

五、扩大人体器官移植供体来源

对于终末期的脏器功能衰竭，器官移植是最好的办法。据统计，我国每年大约有 30 万器官衰竭患者在等待器官移植，等待器官移植和获得器官移植的比例能达到 30∶1，但目前受到传统观念的限制，同种器官移植的供体严重短缺，导致每年几十万患者因等不到合适的器官而死亡。

为解决这一瓶颈问题，异种器官移植应运而生。其优势在于器官供体来源充足，且可批量化生产。人类属于灵长类动物，自然会想到用其他灵长类动物，如猩猩、猴子等作为异种供体，因其生理解剖、代谢功能等方面与人类相似。但灵长类动物繁殖率低、饲养成本高，且很多灵长类动物在国际上属于保护动物，很难满足大量的器官移植需要。

猪具有与人类相似的器官大小、解剖特征、生理生化反应，且生长周期短、繁殖率高，是科学界公认的异种器官移植的理想供体。

早在 1995 年，国际上就开始了以猪作为异种器官移植供体的研究。目前，猪的心脏瓣膜、眼角膜等组织工程产品已广泛应用于人体临床，猪胰岛细胞和皮肤异种移植已进入人体临床试验阶段，猪的肾脏也已完成临床前试验，具备开展人体临床试验的基础。

2020 年 6 月，国内首个医用小型猪产学研繁育基地在四川内江国家农业科技园成功落户，该基地致力于国内医用猪和器官移植小型猪的繁殖、研究和应用转化，为高标准的器官供体工厂、医用猪试验基地，开辟了农业动物向医学转化的新产业领域，为器官移植和人类健康做出了极大贡献。

异种器官移植最难攻克的难题就是移植后产生的多种免疫排斥反应，尤其是超急性排斥反应会让移植器官在短时间内丧失功能。猪虽然是理想的异种器官移植供体，却也难以逾越种系之间的天然防御。为攻克这一难题，首先要找到猪的器官与人类相比有何不同，如果可以找到这些不同，并利用遗传工程技术手段剔除，就会极大程度地降低人体内的排斥反应。

科学研究发现，人体内的天然抗体可以识别由 *GGTA1*、*B4GalNT2* 和 *CMAH* 基因编码产生的猪细胞表面的α-gal、β-gal 和 Neu5Gc 蛋白，只有将上述三种基因全部敲除，猪器官移植到人体后才不会产生大的排斥反应。在过去 10 年里，学者们不断尝试和探索，终于在 *GGTA1* 基因敲除猪体细胞上完成了另外两个基因的敲除，并把敲除的基因转入卵子，激活后将胚胎移植到母猪体内，生育出了敲除三个基因的克隆猪（图 9-2）。研究人员将它的细胞和人血清孵育后检测，该细胞异种抗原-抗体的结合和补体介导的免疫排斥反应显著降低，使我国猪异种器官移植向临床迈进了一大步。

图 9-2　三个抗原基因全部敲除的器官移植供体克隆猪

本章 PPT

下篇

动物实验

第十章 人类疾病动物模型

当前，生命科学和医药学的临床研究往往面临着异质性、个体差异显著及难以回溯疾病病程等问题。同时由于伦理学的制约，许多实验不能直接在人体上进行，必须要借助实验动物才能完成。人类疾病动物模型克服了某些疾病临床研究的困难，解决了人作为实验对象在伦理道德和方法学上的诸多问题，避免了临床经验的局限性，在生物医学研究中起到了独特的作用。

人类疾病动物模型的研究，本质上是比较医学的应用研究。研究人员可有意识地改变在自然条件下不可能或不易排除的因素，以便更准确地观察疾病动物模型的实验结果，通过各种动物的生物特征和疾病特点与人类疾病进行比较研究，更方便、更有效地认识人类疾病的发生发展规律，研究防治措施。本章主要阐明一些基本概念，并简单介绍各类疾病常用的动物模型。

第一节 人类疾病动物模型的概念

一、定义

人类疾病动物模型（animal model of human diseases，AMHD）简称动物模型或疾病动物模型，是指为阐明人类疾病的发病机制或建立诊断、预防和治疗方法而制作的，具有人类疾病模拟表现的实验动物。

二、应用疾病动物模型的意义

（一）利用动物进行模拟实验，可避免对人体的伤害

疾病动物模型克服了在人类疾病研究中常遇到的伦理和社会道德限制，还能采用一些无法应用于人类研究的方法和途径，甚至为了实验目的需要还可能损伤动物组织、器官，以及致动物死亡。通过对疾病动物模型研究结果的全面评价和分析，了解和推导疾病因素在人体身上可能引发的反应。

（二）可严格控制条件，增加方法学上的可比性

临床上许多疾病是十分复杂的，可能患者并非患有一种疾病，而是多种疾病同时并存，即使某单一疾病，由于患者的年龄、性别、体质、遗传，以及社会因素对疾病的发生发展都会有影响，则产生不同的效果。而用动物复制的疾病模型，就可以选择相同品种、品系、性别、年龄、体重、健康状态，在相同的环境因素下进行观察研究，排除其他影响因素，使获得的研究结果更加准确，也可单一变换某一因素，使研究的结果更加深入，增加因素的可比性。

（三）可复制临床上不易见到的疾病

临床上平时很难收集到放射病、烈性传染病等患者的材料，或者有些疾病如重症肌无力、血友病等发病率较低，而实验室可根据研究目的采用诱发的方法在动物身上进行复制，并且可随意选取

观察指标和充分控制观察条件，因此比人体试验更能充分体现实验原则。

（四）样品收集方便全面，结果易分析

疾病动物模型作为研究人类疾病的代替品，便于实验操作人员按时采集所需的各种样品，及时或分批处死动物收集样本，能更好地了解疾病过程，完成实验目的，而这在医学临床研究中是不易办到的。

（五）缩短研究周期

人类的某些疾病如肿瘤、慢性气管炎、动脉粥样硬化、遗传病、肺源性心脏病、类风湿关节炎等发生发展缓慢，潜伏期长，病程也长，短的几年，长的十几年甚至几十年，有的疾病要隔代或者几代才能显性发病。而动物由于生命周期短，在短时间内进行一代或几代的观察就显得十分容易，故应用疾病动物模型来研究克服了以上不足。

（六）有利于更全面地认识疾病的本质

有些病原体不仅引起人类发生疾病，也可引起动物感染，其临床表现各有特点，通过对人兽共患病的比较，可观察到同一病原体在不同的机体引起的损害，更有利于全面地认识疾病的本质。

三、人类疾病动物模型的分类

（一）按动物模型的复制途径分类

1. 诱发性动物模型（induced animal models） 又称为实验性动物模型，是指通过使用物理的、化学的、生物的和复合的致病因素作用于动物，造成动物组织、器官或全身一定的损害，出现某些类似人类疾病的功能、代谢或形态结构方面的病变，即通常所说的复制动物模型，简称造模。

（1）物理因素诱发动物模型：常见的物理因素包括机械损伤、放射线损伤、气压、手术等。使用物理方法复制的动物模型如外科手术方法复制大鼠急性肝衰竭模型，放射线复制大鼠萎缩性胃炎模型，手术方法复制大鼠肺水肿模型，以及放射线复制的大小鼠、犬的放射病模型等。采用物理因素复制的动物模型比较直观、简便，是较常见的方法。

（2）化学因素诱发动物模型：常见的化学因素如化学药致癌、化学毒物中毒、强酸强碱烧伤、某种有机成分的增加或减少导致营养性疾病等。但不同品种、品系的动物对化学药物耐受量不同，在应用时应引起注意。有些化学药物代谢易造成许多组织器官损伤，还可能影响实验观察，应在预实验中摸索好稳定的实验条件。

（3）生物因素诱发动物模型：常见的生物因素如细菌、病毒、寄生虫、生物毒素等。在人类疾病中，由生物因素导致人兽共患病发生比例很大。

（4）复合因素诱发动物模型：以上 3 种诱发动物模型的因素都是单一的，有些疾病模型应用单一因素诱发难以达到实验的要求，必须使用多种复合因素诱导才能复制成功，这些动物模型的复制往往需要较长时间，方法比较烦琐，但其与人类疾病比较相似。如复制大鼠或豚鼠慢性支气管炎动物模型可使用细菌加寒冷方法或香烟加寒冷方法，也可使用细菌加二氧化硫等方法来复制。

2. 自发性动物模型（spontaneous animal models） 是指实验动物未经任何人工处置，在自然条件下自发产生或由于基因突变的异常表现通过遗传育种手段保留下来的动物模型。自发性动物模型以肿瘤和遗传疾病居多，其优点是其完全在自然条件下发生的疾病，排除了人为因素，疾病的发生、发展与人类相应的疾病很相似，应用价值很高。如自发性高血压大鼠、自发性糖尿病中国地鼠、各种自发性肿瘤大小鼠、肥胖症小鼠、脑卒中大鼠、糖尿病大小鼠、癫痫长爪沙鼠、裸大小鼠、联合免疫缺陷动物等，这类疾病的发生更接近于人类疾病，减少了诱发模型所不能克服的人为因素的干扰。

3. 基因修饰动物模型（genetically modified animal models） 是指运用各种技术手段有目的地干预动物的遗传组成，导致动物新的性状出现，并使其有效地遗传下去，形成新的可供生命科学研究和其他目的所用的动物模型。基因修饰动物也称遗传工程动物，是研究人类基因功能、人类疾病及新药研究开发的极为重要的模型动物。

此外，还有抗疾病型动物模型（disease-resistant animal models），是指特定的疾病不会在某种动物身上发生，从而可以用来探讨这种动物对该疾病有天然抵抗力的原因的一类动物。如哺乳动物均易感染血吸虫病，而东方田鼠却不能复制血吸虫病，因此可将东方田鼠用于血吸虫病的发病机制和抗病机制的研究。

（二）按系统范围分类

1. 疾病基本病理过程动物模型 是指各种疾病共同性的一些病理变化过程的动物模型，即致病因素在一定条件下作用于动物后，所出现的共同性的功能、代谢、形态结构某些改变的动物模型，如发热、炎症、休克、电解质紊乱等。此模型在研究某个疾病的发病机制和药物筛选、疾病治疗方面有一定的应用价值。

2. 各系统疾病动物模型 是指与人类各系统疾病相应的动物模型。如心血管、呼吸、消化、造血、泌尿、生殖、内分泌、神经、运动等系统疾病模型等。

3. 生物医学动物模型 是指利用健康动物生物学特征来提供人类疾病相似表象的动物模型。如沙鼠缺少完整的基底动脉环，左右大脑供血相对独立，是研究中风的理想动物模型。如兔胸腔的特殊结构用于胸外手术研究比较方便。但这类动物模型与人类疾病存在一定的差异，应加以分析比较。

（三）按中医证候动物模型分类

中医证候动物模型是在中医整体观念及辨证论治思想的指导下，运用藏象学说和中医病因、病机理论，把人类疾病原型的某些特征在动物身上加以模拟复制而成，且具有与人体疾病症状和病理改变相同或相似证候的动物。其一般可根据中医病因病机、西医病因病理进行复制，而病证结合动物模型已逐渐成为中医证候动物模型发展的新方向，其主要是既有西医疾病的特点，又有中医证候的特征。如应用烟熏、气管内注入脂多糖配合寒冷刺激建立慢性阻塞性肺疾病寒饮蕴肺证大鼠病证结合模型。但总体来说，目前中医证候动物模型造模因素选择缺少标准，也缺乏严谨系统的模型评价体系等，因此，中医证候动物模型在复制过程中还存在许多亟待解决的问题。

第二节　常用疾病动物模型

为了便于研究者进行评价和检索，通常将不同疾病动物模型按人类各系统进行介绍，包括运动系统、消化系统、呼吸系统、泌尿系统、生殖系统、心血管系统、内分泌系统、感觉器、神经精神系统、血液系统、免疫系统等疾病模型。

一、运动系统疾病动物模型

（一）骨质疏松症动物模型

1. 卵巢切除（OVX）复制大鼠骨质疏松症模型 绝经后骨质疏松症主要由性激素不足引起，所以去势模型成为经典的模拟临床上性激素缺乏导致骨质疏松症的方法。大鼠去卵巢后，其体内雌激素分泌减少，使其对破骨细胞的抑制减弱。骨吸收大于骨形成。骨骼呈高转换状态，骨量不能保持平衡，导致骨丢失增加。方法是可选取 6～9 月龄的雌性大鼠，麻醉后在下腹部正中切口，分离腹肌腹膜后进腹，结扎卵巢并摘除；造模后大鼠常规饲养，自由饮水和进食；2～4 个月即可造成骨质疏松症模型。模型大鼠表现为血浆雌激素（E2）含量显著下降，骨皮质指数明显下降，骨量和骨质量也明显下降，骨组织切片中骨小梁断裂，排列稀疏，形态结构完整性差。这一方法成功率高，重复性好，适用范围广，是 WHO 和美国 FDA 推荐的研究绝经后骨质疏松症的最佳模型，已是绝经后骨质疏松症造模的金标准。

2. 糖皮质激素诱发大鼠骨质疏松症模型 糖皮质激素在临床应用广泛，其所致的骨质疏松症的发生率仅次于绝经后骨质疏松症和老年性骨质疏松症，在继发性骨质疏松症中居首位。超生理剂量的皮质类固醇激素能直接抑制成骨细胞活性，使骨形成减少；并通过增加 RANKL 的表达，下调护骨素（OPG）水平从而促进骨吸收和局部细胞凋亡；糖皮质激素还可引起机体的钙、磷、维生素 D 和甲状旁腺素代谢的变化，促进骨吸收，最终导致骨代谢处于骨吸收大于骨形成的负平衡状态，出现骨量丢失，诱发骨质疏松症。方法可用 3 月龄大鼠按 3.6mg/kg 体重的剂量经口灌服氢化可的松注射液，每周 6 次，30 天后改为每周 2 次，总给药共 60 天。成模大鼠体重明显降低，骨小梁面积下降，骨小梁间隙增大，矿化沉积速率和骨形成率降低。本模型较好地模拟出大量使用糖皮质激素导致的骨质疏松症，制作方法简便，模型成功率高。

3. 视黄醇诱发大鼠骨质疏松症模型 视黄醇是维生素 A 的衍生物，具有与维生素 A 相似的药理作用，临床上主要用于各种皮肤科疾病的治疗，但其伴有骨质疏松症副作用。视黄醇对骨代谢有双向作用，既可以促进骨形成，又可以促进骨吸收，但总的结果是骨吸收占优势，导致骨量减少。方法可采用 3 月龄雌性大鼠每天按 70mg/kg 体重的剂量口服视黄醇，连续 14 天，随后 14 天将视黄醇改为生理盐水；大鼠常规饲养，自由饮水及进食；于造模后第 29 日处死动物，取材检测相关指标。成模后，模型大鼠骨小梁面积百分数、密度显著减少，骨小梁间隙增大。骨髓腔面积百分数增大。镜下表现为骨小梁稀疏、皮质变薄，骨髓腔扩大。本模型制作方法简便，造模时间短，模型成功率高。大鼠骨质疏松症表现典型，易于开展给药观察。

此外，目前常用的骨质疏松症转基因动物模型有 $OPG^{-/-}$小鼠、Runx2 过表达小鼠、$OASIS^{-/-}$小鼠、$klotho^{-/-}$小鼠、RANKL 过表达小鼠等。

（二）股骨头缺血性坏死动物模型

肾上腺皮质激素引起的股骨头缺血性坏死（steroid-induced avascular necrosis of femoral head，SANFH）占非创伤性骨坏死的多数，主要累及中青年，严重影响患者的生存质量。通常给予动物一定量激素，在一定程度上模拟临床激素性股骨头缺血性坏死的发病因素，通过激素的诱导作用，间接造成动物股骨头出现缺血性坏死。具体方法为采用成年健康新西兰兔，按每次 8mg/kg 的剂量，每周 2 次肌内注射醋酸泼尼松龙，使用激素 3 个月至半年后造成股骨头坏死模型。激素性股骨头坏死模型与人类股骨头缺血性坏死在发生机制上有些类似。本模型复制方法简便，结果稳定，可用于研究股骨头缺血性坏死的发生机制及筛选治疗药物。

（三）类风湿关节炎动物模型

类风湿关节炎（rheumatoid arthritis，RA）是一种以关节部位骨组织进行性损害为主要特征的自身免疫性疾病。主要累及骨关节和关节腔，以关节腔滑膜炎症、渗液、细胞增殖、肉芽肿形成、软骨及骨组织破坏为其重要的病理学特征。大量存在于关节软骨中的Ⅱ型胶原在某些病理条件下，可作为一种自身抗原诱导体内产生关节炎性质的自身免疫反应。用异源性Ⅱ型胶原免疫动物，可诱导体内产生针对关节软骨中的Ⅱ型胶原的自身免疫反应，建立胶原诱导性关节炎模型。方法为采用小鼠尾根部皮内注射 0.1ml Ⅱ型胶原乳剂（每毫升含 1mg Ⅱ型胶原和 1mg 卡介苗）致炎，第 20 天腹腔注射乳剂 0.1ml 作为激发注射。小鼠成模后表现为多发性外周关节炎，关节局部红肿，严重者致关节畸形。病理变化为增生性滑膜炎，关节软骨破坏、骨侵蚀，关节腔内有炎性细胞浸润，体内可检出针对自身Ⅱ型胶原的高滴度的 IgG 抗体。本模型目前被公认为类风湿关节炎最理想模型，广泛用于类风湿关节炎发病机制和治疗药物筛选研究。

此外，常用的转基因动物模型主要为人源化小鼠类风湿关节炎模型，如 HLA 转基因小鼠、TCR 转基因小鼠等。

二、消化系统疾病动物模型

（一）慢性萎缩性胃炎动物模型

慢性萎缩性胃炎（chronic atrophic gastritis，CAG）属胃退行性病变，其主要病理特征是固有腺呈局限性或广泛性萎缩，重度者伴肠上皮化生或（和）不典型增生，与胃癌的发生密切相关。CAG 病因与原发疾病、微生物感染、遗传因素、饮食习惯、自身免疫等有关。

1. 化学物质诱发 CAG 大鼠模型　一般取 5～7 周龄大鼠，利用化学试剂采用自由饮水或灌胃的方式对大鼠进行干预，选用的化学因素有甲基硝基亚硝基胍（MNNG）、氨水、去氧胆酸钠、抑酸剂等。以上因素可造成反复的慢性损伤及炎症刺激，致使胃固有腺体被破坏而发生萎缩。由于其造模因素单一，操作简便，所以造模成功率高、稳定性好，且价格低廉，比较适用于对药物干预疗效的初步评价。

2. 幽门螺杆菌（Hp）诱导的 CAG 小鼠模型　SPF 级 BALB/c 小鼠，6～8 周龄，禁食 12h 和禁水 8h 后灌注 Hp 菌液（10～12CFU/L），隔天 1 次，共 3 次，每次 100μl。感染 12 周，小鼠胃组织表面的黏液及胃小凹顶部胃组织处有大量 Hp 定植。感染 24 周能引起胃组织正常胃腺体消失、糜烂及溃疡等病理改变，造模成功率为 100%。Hp 是引起包括 CAG 在内的非糜烂性胃炎的主要原因，亦可感染大鼠、豚鼠、小型猪等实验动物。

（二）急性胃溃疡动物模型

一般认为溃疡的形成主要是由于胃、十二指肠黏膜的防御因素和致溃疡因素的平衡失调所致。复制胃溃疡（Gastric ulcer）动物模型常用的方法有应激法、幽门结扎法、药物法等。

1. 水浸法诱发应激性胃溃疡模型　体重 160～180g Wistar 大鼠，雌雄各半，多用雌性。禁食不禁水 24h，将其四肢固定于木板上，垂直浸入 18～20℃恒温水浴中，水面至剑突水平。3～7h 发生溃疡。本模型是目前最为经典和应用普遍的造模方法。

2. 幽门结扎型大鼠胃溃疡模型　本模型是传统经典大鼠胃溃疡模型。大鼠麻醉后，无菌技术下开腹暴露胃，寻找幽门和十二指肠的连接处，完全结扎幽门。术后禁食禁水 18h 处死。幽门结扎后，可刺激胃液分泌，使胃中潴留高酸度胃液，胃壁防御能力减弱，导致溃疡形成。此方法可靠，发生快，重复性好，复制成功率约为 97%。但是如单纯结扎幽门，则黏膜以急性出血糜烂为主。现多以阿司匹林协同幽门结扎，可出现典型的人类消化性溃疡的病理表现。

（三）乙酸诱发慢性胃溃疡模型

由于乙酸的腐蚀作用使胃黏膜损伤而造成溃疡，所以可在成年大鼠胃浆膜面浸渍或在浆膜下注射 20%～100%乙酸造模。本模型溃疡的形状、部位、肉眼及组织病理学形态、愈合过程均类似人的慢性胃溃疡，溃疡发生率达 100%，持续时间长，自愈需 60～100 天，是评价药物对溃疡愈合作用较为理想的模型。

（四）溃疡性结肠炎小鼠模型

有人认为结肠局部的巨噬细胞吞噬葡聚糖硫酸钠（dextran sulfate sodium，DSS）后被激活，并释放胞质内溶酶体，从而导致肠黏膜损伤，但也有人认为 DSS 可造成结肠黏膜及血管直接损伤而引起炎症。根据这一理论，用体重为 18～22g 的 BALB/c 小鼠，雌雄各半，自由饮用 3%DSS 水溶液。10 天后小鼠结肠黏膜层变薄，炎症细胞浸润，腺体及腺腔损伤或消失，可见溃疡及脓肿形成。本模型简便易行，成模率高，与临床溃疡性结肠炎的病变部位及特点相似。也可用 1.5%DSS 水溶液给大鼠（体重 100～150g）自由饮用 8 周造模。病理检查显示黏膜充血明显，炎症细胞浸润，隐窝脓肿，黏膜表层脱落，溃疡形成，近似人类慢性溃疡性结肠炎病变，是研究人类溃疡性结肠炎较理想的模型。

（五）肠粘连模型

肠粘连（intestinal adhesion）模型主要是根据临床上创伤、出血的粘连形成原因而建立的最常见的肠粘连模型。在操作中，用手术刀片或无菌纱布轻擦大鼠盲肠浆膜层，出现一定面积的均匀出血点，切除盲肠对应腹壁的腹膜和肌肉层，形成相应大小的缺损。在此基础上，滴加无水乙醇至盲肠创面，加速出血，刺激粘连的形成；以及增加腹腔在空气中的暴露时间，加重肠粘连的程度。此类手术操作较复杂，需要控制多方面因素，以确保模型的均一性、重复性。由于盲肠的位置相对固定，活动度小，适合于评价流动性和扩散性差的防粘连药物的药效。

（六）肝炎模型

乙型肝炎病毒（hepatitis B virus，HBV）感染引起的肝炎及其并发症是全球性的健康问题。由于大部分实验动物对 HBV 不易感，大大限制了人们对 HBV 的研究。目前常用的 HBV 感染动物模型主要有鸭乙肝模型、树鼩乙肝模型、水动力法转染小鼠乙肝模型等。

1. 鸭乙肝模型 将鸭乙型肝炎病毒（duck hepatitis B virus，DHBV）经静脉注射、肌内注射、腹腔注射、肝内注射和鸭胚静脉注射方式注射到鸭体内。1 日龄鸭接种 DHBV 后，感染率接近 100%，且能维持较长时间的病毒血症，也可在肝脏中检测到 DHBV-DNA。本模型是评估临床前期抗病毒药物治疗效果的良好模型。

2. 树鼩乙肝模型 将乙肝病毒表面抗原（HBsAg）及乙肝病毒 e 抗原（HBeAg）均阳性的乙肝患者血清 0.5ml，经股静脉接种树鼩。树鼩在基因组和免疫学特性等诸多方面与人类相似。同时，树鼩具有体形小、繁殖周期短、寿命长、维护成本低、容易饲养和操作等优点，因而成为重要的 HBV 感染动物模型。

3. 水动力法转染小鼠乙肝模型 小鼠不能感染 HBV，可采用高压水动力法向小鼠尾静脉注射 HBV 质粒 DNA，注射后可在肝细胞中检测到转入的报告基因表达产物。本模型可用于研究 HBV 生活史、慢性感染机制及病毒引起的免疫效应机制。

（七）非酒精性脂肪肝动物模型

非酒精性脂肪肝（non-alcoholic fatty liver disease，NAFLD）有肝脂肪变性、炎症、纤维化或肝硬化等病理损伤。与脂肪肝形成有关的疾病和原因主要有营养过剩、营养不良、药物中毒、饮酒、糖尿病、炎症等。在基础饲料中加入猪油或胆固醇或蛋黄等制成高脂饲料，长期饲喂动物，使进入肝脏的脂肪酸增加而形成脂肪肝。雄性 Lewis、Wistar 和 SD 大鼠均可造模。常用体重 150g 左右的 SD 大鼠，用含 88%基础饲料、2%胆固醇和 10%猪油的混合饲料饲喂 10 周，病理学检查呈轻度脂肪肝，至 12 周动物体重、肝脏系数增高，血中总胆固醇、脂肪酸含量显著升高，肝脏出现程度不同的弥漫性肝细胞脂肪变性，成功率达 100%，且伴有炎症坏死等非酒精性脂肪性肝炎的病理改变。

（八）胰腺炎动物模型

早期牛磺胆酸钠可直接导致胰腺腺泡细胞或小导管壁的细胞溶解，进一步的损害可能是胆盐激活胰酶，如胰蛋白酶、磷脂酶等，产生腺泡自身消化。常采用胰管逆行注射法诱发动物急性胰腺炎，其主要根据胰管、胆管共同通路和胆汁反流理论，模拟人类胆源性胰腺炎的发病机制。本模型适合于多种动物，包括常用啮齿动物大鼠、小鼠、地鼠等。动物以 1%戊巴比妥钠腹腔注射麻醉后，打开腹腔找到胰胆管。夹闭肝门附近的胰胆管，用针头从胰胆管近十二指肠处逆行穿刺，微量泵推注 5%牛磺胆酸钠。本模型在病因、发病机制及胰腺病变等方面与人类急性出血坏死性胰腺炎相似，成功率高且重复性好，是目前公认的重症急性胰腺炎的经典模型。

三、呼吸系统疾病动物模型

（一）慢性支气管炎动物模型

慢性支气管炎（chronic bronchitis）是指由感染或非感染因素引起的气管、支气管黏膜及其周围组织的慢性非特异性炎性反应。其病理特点是支气管腺体增生、黏液分泌增多。许多刺激物，如化学物质（二氧化硫、氯气、氨气），烟雾（生烟叶、稻草烟、刨花烟、混合烟），细菌及多种复合性刺激（细菌加烟雾、细菌加寒冷等）都可复制慢性支气管炎模型。

1. 化学物质法诱导慢性支气管炎动物模型 使小鼠吸入含 2%SO_2 的空气，每天 10s，14～18 天即出现支气管炎病变，27 天后出现重度支气管炎病变。此外，还可吸入氯气、氨气造模。

2. 烟雾法诱导慢性支气管炎动物模型 在密闭烟室内，将锯末 200g、烟叶 15～20g、干辣椒 6～7g 及硫黄 1g 混合，20～30min 烧化，烟雾颗粒在 0.5μm 以上，浓度为 150～200mg/m^3。每天吸入 1h，每周 6 次，共 44 天，即可形成慢性支气管炎病变。

（二）过敏性哮喘动物模型

过敏性哮喘（allergic asthma）是由于某些过敏因素（如吸入花粉、工业粉尘、进食鱼虾等）及自主神经功能紊乱引起的以支气管阻塞为特点的疾病。其特征是阵发性带有哮鸣音的呼吸困难、咳嗽、咳痰，反复发作。目前国内外使用最多的模型是致敏源诱发的豚鼠哮喘模型。致敏源中的可溶性抗原成分刺激机体产生 IgE，使机体致敏，当再次接触到此抗原时，由 IgE 介导发生抗原抗体反应，使细胞脱颗粒，释放出活性化学物质如组胺、嗜酸性粒细胞趋化因子等，作用于支气管引起气道高反应导致哮喘。

可选用健康雄性豚鼠，体重 300～500g，腹腔注射 10%卵清蛋白生理盐水溶液 10ml，使豚鼠处于致敏状态；2 周后将豚鼠置于一密闭容器中，以 10%卵清蛋白生理盐水溶液雾化吸入 20min，诱发豚鼠哮喘。豚鼠可出现气喘表现，咳嗽、烦躁、口唇和四肢发绀，呼吸费力挣扎，呼吸频率加快和呼吸加深。病理检查可发现肺毛细血管扩张、嗜酸性粒细胞浸润和腺体分泌亢进。反应级别：Ⅰ级，呼吸加速；Ⅱ级，呼吸困难；Ⅲ级，抽搐；Ⅳ级，跌倒。

（三）肺气肿动物模型

肺气肿（emphysema）是指终末细支气管远端的气道弹性减退，过度膨胀、充气和肺容积增大或同时伴有气道壁破坏的病理状态。当促弹性蛋白水解酶进入动物肺内，穿越肺泡上皮进入肺间质与弹性蛋白、纤维蛋白和胶原等结合，将其分解而引起肺泡炎和肺泡坏死，使大量含有血黄素的吞噬细胞在病变肺泡处沉积，使肺的弹性回缩力减弱或丧失，可导致肺气肿。

其方法是给兔等动物气管内或静脉注射一定量木瓜蛋白酶、败血酶、猪胰弹性蛋白酶，或从人的中性粒细胞中分离的弹性蛋白酶等，可复制实验性肺气肿模型。其中以木瓜蛋白酶形成的实验性肺气肿病变明显而且典型，或在给予木瓜蛋白酶基础上加以气管狭窄术复制成肺气肿和肺源性心脏病模型，其优点是病因病变更接近人类病变。

（四）肺水肿动物模型

肺水肿（pulmonary edema）是由多种致病因素引起的肺毛细血管内液体渗入肺间质和肺泡，使肺血管外液量增多的病理状态。腹腔注射氯化铵使肺泡壁毛细血管通透性增加，破坏肺泡壁气血、气液屏障，大量浆液渗向肺间质及肺泡，从而诱发肺水肿。可选用 Wistar 大鼠，体重 200～250g，腹腔注射 6%氯化铵（雌性：6～8ml/kg，雄性：9～12ml/kg）。本方法简单、经济易行，且重复性、成功率高，临床症状典型。

（五）肺纤维化动物模型

肺纤维化（pulmonary fibrosis，PF）是以肺组织成纤维细胞增殖及大量细胞外基质积聚并伴炎症损伤、组织结构破坏为特征的弥漫性肺间质疾病。博来霉素通过诱导 DNA 链断裂，产生自由基引起氧化应激反应，随后出现细胞坏死或凋亡、炎症和纤维化，导致肺纤维化。可选用 SD 大鼠，体重 180～220g，用 10%水合氯醛腹腔注射麻醉后，仰卧位固定于手术台，无菌条件下，沿颈正中切开大鼠皮肤，逐层钝性分离暴露气管，使用留置针经气管环状软骨间隙一次性灌注博来霉素 5mg/kg，直立旋转，使博来霉素在肺部均匀分布，建立大鼠肺纤维化模型。博来霉素诱发的肺纤维化模型易于操作、可重复性强，成模只需 21～28 天，其组织病理学和生理学与人类肺纤维化相似。

此外，常用的肺纤维化转基因动物模型有 AdTGF-β1223/225SD 大鼠等。

四、泌尿系统疾病动物模型

（一）系膜增生性肾小球肾炎大鼠模型

系膜增生性肾小球肾炎（mesangial proliferative glomerulonephritis，MsPGN）是人类原发性肾小球疾病最常见的病理类型，占整个肾脏疾病的 50%～60%。以弥漫性肾小球系膜细胞增生及不同程度系膜基质增多为主要特征。大肠埃希菌、牛血清白蛋白（bovine serum albumin，BSA）、葡萄球菌肠毒素 B（staphylococcal enterotoxin B，SEB）、中分子抗原卵清蛋白等抗原结合不完全或完全弗氏佐剂引起胃肠黏膜免疫，导致大量的免疫复合物沉积，可复制肾小球系膜增生为主要病理改变的肾病模型。

选用 6 周龄雄性 SD 大鼠（体重 160～200g），从实验的第 1 天起以含 20mg 的 BSA 水溶液，隔日灌胃，共 14 周。其中，第 1 天皮下注射完全弗氏佐剂 0.2ml（含 BSA 2mg），第 8 天皮下注射不完全弗氏佐剂 0.2ml（含 BSA 2mg），同时静脉注射 SEB（0.4mg/kg），第 15 天再静脉注射 SEB（0.4mg/kg）。实验 10 周大鼠出现蛋白尿，24h 尿蛋白随着时间的延长而增加，伴有血清 Cr 的明显升高。肾系膜基质中度增生，肾小球细胞数轻度增多，肾小管间质无明显变化，肾小球系膜区有大量 IgA 荧光沉积。本模型病变稳定，可用于研究系膜增生性肾小球肾炎的发病机制及胃肠道黏膜免疫在发病过程中的作用。

（二）肾小管间质纤维化大鼠模型

肾间质纤维化（renal interstitial fibrosis，RIF）是慢性进展性肾脏病共同典型的病理形态学表现，是由于慢性肾脏病长期迁延而导致的慢性肾衰竭的主要病理基础。结扎肾静脉导致肾缺血、肾小管损伤，出现缺血性萎缩和肾小管消亡，肾间质增生，出现肾小管间质纤维化（tubulointerstitial fibrosis，TIF）。可选用 Wistar 大鼠，体重 200～250g，麻醉局部剃毛后常规消毒铺孔巾，沿腹正中线切开皮肤至腹腔，分离左肾静脉，用 4-0 号手术缝线结扎，术后 10 天即可形成较理想的 TIF 病变。本模型病变典型稳定，手术侧肾脏的病变与人相似度极高。周期短，操作方法简单，对动物的生活影响轻微。

（三）尿路结石动物模型

尿路结石（urinary stone disease，USD）是泌尿系统常见病之一，可发生于肾盏、肾盂、输尿管、膀胱、尿道等处。常用药物诱发泌尿系统结石模型，可用富含草酸或草酸前体诱石剂乙二醇、N，N-二甲基乙二酰胺、对苯二甲酸等通过增加尿液中草酸浓度而诱发动物体内形成草酸钙结石。常用动物为 SD 或 Wistar 大鼠，以 1%乙二醇饮水+2%氯化铵，每天灌胃诱导大鼠肾结石模型。本模型尿草酸、尿钙均明显升高，肾组织有大量的草酸钙晶体沉积，诱导的结石显著、稳定。

五、生殖系统疾病动物模型

（一）子宫内膜异位症大鼠模型

目前，子宫内膜异位症（endometriosis，EM）大鼠模型的制作主要基于"经血逆流种植学说"，通过外科手术方法，直接将自体子宫内膜种植到子宫腔外的部位，或者通过手术闭锁其子宫颈或阴道口，人为造成经血逆流入腹腔而诱发疾病。其方法可采用成熟雌性 Wistar 或 SD 大鼠作连续阴道涂片镜检，选择动情周期 4～5 天并连续有 2 个动情周期表现正常者，在其第 3 个性周期的动情期实施手术造模。用 3%戊巴比妥钠溶液按 1.5ml/kg 腹腔注射麻醉，在无菌操作下剖腹，切口长约 1.5cm，切取左侧子宫角组织一块，在洛氏营养液中做子宫内膜剥离术，切取两块约 $25mm^2$ 的子宫内膜组织片段，并将其分别缝合在腹膜上、卵巢或子宫上段附近，子宫内膜面朝向腹腔，关腹。一般 3～4 周即可造成子宫内膜异位症模型。本模型符合临床子宫内膜异位症的主要病因，方法较简便。

（二）前列腺增生动物模型

前列腺增生（benign prostatic hyperplasia，BPH）多发生于老年男性，是 50 岁以上男性的常见病。主要表现为前列腺结节状增生，伴不同程度的排尿困难。前列腺是雄激素依赖性器官，前列腺的生长依赖于体内雄激素的存在。实验动物去睾丸后，体内雄激素水平降低，可导致前列腺萎缩，再给予雄激素丙酸睾酮可引起外源性前列腺增生。选体重 100～200g 雄性大鼠，无菌操作，经阴囊摘除双侧睾丸。1 周后，每只大鼠皮下或肌内注射丙酸睾酮 0.5mg/0.1ml，每日 1 次，连续 1 个月，可形成前列腺增生模型。本方法简便，适合于药物筛选，但与人类前列腺增生的发生过程差距较大。也可用体重约 30g 小鼠，每天皮下注射丙酸睾酮 5mg/kg 体重，连续注射 21 天后致发生前列腺增生。

（三）前列腺炎动物模型

前列腺炎（prostatitis）是青老年男性的一种常见病，各个年龄段均有覆盖。其病因相关因素有病原微生物感染、化学刺激、氧化应激、自身免疫、老龄动物自发产生、内分泌功能异常、缺锌、pH 升高、心理因素、神经肌肉炎症、基因易感、物理创伤等。在前列腺内注入致炎剂角叉菜胶后，前列腺液中白细胞数增加，卵磷脂小体减少，前列腺液细菌培养阴性，与临床非细菌性前列腺炎表现相符。可选用体重 200～250g 雄性 Wistar 大鼠，麻醉后无菌条件下下腹部正中切口，暴露前列腺，在精囊内注入 1%角叉菜胶生理盐水溶液，然后缝合腹壁切口。术后 24h 即可形成非细菌性前列腺炎模型。实验动物的前列腺标本经病理切片、电镜观察等证实有慢性炎症的病理变化，与人类慢性非细菌性前列腺炎的病理变化相似。本实验方法具有较好的特异性，炎症周期适合抗炎药的筛选。

六、心血管系统疾病动物模型

（一）高血脂及动脉粥样硬化动物模型

1. 高胆固醇、高脂肪饲料诱导法 在小型猪、猴子、兔、大鼠、小鼠、鹌鹑等的膳食中添加过量的胆固醇和脂肪，喂养一定时间后便可引起高脂血症，进而损伤血管内皮，导致动脉内皮通透性升高和血液单核细胞黏附，并在主动脉、冠状动脉处逐渐形成粥样硬化斑块，并出现高血脂。为保证动物模型的形成，可在高胆固醇或高脂饮食中添加少量的胆酸盐，可增加胆固醇的吸收，如在膳食中再加入甲状腺抑制药——甲硫氧嘧啶或丙硫氧嘧啶可进一步加速病变形成。

（1）小型猪饲喂含 1%～2%胆固醇的高脂饲料，连续 2 个月，可形成高脂血症，6～8 个月可见腹主动脉及冠状动脉发生粥样硬化，主要影响心外膜下冠状动脉及其主要分支，也有小型猪能并发心肌梗死。

（2）成年恒河猴，高脂高糖喂饲 6 个月，即可形成高脂血症模型。

（3）4 月龄左右雄性日本大耳白兔或新西兰兔，用单纯胆固醇饲料或高脂饲料连续诱导 8～12 周，即可形成动脉粥样硬化，并且动脉粥样硬化成模时间与胆固醇的含量有一定的联系。

（4）采用高脂饲料饲喂大鼠 7～10 天，即可形成高胆固醇血症；连续 10 周形成动脉粥样硬化模型；另外，大鼠在前 3 个月，每个月腹腔注射维生素 $D_3$150 万 U/kg，同时饲喂高脂饲料，后 2 个月仅饲喂高脂饲料，造模周期为 5 个月，也可形成动脉粥样硬化模型。但建议在配方中添加 0.5%胆盐或 0.2%丙硫氧嘧啶可促进机体胆固醇的吸收。

（5）选用 6～8 周 C57BL/6 小鼠，用含 1%胆固醇和 10%猪油的高脂饲料饲喂，连续 7 天，可形成高脂血症；若在饲料中再加入 0.3%胆酸可促进机体胆固醇的吸收。

老年猪及小型猪的自发性动脉粥样硬化病变及分布与人体相似，且用高脂饲料诱发可加速动脉粥样硬化病变的形成，应用于研究斑块稳定性和斑块破裂。猴动脉粥样硬化形成的胆固醇代谢、血浆脂蛋白组成及高脂血症与人类极为相似，但价格昂贵，再加上供应困难，较难满足实验需要。兔模型形成的动脉粥样硬化病变大多为血源性泡沫细胞增多，且病变分布与人的病变也有差异，仅供分析早期动脉粥样硬化的形成。大鼠所形成的病理改变与早期患者相似，不易形成与人体相似的后期病变，较易形成血栓。

2. 药物诱发动脉粥样硬化模型 维生素 D_3 可升高血钙，高血钙可协同高血脂破坏动脉管壁内皮的完整性，从而有利于血浆脂质对管壁的侵入、损伤和沉积，血钙升高还可促进钙在主动脉中膜沉积，促使平滑肌细胞变性和钙化。方法用大鼠腹腔注射维生素 D_3，之后每天给予高脂饲料，连续 21 天可复制动脉粥样硬化模型。本模型病理改变和人类相似，血脂和炎症反应程度高，操作简单，实验周期短，成功率高，并且模型稳定。

3. 免疫诱发动脉粥样硬化模型 血清白蛋白进入机体后刺激形成的免疫复合物在血管壁异常沉积，启动免疫复合物-补体-中性粒细胞之间的连锁反应，释放一系列炎症因子产生局部和全身炎症反应，并促进内皮细胞内吞和平滑肌细胞钙化，最终导致动脉内膜损伤和动脉粥样硬化的发生和发展。方法可采用兔每周肌内注射 250mg/kg 胎牛血清蛋白，每次 10ml/kg，并辅以高脂饲料连续喂养 12 周，建立动脉粥样硬化模型。本模型斑块融合分布，斑块面积占比约为 75%，能较好地模拟人类动脉粥样硬化的炎性和内膜脂质沉积、纤维增生等改变。本方法构建的动脉粥样硬化模型可反映动脉粥样硬化形成的免疫机制。

4. 血管内皮损伤法 由于动脉粥样硬化的发病机制与血管内皮损伤有关，因此，采用球囊损伤血管内皮的方法可加快动脉粥样硬化的形成，其形成的斑块稳定、可靠。其方法可采用兔饲喂高脂饲料 1 周后，实施颈动脉球囊损伤术，术后继续高脂饲料喂养，连续 8 周。可见血管内膜增厚，平滑肌细胞移行增殖，脂质沉积，弹力纤维和胶原基质生成，粥样硬化斑块形成等。本模型内膜的机械损伤直接造成内膜损伤、剥脱，内弹性板断裂，极大地加速了脂质及钙盐沉积、血流中炎症细胞浸润。本模型血管成形术后内膜增生的病理形态与人类球囊血管成形术后再狭窄的病理过程相似，适合于临床冠脉成形术后的研究。

此外，常用的动脉粥样硬化转基因动物模型主要有 $ApoE^{-/-}$小鼠、$LDLR^{-/-}$小鼠、SR-$BI^{-/-}$小鼠、$LPL^{-/-}$小鼠、CETP 转基因大鼠等。

（二）高血压动物模型

1. 自发性高血压大鼠（SHR）模型　SHR 大鼠是由日本学者 Okamoto 培育的自发性高血压大鼠，它可产生脑血栓、脑梗死、脑出血、肾硬化、心肌梗死和纤维化等变化，SHR 鼠高血压发病率高，16 周龄时高血压形成，收缩压＞160mmHg，自发性高血压的变化与人类疾病相似，是目前研究最广泛的高血压模型，也是筛选抗高血压药物的理想动物模型，可用于高血压发病机制、降压药物筛选或药效评价的实验研究。除此以外，国际上常用的自发性高血压大鼠模型还有易感型（SHRSP，京都），新西兰遗传型（GH，达尼丁），以色列（SBH，耶路撒冷），米兰（MHS，米兰），里昂（LH）等。

2. 诱发性高血压动物模型　诱发性高血压模型主要是通过各种手术、化学或遗传学的方法对在动物动脉压调节中起主要作用的器官及系统施加影响而诱发高血压模型。

（1）神经源性高血压模型：应用球囊固定血管压迫左侧延髓腹外侧舌咽神经、迷走神经根入脑干区（REZ），建立犬神经源性高血压动物模型，微血管压迫术后收缩压、舒张压、平均动脉压（MBP）和心率明显增加，本法可以最大程度地模拟临床原发性高血压的病因，结果稳定、可靠。

（2）内分泌性高血压模型：去氧皮质酮（desoxycortone，DOC）为盐皮质激素，具有明显的钠水潴留作用，使细胞外液增加，血压升高。大鼠麻醉后，行左肾切除术。术后皮下注射醋酸去氧皮质酮（DOCA）25mg/kg，一周 2 次或皮下埋藏 DOCA 片剂，同时给予饮用 1%氯化钠溶液，连续 6 周。给药 1 周后约 50%大鼠血压升高，给药 5 周停药后，70%大鼠形成持续性高血压，可选用收缩压＞160mmHg 的大鼠作为高血压模型。

（3）肾性高血压模型：选用体重为 90～120g，年龄为 2～3 个月的雄性 SD 大鼠，用 3%戊巴比妥钠腹腔注射，10～15min 后在无菌操作下经腹正中纵行切口，依次钝性分离双侧肾动脉，用内径为 0.3mm 的自制环形银夹分别钳夹双侧肾动脉起始部。整个手术不损伤肾脏、肝脏、乳糜池及肾静脉。术后腹腔注射少量青霉素预防感染。2～3 月龄雄性 SD 大鼠实验前血压为（110±9）mmHg，术后 1 周上升至（124.5±11.2）mmHg，已显著高于术前血压水平，术后 3 周时血压超过 150mmHg，部分大鼠血压可高于 250mmHg，并可长期维持下去。

（三）心肌缺血/心肌梗死动物模型

1. 结扎法诱导心肌梗死/心肌缺血动物模型　通过结扎引起模型动物的冠状狭窄或闭塞，使冠脉所供应的心肌缺血、坏死，从而引起模型动物心肌梗死。小型猪、比格犬、大鼠、小鼠是常用的模型动物。动物麻醉后，在第 4 肋间行左胸开胸术，然后小心地将心包膜打开，在左心耳尖远端结扎左冠状动脉前降支，如果结扎成功，心电图则显示典型的 ST 段抬高，而观察左心室前壁也会变白，最后关闭胸腔。冠脉结扎法是一种常用的复制心肌梗死模型的方法，也是研究心肌缺血损伤公认的模型。本方法心肌梗死范围较清楚、效果确切，可根据研究需要对心脏不同的区域进行造模，并能通过心电图、病理学、血清酶学等对造模过程进行评估。但结扎法需要对动物进行开胸操作，并涉及气管插管、麻醉和术后护理等外科操作，过程复杂并对外科技术和设备要求高，创伤大，对动物影响大。

2. 球囊栓塞法诱导心肌梗死/心肌缺血动物模型　通过动脉介入的方法将球囊放入左冠状动脉

浅表分支，使用气泵使球囊充气闭塞冠状动脉分支，可造成心肌缺血或梗死动物模型。选用 8～12 月龄的成年小型猪，禁食并常规麻醉后，行冠脉造影和左前降支远端球囊损伤术，可建立小型猪心肌梗死模型。表现出心电图 ST 段抬高和病理性 Q 波形成，心肌梗死部位位于心尖、左心室前壁、室前间隔部。病理学观察可见梗死区心肌正常结构破坏，胞质浓缩，染色加深；横纹消失、核浓缩、溶解碎裂，梗死区内有较多的红细胞，周围有较多肉芽组织增生及大量的炎性细胞浸润。本模型可以克服以往开胸结扎法造成创伤大、死亡率高的缺陷，采用这种闭胸式心肌缺血、心肌梗死模型，方法简单，手术创伤少，动物术后恢复较好，死亡率小于 10%。本方法定位准确、结果可靠、重复性好。

3. 异丙肾上腺素诱发心肌缺血模型 异丙肾上腺素（ISO）为儿茶酚胺类药物，是β肾上腺素受体激动剂，通过加快心率、增加心肌收缩等环节，增加心肌耗氧量，造成心脏负荷加重，心肌微循环障碍，持续应用可引起不可逆的缺血性心肌损伤。选用体重 100～200g 大鼠，皮下注射 10mg/kg ISO 溶液，每日 1 次，连续注射 3 天后即可成功诱导大鼠急性心肌缺血模型。或选用 SD 大鼠，腹腔注射 ISO 0.04mg/kg，连续 6 天，通过心电监测、心肌酶检测及病理检测证实可成功复制大鼠慢性心肌缺血模型。本模型复制方法简便，效果稳定、可靠，在心肌坏死的病理特点和发生机制方面与人类缺血缺氧性心肌坏死有相似之处。本模型适用于观察心肌氧供需平衡，或通过作用于β肾上腺素受体来防治心肌缺血的药物，也可用于心肌坏死、心肌纤维化发生机制的研究和防治药物的筛选等。

4. 心肌缺血再灌注损伤动物模型 心肌缺血再灌注损伤是指短时间内使心肌缺血中断，一定时间内恢复血供。其形成机制可能与钙超载、自由基损伤等有关。可用大鼠、犬、小型猪和猫等造模。大鼠经戊巴比妥钠麻醉后，仰卧位固定，气管插管后连接人工呼吸机。于胸骨左侧第 4 肋间切口，开胸暴露心脏，在左心耳与肺动脉圆锥之间的左前降支（LAD）起始下方 2～3mm 处，用 6-0 医用无损伤带线缝合针于左心耳下方进针，将缝合线穿于自制的冠脉阻断塑料管。拉紧缝合线，以塑料管球端压迫结扎 LAD 30min 后，放松结扎线，再灌注 2h。以左心室前壁发绀和同步心电图Ⅱ导联 J 点（QRS 波群与 T 波交点）增高为结扎成功标志，以左心室前壁由发绀逐渐红润和 J 点降低 1/2 为再灌注成功标志。

在心脏表面用塑料管球端压迫形成缺血的方法，避免了对心肌的多重损伤，且容易控制缺血的程度，提高成模率。开胸不用剪断肋骨，采用开胸器撑开肋骨，插管用细管，从而使再灌注期间动物苏醒后恢复到正常状态保证存活。本模型符合人类疾病病理变化过程，适用于针对再灌注损伤机制的药物研究。

（四）心律失常动物模型

1. 肾上腺素诱发室性心动过速动物模型 大剂量的肾上腺素可提高心肌的自律性而导致心律失常（室性期前收缩、室性心动过速甚至心室颤动），而氯仿与肾上腺素合用更增加对心脏的毒性。吸入一定量的氯仿后可诱发心室颤动。可选用 2.5kg 左右体重的家兔，将注入 2ml 氯仿的纱布放入动物麻醉口罩中，给家兔吸入致其麻醉后，去除麻醉口罩并仰卧位固定，连接心电图Ⅱ导联线。待心电图稳定后，由兔耳缘静脉快速注入 0.01%肾上腺素 0.5ml/kg 并及时记录心电图，观察心律失常的潜伏期、持续期及心率变化。各组在心律失常出现稳定数分钟后，分别静脉注射药物或生理盐水，观察并记录心律失常的变化。本模型适用于防治室性心动过速药物的研究。也可给于大鼠快速静脉注射肾上腺素 40μg/kg，猫和犬快速注射肾上腺素 100μg/kg 均能引起心律失常，持续 3～5min。

2. 乌头碱诱发室性心律失常动物模型 乌头碱能加速心肌细胞 Na^+内流，促进细胞膜除极，诱发心脏异位节律，导致心律失常。取健康大鼠，以乌拉坦麻醉，仰卧位固定，气管切开并插管，作颈外静脉插管以备给药，四肢末端插针形电极，用生物实验系统观察并记录心电图Ⅱ导联变化。待大鼠心电图稳定以后，用蠕动泵以 1.8μg/min 速度恒速静脉注射乌头碱溶液，记录给乌头碱后的心电图Ⅱ导联变化情况，心电图变化一般为室性期前收缩（VA）、室性心动过速（VT）、室性颤动（VF）而死亡。绝大部分动物于 4～5min 出现心律失常。本方法造模简单、诱发率高、重复性好、持续时间长，对Ⅰ类抗心律失常药敏感。

3. 甲醛诱发窦性心律失常动物模型 用机械挤压或化学方法可直接损伤窦房结区域，造成窦房结传导阻滞，从而导致心律失常，表现为心率减慢、P 波消失，出现交界性心律、ST 段偏移等心电图改变，类似窦房结病的表现。方法是将兔全身麻醉，气管插管，经颈静脉插入起搏导管后，胸部去毛，从右侧第 4 肋间开胸，打开心包膜，暴露右心房，用自制的金属小圈（环），选准并固定窦房结区，用 0.7cm×0.8cm 的软纸片浸蘸 20%甲醛，外敷于窦房结区 2～10min，出现明显窦性心动过缓（心率明显降至造模前的 40%～50%）、交界性逸搏心律、窦性静止、心房颤动等心律失常为止，待模型稳定 30min 后，开始测定各项指标并给药观察。本模型稳定时间长、重复性好、安全可靠。模型的发病机制及电生理特点均与临床相似，对损伤程度和范围均可控。适用于人类心源性休克疾病发病机制及药效学评价的研究。

（五）心肌肥厚和心力衰竭动物模型

心肌肥厚（myocardial hypertrophy）是心脏对慢性压力或容量超负荷的代偿性反应，是心力衰竭早期的重要病理过程，常见于高血压心脏病、肺动脉高压及慢性充血性心力衰竭等疾病。心肌肥厚的基本改变不仅有心肌细胞的肥大与增生，也有非心肌细胞如成纤维细胞、神经细胞、血管平滑肌细胞、内皮细胞等的增生，以及酶和蛋白质的改变，伴有心室结构变化和心肌功能的减退等。

心力衰竭（heart failure，HF）是指心脏泵血能力减退，不能搏出与静脉回流及身体组织代谢所需相称的血液供应，同时静脉系统淤血的病理过程。在长期的化学因素和心脏超负荷压力下，肥厚的心肌失去代偿能力时即产生心力衰竭。

1. 左甲状腺素诱发大鼠心肌肥厚模型 左甲状腺素可促进心肌细胞某些收缩蛋白的合成和心肌间质重构，从而造成心肌肥厚。选用体重 250～300g 大鼠，雌雄均可。将左甲状腺素与 0.5%羧甲基纤维素制成混悬液。采用多种给药方法，将所制备混悬液按每日 0.1～0.5mg/kg 体重皮下注射或腹腔注射，或每日 1mg/kg 体重口服，连续给药 7～10 天，可诱发大鼠心肌肥厚。本模型具有操作简单、实验周期短和心肌病变明显等特点，通过调节给药量和给药时间可以控制心肌病变程度，是研究心肌肥厚生化机制的适宜模型之一。

2. 腹主动脉缩窄诱发大鼠心肌肥厚模型 缩窄部分腹主动脉，心脏泵血阻力加大，造成心脏压力超负荷，导致心肌肥厚。另外，由于腹主动脉被部分缩窄，肾血流量相对减少，血管紧张素Ⅱ等因素也参与心肌肥厚的形成。可选用体重 200g 左右的大鼠，雌雄兼用。戊巴比妥钠腹腔注射麻醉后，将大鼠仰卧位固定于手术台上，腹正中切口打开腹腔。在左肾动脉分支处的上方分离腹主动脉，用 3-0 号丝线将腹主动脉及与之平行放置的 7 号或 9 号注射器针头（磨去针尖）共同结扎后，抽出针头，使该部位动脉形成狭窄（狭窄程度 65%～70%）。逐层缝合腹部切口，关腹。一般术后 3～4 天心肌开始肥厚，2～3 周达稳定高峰。本模型是压力超负荷型心肌肥厚模型，具有操作简便、形成心肌肥厚时间短、重复性好等优点，应用较多。

3. 动静脉短路法诱发大鼠心力衰竭模型 正常时动脉系统压力大于静脉系统。动、静脉短路使动脉系统的血液向压力低的静脉系统分流，从而增加静脉的回心血量和心脏的前负荷，最终引起心力衰竭。雄性 SD 大鼠于腹主动脉上左肾动脉起始部下 2mm 处，用无创血管夹阻断主动脉血流，穿刺腹主动脉及下腔静脉后，用黏着剂封闭穿刺点，术后笼养 4 周，大鼠心脏重量/体重明显增加，心肌出现肥厚，左心室舒张末压显著升高，左室收缩力明显受损，产生心力衰竭。本模型拟似临床高心排血量心力衰竭，较多用于充血性心力衰竭时神经内分泌机制的改变、水电解质紊乱和肾功能异常及药物安全性的研究。

七、内分泌系统疾病与代谢性疾病动物模型

（一）糖尿病动物模型

糖尿病（diabetes）是一种由多种病因引起的慢性代谢性疾病，是由于体内胰岛素缺乏，或拮抗胰岛素的激素水平增高，或胰岛素在靶细胞内不能发挥正常生理作用而引起葡萄糖、蛋白质及脂质代谢紊乱的综合征。临床上分为胰岛素依赖型糖尿病即 1 型和非胰岛素依赖型糖尿病即 2 型两种类型。其中 1 型糖尿病又分为两类三个亚型，绝大多数为自身免疫性病因，可能与遗传因素、环境因素及自身免疫因素有关。大多数 2 型糖尿病为多基因和多环境因素共同参与并互相作用的结果，其基本特征是胰岛素分泌不足和胰岛素抵抗，与肥胖和代谢综合征的关系密切。

1. 1 型糖尿病动物模型 1 型糖尿病的发病率占糖尿病的 10%以下，是由于胰岛 B 细胞破坏，胰岛素分泌减少而引起体内糖、脂肪、蛋白质等代谢紊乱。可用多种方法复制 1 型糖尿病动物模型，如切除胰腺，损伤下丘脑，给予激素、病毒或化学物质等。此外还有自发性糖尿病动物模型及转基因动物模型等。

（1）链脲佐菌素诱发糖尿病模型：链脲佐菌素（streptozotocin，STZ）是一种药效强大的烷化剂，能干扰葡萄糖的转运，影响葡萄糖激酶的功能，诱导 DNA 双链的断裂。STZ 通过自由基损伤胰岛 B 细胞，使胰岛 B 细胞功能受损，胰岛素合成减少，引发糖尿病。低剂量 STZ 诱导大鼠胰岛细胞瘤细胞（INS-1）凋亡，高剂量致胰岛 B 细胞坏死。STZ 能诱发大鼠、小鼠、犬、猴、猪、中国地鼠、豚鼠、兔等许多动物发生糖尿病，一般采用大小鼠制作糖尿病动物模型。选用体重 180～220g 雄性 Wistar 大鼠，造模前禁食不禁水 12～16h，单次腹腔注射 STZ 50mg/kg 体重。注射 STZ 后 1 周大鼠出现多饮、多食、多尿和体重明显减轻，复测尿糖≥3+、血糖≥16.67mmol/L 即可选为糖尿病模型。也可使用小鼠作为造模动物，但小鼠对 STZ 不敏感，静脉注射常用剂量为 175～200mg/kg 体重，雄性小鼠成模率较高。STZ 诱发的糖尿病动物模型类似人类 1 型糖尿病，是目前国内外应用最多的糖尿病动物模型。

（2）四氧嘧啶诱发糖尿病模型：四氧嘧啶是一种特异的胰岛素细胞毒剂，可选择性地损伤多种动物的胰岛 B 细胞，引起实验性糖尿病，常用于制备 1 型糖尿病。犬、小型猪、兔、大小鼠等多种动物均可用于此模型的构建，由于实验啮齿动物具有生命周期短、易于人为控制遗传及环境条件、来源方便等优势，常用于造模。给大小鼠一次静脉或腹腔注射 1%～5%的四氧嘧啶水溶液 100～200mg/kg，注射后 24h 可出现持续性高血糖，B 细胞呈现不可逆性坏死，可用于制备 1 型糖尿病模型。本模型血糖水平稳定且维持时间长，有明显的糖尿病症状，且需时短，操作简单，成本较低，是评价糖尿病药物疗效及安全性的常用模型，应用广泛。

（3）自发性糖尿病模型

1）NOD 小鼠：即非肥胖糖尿病小鼠（nonobese diabetes mouse），多于 100～200 日龄突然发生糖尿病，雌性发病率显著高于雄性，且发病早。NOD 小鼠为典型的 1 型糖尿病动物模型，由 T 细胞（包括 CD4 和 CD8 细胞）介导，其发展受控于一系列 T 细胞的调节。胰岛 B 细胞损伤继发于自身免疫过程，引起低胰岛素血症。

2）BB 大鼠：是从纯种 Wistar 大鼠中筛选出来的一种自发性、遗传性 1 型糖尿病动物模型。其发病和自身免疫性毁坏胰腺 B 细胞引发胰腺炎及胰岛素缺乏有关。BB 大鼠在 8～16 周龄发展为糖尿病。糖尿病表型非常严重，其主要特征是高血糖、低胰岛素血症、体重减低和酮血症，需要胰岛素治疗才能生存。BB 大鼠是理想的 1 型糖尿病动物模型。

2. 2 型糖尿病动物模型 2 型糖尿病约占糖尿病的 90%以上，是指由胰岛素抵抗为主，伴胰岛素分泌不足，或胰岛素分泌不足为主，伴有或不伴有胰岛素抵抗所致的糖尿病，提示 2 型糖尿病的异质性。常用造模方法有药物诱导、药物加手术诱导及自发性 2 型糖尿病等。

（1）高脂饮食联合 STZ 诱发大鼠 2 型糖尿病：高脂饮食联合小剂量 STZ 是最常用的造模方法，其机制是饲喂高脂饮食诱导胰岛素抵抗，同时注射 STZ 引起胰岛 B 细胞受损。可选用 180～190gWistar 大鼠，给予高脂高糖饲料喂养 4 周后，腹腔注射 STZ 25mg/kg，继续饲喂高脂高糖饲料。以血糖＞7.8mmol/L 和胰岛素敏感指数下降作为大鼠 2 型糖尿病的判断指标。本模型同时出现高脂血症和高血压，符合人类 2 型糖尿病的实际情况。

（2）自发性 2 型糖尿病动物

1）KK-A^y 小鼠：即携带有黄色肥胖基因（A^y）的 KK 小鼠。与 KK 小鼠相比，其有更明显的肥胖和糖尿病症状。从 5 周龄起，血糖、血循环中的胰岛素水平逐步升高。胰岛 B 细胞有脱颗粒和糖原浸润，随后出现胰岛肥大和中心气泡。肝脂肪化和脂肪组织增多。脂肪组织的胰岛素敏感性降低比 KK 小鼠明显，且到 16 周龄时完全丧失。肾脏病变发生早，发展迅速，肾小球基膜增厚。用 KK-A^y 小鼠可评价抗糖尿病药物的胰腺外作用。

2）db/db 小鼠：由 C57BL/KsJ 近亲交配株常染色体隐性遗传衍化而来，用于 2 型糖尿病造模。db/db 小鼠在 1 个月时开始贪食及发胖，继而产生高血糖、高胰岛素，并且胰高血糖素也升高。一般在 10 个月内死亡。

3）NSY 小鼠：是一近交系自发性糖尿病模型，是从远交 JCL/ICR 小鼠中选择糖耐量异常株培育而成的。其糖尿病发生具有年龄依赖性。24 周龄时胰岛素分泌功能严重受损，48 周龄时累积发病率雄性为 98%，雌性为 31%。此鼠在任何年龄阶段都不表现严重肥胖和显著的高胰岛素血症，胰岛也无肿大或炎性变化。胰岛 B 细胞分泌胰岛素功能受损和胰岛素抵抗可能是 NSY 小鼠发生非胰岛素依赖性糖尿病（NIDDM）的机制，与人类相似。

4）Goto-Kakizaki（GK）大鼠：具有胰岛素分泌不全、胰岛素抵抗、胰岛纤维化、非肥胖等典型的 2 型糖尿病特征。在成年 GK 大鼠中胰岛 B 细胞总质量和胰腺胰岛素储备差不多减少了 60%。GK 大鼠被广泛应用于 2 型糖尿病的研究。

此外，目前常用的糖尿病转基因动物模型主要有 *GK/IRS-1* 双基因敲除小鼠、$IR^{+/-}/IRS\text{-}1^{+/-}$杂合体小鼠、$IRS\text{-}2^{-/-}$小鼠、*IRS-1/IRS-3* 双基因敲除小鼠、MODY3 模型等。

（二）营养性肥胖动物模型

肥胖症（obesity）主要是指体内能量摄入超过能量消耗，导致体内脂肪沉积过多（或分布异常）和体重增加的一种状态。目前认为，遗传因素、中枢神经系统异常、内分泌功能紊乱、营养不平衡和运动不足等均是引发肥胖的主要原因。营养性肥胖是肥胖症的一种。通过改变动物饲料组成，在基础饲料中添加脂肪、胆固醇或碳水化合物等成分可诱发营养性动物肥胖。

营养性肥胖动物模型目前多选择啮齿动物作为研究对象，一般多采用高脂饲料饲喂 8～16 周，即可诱导肥胖形成。近年来小型猪在肥胖研究中的应用越来越多见，可能与其饮食特性、脂肪代谢和人类极为相似有关，采用高脂饲料连续诱导 24 周左右便可成功建立肥胖小型猪模型。一般以高脂饲料饲喂动物体重超过普通饲料饲喂动物平均体重的 20%来判定建模是否成功。高脂饮食诱导的营养性肥胖与人类肥胖具有很好的可比性，因为它最接近人类肥胖的自然发病过程，故而被广泛应用于研究饮食、基因等因素与肥胖及其相关疾病进程之间的关系。

（三）甲状腺功能亢进症动物模型

甲状腺功能亢进症（hyperthyroidism）简称甲亢，是指由多种病因导致甲状腺激素分泌过多，引起以神经、循环、消化等系统兴奋性增高和代谢亢进为主要表现的一种临床综合征。复制甲亢动物模型的方法主要有甲状腺激素诱发和免疫性两种，其中甲状腺激素诱发甲亢造模方法比较简单。给予外源性甲状腺素，模拟 T_3、T_4 分泌过多，从而使动物表现出甲亢的各种症状。一般选用体重

100～200g 大鼠，用甲状腺片混悬液 40mg/d 灌胃，连续 7 天；或每天用左甲状腺素钠 1mg/kg 体重灌胃，连续 10 天。造模结束时，血清 T_3、T_4 水平升高，TSH 降低，甲状腺重量减轻。此模型适用于甲亢治疗药物的筛选。

（四）甲状腺功能减退症动物模型

甲状腺功能减退症（hypothyroidism）简称甲减，是指由多种病因导致甲状腺激素合成、分泌或甲状腺素生物学效应不足，导致机体代谢活动和交感神经兴奋性下降的临床综合征。复制甲减动物模型的方法主要有甲状腺切除法、丙硫氧嘧啶诱导法等。

1. 甲状腺切除法 即完全切除两侧甲状腺，并用左甲状腺素（L-T_4）替代的方法。大鼠补充 L-T_4 的剂量在 1.00μg/100g 体重左右。每日按体重皮下注射 0.95μg/100g，可建立亚临床甲减大鼠模型。此方法是目前运用较多的造模方法。

2. 丙硫氧嘧啶（PTU）诱导法 PTU 为一类抗甲状腺药物，可抑制甲状腺激素的合成，从而造成甲状腺功能低下，是一种常用的造模方法。其方法为选用 Wistar 大鼠，每日灌胃 0.1%PTU，给药剂量 1.0ml/100g，持续 6 周。给药第 2 周大鼠开始出现活动迟缓、反应迟钝、畏寒蜷卧、弓背等；眼、鼻、唇、耳、尾部色淡无华，竖毛、体毛无光泽且易脱落。模型组较对照组 T_3 和 T_4 降低、TSH 升高。此模型模拟了临床上甲亢患者用药过量引起的甲减。适用于研究先天性甲减的发病机制及病理改变。

（五）高尿酸血症动物模型

利用增加尿酸来源或减少尿酸排泄升高血清尿酸浓度来构建高尿酸血症模型，常用增加尿酸的摄入、抑制尿酸的排泄和尿酸氧化酶活性等方法。

1. 补充尿酸或尿酸前体法 可用（200±20）gSD 大鼠，饲喂含有 10%干酵母干粉和 0.1%腺嘌呤的大鼠饲料，进食量控制分别为酵母 10g/kg 体重、腺嘌呤 100mg/kg 体重，连用 19 天后改用普通饲料。在第 12、19 天，大鼠血清中尿酸、肌酐、尿素氮明显升高，肾脏出现与临床痛风肾病相似的病理改变。停用高酵母、腺嘌呤饲料后，血清尿酸、肌酐、尿素氮继续上升，在停用后 15 天达到高峰，之后逐步回落，至停用后 52 天，大幅回落，但仍高于正常大鼠。因此在造模后 2 个月可用本模型进行相关实验研究。本模型是较为理想的高尿酸血症肾病动物模型，具有一定的创新性。

2. 抑制尿酸的排泄 选用（200±10）g Wistar 大鼠，灌胃腺嘌呤 100mg/kg 体重、乙胺丁醇 250mg/kg 体重，每天 1 次，连续 7～21 天。加大腺嘌呤剂量可增加尿酸升高幅度，但肾损害较为明显。

3. 尿酸氧化酶抑制法 选用雄性 SD 大鼠，给予次黄嘌呤 500mg/kg 体重灌胃，并皮下注射以羊毛脂和石蜡混合液（3∶2）为溶剂的氧嗪酸 100mg/kg 体重。造模后 3h、9h 和 12h，模型大鼠血清尿酸浓度明显高于正常大鼠；造模后 24h，血清尿素氮、肌酐水平均明显高于正常大鼠。此方法造模高尿酸水平可维持 12h 以上，同时对肾脏有明显的损伤。

八、感觉器疾病动物模型

（一）角膜炎动物模型

铜绿假单胞菌是目前眼科致病性较强的细菌。由于此菌产生多种溶菌酶可引起局部组织降解，导致机体对细菌产生炎性反应，表现为角膜组织破坏甚至穿孔。可选用健康家兔，体重 2.0kg 左右，雌雄不限。造模前先进行细菌接种液的制备，将 4℃冰箱保存的铜绿假单胞菌接种到普通琼脂培养基上，36℃环境培养 24～48h，用铂金耳环刮下菌落，用生理盐水配成 2×10^9/ml 浓度。造模时，用丁卡因对兔眼进行局部轻度麻醉，用环钻压迫角膜无反应，先后用 7mm 和 4mm 直径角膜环钻轻轻按压角膜顺时针旋转，造成环形创伤。拉开眼睑呈杯形，用 1ml 注射器吸收 2×10^9/ml 菌液滴于兔眼，0.1ml/眼，感染单眼。24h 后观察眼部症状并进行评分，连续观察 7 天。0 级：眼明亮无分泌物；0.5 级：无分泌物覆盖，眼稍有红肿；1 级：分泌物覆盖小于 6mm；2 级：分泌物覆盖充满 6mm；3 级：分泌物覆盖大于 6mm。接种 24～48h 后，眼睛出现大量微黄色分泌物、眼结膜严重充血，角膜混浊，脓性分泌物使眼睑粘连。第 5 天，除少数眼评分为 2 级外，多数可达 3 级。本方法操作简单，便于掌握。但造模者手法的轻重差异，会造成角膜损伤不一。

（二）白内障动物模型

过量的 D-半乳糖在晶状体内通过旁路代谢形成半乳糖醇，半乳糖醇不能透过晶状体囊膜，在晶状体内大量聚集导致晶状体渗透压升高，晶状体纤维水肿、坏死，从而形成白内障。用 50%～60% 的半乳糖喂养断奶仔鼠，可诱发白内障。不同种系发生存在一定差别，通常 H（Holtzman）大鼠所需时间最短，RW（Rochester colony Wistar）大鼠次之，CN（Carworth Farm Neloon）大鼠时间最长。也可用豚鼠代替大鼠，同人类一样，豚鼠也不能自身合成每日所需的维生素 C，且维生素 C 的抗氧化作用可推迟白内障的发生，故豚鼠更接近人类半乳糖血症性白内障的形成。挑选 300g 成年豚鼠用无维生素 C 且含 10%半乳糖的食物喂养，一般 9 天成模。

（三）变应性鼻炎动物模型

变应性鼻炎（allergic rhinitis）与哮喘（asthma）均为 IgE 介导的 I 型变态反应性疾病，其中 80% 的哮喘患者患有变应性鼻炎。采用卵清蛋白（ovalbumin，OVA）作为抗原，并反复攻击，可使动物产生局部与整体结合的免疫反应。体重 150～200g Wistar 大鼠，雌雄不限；或雄性豚鼠，体重 300～400g。以 0.3mg OVA 作抗原，氢氧化铝粉末 30mg 作佐剂，加 1ml 生理盐水制成混悬液，腹腔注射，隔天 1 次，共 7 次。腹腔注射后每侧鼻腔滴入 5%OVA 进行局部免疫，每天 1 次，共 7 次。或在腹腔注射免疫完成后以 0.25%OVA 超声雾化吸入，每天 1 次，连续 5 天，加强致敏。1 周后，鼻腔内以 1%OVA 攻击。于滴鼻攻击后 30min，观察动物鼻区局部症状，采用各种症状叠加积分法，总分≥5 分为模型成功。评分标准：鼻痒，轻抓鼻 1～2 次为 1 分，剧烈抓鼻四周为 2 分；打喷嚏 1～3 个为 1 分，4～10 个为 2 分，11 个以上为 3 分；流涕流至前鼻孔为 1 分，超出前鼻孔为 2 分，涕流满面为 3 分。本法适用于研究药物对变应性鼻炎局部症状的改善作用及免疫反应的作用机制。

九、神经精神系统疾病动物模型

（一）脑缺血动物模型

短暂性脑缺血发作（transient ischemic attack，TIA）是指脑、脊髓或视网膜局灶性缺血所致的、未伴急性缺血性卒中的短暂性神经功能障碍。局灶性脑缺血模型是最接近人 TIA 发病情况的模型之一。由于大脑中动脉（middle cerebral artery，MCA）是卒中的好发部位，因此阻断 MCA 造成的脑缺血模型被认为是一种理想的局灶性脑缺血动物模型，称为大脑中动脉栓塞（middle cerebral artery occlusion，MCAO）模型。根据手术是否需要开颅，局灶性短暂性脑缺血模型的制作方法分为开颅法和线栓法。

1. 开颅法　通过手术开颅后找到 MCA，采用人为夹闭的方法造成大脑局灶性缺血。由于需要精细的开颅手术，开颅法模型多采用体形较大的动物，如大鼠、猫、兔、犬和非人类灵长目动物（松鼠、猴、短尾猿和狒狒）等。常用的入颅方法主要包括经颞部入颅法、经眼眶入颅法和血管外气囊阻断血流法。此法需要开颅，有一定难度，创伤性大，不能进行再灌注，而且操作不注意容易对脑组织和视神经造成一定的损伤。

2. 线栓法 通过从颈动脉导入线栓，阻断一侧 MCA 的血流供应，造成局灶性缺血。短时间缺血后将线栓拉出恢复供血，以此反复插入和拉出 3～5 次，即可制作 TIA 模型，也可将线栓埋在皮下，根据需要在不同时间段插入或拔出线栓。神经功能评分：采用 5 分评分标准，分别于术后 3h、6h 和 24h 进行评分。0 分：无神经损伤症状；1 分：不能完全伸展对侧前爪；2 分：向偏瘫侧转圈；3 分：向偏瘫侧倾倒；4 分：不能自发行走，意识丧失。累积 1 分以上即为造模成功。本方法操作简单，动物损伤小，可对动物进行较长时间的慢性 TIA 观察。可阻断豆纹动脉和直接从 MCA 近端发出的小皮质支。MCA 供血区缺血完全，重复性好。线栓反复插入和拉出时间可控。本模型适用于缺血和缺血再灌注脑损伤发生机制及药物筛选的研究。阳性对照药可选用钙拮抗药尼莫地平和伊拉地平等。

（二）脑出血动物模型

脑出血（intracerebral hemorrhage，ICH）是指非外伤性脑实质内血管破裂引起的出血，占全部脑卒中的 20%～30%。发生的原因主要与脑血管病变有关，即与高血脂、糖尿病、高血压、血管老化、吸烟等密切相关。对于脑出血模型的动物选择，根据研究目的不同而不同，用于治疗学研究时一般选择大脑半球较发达的动物，如犬和猴等；用于组织学和病理生理学过程的研究时则选用小动物，如大鼠和兔等，而以大鼠最为常用。

1. 注入自体血致大鼠脑出血模型 尾状核是脑内最大核团，属基底节，是人类高血压脑出血最好发部位。以非肝素化自体血注入鼠脑尾状核形成血肿，出现脑水肿和颅内压升高，血肿压迫脑组织引起周围脑组织缺血和血流改变，并形成局部氧自由基损伤等病理变化，模拟人类脑出血。选用成年雄性 SD 大鼠，断尾取血，取血过程需控制在 3min 内完成。以脑立体定位仪垂直位固定微量注射器，设定坐标：前囟前 1mm，正中线右 3mm。迅速将微量注射器针头通过颅骨钻孔，垂直缓慢进入脑内，深 6mm，缓慢匀速向脑尾状核注入自体血。可分为单次和多次注射，多次可克服单次注射血反流或破入脑室的缺点，但技术要求更高。本模型是目前应用最多的脑出血动物模型之一，血肿周围脑水肿明显，有较多中性粒细胞浸润和小胶质细胞增生、肥大，可用于脑水肿的机制、各种药物疗效及其作用机制的研究。

2. 胶原酶注入法诱导大鼠脑出血模型 将Ⅶ型胶原酶和肝素生理盐水溶液注入尾状核诱发脑出血，是利用胶原酶能分解细胞间质和血管基膜的胶原蛋白，引起局部渗血，肝素使渗出的血液不凝固，增大血肿体积。可选用体重 250～300g SD 大鼠，雌雄不限，以脑立体定位仪在尾状核注入 0.3 U 胶原酶造模，坐标：前囟前 0.2mm，正中线右 3mm，颅骨表面下 6mm。本模型的出血症状比较明显，神经功能评分多在 4 分左右，出血区周围水肿带较狭窄，有中性粒细胞和小胶质细胞浸润，由于本模型主要是渗出性出血，产生的血肿大小基本一致，并且神经功能障碍比较明显，因此也是比较常用的脑出血动物模型。

（三）阿尔茨海默病动物模型

阿尔茨海默病（Alzheimer disease，AD）又称老年性痴呆，在痴呆症中所占比例达 50%～80%，是最常见的痴呆类型。其临床特征为进行性痴呆，表现为记忆力减退、认知障碍和人格改变等。主要病理特征为大脑皮质和海马区出现老年斑、神经元内神经元纤维缠结和神经炎症。目前 AD 动物模型大多只能模拟 AD 某些病变或症状。根据 AD 病因和发生机制，主要的 AD 模型有以衰老为基础的 AD 动物模型、以胆碱能神经元损伤为基础的 AD 动物模型等。

1. D-半乳糖诱导的亚急性衰老模型 D-半乳糖诱导的亚急性衰老模型由我国学者首先提出，D-半乳糖可导致机体糖和蛋白质代谢紊乱，出现衰老特征。雄性 SD 大鼠，体重 180～200g，每日背部皮下注射 D-半乳糖 125mg/kg，连续 8 周。大鼠表现出学习记忆力下降、认知障碍、毛发稀疏、行动迟缓等老化征象。大脑中神经元丢失、神经元中细胞器减少、内质网脱颗粒、蛋白质合成减少、线粒体增大呈现空泡样变性，这些病理变化与自然衰老动物的表现相似。但是，以衰老为基础的AD动物模型并未出现老年斑（SP）和神经元纤维缠结（NFT），不能真正替代AD模型。

2. 胆碱能神经元损伤建立AD模型 中枢神经胆碱能系统活性与人的学习记忆、认知功能密切相关。基底前脑胆碱能神经元、海马和大脑皮质及其之间的通路，是学习记忆功能的重要结构基础。破坏胆碱能神经系统的功能，可制作AD动物模型。通常采用将神经毒素微量定位注射至动物的基底Meynert核复制AD模型。常用的神经毒素有兴奋性氨基酸（EAA）神经递质（谷氨酸盐及其衍生物），如鹅膏蕈氨酸（IBO）、海人酸（KA）、N-甲基-D-天冬氨酸（NMDA）、使君子酸（QA）等，胆碱能神经元特异性神经毒素 1-乙基 1-（2-羟乙基）-氯化氮丙啶（AF64A），毒蕈碱受体拮抗剂东莨菪碱、阿托品等。此类模型主要用于研究基底前脑胆碱能系统损伤与AD的关系；拟胆碱能药物治疗AD的药物筛选和疗效评价等。

此外，目前常用的AD转基因动物模型主要有PD APP小鼠、Tg2576小鼠、TgCRND8小鼠、APP23小鼠、PS 1M146V小鼠、APPswe/PS1（M146L）小鼠、JNPL3小鼠、Htau小鼠、APP/PS1/tau三转基因（3×Tg AD）小鼠、5×FAD小鼠［APPK670N/M671L Swedish+I716V（Florida）+V717I（London）和PS1M146L+L286V］等。

（四）帕金森病动物模型

帕金森病（Parkinson’s disease，PD）又称震颤麻痹，是一种常见的神经系统变性疾病。临床表现主要包括静止性震颤、运动迟缓、肌强直和姿势步态障碍，同时患者可伴有抑郁、便秘和睡眠障碍等非运动症状，以老年人多见。目前认为，因位于中脑部位“黑质”中的细胞发生病理性改变后，多巴胺（DA）的合成减少，抑制乙酰胆碱（ACh）的功能降低，则ACh的兴奋作用相对增强，导致震颤麻痹等症状。目前以神经毒素诱导帕金森病模型最为常见。

1. 6-羟多巴胺诱导模型 6-羟多巴胺（6-hydroxydopamine，6-OHDA）是DA神经递质的羟基化衍生物，与DA结构类似，不能透过血脑屏障，可局部定向注射到前脑内侧束、黑质致密部和纹状体，被转送到儿茶酚胺类神经通路吸收系统，通过氧化损伤，引起线粒体功能障碍等机制，最终致使细胞死亡。可用体重180～220g的Wistar大鼠，分别选取左侧黑质致密部和中脑腹侧被盖区为注射点，每个注射点注射5μl 6-OHDA（2μg/μl）。术后2周，用阿扑吗啡腹腔注射诱发大鼠旋转行为，以每分钟≥7圈的动物为合格模型。本模型操作简单，造模成功率达73.3%，观察指标可以量化，应用广泛。

2. 1-甲基-4苯基-1，2，3，6-四氢吡啶（MPTP）诱导模型 MPTP主要破坏多巴胺能神经元，是一种高亲脂性、呼吸复合物Ⅰ抑制剂，可全身给药，给药后可迅速通过血脑屏障，作用于大脑特定区域，导致运动症状。其作用机制为MPTP被星形胶质细胞中的单胺氧化酶-B代谢成为1-甲基-4-苯基吡啶离子（$MPDP^+$），最后自发氧化成有毒物质1-甲基-4-苯基2，3-二氢吡啶（MPP^+），后者通过相应转运蛋白进入多巴胺能神经元中积聚，当达到一定量后，该物质通过囊泡转运蛋白进入突触小泡，抑制呼吸复合物Ⅰ的功能，干扰线粒体电子传递链作用，损伤线粒体，进一步导致多巴胺能神经元变性坏死。可采用25～30g成年C57BL/6小鼠，腹腔注射MPTP 30mg/kg，每天3次，连续5天，可诱发黑质纹状体系统延迟性退行性变，包括凋亡性细胞坏死。也可给C57BL/6小鼠注射MPTP，同时给予丙磺舒，每周给药2次，连续5周，制作慢性PD模型。脑组织病理学观察发现黑质致密部多巴胺神经元减少，注射后24周多巴胺神经元减少大于注射后1周及3周，提示动物呈现慢性进行性病变的特点。MPTP模型病程渐进且与PD患者临床症状最为吻合，可观察到突触核蛋白沉积现象，而这一特点是目前大多数PD动物模型所不具有的。

此外，目前常用的PD转基因动物模型主要有α-synulein小鼠、Parkin小鼠、LRRK2小鼠、PINK1

小鼠、UCH-L1 小鼠、DJ-1$^{-/-}$小鼠、*HtrA2/Omi* 双基因敲除小鼠、Nurrl$^{-/-}$小鼠等。

（五）癫痫动物模型

癫痫（epilepsy）是一种以大脑局部病灶突发性的一次高频放电并向周围组织扩散为特征的大脑功能障碍，同时伴随短暂的运动、感觉、意识和自主神经功能异常。在动物两耳或眼球部位放置电极，以强电流通过电极对脑部进行短时间刺激，使动物产生双后肢强直性惊厥，可复制急性癫痫模型。体重 18～25g 小鼠，以雄性为宜。将电休克仪输出线上连接 2 个鳄鱼夹，以生理盐水浸润后，分别夹于小鼠双耳，或用双凹圆盘状角膜电极接触双眼角膜，随即通电，即可使小鼠发生典型的前肢屈曲，后肢伸直的强直性惊厥，表示造模成功。电刺激参数一般常用 50Hz，80～120V，0.3s。本模型被认为是很好的癫痫大发作动物模型。

（六）抑郁症动物模型

抑郁症属于情感性精神障碍性疾病，主要特征为显著而持久的心境低落。不可预期慢性温和应激（unpredictable chronic mild stress，UCMS）模型通过诱导啮齿动物产生类似人类抑郁症核心症状之一的快感缺乏样行为来达到造模目的，但同时也能模拟抑郁症的其他临床表现。通过 1% 蔗糖溶液摄入值或偏好值测定快感缺乏行为。成年雄性 Wistar 大鼠，体重 170～200g，分别施以电击足底、热应激、冰水游泳、水平摇晃、夹尾、禁食禁水、昼夜颠倒等应激，整个 UCMS 程序应在对照组和实验组小鼠糖水摄入值或偏好值出现显著性差异后停止。造模成功与否还应联合自主活动、强迫游泳、悬尾实验进行综合判断。本模型可用于抑郁症发病机制的研究及抗抑郁药物的筛选。

十、血液系统疾病动物模型

（一）淋巴细胞白血病模型

用津 638 病毒诱发的昆明种小鼠白血病组织的无细胞提取液，给新生 615 小鼠皮下注射，经过 81 天潜伏期形成白血病。取 1 只白血病小鼠的脾脏，用生理盐水制成 4×10^7/ml 的脾细胞悬液，接种于健康 615 小鼠皮下，均发生白血病。以白血病 615 小鼠的脾脏为瘤源，在 615 小鼠中连续移植传代，移植成功率为 100%，平均存活时间为（6.7±1.2）天，建立稳定的 L615 白血病模型，为 T 淋巴细胞白血病。

（二）白细胞减少症动物模型

环磷酰胺和阿糖胞苷都是抗肿瘤药物。环磷酰胺进入体内经肝转化为磷酰胺氮芥后，分子中的 β-氯乙基可与 DNA 双螺旋起交叉联结作用，破坏 DNA 结构，造成白细胞减少。而阿糖胞苷在体内经脱氧胞苷激酶催化为二磷酸或三磷酸胞苷，影响 DNA 合成，也可干扰 DNA 复制，使核分裂停顿，白细胞减少。体重 18～22g 的小鼠，性别不限，小鼠腹腔注射环磷酰胺 100mg/kg，每天 1 次，连续 3 天，或腹腔注射阿糖胞苷 250mg/kg，每天 1 次，连续 3 天。停药 3 天后，白细胞下降至药前值的 20%～30%。也可以环磷酰胺诱发犬白细胞减少症模型。研究升白药物药效时，应选用小鼠和犬白细胞减少症模型各 1 项。

（三）血小板减少性紫癜动物模型

以兔血小板免疫豚鼠，制备抗血清，将豚鼠抗兔血小板抗血清给兔注射，导致兔体内抗血小板抗体增高，血小板减少，建立免疫性血小板减少性紫癜动物模型。其方法是选用新西兰兔和豚鼠。兔取全血，制成血小板悬液，以 1×10^9/L 血小板经腹腔注射免疫豚鼠，隔 1 个月重复免疫。于二免后 6 天，豚鼠心脏取血，分离血清，用洗涤和包裹过的兔红细胞（1∶1）及洗涤过的兔淋巴细胞各吸附 1 次，分离血清，经兔耳缘静脉注射抗血清。注射后外观可见皮下出血，解剖发现肺脏等不同部位的片状出血灶，外周血小板明显下降。本模型结果稳定、方法简单、基本符合原发性血小板减少性紫癜的临床特点，适合用于新药药效学研究。

十一、免疫系统疾病动物模型

（一）免疫缺陷动物

免疫缺陷动物是指由于先天性遗传突变或采用人工方法造成的一种或多种免疫系统组成成分缺陷的动物。免疫缺陷动物已经成为免疫学、肿瘤学、遗传学及细胞生物学等研究的重要工具。

1. 裸小鼠 是指先天性无胸腺、无毛的裸体小鼠，其缺乏成熟 T 细胞的辅助、抑制和杀伤功能。但 B 淋巴细胞功能基本正常。成年裸小鼠（6～8 周龄）较普通小鼠有较高水平的自然杀伤细胞活性。年龄的增长或病毒感染等因素会致使裸小鼠 T 细胞逐渐增加，故接种肿瘤实验时一般使用 4～8 周龄的裸小鼠。国内裸小鼠常用品系有 BALB/c-nu/nu、Swiss-nu/nu、NC-nu/nu 等。

2. 裸大鼠 裸大鼠与裸小鼠特征基本相似，无胸腺，缺乏功能性 T 淋巴细胞，而 B 淋巴细胞功能基本正常，自然杀伤细胞活性增强。可代替裸小鼠，具有移植肿瘤量大、取血量多等优点。

3. CBA/N 小鼠 为性连锁免疫缺陷小鼠，起源于 CBA/H 品系，特点是 B 淋巴细胞功能减退，而 T 淋巴细胞功能正常，是研究 B 淋巴细胞的发生、功能及异质性的理想动物。

4. Beige 小鼠 为自然杀伤细胞活性缺陷的突变系小鼠，基因 bg 位于 13 号染色体上。纯合子小鼠（*bg/bg*）被毛完整，但毛色变浅，耳郭和尾尖色素减少，出生时眼睛颜色很浅。Beige 小鼠内源性自然杀伤细胞活性缺乏，中性粒细胞杀伤细菌作用降低，巨噬细胞抗肿瘤作用出现较晚，缺乏细胞毒 T 细胞反应。

5. SCID 小鼠 即重度联合免疫缺陷（severe combined immunodeficiency，SCID）小鼠。有白色被毛，体重增长正常，但胸腺、脾脏和淋巴结的重量不及正常的 30%。T、B 细胞数量明显减少，缺乏细胞免疫和体液免疫功能。SCID 小鼠在肿瘤学、免疫学等研究中应用广泛。

（二）猴获得性免疫缺陷综合征（SAIDS）

用 D 型反转录病毒 SRV-1 或 SRV-2 人工感染猴，可诱发 SAIDS。用猴免疫缺陷病毒（simian immunodeficiency virus，SIV）人工感染恒河猴，也能迅速发生 SAIDS。本模型的临床表现为全身淋巴腺病、贫血、反复腹泻、消瘦，体液免疫和细胞免疫功能降低，淋巴细胞减少，循环性 T 淋巴细胞中 T4（辅助/诱导性细胞）、T8（抑制/细胞毒性细胞）比例明显低于正常，与人类获得性免疫缺陷综合征（AIDS）十分相似，可用于人类 AIDS 的预防、治疗和发病机制的研究。

（三）系统性红斑狼疮（systemic lupus erythematosus，SLE）动物模型

MRL/lpr 小鼠由 LG/J、AKR/J、C3H/HeDi 和 C57BL/6J 品系小鼠复杂交配产生，第 12 代时发生自发的常染色体隐性突变而区分成两个亚系，其中一个亚系为淋巴增殖基因（*lpr*）突变丢失的 MRL/MpJ-Fas^{lpr}（即 MRL/lpr）品系，另一亚系为 MRL/MpJ $^{lpr/Fas}$（即 $MRL^{+/+}$）品系。MRL/lpr 小鼠由于缺失 *Fas* 基因而容易引起淋巴结病，同时由于 *Fas* 所介导的凋亡受到干扰，活化的淋巴细胞和自体反应的 T 细胞、B 细胞的存活时间明显延长，最终使机体自身免疫过度上调，表现出部分狼疮样病理特征。MRL/lpr 小鼠症状和人类 SLE 十分相似，是一种很好的 SLE 模型。

第三节　肿瘤动物模型

肿瘤（tumor）是指机体在遗传、环境等各种致癌因素作用下，局部组织细胞在基因水平上失去对其生长的正常调控，导致异常增生所形成的新生物，也称赘生物（neoplasm）。肿瘤是人类的常见病、多发病，其中，恶性肿瘤是目前危害人类健康最严重的一类疾病。在欧美一些国家，癌症的死亡率仅次于心血管疾病而居第2位。在我国，癌症的发病率和死亡率均呈上升趋势。

肿瘤动物模型的建立为肿瘤发病机制的研究及其相关药物的开发提供了重要的体内平台和手段，对肿瘤的预防、治疗有直接的指导意义和参考价值。目前，肿瘤动物模型根据其形成原因，主要分为自发性肿瘤动物模型、诱发性肿瘤动物模型、移植性肿瘤动物模型和转基因肿瘤动物模型四大类。此外，随着科学技术的发展和人类医学研究的深入，尤其是肿瘤免疫疗法的兴起，一些传统经典的肿瘤动物模型已经很难满足研究需要。而新出现的人源化小鼠模型，包括免疫系统人源化小鼠模型、人源肿瘤组织异种移植模型等在肿瘤研究中显示出很好的应用前景。

一、自发性肿瘤动物模型

动物自发性肿瘤是指实验动物未经人为的实验处理而自然发生的肿瘤。不同品系动物在一定年龄段能自发产生一定比例的某种肿瘤，利用这种生物学表现，培育基因型相同的动物，可获得一些肿瘤自发率较高的动物。实验动物自发性肿瘤主要发生于近交系动物，其中小鼠的自发性肿瘤最多，在肿瘤研究中具有重要意义。目前自发性肿瘤的小鼠品系或亚系有200多个，其中以自发率较高的乳腺癌和白血病模型最为常用。

（一）自发性乳腺癌模型

国际上常用的自发小鼠乳腺癌模型为C3H小鼠自发性乳腺癌模型。本品系由Bagg albino雌鼠和DBA雄鼠杂交得到。繁殖用雌鼠自发性乳腺癌发生率为85%～100%，在乳腺左右两侧及乳头部均可发生肿瘤。每只小鼠常见1个以上肿瘤，选择肿瘤生长数目和大小接近的动物，配对分组。主要用于肿瘤学、生理学、免疫学等研究，还可应用于肿瘤转移的研究，主要转移部位为肺。

（二）自发性白血病模型

AKR小鼠为白血病高发品系，淋巴细胞白血病发病率雄性为76%～90%，雌性为68%～90%。6～12月龄AKR小鼠出现脾和淋巴结肿大，血象异常。各小鼠白血病病程不一，确诊为白血病后次日即可配对分组。AKR小鼠容易发生免疫耐受，对Graff白血病因子和百日咳组胺易感因子敏感。本模型的肿瘤发生学及瘤细胞动力学特点与人类肿瘤比较接近，有利于将动物实验结果应用到人。但是不同动物肿瘤生长速度差异较大，很难在限定时间内获得大量生长均匀的荷瘤动物，不适合应用于抗肿瘤药物的筛选。

二、诱发性肿瘤动物模型

诱发性肿瘤动物模型是指用化学致癌剂、放射线、致癌病毒等致癌因素诱发动物发生肿瘤的动物模型，是实验性肿瘤研究的常用方法之一，常用于检验致癌物的作用、研究肿瘤发生机制及筛选抗癌药物等。基本原理是利用外源性致癌物引起细胞遗传特性改变，从而细胞出现异常生长，形成肿瘤。常用的实验动物为大小鼠，也有其他动物如豚鼠、兔、旱獭、犬、恒河猴等。

（一）诱发性肝癌动物模型

目前诱发肝癌的常用方法是化学诱导法，其方法简单，模型稳定，成功率高，且与人类肝癌的发生发展过程极为相似，也存在肝损伤、肝纤维化、肝硬化及肝癌的病理过程，是构建肝癌动物模型的理想方法之一。动物选择上，多选用敏感性高的纯系大小鼠，常用的品系有C57BL/6、BALB/c、Wistar、Spraque-Dawley和Fischer344。常用致癌化合物主要分为以下两种类型：①遗传毒性致癌物：特点是与DNA反应，诱导DNA损伤而致癌，如亚硝胺类、黄曲霉毒素B（AFB）、四氯化碳（CCl_4）和硫代乙酰胺（TAA）等；②非遗传毒性致癌物：其特点是不直接与DNA反应，通过诱导宿主体细胞内某些关键性病损（如控制细胞增殖、凋亡和分化）而致癌，如苯巴比妥（PB）、过氧化物酶体增生剂（PPs）和胆碱缺乏饮食（CDD）等。

1. 二乙基亚硝胺诱发大鼠肝癌模型 二乙基亚硝胺（DEN）诱发的肝癌模型是目前应用最广泛的。体重250g左右的封闭群大鼠，雌雄不限，灌胃给予0.25%DEN水溶液，或者稀释10倍放在饮水瓶中供自由饮用，喂养约半年停药，再观察1～2个月，其肝癌发生率达到70%～100%。

2. 黄曲霉毒素B诱发大鼠肝癌模型 黄曲霉毒素共有十多种衍生物，其中致癌作用最强的是黄曲霉毒素B1（AFB1）。将AFB1添加到大鼠饲料中定量食用，喂养6个月，成功率可达80%以上。

3. 二甲氨基偶氮苯诱发大鼠肝癌模型 用含0.06%二甲氨基偶氮苯（DAB）的饲料喂养大鼠，同时控制饲料中维生素B_2含量不超过2mg/kg体重，连续喂养4～6个月时发生肝肿瘤。

4. 胆碱缺乏饮食诱导法 胆碱缺乏饮食（choline deficient diet，CDD）的致癌性是通过形成卵圆细胞消耗肝脏中的抗氧化剂，导致DNA氧化损伤和染色体不稳定，促进肝癌细胞的产生。CDD单独使用造模时间较长，常与肝毒素的化合物如DEN或CCl_4等联合建立相对稳定的肝癌动物模型。小鼠长期给予胆碱缺乏饮食50～52周可诱发肿瘤。

（二）诱发性胃癌动物模型

化学致癌物质诱发的胃癌模型适用于胃癌的病因学、病理过程、生物学行为、肿瘤免疫及抗肿瘤药物的筛选。甲基硝基亚硝基胍和甲基胆蒽是常用的胃癌致癌物。实验动物可选用非人灵长类动物、犬、兔、大鼠、小鼠、裸鼠等，其中，大鼠、小鼠、裸鼠较为常用。

1. 甲基硝基亚硝基胍诱发法 甲基硝基亚硝基胍（N-methyl-N′-nitro-nitrosoguanidine，MNNG）为多环碳氢化合物，有强烈的致癌作用，还能使组织产生氧化氮而加重细胞恶性转化。MNNG及衍生物被广泛应用于胃癌模型构建。选用体重100g左右Wistar雄性大鼠，自由饮水，加入0.01% MNNG，隔天1次。或用体重18～22g小鼠，以500μg/ml MNNG灌胃，3次/周。MNNG诱发大鼠胃癌的发生率为80%左右，以高分化腺癌为主，可发生肝和肩部淋巴结转移。MNNG诱发小鼠胃腺癌发生率为23%，以高分化腺癌为主，可能同时诱发前胃癌和十二指肠肿瘤。

2. 甲基胆蒽诱发法 甲基胆蒽（methylcholanthrene，MC）是强烈的直接致癌剂，不依赖于酶的代谢作用，直接作用于胃肠道黏膜，尤其口服对胃有较高的致癌特性。通过无菌手术，在大小鼠胃黏膜表面穿挂含MC的线结，埋线后4～8个月可成功诱发胃癌。MC可使全部动物3个月后发生前胃乳头状癌，7～8个月发生胃腺癌，致癌率为85%～100%。

（三）诱发性结直肠癌动物模型

动物结肠癌的自然发病率很低，目前常用1,1-二甲肼（1,1-dimethylhydrazine，DMH）、氧化偶氮甲烷/葡聚糖硫酸钠（AOM/DSS）及亚硝胺类等致癌剂诱导建立结直肠癌模型。

1. DMH诱导大鼠结肠癌模型 DMH本身不致癌，须经氧化脱烷基才具有致癌作用。DMH在肝细胞内质网被氧化成甲基氧化偶氮甲醇，与β-葡萄糖醛酸结合，一部分经尿排出，一部分随胆汁进入肠道，在肠细菌和肠黏膜上皮β-葡萄糖苷酸酶的作用下，甲基氧化偶氮甲醇重新游离，成为肠道终末致癌物并最终引起结肠上皮癌变。

选取 4 月龄雄性 Wistar 大鼠，腹腔注射 DMH 21mg/kg 体重，每周 1 次，连续 20 周。最后一次给药后 1～4 周可检查出动物结直肠的肿瘤，诱发率达 81%～100%，诱发的肿瘤均为恶性肿瘤，绝大多数为腺癌。肿瘤多发生在肠壁的黏膜面，大多向肠内突出，肿瘤表面光滑，少数有糜烂。全部肿瘤均分布在距肛门 6.5cm 范围内，以距肛门 3～4cm 处最密集。

2. AOM/DSS 诱导大鼠结肠癌模型 AOM 是 DMH 在肝脏的代谢产物，AOM 较 DMH 相比致癌效果增强且更加稳定。AOM 可诱发降结肠肿瘤，组织学表现类似人类散发性结肠癌。DSS 为化学致炎剂，动物饮用含有 DSS 的饮水可以造成炎症性肠病模型，其病理学改变类似于人类溃疡性结肠炎。AOM/DSS 联合可以诱发稳定的炎症性肠癌。

选用雌性 ICR、C57BL/6J 或 BALB/c 小鼠，第一天腹腔注射 AOM 7.5～12.5mg/kg，1 周后给予含 1%～3%DSS 的饮用水饮用 1 周，之后改为正常饮水，14 天为一个循环，共循环 3 次，称为“四步法”。AOM/DSS 模型通过结肠黏膜的炎症和不典型增生使肠黏膜受损，促进肿瘤产生，是建立在炎症基础上重要的结肠癌模型之一，在致癌剂和致炎剂协同作用下模拟人类结直肠癌的发生发展过程，是目前应用最多的结肠癌模型。

（四）诱发性食管癌模型

食管癌是由食管鳞状上皮或腺上皮的异常增生所形成的恶性病变。食管鳞状上皮不典型增生是食管癌的重要癌前病变。常用的食管癌动物模型为诱发性食管癌动物模型。亚硝胺类化合物是一类强致癌物，在体内经过代谢，产生重碳烷，使核酸或其他分子发生烷化而致癌。大鼠的食管对亚硝胺类化合物敏感，因此多以亚硝胺类化合物诱导制作大鼠食管癌模型。

取体重 100g（约 1 月龄）以上 SD 大鼠，任其自由饮用含甲基苄基亚硝胺（MBNA）的饮水，并将 1%MBNA 溶液加在少量的粉末状饲料中，搅拌均匀，自由采食，给药量为每天 0.75～1.5mg/kg，80～100 天可诱发食管癌。本方法诱导的食管癌病理形态与人食管鳞状细胞癌相似。MBNA 具有特殊的食管亲和性，因此诱导的癌变仅限于食管，且很少发生转移，给药时间越长，发病率越高，一般可达 80%～100%，是目前研究食管鳞状细胞癌及癌前病变的较好模型。

（五）诱发性皮肤癌模型

皮肤癌一般根据皮肤细胞变异类型主要分为非黑色素瘤（non-melanoma skin cancer）和黑色素瘤（melanoma），约 98%的皮肤癌为非黑色素瘤。引起非黑色素瘤的主要原因是紫外线（UV），90%的皮肤癌都是由紫外线引起的，同时还有如遗传、人乳头瘤病毒（HPV）、免疫抑制药物和电离辐射等因素。

二甲基苯丙蒽（DMBA）作为诱变致癌剂，佛波酯（TPA）作为肿瘤促进剂，可联合诱导小鼠皮肤鳞状细胞癌。取 6～7 周龄健康雌性或雄性 C57BL/6 小鼠，剃毛后裸露皮肤，先涂抹 DMBA，1 周后开始涂抹 TPA，每周涂抹 2 次，持续 25 周，是皮肤鳞状细胞癌建模最为经典和常见的方法。

以紫外线 UVB 损伤表皮细胞，造成 *p53* 之类基因的突变，从而诱发皮肤癌。取 6～7 周龄雌性小鼠，各品系模型建成容易度由大到小为 SKH-1＞BALB/c＞C57BL/6，剃毛后裸露皮肤，每周人工紫外线照射 3 次，连续 40 周。本模型更接近并能更好地模拟人类皮肤癌的发生，更加有利于皮肤癌发生机制的探索和研究。

三、移植性肿瘤动物模型

移植性肿瘤动物模型是将动物或人体肿瘤组织或细胞移植到同种或异种动物体内连续传代所形成的肿瘤，它具有组织学类型明确，移植成活率、生长速度、自发消退率、宿主荷瘤寿命、侵袭和转移等生物学特性稳定等特点，是目前抗肿瘤药物筛选最常用的肿瘤模型。

移植性肿瘤分为同种移植和异种移植两大类。将动物肿瘤移植于同系或同种动物体内称为同种移植。同种移植模型的建立远远早于异种移植，它具有成瘤率高、生长速度快、实验成本低、受体动物免疫功能正常等特点。而将人体或其他动物肿瘤移植在另一种属的受体动物体内使其生长，称为异种移植。人体肿瘤的动物异种移植模型在病理组织形态和遗传特征等方面均与人类肿瘤相同，更适用于研究人类肿瘤的生物学特性及抗肿瘤药物。

（一）移植瘤的来源

同种移植瘤来源主要有动物自发性肿瘤和诱发性肿瘤，两者均能在同种或同品系动物体内移植成功。目前，动物移植性肿瘤约 500 种，常用的有小鼠肉瘤 S180 腹水型或实体型、小鼠艾氏腹水瘤（EAC）或实体型（ESC）、小鼠肝癌腹水型（HepA）或实体瘤 H22、小鼠 Lewis 肺癌、小鼠黑色素瘤 B16、小鼠结肠癌 MC38、小鼠结肠癌 CT26、小鼠子宫颈癌 U14、小鼠白血病 P388、大鼠乳腺癌 Walker256 等。

异种移植瘤的来源主要有人癌细胞株和临床标本。人癌细胞株生物学稳定，其移植成功率明显高于临床标本，是目前人癌异种移植模型最主要的瘤源，较多常用细胞株在免疫缺陷动物体内都能达到接近 100%的成瘤率。临床标本包括肿瘤原发灶及转移灶的手术（活检）标本和患者的癌性腹水（胸腔积液），其移植成功率较低，平均约为 30%，经动物体内反复传代可提高成瘤率。

（二）实验动物的选择

一般来说，同种移植要求是同源移植，即选用该肿瘤发生的同种或同品系动物进行移植，可保证成瘤率，以及移植性肿瘤不发生或减少移植排斥、退化和变异。进行异种移植通常选用免疫缺陷动物，常用的有 T 细胞功能缺陷的裸小鼠、裸大鼠。当肿瘤移植后生长不良或难以生长时可考虑使用免疫缺陷程度更高的小鼠品系，如 SCID、NSG 等。由于裸小鼠体内 NK 细胞活性与鼠龄有关，NK 细胞活性和免疫代偿功能会随着鼠龄增长而增强，因此，异种移植一般选用 4～6 周龄，同种移植选用 6～8 周龄的裸小鼠。

（三）移植方法

根据肿瘤移植部位可将移植分为原位移植和异位移植。其中，皮下移植在异位移植中应用最为广泛，异位移植还包括肾包膜下、肌肉、脑内、腹腔等多种移植部位。原位移植又被称为常位移植或正位移植，移植部位包括脑、肺、胃、肝、肾、卵巢、前列腺、乳腺等。

1. 异位移植　（1）皮下移植：是指将一定数量的肿瘤细胞或瘤组织接种到动物皮下的移植方法。目前常用的移植方法有肿瘤组织块移植法、肿瘤细胞悬液接种法、匀浆法、培养细胞接种法、腹水等。皮下移植的部位较多，包括常规皮下移植（颈背部皮下、大腿外侧皮下、腋窝皮下等）和特殊皮下移植（爪垫皮下、耳郭皮下、尾部皮下、阴茎皮下等）。

皮下移植具有操作简单、肿瘤表浅便于观察、潜伏期短、个体差异小等优势，是进行肿瘤移植的较好途径，尤其在抗肿瘤实验研究和药物筛选中应用广泛。但皮下移植瘤达到一定大小后，由于肿瘤血供差，瘤体内部较易出现坏死，而且皮下移植瘤的生长脱离了原肿瘤生长的微环境，因此一些生物学特性发生了不同程度的改变，难以观察到重要的淋巴和血道转移行为，不能很好地模拟肿瘤在人体内的自然生长过程，对于研究其病理生理过程存在较大的局限性。

（2）肌肉内移植：肿瘤移植实验中鼠类后肢大腿肌肉组织内移植是常用方法。本模型由于肌肉组织内血液供应丰富，肌肉组织不断运动，有助于癌细胞在肌肉内生长和侵袭。无论同种或异种移植后均有规律地发生侵袭，是一个很好的侵袭模型。

（3）肾包膜下移植：肾皮质区血管丰富，能为癌细胞的生长和增殖提供充足的营养、血供，因此肾包膜下移植可用于一些成瘤性较差的肿瘤。一般选用肿瘤组织块移植于小鼠单侧肾包膜下肾外侧中线处。本模型移植瘤位置相对固定，便于定量观察，且动物具有双侧肾，故待移植瘤长至一定大小，可采用手术方法将移植瘤侧的肾切除从而延长动物生存期，促进肿瘤发生转移。

（4）腹水瘤移植：将动物移植性实体瘤细胞注入同种受体动物腹腔内，或将实体瘤移植于受体动物腹壁内或其他部位，待肿瘤生长后，引起腹水，腹水经同种同系动物移植传代后，即可成为腹水瘤。若将腹水瘤再移植于相应受体动物皮下，又可形成实体瘤。腹水瘤模型建立的移植方法简单，成功率高，而且荷瘤寿命相对一致，常用于生存期的观察。

2. 原位移植 是指将人体肿瘤接种到与肿瘤原发部位相对应的宿主器官组织内，使其获得与人体肿瘤相似的微环境的移植方法。原位移植不仅可提高移植的成功率，而且所获得的移植瘤的生物学特性更接近人体肿瘤的生物学行为。

当前，广泛采用组织学完整的瘤组织块建立原位移植模型的方法，组织块法保留了瘤细胞之间、瘤细胞与间质之间、瘤细胞与宿主之间的相互作用，这种联系恰恰是肿瘤细胞完整表达其恶性特性尤其是转移特性所必需的。其原位移植成瘤率及转移率均明显提高，且晚期可出现恶病质及广泛转移等表现，其特点与临床患者颇为相似，是目前最为理想的模型。采用原位移植的方法已先后成功地构建了肝癌、肺癌、结肠癌、胃癌、乳腺癌、卵巢癌及前列腺癌等原位移植动物模型，这些模型均完整地再现了临床患者肿瘤的发展过程，与肿瘤在人体内的情况极为接近。

四、肿瘤转移动物模型

转移是恶性肿瘤脱离其原发肿瘤以各种转移途径到达继发组织和或远处器官继续增殖，形成和原发肿瘤病理学类型相同的继发性肿瘤的整个过程，是恶性肿瘤的重要标志。肿瘤转移一般是肿瘤难以治愈的主要原因，其转移部位主要是肺、肝、骨和脑。肿瘤转移动物模型特别是高转移模型对研究肿瘤的转移机制和进行肿瘤防治的探索是极其重要的工具、手段。由于自发性和诱发性肿瘤动物模型转移率低、不稳定等难以克服的缺点，现阶段所用的肿瘤转移动物模型均为移植性肿瘤模型。

（一）肿瘤血道转移动物模型

血行转移可见于许多器官，最常见的是肺，其次是肝、脾。肿瘤细胞侵入血管后可随血流到达远端器官继续生长形成转移瘤。动脉壁较厚，同时管内压力较高，故瘤细胞多经小静脉入血，少数经淋巴管入血。

1. 尾静脉接种血道转移模型 取对数生长期瘤细胞，常规制成一定细胞浓度的单细胞悬液进行尾静脉注射。不同的瘤株和细胞数都会影响模型的转移率，但较多人源肿瘤细胞株在免疫缺陷小鼠体内长期观察都能达到50%以上的转移率。本方法建立的转移模型主要发生肺转移，后期可能伴随其他器官的转移。本模型转移率高，常用来筛选抗肿瘤转移药物。

2. 脾内接种血道转移模型 脾内接种胃癌或结肠癌细胞可产生肝转移，亦称为实验性肝转移模型，本模型是研究肝转移常用的模型。将瘤细胞制成一定浓度的单细胞悬液，以 4 号针头于脾脏下极进针，边退边缓慢注入细胞悬液 0.1ml。一般情况下接种后 3～4 周较多细胞系的肝转移率可达70%以上。

3. 心室接种血道转移模型 心室接种血道转移模型的主要靶器官有骨和脑。人肺癌、乳腺癌、前列腺癌等均可建立裸小鼠心室接种骨转移模型。

4. 其他接种方法血道转移模型 虽然皮下移植的肿瘤常因包被纤维膜而不易发生局部侵袭和转移，但皮下移植仍是一些高转移瘤株血行转移模型较常用的方法，主要发生肺转移，少数伴发肝、脾或淋巴结的转移。如 Lewis 肺癌移植于 C57BL/6 小鼠皮下，3 周左右肺转移率可达 100%。

（二）淋巴道肿瘤转移动物模型

淋巴道肿瘤转移动物模型多数按淋巴引流方向建立。瘤细胞侵入淋巴管后，随淋巴液首先到达局部淋巴结。如乳腺癌首先到达同侧腋窝淋巴结；肺癌首先到达肺门淋巴结。瘤细胞到达局部淋巴结后，先聚集于边缘窦，然后生长繁殖而累及整个淋巴结，使淋巴结肿大、质地变硬，淋巴结组织结构被破坏。爪垫皮下移植模型是研究淋巴道转移最常用的模型之一。将肿瘤细胞悬液或瘤组织块用注射器或套管针移植于同种大、小鼠或免疫缺陷小鼠的爪垫内侧皮下，几周后可出现相应淋巴结的转移，切除带瘤的下肢可提高其转移率。

（三）原位移植肿瘤转移动物模型

临床观察表明，肿瘤的转移常有器官特异性，而不是随机分布，某些瘤细胞对某些特定器官有特殊的转移倾向。例如，胃癌或大肠癌通常转移到肝脏，肝癌通常转移到肺，由此提出“种子与土壤学说”。原位移植将人类肿瘤接种到与肿瘤原发部位相对应的宿主器官组织内，使其获得与人体肿瘤相似的微环境，更适合肿瘤的生长及转移。原位移植模型较好地模拟了临床肿瘤的生长转移过程，是肿瘤防治及抗转移研究的理想模型。目前，大多数肿瘤已在裸小鼠体内建立了相应的原位移植模型，不同肿瘤及同一肿瘤不同来源其转移率也不相同，一般不超过 50%，以血道转移为主，也可同时伴有淋巴道转移。

五、转基因动物肿瘤模型

转基因动物肿瘤模型是指利用基因工程手段，对动物染色体基因组进行改造，使肿瘤相关基因表达上调或下调，甚至缺失，从而诱发动物产生肿瘤的模型。目前，已建立的各种转基因动物肿瘤模型均以小鼠为主。基因工程手段建立小鼠肿瘤模型一般有两种策略：①原癌基因过表达或引入致病突变；②抑癌基因功能缺失。以基因工程技术构建的肿瘤模型其肿瘤发生机制、组织形态和遗传特征等方面均与人类基因突变肿瘤相似，是研究肿瘤发生发展机制的理想动物模型。同时，对于靶向特定基因的抗肿瘤药物，可以运用相应的转基因模型进行筛选。

1. Apc-Min 小鼠结肠癌模型 *Apc*（adenomatosis polyposis coli）基因编码的蛋白是一种肿瘤抑制蛋白，Apc-β-catenin-TCF 主导的 Wnt 通路失调是家族腺瘤息肉病发生的主要途径。APC 蛋白表达的缺失或降低可能导致β-catenin 免于降解，使游离的β-catenin 在胞质内聚集并进入核内，激活相关靶癌基因，导致细胞癌变的发生。Apc-Min（Min：multiple intestinal neoplasia）小鼠指 *Apc* 基因第 850 位氨基酸出现突变的 C57BL/6J 小鼠，该品系纯合子不能存活。高脂饮食条件下，雄性和雌性杂合小鼠有明显的肠道腺瘤且数量较多，多见于回肠和空肠。Apc-Min 小鼠模型是理想的肠道肿瘤模型，多应用于消化道肿瘤、腺瘤的研究及抗肠道肿瘤小分子药物筛选。

2. MMTV-PyMT 小鼠乳腺癌模型 小鼠乳腺肿瘤病毒（mouse mammary tumor virus，MMTV）是导致小鼠乳腺肿瘤的重要病毒，利用其病毒组织特异启动子及增强子功能，可介导癌基因 *ERBB2*、*PyMT*、*wnt-1* 在小鼠乳腺高表达而发生乳腺癌。9.5 周的 MMTV-PyMT 雌鼠、雄鼠均会出现乳腺肿瘤，且雌鼠会出现肺和卵巢转移，雄鼠出现肺转移。MMTV-PyMT 小鼠模型可用于研究乳腺肿瘤的发生、发展及转移，也可用于乳腺肿瘤相关药物的筛选。

六、人源化模型在肿瘤研究中的应用

人源化动物模型（humanized animal model）是指携带有人类的功能性基因、细胞或组织的动物模型，可分为基因人源化和细胞（组织）人源化。利用遗传操作技术，用人源基因置换实验动物同类基因，可在动物体内建立更接近人类的正常或突变基因体系的基因人源化动物模型。而在免疫缺陷动物中，移植一定数量的人类造血干细胞、肝干细胞、原代肿瘤组织细胞，可形成细胞（组织）人源化动物模型。人源化动物模型能尽可能地模拟人体内肿瘤微环境和人体免疫系统，在肿瘤研究中应用广泛，尤其在肿瘤免疫治疗研究中具有独特的优势。

（一）免疫系统人源化（HIS）小鼠模型

免疫系统人源化小鼠模型是指在免疫缺陷小鼠体内植入人的造血干细胞、淋巴细胞或组织，使其具有人的免疫功能的小鼠模型。HIS 小鼠模型克服了种属差异，可实现在完整的人免疫微环境背景下研究肿瘤免疫生物学的机制，适用于肿瘤免疫药物的临床前评价及肿瘤免疫疗法的评估。

1. 常用小鼠品系 当前，用于构建 HIS 小鼠模型主要有 3 种免疫缺陷小鼠品系：NOD/SCID、$Rag2^{-/-}\gamma c^{-/-}$、$NOD/SCID\gamma c^{-/-}$。

2. 人源化外周血单个核细胞（humanized-peripheral blood mononuclear cells，Hu-PBL）**小鼠模型** 将新鲜的人外周血单核细胞（peripheral blood mononuclear cells，PBMC）经尾静脉或脾内注射移植入辐照后的免疫缺陷小鼠体内，以实现血液和脾中 50%～80%的 $CD45^{+}$细胞的植入，通常第 1 周就可获得人 $CD3^{+}$T 细胞，第 4 周可检测到人 $CD3^{+}CD45^{+}$T 细胞超过 25%，标志着 Hu-PBL 模型构建成功。本模型是目前最简单、经济的人源化小鼠模型，也是研究成熟效应 T 细胞的理想模型。本模型存在的主要问题是出现致死性移植物抗宿主反应（graft versus host disease，GVHD）。

3. Hu-HSC（humanized-hematopoietic stem cells）**小鼠模型** 将人的造血干细胞（hematopoietic stem cells，HSC）经尾静脉或骨髓腔注射入经辐照处理破坏了自体骨髓造血功能的免疫缺陷小鼠体内，使多系 Hu-HSC 发育成包括 T 细胞、B 细胞、NK 细胞、骨髓来源的抑制性细胞和其他谱系阴性细胞在内的免疫细胞。通常在植入后第 4 周 $hCD45^{+}$T 细胞可达 25%～60%，外周血中 $hCD45^{+}$T 细胞超过 25%，标志着 Hu-HSC 模型构建成功。Hu-HSC 人源化模型小鼠存活周期长，GVHD 发生时间大大推迟，多组分免疫体系稳定，是临床前药物评价的理想模型。

（二）人源肿瘤组织异种移植模型

人源肿瘤组织异种移植（patient derived tumor xenograft，PDX）模型是将肿瘤患者的肿瘤组织移植于免疫缺陷小鼠而建立的肿瘤模型。PDX 模型较好地保持了原代肿瘤的微环境、分子和细胞特征、发育起源的表观遗传特征与异质性。同时，传统的 PDX 模型缺乏人体免疫系统，无法针对特定患者的肿瘤细胞或组织开展免疫治疗研究。新一代 PDX 模型——人源化患者来源的肿瘤组织异种移植（humanized patient derived tumor xenograft，Hu-PDX）模型是在免疫系统人源化小鼠体内移植入特定患者的肿瘤组织，可模拟人体内肿瘤与免疫系统之间的相互作用，在肿瘤免疫治疗研究方面具有非常重要的应用前景。

1. 常用小鼠品系 目前常用于建立 PDX 模型的小鼠品系为 Nude、SCID、NOD/SCID、NSG 等。建立 Hu-PDX 模型需选用 HIS 模型适用的免疫缺陷小鼠。

2. PDX 小鼠模型 将新鲜取得的人体肿瘤组织通过手术方式移植到小鼠体内。常用的移植部位有皮下移植、肾包膜移植、原位移植。确认 PDX 模型遗传学和组织学特征与原发瘤的相似性至关重要，需要对模型进行溯源性评价。目前常用的溯源方法有组织形态学比较、测序分析、肿瘤特异性标志物的分析和短串联重复序列（STR）分型检测等。

临床患者的新鲜肿瘤标本首次移植到免疫缺陷小鼠通常需要 2～4 个月才能成功生长，激素依赖型肿瘤用时会更长，如前列腺癌和乳腺癌，且移植成功率各不相同。通常 PDX 模型移植瘤传至第 3 代能够稳定生长，生长曲线一致性较高，潜伏期趋于稳定，成瘤时间不超过 12 周。目前，PDX 小鼠模型广泛应用于肿瘤个性化用药指导、抗肿瘤药物筛选及生物标志物研发等领域。

3. Hu-PDX 小鼠模型 Hu-PDX 小鼠模型肿瘤移植的时间因不同的 HIS 模型而异。Hu-PBL 小鼠模型免疫重建维持时间较短，因此 Hu-PBL-PDX 模型的构建通常是先移植患者的肿瘤组织，待肿瘤体积达到 120～180mm^3 时，对小鼠进行亚致死性辐照后，再经尾静脉注射人 PBMC。Hu-HSC 小鼠模型由于 GVHD 反应较弱，免疫重建维持时间为 10～12 周，所以 Hu-HSC-PDX 模型通常是先将人 CD34$^+$HSC 移植入经辐照处理的免疫缺陷小鼠体内，当小鼠体内人 CD3$^+$CD45$^+$细胞比例超过 15%（通常在移植后 12 周），再移植患者肿瘤组织。本模型构建成功的标志是在肿瘤组织中能够检测到人的免疫细胞和细胞因子等。

本模型给肿瘤细胞提供了与人体更相似的生长微环境，可以从病理学、基因表达及突变、炎症和治疗反应等方面真实准确地模拟临床患者的表现，在肿瘤的发生、发展和转移机制研究等方面具有重要的应用价值，尤其在肿瘤免疫治疗研究方面，是理想的肿瘤模型。

（三）免疫检查点基因人源化小鼠模型

肿瘤细胞可通过激活肿瘤微环境中特定的抑制性信号通路逃避免疫监视，这些抑制信号被称为免疫检查点。免疫检查点抗体是当前肿瘤免疫治疗的主角，包括程序性死亡受体-1/程序性死亡受体-配体 1（programmed cell death-1/programmed cell death-ligand 1，PD-1/PD-L1）、细胞毒性 T 淋巴细胞抗原 4（cytoxic T lymphocyte-associated antigen-4，CTLA4）、T 细胞免疫球蛋白-3（T cell immunoglobulin-3，TIM-3）等。运用 DNA 定点同源重组的原理，对免疫检查点相关的小鼠基因进行人源化修饰，构建能与抗 CTLA4、PD-1 等人源化抗体相互作用的免疫检查点人源化小鼠模型，可为这类抗体药物的临床前筛选与评估提供有效的工具。

第四节　中医证候动物模型

一、概述

自 20 世纪 60 年代初肾阳虚证动物模型问世以来，中医证候动物模型经历了 50 多年的发展，逐步形成了独特的方法体系。如独特的理论体系：辨证论治；独特的评价标准：证、病、症；独特的处置措施：中药、针灸、养生措施；独特的观察指标：舌、脉、汗、神、色；独特的认识特色：审证求因，等等。

中医证候动物模型的创制以中医理论和实验动物学为指导，中医理论指导着中医证候动物模型的创制思路，并可作为评价、判断模型的理论依据；而实验动物学则更加具体地指导着动物模型创制的实施。因此，可以这样理解，中医证候动物模型的产生很大程度上来讲是中医理论与实验动物学有机结合的成果。

（一）中医证候动物模型的定义

中医证候动物模型是以中医学整体观念及辨证论治思想为指导，运用藏象学说和病因病机理论，综合物理、化学、生物等多种应激手段建立的具有人类病证模拟性表现的动物实验对象和相关材料。

（二）中医证候动物模型的分类

1. 中医病因动物模型　包括单一因素模型和复合因素模型两种，如用猫吓鼠制作的“恐伤肾”肾虚证模型属于单一因素模型，采用苦寒泻下、饮食失节加劳倦过度法创制脾气虚证动物模型则为复合因素模型。

2. 西医病理动物模型　有尾静脉注射醋酸铅、5-羟色胺后，灌胃内毒素脂多糖 E 创制肠热腑实证动物模型；腹腔注射抗原液致敏，卵蛋白吸入诱喘创制寒哮证动物模型等。

3. 病证结合动物模型 如抑郁症肝郁脾虚证动物模型、帕金森病肾精亏虚证动物模型等。

（三）中医证候动物模型制备方法

中医证候动物模型的制备方法应当以藏象学说和病因病机理论为准则，原则上既要符合中医的致病因素，又要符合临床自然发病的实际过程。目前中医证候动物模型的制备方法主要有以下几种。

1. 利用致病因素造模 如采用腹腔注射皮质酮以制作中医肝郁证模型；用大肠埃希菌内毒素制作中医温病模型等。

2. 通过改变动物的生理状况造模 如以甲状腺素造成甲状腺功能亢进，类似于中医的阴虚证候；以束缚制动或夹尾方法引起大鼠愤怒，进而郁而不发，形成中医的肝郁证等。

3. 采用人工方法，改变动物的生活环境造模 如人工建立风寒环境，制作中医寒邪致病模型；以增强温度和湿度模拟中医“长夏季节气候”，制作湿邪致病模型等。

4. 利用过量中药造模 如给予动物以过量寒凉药造成中医寒证模型；以过量大黄造成脾虚证模型等。

中医证候动物模型的制作方法应是多样化的，但总以藏象学说和病因病机理论为准则，以尽量符合临床实际为宗旨，并不断地验证、改进、充实和完善。

（四）中医证候动物模型发展概况

中医病因动物模型是模拟中医病因，创制模型从病因、病机、症状和药物反证方面与中医理论较为吻合。但这种模型有中医病因概念模糊、中医病因与疾病或证候因果关系不明、造模时应激干预可控性差等不足。

西医病理动物模型将化学、生物、物理等应激因子定性定量作用于实验动物，创制的动物模型症状、体征和理化指标方面可靠性、稳定性较好。但这种模型有与中医理论脱节、模型的真实性难以定论等不足。

病证结合动物模型是指通过临床调查、选择有密切联系的疾病和证候，分别或同时复制病证特征用于实验的模型动物。与中医病因动物模型、西医病理动物模型相比，病证结合动物模型具有明显优势，已成为目前中医药实验中的主流模型。特别是近年来随着中医证候动物模型评价领域的深入研究，如通过舌象、唇象、爪象、耳轮、尾尖、眼球、皮毛、体重及动物行为学等一系列生物表征评价模型；基于“方证相应”原理，对创制模型予对证方药干预，以模型某些表征和理化指标改善评价模型；采集大小鼠四诊信息，实现大小鼠四诊标准化、计量化，便于对模型计量化辨证及计量化评价等，这些思路和方法的引入都使得病证结合动物模型渐趋成熟。然而到目前为止，还难以说病证结合模型已经成为探索中医药和中西医结合的理想动物模型。病证结合动物模型的完善，还应依托技术手段和思维模式的进步、模型评价系统的规范化、模型制备因素纯化及药物反证措施的完善等方面进一步探索，才有望揭示中医证候本质，推动中医药现代化发展。

二、常用中医证候动物模型

（一）脏腑辨证证候动物模型

1. 脾系病证动物模型 脾系病证以虚证为主，故有“虚则太阴”之说。脾虚证由久病体弱、禀赋不足、饮食失调、劳倦内伤、肝气乘脾、过服寒凉食物等所致。由于脾与胃同居中焦，互为表里，其功能紧密结合，病变互相累及，其证候不能完全分开，临床常见脾气虚证、脾阴虚证、脾阳虚证、寒湿困脾证、食滞胃脘证等。脾虚证动物模型是开展较早的中医证候动物模型之一。

（1）脾气虚证动物模型：脾气虚，即脾的脏腑之气不足，使脾的受纳腐熟、运化功能减退的病理状态。多由于饮食所伤，或过服克伐之剂，或情志不和、思虑太过，或禀赋素虚，或劳倦过度，或久病失养，均可损伤脾气，导致脾气虚弱。

1）小承气汤灌胃+力竭游泳+隔日断食复合因素造模法

A. 模型的建立：健康雄性 SD 大鼠，体重（120±20）g。将小承气汤配方颗粒配成 0.35g/ml 的溶液每日上午 10：00 给予灌胃，给药剂量为 5.25g/（kg・d），每日下午 14：00 将动物负载自身体质量 10%的物体放入水深约 50cm、水温 20℃的水池中游泳至力竭，即鼻尖完全没入水面以下 5s 以上判断为力竭状态；隔日上午撤去饲料，24h 后再添加饲料。

B. 模型的评价：①一般情况观察；②症状量化积分：利用文献报道大鼠脾虚证候量化积分量表对模型大鼠症状进行量化评分；③旷场实验；④血清 D-木糖含量检测。

2）利血平皮下注射造模法

A. 模型的建立：健康雄性 SD 大鼠，体重（120±20）g。以乙酸溶解利血平配成 0.1mg/ml 的利血平乙酸溶液，生理盐水稀释后，每天按照 0.5mg/kg 的剂量颈部皮下注射给药。

B. 模型的评价：同小承气汤灌胃+力竭游泳+隔日断食复合因素造模法。

（2）脾阳虚证动物模型：脾阳虚，主要是温煦与推动运化的功能减退，而出现虚寒与运化无权的病理状态。脾阳虚患者均有脾气虚见证，多由脾气虚发展而来；此外，过食寒凉之品，损伤脾阳，或命门火衰，对脾的温煦不够，亦可导致脾阳虚。

A. 模型的建立：两段式造模法。

第 1 阶段：按文献方法复制脾气虚证模型（饮食失节+劳倦型），即模型组大鼠 15 天内：①先饱食 1 天，再禁食 2 天，均不禁水，共 5 个循环；②每日水温 35～37℃游泳至力竭。

第 2 阶段：复制脾阳虚证模型（苦寒泻下型），即每日灌服 20%番泻叶水浸剂（2ml/100g），早晚各 1 次，连续 7 天。

B. 模型的评价：①代谢评价：包括体重、肛温、进食/水量、大便含水率检测；②旷场实验；③抓力测定。

（3）病证结合脾系病证模型：类风湿关节炎脾虚证病证结合动物模型的制备方法如下。

A. 模型的建立：SD 大鼠 60 只，雌雄各半。给予利血平［0.5mg/（kg・d）］腹腔注射，14 天后进行胶原诱导性关节炎模型制备。取适量牛Ⅱ型胶原溶液（浓度为 2mg/ml）逐滴加入至等容积的不完全弗氏佐剂中，牛Ⅱ型胶原终浓度为 1mg/ml 冰浴中用匀浆器充分乳化，以滴入水中不扩散为度，取乳化后的混合物按 0.2ml/只，即 200g 牛Ⅱ型胶原/只，于尾根部皮下注射 7 天后按 0.1ml/只，即 100g 牛Ⅱ型胶原/只，于尾根部皮下加强免疫一次。Ⅱ型胶原免疫 18 天后，从每组筛选出 20 只关节炎指数评分 1 分大鼠，即剔除未发病的大鼠，连续观察 4 周，对比观察复加脾虚证候因素后，胶原诱导性关节炎大鼠的关节肿胀及相关指标的改变情况。

B. 模型的评价：①一般状态观察；②关节炎指数评分；③关节肿胀度测量；④关节切片及光镜下关节损坏半定量分析；⑤血浆抗Ⅱ型胶原抗体、白细胞介素-6（IL-6）、白细胞介素-10（IL-10）、干扰素γ（IFN-γ）含量测定；⑥外周血 T 淋巴细胞亚群测定；⑦脾淋巴细胞增殖检测；⑧回肠病理改变。

2. 肾系病证动物模型 肾无有余之证，唯有不足之证，临床常见肾阳虚证、肾阴虚证、肾精虚证等。肾虚证动物模型是建立较早的中医证候动物模型，仅次于脾虚证居第 2 位，是脏腑虚证、阴阳虚证动物模型的代表。

（1）肾阴虚证动物模型：肾阴虚是指由于肾阴亏损，失于滋养，虚热内生所表现的证候。本证多因素体禀赋不足，或久病伤肾，或房事过度，或热病伤阴，或过服温燥劫阴之品等所致。

1）甲亢肾阴虚证模型

A. 模型的建立：SD 雄性大鼠，体重 200～250g。每只大鼠每天上午按 30mg/kg 体重灌胃甲状腺素片混悬液。

B. 模型的评价：①一般状态观察；②体征检测：肛温、皮肤含水量、体重、饮水量、尿量等。

2）肾上腺皮质功能亢进症肾阴虚证模型

A. 模型的建立：昆明小鼠 60 只，雌雄各半。每天下午 15：00 灌胃氢化可的松注射液 50mg/kg。末次给药后禁食 24h，于试验第 10 天摘眼球采血，分离血清及血浆；取血后立即摘取甲状腺，放置于装有 10%甲醛的冻存管中保存待测。

B. 模型的评价：①症状观察和体重测定；②环磷酸腺苷（cAMP）、环磷酸鸟苷（cGMP）含量测定；③促甲状腺激素（TSH）、三碘甲状腺原氨酸（T_3）、四碘甲状腺原氨酸（T_4）含量测定；④甲状腺组织形态学观察。

（2）肾阳虚证动物模型：肾阳虚是指由于肾阳虚衰，其温煦、生殖、气化功能下降所表现的证候。本证多因素体阳虚，或久病伤阳，或房劳过度等所致。以腺嘌呤造模法为例：

A. 模型的建立：SD 雄性大鼠，体重 170～190g。按腺嘌呤 200mg/kg 剂量灌胃 4 周，末次给药后次日上午腹腔注射戊巴比妥钠麻醉处死大鼠，心脏取血，随后冰上迅速分离大鼠肾脏，并将肾脏迅速置于-80℃冰箱中保存备用。血液样本 4℃、3000r/min 离心 10min，取上清液；收集 24h 尿液，4℃、2000r/min 离心 5min，取上清液；分离下丘脑及肾髓质，称量，加入 9 倍体积 PBS 缓冲液（1∶9）匀浆，取上清液，置离心管中于-80℃冰箱中保存备用。

B. 模型的评价：①一般状态观察；②下丘脑-垂体-肾上腺轴（HPA 轴）、下丘脑-垂体-甲状腺轴（HPT 轴）、水通道蛋白指标检测；③肾脏组织病理学观察。

（3）病证结合肾系病证动物模型：阿尔茨海默病肾虚证病证结合动物模型的制备方法如下。

A. 模型的建立：雄性 SD 大鼠，体重（300±20）g，采用腹腔注射 D-半乳糖制备亚急性衰老模拟中医肾虚证。每日按 150mg/（kg・d）（溶剂：0.9%氯化钠溶液，浓度：30mg/ml）剂量腹腔注射 D-半乳糖，连续 6 周。制备证候模型的第 3 周开始进行疾病模型制备。阿尔茨海默病大鼠参照相关文献采用双侧海马 CA1 区注射 $A\beta_{25-35}$ 制备：大鼠麻醉后固定到脑立体定位仪上，找到前囟点，参照大鼠脑立体定位图谱，海马 CA1 区定位坐标为 AP：3.6mm，ML：2.0mm，DV：3.0mm，牙科钻钻开颅骨，左右各一，以微量进样器垂直进针，将 $A\beta_{25-35}$（2g/L）5μl 注射到 CA1 区（每侧 2.5μl）。

B. 模型的评价：①一般状态观察；②Morris 水迷宫实验；③血清超氧化物歧化酶（SOD）、总抗氧化能力（T-AOC）及脂质过氧化物酶（LPO）检测；④海马区组织形态学及凋亡情况观察。

3. 肝系病证动物模型 肝系证候以实证较为常见。肝系病证多由情志郁结，郁怒伤肝，或肝郁化火；生血不足，失血太多；肝肾阴虚，不能制约肝阳；感受湿热之邪等所致。临床常见肝郁证、肝郁脾虚证、肝气上逆证等。

（1）肝郁证动物模型：肝郁是肝的疏泄功能异常，气机郁滞所导致的病理证候，多由情志不遂，或突然遭受精神刺激，或病邪侵扰，致肝失疏泄、条达所致。以孤养和慢性不可预见性温和刺激法为例：

A. 模型的建立：6 周龄雌性 ICR 小鼠，体重（20±2）g，适应性喂养 1 周后，采用孤养和慢性不可预见性温和刺激程序干预，即每只小鼠单独饲养于一个笼子中，并进行以下刺激：①禁食 24h；②禁水 24h；③空瓶 1h；④鼠笼 45° 倾斜 7h；⑤光照过夜；⑥潮湿垫料（100g 垫料中加 200ml 水）24h；⑦8℃水温强迫游泳 0.5h；⑧束缚 3h；⑨异物干扰（如一片塑料）24h。每日随机使用一种刺激方法，并且不能连续使用同一种方法刺激，连续进行 3 周。

B. 模型的评价：①一般情况观察和体重检测；②悬尾实验；③额叶皮质、海马质量测定；④额叶皮质、海马中多巴胺（DA）、5-羟色胺（5-HT）含量测定。

（2）病证结合肝系病证动物模型

1）经前烦躁症肝气上逆证动物模型

A. 模型的建立：采用居住入侵法制备。操作如下：居住入侵实验于下午 14：30～17：30 光线暗淡（<2lux）时进行。将鼠笼由架子上移至观察桌上，笼内大鼠成组饲养，实验前移除其余大鼠，15min 适应期后，一只切除卵巢雌性入侵大鼠（与居住大鼠大小相同）被放入，持续 10min，观测者记录攻击行为不同方面得分：攻击次数、攻击时间、厮咬次数、攀压时间和竖毛次数。混和攻击行为得分计算公式：混和攻击行为得分=攻击次数+0.2×攻击时间+厮咬次数+0.2×攀压时间+竖毛次数。

B. 模型的评价：①非接受期：攻击行为测试、旷场实验、高架十字迷宫；疼痛敏感性评价；乳头高度、乳腺组织形态学观察；社交实验、Morris 水迷宫、Y 迷宫、物体识别实验。②接受期：上述病证表现是否减轻或消失。

2）经前烦躁症肝郁证动物模型

A. 模型的建立：采用强迫游泳法制备。操作如下：所有动物分别放入含有 23℃、30cm 深水的有机玻璃圆筒（高度：40cm，直径：20cm）中，15min 后转移至 30℃干燥环境中 30min（预实验），24h 后大鼠被再次放入有机玻璃圆筒内 5min（正式实验），其间用摄像机记录，做完一只大鼠后换水，清洁圆筒。实验于 12：00～16：00 进行，由不知道动物所受到处理的实验者观察分析录像资料，记录悬浮不动时间、频率和潜伏期。动物被认为是悬浮不动即水面漂浮时仅做必要运动以保持鼻孔位于水面之上。

B. 模型的评价：①非接受期：悬浮不动行为测试、旷场实验、糖水偏好实验；日均食量消耗；潮气量测试；社交实验、Morris 水迷宫、Y 迷宫、物体识别实验。②接受期：上述病证表现是否减轻或消失。

4. 心系病证动物模型 心系病证可分为虚实两类，临床常见心气虚证、心血虚证、心阳虚证等。

（1）心气虚证动物模型：心气虚是由于心气不足，鼓动乏力所表现的证候。本证多由久病体虚，先天禀赋不足，年老脏气虚衰，或暴病伤正所致。以惊劳、饥饿、损耗心气结合心肌缺血法为例：

A. 模型的建立：健康 NIH 小鼠，日龄 35 天左右，体重 18～26g。①饥饿：动物按照每日 75g/kg 标准喂养持续 24 天；②惊劳：动物每天强迫负载游泳 10min 持续 24 天；③损耗心气：实验 20 天后，每日灌服普萘洛尔溶液 0.5ml（含普萘洛尔 1mg/ml），连续用药 4 天；④心肌缺血：腹腔注射垂体后叶素 0.2ml/只（5U/ml），第 23 天开始持续 2 天。

B. 模型的评价：①症状与体征：一般情况、呼吸频率、饮水量、体表温度、体重和强迫负载游泳耐受时间；②心电图、脉图；③心功能测定：包括排血前时间（PEP/LVET）、射血分数（EF）、每搏量（SV）、每分输出量（CO）和心肌收缩强度指数（LI）；④生化检查：超氧化物歧化酶（SOD）、丙二醛（MDA）、乳酸脱氢酶（LDH）、肌酸激酶（CK）。

（2）病证结合心系病证动物模型：慢性心力衰竭心阳虚证动物模型的制备方法如下。

A. 模型的建立：SD 雄性大鼠，体重（350±20）g。用 3%戊巴比妥钠腹腔麻醉，固定于动物台上，打开腹腔，找到腹主动脉，于肾动脉上方 0.5cm 处将 9 号针头与腹主动脉共同结扎，造成腹主动脉管腔环形缩窄 50%～60%，然后拔出针头，复制腹主动脉狭窄诱导性心力衰竭模型大鼠。腹主动脉结扎后 2 周，每天于−5℃下冰柜中冷刺激 2h，连续刺激 3 周。

B. 模型的评价：①症状与体征；②呼吸频率；③体温；④心率；⑤血清脑钠素（BNP）含量。

5. 肺系病证动物模型 肺失宣发与肺失肃降，均可影响水道的通调和血气的运行，导致临床常见的肺气虚证、肺阴虚证等。

（1）肺气虚证动物模型：肺气虚，又称肺气不足，是肺气虚弱，卫表不固，宣降无力的病理表现。多因肺失宣肃，日久不愈，伤及肺气；或因劳伤过度，耗伤肺气；或因久病耗气，肺气亦伤；或因脾虚运化无力，气之化源不足，肺气亦虚所致。以烟熏法为例：

A. 模型的建立：6～8 周龄 BALB/c 小鼠，雌雄各半。将小鼠置于熏箱内，连续烟熏 2 支香烟，每支香烟约燃烟 10min，2 支香烟间隔 5min，每天烟熏 2 次。使小鼠饮用冰水，并将小鼠置于 4℃

水中游泳 2～3min/d。

B. 模型的评价：①一般体征观察和体重检测；②病理剖检：肺脏指数、脾脏指数、胸腺指数，肺脏病理组织切片；③中性红吞噬试验；④体外 B 细胞抗体分泌测定；⑤淋巴细胞增殖能力测定；⑥血清细胞因子含量检测：白细胞介素-2（IL-2）、干扰素γ（IFN-γ）、白细胞介素-6（IL-6）、白细胞介素-4（IL-4）、白细胞介素-10（IL-10）、肿瘤坏死因子α（TNF-α）、一氧化氮（NO）；⑦肺脏分泌型免疫球蛋白 A（sIgA）、分泌型免疫球蛋白 M（sIgM）含量测定。

（2）病证结合肺系病证动物模型：变应性鼻炎肺气虚证动物模型制备方法如下。

A. 模型的建立：SD 大鼠，雌雄各半。造模大鼠先后置于 72L 的自制烟室中，烟室上方开一方形通气孔（10cm×10cm）。用刨花、锯末各 50g 放于烟室中点燃烟熏，每日 1 次，每天固定时间烟熏，每次熏 30min，持续 28 天。烟熏结束后第二天制备变应性鼻炎动物模型。分成基础致敏（腹腔注射）及强化致敏（鼻部刺激）2 个阶段。基础致敏：卵清蛋白 0.3mg+氢氧化铝粉剂 30mg+生理盐水 1ml，混合均匀后形成混悬液，腹腔注射，隔天 1 次，共计 7 次；强化致敏：含 5%卵清蛋白的生理盐水 50μl，每天 1 次双侧鼻腔滴入，共 14 天。

B. 模型的评价：①一般情况及鼻部症状观察；②血清白细胞介素-17（IL-17）、白细胞介素-23（IL-23）测定；③鼻腔黏膜病理切片；④肺组织病理切片。

（二）气血津液辨证证候动物模型

1. 气病证候动物模型 气的失常主要包括两方面：一是全身或局部气的减少，而导致脏腑组织功能减退的虚弱证候，称为气虚；二是气的运动失常或气的升降出入失去平衡协调，称为气机失调。

（1）气虚证动物模型：气虚，是指气的量不足及随之而来的气的功能减退。引起气虚的原因主要有先天禀赋不足；后天失于调养；肺、脾、肾的功能失调，影响气的生成；过度劳累而耗气太多；久病，或汗、吐、下过度，或失血等，使气耗损过多。以中药泻下法为例：

A. 模型的建立：昆明种雄性小鼠，体重 25～30g，采用大黄水煎剂灌胃能使其处于气虚状态。具体方法为将大黄水煎剂抽滤浓缩成浓度为 1g/ml 的溶液，给小鼠灌胃，连续 7 天以上，每只灌胃量按每天 0.4ml/10g 的标准进行，其他方面按常规饲养进行。

B. 模型的评价：①一般状态观察：精神状态、呼吸、饮食饮水量、皮毛色泽等；②旷场实验。

（2）气机失调证动物模型：气机失调是指气的升降出入失常而引起的气滞、气逆、气陷、气闭、气脱等病理变化。以改良慢性多相性应激法为例：

A. 模型的建立：Wistar 大鼠，雌雄不限，体重 220～250g，参照 Carter 提出的慢性多相性应激法进行改良，建立慢性心理应激气机失调证动物模型。①限制实验：将大鼠放入大小适度、空底的塑料筒内，使身体不受挤压，但运动受限（以大鼠不能回转身为度），放在栅板上，光线暗。限制刺激每日夜间不定时进行一次，第 1 周每次 60min，第 2 周每次 120min，第 3 周每次 180min；②拥挤实验：使用标准大鼠饲养笼，将参与应激的 12 只大鼠放在同一笼子里，拥挤刺激贯穿实验全过程；③旋转实验：用老式电唱机改装成旋转器，转速 45 次/分。将大鼠装入塑料筒内（以大鼠可以回转身为度），并置于旋转平台上随机择时进行旋转刺激。第 1 周每日 1 次，第 2 周每日 2 次，第 3 周每日 3 次，每次持续 15min。

B. 模型的评价：①一般状态观察：毛发、粪便、体重、对刺激的反应性、活动度等；②旷场实验；③悬尾实验。

（3）病证结合气病证候动物模型：慢性阻塞性肺炎气虚证动物模型的制备方法如下。

A. 模型的建立：健康雄性 SD 大鼠，体重 160～220g。采用肺部滴入脂多糖合并烟熏建模，于第 0、14 天气管内注入脂多糖 200μl（1g/L），从第 1 天起（第 14 天除外），上、下午分别将造模大鼠置于烟熏箱内被动熏烟，每周 7 天，每天 2 次，两次间隔 5h 以上，连续 12 周。

B. 模型的评价：①一般状态观察；②抓力测试；③旷场实验；④肺功能测定。

2. 血病证候动物模型 血的失常主要包括两方面：一是血生成不足或耗损太过，致血的濡养功能减弱而引起的血虚；二是血液运行失常而出现的血瘀、出血等病理变化，如血瘀证等。

（1）血虚证动物模型：血虚证是因血液耗损过度或生成不足所致。血液耗损过度的病机主要表现为各种急慢性出血、外伤性失血、内伤七情导致的思虑过度，暗耗阴血，以及外感六淫中的火热燥邪耗伤血中津液、毒药损伤血脉等；血液生成不足病机主要涉及饮食不节或疲劳过度导致脾胃虚损，致使血液化生无源、久病虚弱或脾肾亏虚不能有效生血、外伤致瘀而新血不生等。

1）综合失血法

A. 模型的建立：昆明种小鼠，雌雄皆可，体重 25～30g。①自造模之日起，隔日从眼底静脉丛放血（0.5ml），隔日重复一次，直至模型成功；②控制饮食：饮食量控制在每日 50g/kg，自由饮水；③疲倦：小鼠每天在温水池中游泳 2 次，每次时间不定，以将下沉于水为限，持续 15～20 天。

B. 模型的评价：①一般状态观察；②外周血象检测；③骨髓象变化；④造血干细胞调节因子检测：促红细胞生成素（EPO）、白细胞介素家族分子（IL-1、IL-2、IL-3、IL-4、IL-5、IL-6、IL-7 等）、粒细胞集落刺激因子（G-CSF）、单核细胞集落刺激因子（M-CSF）、巨核细胞刺激因子（Meg-CSF）、血小板生成素（TPO）等。

2）环磷酰胺法

A. 模型的建立：小鼠腹腔注射环磷酰胺（40mg/kg），连续 4 天。

B. 模型的评价：同综合失血法。

（2）血瘀证动物模型：血瘀，是指血液的循行迟缓，流行不畅，甚则血液停滞的病理状态。血瘀的原因主要有五种：一是气滞，气为血帅，血随气行，故气行则血行，气滞则血瘀。二是气虚，气虚则推动无力，故血行迟缓，形成血瘀。三是血寒，寒性凝滞，血凝而不流，形成血瘀。四是血热，邪热入血，煎熬血液，使血稠而难流，故成血瘀。五是外伤。以上五种原因，均足以形成血瘀，甚则血液瘀结而成瘀血。

A. 模型的建立：雌性 SD 大鼠，体重 180～220g，皮下注射盐酸肾上腺素注射液（0.8ml/kg），2h 后将其置于 0～2℃冰水浴中游泳 4min，取出擦干背毛，2h 后再次皮下注射等量的盐酸肾上腺素注射液。

B. 模型的评价：①一般状态观察；②血液流变学检测：全血黏度（WBV）、血浆黏度（PV）；③凝血四项检测：凝血酶原时间（PT）、活化部分凝血活酶时间（APTT）、凝血酶原时间（TT）、纤维蛋白原含量（FIB）。

（3）病证结合血病证候动物模型：便秘血虚证动物模型的制备方法如下。

A. 模型的建立：昆明种小鼠，雌雄各半，体重 18～22g，造模第 1、4、7、10 天皮下注射乙酰苯肼（APH）60μg/g，第 10～14 天腹腔注射环磷酰胺（CTX）40μg/g，同时灌胃复方地芬诺酯混悬液 25μg/g，造模连续 28 天。

B. 模型的评价：①一般状态观察和体重检测；②血常规；③首粒黑便排出时间（TFBF）和小肠推进率（SIPR）；④粪便含水量（FWC）和结肠含水量（CWC）；⑤结肠组织形态；⑥结肠黏液分泌。

3. 津液病证候动物模型 津液是体内一切正常水液的总称。津液的化生输布和排泄是维持人体生命不可缺少的代谢活动。津液病证，一般可概括为津液不足和水液停聚两个方面。

（1）津液不足证动物模型：津液不足是指由于律液亏少，失去其濡润滋养作用所出现的以燥化为特征的证候。多由燥热灼伤津液，或因汗、吐、下及失血等所致。以津亏肠燥模型为例：

A. 模型的建立：以限制饮水法制备津亏模型。SD 大鼠，雌雄各半，体重 180～220g。适应性喂养 1 周后，连续 5 天测量大鼠饮水量及大便量，计算出大鼠每日正常饮水量均数和大便量，然后开始造模。大鼠每日进水总量为每日正常平均饮水量的 1/3，取整数值为 10ml。给水方法采用灌胃操作，每天分 4 次给水，上午 8：00 灌胃 2ml，中午 12：00 灌胃 3ml，下午 16：00 灌胃 2ml，晚上 20：00 灌胃 3ml。

B. 模型的评价：①大便质地及排便通畅程度观察；②肠道传输功能测定：首粒黑便排出时间、排黑便粒数、粪便含水率。

（2）水液停聚证动物模型：水液停聚证，指水液输布、排泄失常所引起的痰饮水肿等病证。凡外感六淫、内伤脏腑皆可导致本证发生。以阳虚水肿证动物模型为例：

A. 模型的建立：4～5 周龄 SD 雄性大鼠，体重 200～230g，大鼠适应性饲养 7 天后造模。大鼠于造模第 1 天及第 8 天上午 8：00 通过尾静脉注射多柔比星溶液，两次注射剂量分别为 3.5mg/kg、3mg/kg；同时，每天腹腔注射氢化可的松，注射剂量为 3.75mg/kg，连续 14 天。

B. 模型的评价：①一般状态观察和体重检测；②尿量及尿蛋白含量检测；③血清尿素氮（BUN）、血清肌酐（Scr）含量检测。

（三）八纲辨证证候动物模型

八纲辨证是根据四诊取得的材料进行综合分析，以探求疾病的性质、病变部位、病势的轻重、机体反应的强弱、正邪双方力量的对比等情况，归纳为阴、阳、表、里、寒、热、虚、实八类证候，是中医辨证的基本方法。疾病的表现尽管极其复杂，但基本都可以归纳于八纲之中，疾病总的类别，有阴证、阳证两大类；病位的深浅，可分在表、在里；阴阳的偏颇，阳盛或阴虚则为热证，阳虚或阴盛则为寒证；邪正的盛衰，邪气盛的为实证，正气衰的为虚证。

1. 阴证阳证动物模型 阴阳是八纲的总纲，一般表、实、热证属于阳证，里、虚、寒证属于阴证。临床上阴证多指里证的虚寒证，阳证多指里证的实热证。

（1）阴证（虚寒证）动物模型：阴证是体内阳气虚衰、阴气偏盛的证候。一般而言，阴证必见寒象，以身畏寒，不发热，肢冷，精神萎靡，脉沉无力或迟等为主症。由脏腑器官功能低下，机体反应衰减而形成，多见于年老体弱，或久病，呈现一派虚寒的表现。

A. 模型的建立：Wistar 大鼠，雌雄各半，体重（200±20）g。采用生石膏、龙胆草、黄柏和知母，按 2∶1.2∶1∶1.5 比例，制成含 4g 生药/ml 水煎剂，灌胃 1.6ml/100g，每日 1 次，连续 14 天。

B. 模型的评价：①一般状态观察；②体温：肛温、趾温、寒热趋向；③血浆乳酸、三酰甘油及丙酮酸含量检测。

（2）阳证（实热证）动物模型：阳证是体内阳气亢盛，正气未衰的证候。一般而言阳证必见热象，以身发热、恶热、肢暖、烦躁口渴、脉数有力等为主症。由脏腑器官功能亢进而形成，多见于体壮者，新病，初病，呈现一派实热的表现。

A. 模型的建立：Wistar 大鼠，雌雄各半，体重（200±20）g。大鼠禁食 12h 后，背部皮下注射 2.5mg/ml 的 2, 4-二硝基苯酚生理盐水溶液（10ml/kg）。

B. 模型的评价：①一般状态观察；②肛温；③大鼠寒热趋向测定；④大鼠自主活动测定；⑤大鼠血糖测定；⑥血浆乳酸、丙酮酸、三酰甘油检测；⑦血浆三碘甲状腺原氨酸（T_3）、四碘甲状腺原氨酸（T_4）、促甲状腺激素（TSH）、促甲状腺激素释放激素（TRH）检测。

2. 表证里证动物模型

（1）表证动物模型：表证是病位浅在肌肤的证候，具有起病急、病程短、病位浅和病情轻的特点，常见于外感热病的初期。以风寒表证为例：

A. 模型的建立：SD 大鼠，雌雄各半，体重（220±20）g。将大鼠置于恒温（20±2）℃、相对湿度为 40%±5%的环境中饲养观察 1 周，剔除不健康大鼠，然后将大鼠移置于全不锈钢笼中（透风），每 5 只 1 笼，调节电风扇的距离和转速，使大鼠感受的风力为 5～6 级，在室温为（5±2）℃、湿度不变的环境中饲养，动物自由进食，造模时间 6 天。

B. 模型的评价：①一般状态观察；②耳郭微循环观察；③血液流变学测定：全血高切（80S-1）、低切（20S-1）、血浆比黏度（ηb）。红细胞聚集指数（RE）=全血低切黏度/全血高切黏度。

（2）里证动物模型：里证是病位深于内（脏腑、气血、骨髓等）的证候。里证要辨别里寒、里热、里虚、里实，以寒积里实证为例：

A. 模型的建立：SD 大鼠，体重（220±20）g，雌雄各半。大鼠每天上午 9：00 灌胃 2℃冰水 2ml/100g，6h 后，每只大鼠按 2.5ml/100g 灌胃给予 2g/ml 的高岭土混悬液，空白组每天同一时间灌胃相应体积蒸馏水，连续 7 天。

B. 模型的评价：①大鼠一般状态观察；②尾部温度测定和排便实验（首粒排黑粪时间、6h 内排黑粪粒数）；③胃动素、P 物质、血管活性肠肽、环腺苷酸、环鸟苷酸含量测定。

3. 寒证热证动物模型

（1）寒证动物模型：寒证是感阴寒之邪（如寒邪、湿邪）或阳虚阴盛、脏腑阳气虚弱、功能活动衰减所表现的证候。

A. 模型的建立：Wistar 大鼠，雌雄各半。第 1、2 周给予 0℃冰水混合液灌胃，10ml/kg，第 3 周起予 0℃冰水灌胃加上 10℃冷水泡浴 15min 刺激，每日 1 次，连续 5 周。

B. 模型的评价：①一般状态观察；②摄食量，饮水量，体重，肛温，大肠长度，大肠形状、质地及颜色；③大肠组织病理损伤评分；④肠组织 ATP、琥珀酸脱氢酶、乳酸脱氢酶活性检测。

（2）热证动物模型：热证是感受阳热之邪（如风邪、热邪、火邪等）或阳盛阴虚、脏腑阳气亢盛和阴液亏损、功能活动亢进所表现的证候。

A. 模型的建立：第 1、2 周分别予 0.1mg/ml、0.2mg/ml 的乙醇溶液灌胃，第 3 周起予 0.3mg/ml 乙醇溶液并加 0.2mg/ml 辣椒素。之后，辣椒素浓度每隔 2 天增加 0.1mg/ml，直至增加到 0.9mg/ml，10ml/kg，每日 1 次，连续 5 周。

B. 模型的评价：同寒证动物模型的评价。

4. 虚证实证动物模型

（1）虚证动物模型：虚证的形成，或因体质素弱（先天、后天不足），或因久病伤正，或因出血、失精、大汗，或因外邪侵袭损伤正气等原因而致“精气夺则虚”。以地塞米松诱导法为例：

A. 模型的建立：雄性 ICR 小鼠，体重 18～20g。地塞米松灌胃，剂量为 0.25mg/（kg·d），用药持续时间 7 天。

B. 模型的评价：①一般状态观察；②躯体不同部位红外温度；③旷场实验；④抓力测定。

（2）实证动物模型：实证的形成，或是由患者体质素壮，因外邪侵袭而暴病，或是因脏腑气血功能障碍引起体内的某些病理产物，如气滞血瘀、痰饮水湿凝聚、虫积、食滞等。食积胃肠积热动物模型的制备方法如下。

A. 模型的建立：健康雄性 SD 大鼠，3 周龄，体重（110±10）g。大鼠不予常规饲料，每次灌胃高热量饲料 5ml，早、中、晚共 3 次，每次间隔 6h，自由饮水。造模持续 7 天。

B. 模型的评价：①一般状态观察及体重；②体重变化系数、进食量系数、饮水量变化系数、排便量系数；③排便量、排便时间、粪便含水量检测；④结肠组织病理检测。

（四）其他证候动物模型

1. 高脂血症脾虚痰浊证动物模型

A. 模型的建立：普通级雄性去势实验用巴马小型猪，6 月龄，体重为（40.70±4.13）kg。①高脂喂饲：每日喂饲 3%体重的高脂饲料（配方：牛油 10.0%、花生油 6.0%、胆盐 0.5%、胆固醇 3.0%、安赛蜜 2.5%、基础饲料 78.0%，每周按巴马小型猪体重更改一次饲料量），分 8：00、16：00 两次喂饲，自由饮水，共喂饲 24 周；②单笼饲养：除跑步训练及测量指标外，巴马小型猪均处于固定单笼环境中，笼长 120cm、宽 80cm、高 83cm，活动空间受限，除进食饮水外，大多数时间处于卧位状态；③跑步过劳：于每日 13：00 对巴马小型猪进行跑步干预，起始速度从 0.8km/h（跑步机的最小速度）起。第 1 周对巴马小型猪进行适应性跑步训练，视巴马小型猪情况，逐步增大速度，每日完成最大速度 2.1～5.4km/h，平均 3.55km/h，跑步持续时间 15min 左右的跑步量。第 1 周进行适应性跑步，于第 2 周进入实验阶段，第 5 周停止跑步，跑步时间共持续 4 周。跑步过程中，一定速度进入稳定跑态后，若稳定跑态的持续时间大于 30s，可增加 0.3km/h（或视情况增加 0.3 的倍数），直至巴马小型猪可以耐受的速度为止，若不能进入稳定跑态或能进入稳定跑态但不能维持 30s，则根据实际情况适当减速；最终至巴马小型猪不能继续跑动，趴地喘息则停止跑步。

B. 模型的评价：①血脂检测：胆固醇（TC）、三酰甘油（TG）、低密度脂蛋白胆固醇（LDL-C）、高密度脂蛋白胆固醇（HDL-C）、氧化修饰低密度脂蛋白（ox-LDL）；②行为学检测；③脾虚痰浊证症状指标评测：等待喂食行为、皮毛光泽、口色、粪便划痕、粪便性状；④形体指标测定：体长、臀宽、腹围、体重；⑤生命指征测定：耳温、肛温、血压、心率、呼吸等。

2. 心肾不交型失眠动物模型

A. 模型的建立：健康 SD 大鼠窝鼠（出生 2 天），雌雄不限。将出生 2 天的乳鼠第 3 天开始与母鼠每天分离 180min，至第 21 天离乳；第 22～35 天，每天对仔鼠随机给予刺激：四肢束缚 2h、4℃冰水游泳 5min、禁食 24h、禁水 24h、夹尾 1min、明暗颠倒 24h、电击足底 10min（电流强度 1mA，电压 30V，每隔 10s 刺激 1 次，每次持续 1s，共 60 次）、鼠笼倾斜 45°24h、潮湿垫料 24h 等，不连续，每日 1 种，每种刺激平均出现 1～2 次，使动物不能预料刺激的发生；第 35～37 天，每日上午 8：00～8：30 按 10ml/kg 用量腹腔注射对氯苯丙氨酸（PCPA）液。

B. 模型的评价：①体表特征积分评分；②血象检查；③心率和收缩压测量；④血浆促肾上腺皮质激素（ACTH）、食欲素（Orexin）、促肾上腺皮质激素释放激素（CRH）检测。

三、中医证候动物模型质量考核

自 20 世纪 60 年代邝安堃教授发现过量肾上腺皮质激素可诱发小鼠呈现类似中医阳虚症状以来，证候动物模型的探索迄今已逾 50 余年。时至今日，随着大量证候动物模型的出现及深入探讨，越来越多的理论问题随之浮现，尤其对证候动物模型评价这一核心关键问题争议尤多。模型评价是考察造模成功与否的关键步骤，其结果直接为模型稳定性与可复制性提供依据。中医证候动物模型之所以争议不断，无法得到公认，很大程度上是因为缺乏可靠有效的质量考核体系。

近年来，从事动物模型工作的相关专家对这一关键问题提出了各种解决方案，如北京中医药大学陈家旭教授提出“建立中医证候模型评价量表”的思路，第二军医大学崔淑芳教授开发出“人类疾病动物模型制备效果评价软件”，各自从不同角度丰富和深化了证候动物模型评价的思路及方法体系。但问题显而易见：量表适用于主观的，有时是抽象的概念的定量化测量，而动物证候表征的测量大多数都可以采集到量化数据，因此，量表这种设计被访问对象主观特性度量标准的模式应用于评价模型动物证候表征显得没有必要，且量表制作标准流程及统计分析上无法实现；至于评价软件，其基本原理是对专家评价的量化表达，一则主观性仍嫌太强，二则如前所述，动物证候表征可以采集量化指标，则专家评价的应用价值会大打折扣，正如文中定位，专家评价系统仅可作为模型评价的“辅助决策”工具。

（一）中医证候动物模型质量考核的概念

质量考核是量表学中的概念，指的是从信度、效度、反应度及可行性四个方面考核基本量表的质量。借鉴量表学中这一概念，将证候动物模型质量考核定义为：对所制备的动物模型进行评价指标的信度估计、效度检验和反应度考察，得出具体的统计数值，用以考核模型质量。也即是说证候动物模型质量考核的外延应涵括信度估计、效度检验和反应度考察三个维度内容，缺一不可，而目前证候动物模型评价所应用的无论是“因-脉-证-治”，还是“四诊量化”等模式都不够系统，且缺乏必要的方法学支撑。证候动物模型质量考核概念的提出及具体操作可为解决动物模型缺乏客观科学评价标准问题提供合适的理论切入点及方法学参考。

（二）中医证候动物模型质量考核的思路

一个完整的动物模型制备应包括顶层设计、操作实施及质量考核三个阶段或组成部分，本章节所讨论的模型质量考核是指动物造模后对其证候表征是否符合临床原型所进行的比对分析，不包括对顶层设计及操作实施部分的质量评估。简言之，即是对动物模型评价指标的统计分析，考察其与临床病证原型的一致性、稳定性及可靠程度，为模型的推广应用提供实验数据支撑。

这里所指证候动物模型是一泛称，包括单纯“证”的动物模型及病证结合动物模型两类，两类动物模型都涉及对模型动物证候归属判别，这也是我们讨论证候动物模型质量考核的核心和关键。

按照一般通行教科书观点，证候可以定义为一组互有联系的症状或体征的集合，是对疾病发展过程中某一阶段或某一类型的病理概括，反映疾病的原因、性质、部位及邪正关系。辨证则是对临床望、闻、问、切四诊收集资料进行归纳分析，判别为某一证候的过程。从以上定义可见，中医辨证的主要信息来源于临床患者的“证候表征”，也即致病因素作用于靶器官后的临床表现，或曰机体病理生理变化整体反应状态，因此，造模动物整体反应是否与证的临床特点相一致，被视为判断模型“证”归属的主要标准。模型动物的“证候表征”可以用多种行为学方法采集，而某些对判别证候归属有参考价值的生理、生化指标也可通过仪器检测获得。但问题是：上述用以表征证候的量化指标多大程度上能实现对模型动物“证候”归属的说明？我们又如何认定上述量化指标表征模型动物“证候”归属是可靠且稳定的？

举例而言，肝郁证的主要临床特征有：由情志异常导致，出现精神抑郁，活动量减小，体重减轻，胸胁胀痛，脉弦等症状。尽管其临床表现复杂多样，但精神抑郁总为核心症状，实质则是快感缺失及兴趣减低。因此，肝郁证动物模型必须满足的前提条件是，模型动物应出现快感缺失这一核心症状，且其他兼夹躯体症状也应尽可能多出现。基于以上认识，可以借鉴抑郁症大鼠模型慢性不可预见性温和刺激法，使用多种不同应激方法（包括冰水游泳、热环境、禁食、禁水、昼夜颠倒等）随机组合起来的应激程序，不仅使动物不能预知未来的刺激，更好地避免适应的发生，也可更好地模拟临床情志异常引发肝郁证的过程，以此制作中医肝郁证大鼠模型更为合理。至于模型评价，则可以糖水偏好实验考察大鼠快感缺失程度，以强迫游泳实验考察大鼠行为绝望程度，以旷场实验考察大鼠活动量水平，并辅以体重增长率及肾上腺系数考察大鼠体重增减及应激效果。

上述过程只是解答了我们提出的第一个问题，即多大程度上实现了对模型动物“证候”归属的说明，其方法主要涉及模型反应度考察部分内容，具体即通过对造模及干预组大鼠指标间差异统计分析来实现。对于第二个问题：量化指标的可靠性及稳定性，则可通过对量化指标的信度估计与效度检验完成，信度估计包括考察量化指标复测信度、折半信度等，而效度检验则包括考察量化指标结构效度及效标关联效度等。对于上述评价肝气郁证量化指标而言，我们可以采集同一批肝气郁证大鼠不同时间段指标，比较不同时间段指标间相关性及差异度即复测信度，将一批次大鼠不同指标结果随机均匀分成两半，计算两半相关系数即分半信度；指标结构效度则可通过因子分析统计方法实现，用以考察实验设计者预先设定的造模理论能否成立，而效标关联效度则可通过考察该指标与经典公认指标间相关系数而得到。

（三）中医证候动物模型质量考核的方法

将不同的应激因子施加于选定动物后，动物即表现出某一特定的反应模式（表征），包括整体行为上的和体内生理病理上的，我们通过采集所有这些表征量化数据，与不同组别的对照动物表征进行比对，进而得出模型组动物究竟何表征出现差异，依据这些差异将制备模型与临床原型进行比对，进而判断其为哪一疾病类型、哪一证候类型，这是动物模型建立的一般思路。对模型质量予以考核评价应包含如下内容。

1. 模型的效度检验 模型的效度，即应用该模型说明某一特定科学问题的有效性程度，即多大程度上可以为业内人士认可。对一般动物模型质量考核而言，效度主要包含以下几方面内容。

（1）表面效度：也可称作内容效度，是指模型建立方法及评价指标是否包括了应该包括的内容，或者说所包含的内容是否反映了专业要求，即模型的代表性和覆盖面的程度。内容效度与结构效度有相关性，评价结构效度的量化指标通常间接反映内容效度。

（2）结构效度（构想效度）：即实验设计者所构想的造模、评价理论模型与测定结果吻合的程度。采用因子分析来评价结构效度，如果因子分析结果显示所提取的若干公因子所包含的内容具有设计者所预想的连带关系或逻辑关系，可认为该量表具有结构效度，同时具有内容效度。结构效度通常被认为是最强有力的效度评价。

（3）效标关联效度：又可称作标准效度，是指模型评价结果与经典公认“标准”指标结果一致的程度。常用的统计方法是计算两个测量结果之间的相关系数，相关系数为 0.4～0.8 比较理想。

（4）区分效度：设计者所选定的模型评价指标应当能区分已知的不同组别动物（如正常对照组和造模组）的特征。分别检测正常对照组和造模组动物，采集不同指标数据进行比较，分析这两类动物数据差别是否有统计学意义，进而判断评价指标是否具有区分度。

2. 模型的信度估计 模型的信度也称模型的可靠性，是指模型的可靠程度或可复制程度。对一般动物模型质量考核而言，信度主要包含以下三方面内容。

（1）内部一致性：也称同质性，克朗巴哈系数是衡量模型评价指标间内部一致性的代表参数，也是衡量模型信度的最有效指标。克朗巴哈系数＜0.3，不可信；0.3≤克朗巴哈系数＜0.4，勉强可信；0.4≤克朗巴哈系数＜0.5，可信；0.5≤克朗巴哈系数＜0.7，很可信；0.7≤克朗巴哈系数＜0.9，非常可信；克朗巴哈系数≥0.9，十分可信。

（2）折半信度：是将上述指标随机均匀分成两半，然后计算其相关系数 r，依据 $R=2r/(1+r)$ 计算折半信度，一般要求折半信度＞0.7。

（3）复测信度：是用拟定的一组评价指标间隔一定时间再次测量模型动物整体变化，比较两次结果间差异。复测信度可通过计算两次数据间组内相关系数（ICC）及 Kappa 值获取。一般来说，ICC 或 Kappa＞0.75，则认为可信度很好；处于 0.5～0.75，则认为可信度一般，尚可接受；而＜0.5，则认为可信度很差，测量方法或工具所得结果不可靠。

3. 模型的反应度考察 反应度常被视为效度的一个侧面。反应度又称敏感度，指内外环境变化时，若被测对象有所变化，则测量结果必须敏感地对此变化做出反应。设计者所选定的一组模型评价指标经分析具有一定的信度和效度，但如果不能检测出细微的、具有实际意义的、随时间推移而出现的变化，还不能算是一个有效的评价体系。通常总是利用现有知识推测若干不同条件下被测对象应当有变化，然后考察相应的测量结果，观察结果间是否具有差异。对动物模型评价而言，一般思路及方法是分别于施加干预措施前后对模型动物进行检测，采集施加干预前后的数据，如果干预措施起作用，则前后得分的差别应该有统计学意义。

上述证候动物模型质量考核的一般原则及方法不仅适用于中医证候模型，对现代医学病理模型同样适用。不同模型可能涉及不同造模方法及模型评价指标体系，但模型质量考核的基本精神及思路是可以通用的。从这一点而言，本章所探讨的问题可能给更多动物实验工作者以思路启迪与方法启示。

正如前面所言，部分学者所主张建立评价量表的思路并不可行，但并非量表质量考核的思路及方法不可用。基于将临床上不易客观量化主观特性予以度量标准的量表模式，与动物模型评价指标的客观量化特性间具有无法调和的矛盾，但量表质量考核的一套完整规范流程则在模型评价中完全可以借鉴应用。事实上，近年来国外已有越来越多的实验动物工作者采用这一思路及方法，考察造模方法及指标体系的稳定性及可靠性。随着这一工作的深入持续开展，可以预见动物模型质量考核的方法学体系将逐步建立并完善，成为动物模型领域的行业规范与标准。

本章 PPT

第十一章　动物实验质量监控

临床观察和实验研究是现代医学和中医药学研究的两条重要途径。动物实验是实验研究的重要组成部分，它具有独特的优越性。例如，可以将高温、缺氧、放射线、致癌物、烈性传染病病原体等不能施加于人体的有害因素，施加于动物身上进行研究；可以依据课题研究需要设计安排采样时间、方式和数量，甚至处死动物，进行分层次研究；可以严格控制实验条件和影响因素，进行多学科、多指标综合研究，从而使有关过程显现出来；可以进行反复观察研究，从而发现疾病规律，认识疾病本质，找到解决办法。由此可见，动物实验为临床实践和研究提供了重要依据和补充。

动物实验设计方案包括实验对象、处理因素和实验效应 3 个基本要素。实验对象是指实验动物，选择实验动物时需要综合考虑品种品系、动物等级、年龄、性别、价格等方面因素。处理因素除了实验者有目的施加的影响因素外，还包括实验环境、微生物、营养、药物配制、实验操作等可能影响实验结果的混杂因素。实验效应是指动物在处理因素、非处理因素作用下发生的主观与客观、宏观与微观变化。在设计动物实验、选择实验动物和评价实验结果时，要对上述要素进行监控，才能确保动物实验获得成功。

第一节　动物实验设计

一、动物实验设计的基本原则

动物实验是通过研究某个品种、品系或性别动物模型的行为和生物学表现，来间接推断人或其他研究对象是否存在相同或类似表现，这种结果的外推经常会存在一定误差，甚至会有严重偏倚的风险。为了降低这种风险，使动物实验结果能够合理地外推到人，严谨缜密的动物实验设计除了要正确选用实验动物或人类疾病动物模型外，还必须遵守以下原则。

（一）对照性原则

对照是科研实验设计的首要原则。有比较才能鉴别，对照是比较的基础。在动物实验设计中，除了要研究的处理因素外，其他影响实验效应的一切条件（非处理因素）在实验组与对照组中应尽量保持均衡一致，使实验效应具有可比性，得出科学结论。

（二）随机化原则

随机化分组是确保组间非处理因素均衡一致的重要手段，也是实验结果统计分析的必然要求。随机化分组就是要使总体中每一个个体都有同等机会被分配到实验组或对照组。在动物实验的各个环节，盲法是避免因实验者主观因素带来实验结果偏倚和误差的重要途径。

（三）重复性原则

重复是保证实验结果可靠性的另一重要原则。重复原则的含义包括：一是动物实验每个组别要有一定数量的动物，以避免动物个体差异对结果的影响；二是进行必要的重复实验，以减少因实验者和实验条件的不同而造成的结果误差。

但是，动物数量也不能过多，应该在保证实验结果具有一定可靠性的条件下，确定最低样本例数，以节约人力物力和实验经费，符合动物实验伦理 3R 原则。

（四）客观性原则

反映实验效应的指标应尽可能使用客观指标，分析实验结果时必须尊重原始数据，绝不能以主观意愿来取舍或更改实验结果或数据。

二、动物实验设计的基本类型

（一）完全随机化设计

将动物随机分配至实验组及对照组做实验观察。先将动物按顺序编号，再用随机化工具（如随机数字表等）将动物分组。

本设计方法简便、灵活，统计分析也比较简单，抗数据缺失能力较强。如某个实验动物发生意外，信息损失小于其他设计，对数据处理的影响不大。其缺点是对非处理因素缺乏有效控制，只能依靠随机化方法平衡有关因素的影响，因而精确度较低，误差往往偏高。适用于实验对象同质性较好的实验设计。

（二）随机区组设计

此类设计创始于农业试验。农学家在小麦试验时发现，不仅小麦品种（处理因素）影响产量，不同地块（区组）也影响产量。随机区组设计不但可以确定处理因素的效果，还可以明辨“区组”的影响。

动物实验时，可将一窝小鼠或大鼠归为一个区组；数个区组确定后，再按随机化原则，将各区组的动物随机分配到实验组和对照组中。注意：每个区组的动物数量必须是实验分组组数的整倍数。如一窝动物仔数少于分组数，则不可采用，切不可用别窝动物进行补充；如一窝动物仔数多于分组数，则应将多余动物舍弃，而不能加入到其他区组。

由于同窝动物在遗传、营养、微生物携带上的一致性都较高，而各区组内每只动物接受何种处理是随机的，所以随机区组设计的均衡性好，可减少误差，提高实验效率，统计分析也较简易。其缺点是抗数据缺失性低，如一个区组的某个动物发生意外，那么整个区组都须放弃，或不得已采取缺项估计。

在我国，实验啮齿动物一般采取繁殖室和育成室结合的饲养方式，动物在成年前已离乳并窝，同窝秩序被打乱，构建区组的关键条件已不存在。采用这种方式繁育的动物做实验不宜应用随机区组设计。

（三）配对设计

实验动物个体之间差异较大时，可采用配对设计。即将个体差异较小的实验动物配成对子，每对中的两个对象随机分配到实验组和对照组。这样可使非处理因素对两组的影响较为接近，从而减少实验误差。

配对设计要运用专业知识。实验动物方面应考虑种属、品系、性别、体重、年龄、同父母、同胎次出生等因素对实验结果的影响。

SPF 级动物和无菌级动物的微生物、寄生虫控制严格，近交系动物遗传一致性好，采用这些实验动物做实验时，可应用完全随机化设计；小型动物和一胎多仔动物，可采用随机区组设计；普通级动物，特别是封闭群大型实验动物，因个体差异较大，更不易获得较大数量的相似个体，则应采用配对设计或随机区组设计。如果采用完全随机化设计，则需耗用较多动物，既不符合 3R 原则，也不经济。

三、动物实验设计的内容

（一）实验条件的准备

实验设计前应该充分了解开展实验所要求的条件是否具备，如动物的来源、动物实验设施、仪器设备、药品和试剂的来源、实验人员及其实验技术掌握情况、经费来源等。对于目前尚不具备的条件，应明确解决办法。

（二）实验方案的制订

一份完整的动物实验方案至少应该包含以下内容。

1. 实验对象与分组　根据实验目的和所具备的条件，选择要使用的实验动物的种属、品种、品系、性别、年龄（或体重）（详见本章第二节），估算动物的数量，并根据实验需要进行分组。

动物实验的分组可分为实验组和对照组两大类。实验组即施加处理因素的组，简单的实验可以是一个实验组，较复杂的实验可以依据不同处理措施、不同药物或不同剂量（或参数）分为多个实验组。对照组也可根据实验需要分为多种，常见的有：

（1）空白对照组：是指不施加任何影响因素（必要时的动物麻醉除外）的受试动物。

（2）正常对照组：是指除了不施加处理因素外，其他实验条件与实验组完全相同的受试动物。例如，在药物实验中，若给实验组动物灌服或注射某种药物溶液，则在正常对照组也按同样途径灌服或注射相同剂量、但不含该种药物的溶剂或赋形剂，以消除灌胃或注射刺激、溶剂或赋形剂对实验结果的干扰。

（3）假手术对照组：是指在含有手术操作的动物实验中，除了不做关键手术操作（切除、损伤、血管堵塞或结扎、注入药物等）和不施加处理因素外，其他实验条件和手术步骤与实验组完全一致的受试动物，目的是排除手术过程对结果分析的影响。

（4）实验对照组：又称模型对照组，是指在以疾病动物模型为研究对象的实验中，不施加处理因素、但同样成功造成某种疾病表现的疾病动物模型，以研究处理因素对疾病的影响。

（5）阳性对照组：是指用已知的能获得阳性实验结果的药物或处理措施取代待研究的处理因素，其他实验条件与实验组完全相同的受试动物。设置阳性对照组的目的，一是检验实验体系是否正确，如果阳性对照组未出现阳性结果，应该是实验体系存在缺陷，需要加以检查并解决；二是以阳性对照组为参照，比较实验组的结果高于还是低于阳性对照组。

（6）标准对照组：是以正常值或标准值作为对照，在所谓标准条件下进行观察的对照组。如研究药物的疗效时，以公认的常规有效疗法作为对照。

（7）自身对照组：如施加处理因素前后的自身对比观察；或是对照与实验在同一对象身上进行，即在观察的不同时期接受不同的疗法，然后比较它们的差异，这种方法也称为自身交叉对照。

（8）相互对照组：即各处理因素相互对照。如中医各种不同证候的对照组；中药组、西药组、中西药结合治疗急性心肌梗死的对照组等。

2. 处理因素与实验周期　动物实验处理因素包括各组的处理措施、时间、次数、强度（或剂量）、途径等，在设计实验方案时都要一一明确。

实验周期的长短取决于实验目的、疾病动物模型成模所需的时间和取材的时间点要求，在实验设计时，可参考相关研究的文献报道或相关实验室的经验，也可以通过预实验进行摸索。

3. 观察与检测指标 反映实验效应的指标可分为活体观察指标和取材检测指标。

（1）活体观察指标：是指在动物实验过程中或处死动物前观察到的动物外在表现，以及通过有创或无创性仪器设备观察到的功能变化情况。外在表现包括动物的行为、精神、营养、摄食、二便、被毛及五官、阴部分泌物等，实验者应定时观察并记录保存；功能性指标主要包括心电图、血压、呼吸、脑电图、自主活动或肌力等。

（2）取材检测指标：是指在动物实验过程中或实验结束处死动物后取出所需的器官、组织或体液，通过大体观察、显微镜观察、细胞培养观察、生物化学和分子生物学检测获得的结果或数据。

（三）样本含量的估算

动物实验中每组的样本量反映了同一处理措施的重复次数。样本量过小，抽样误差大，会掩盖组与组之间的实际差异，得不出有统计学意义的结论；样本量过大，不符合 3R 原则，也浪费人力、物力、财力和时间。估算样本含量通常有以下两种方法。

1. 经验法 一般情况下，啮齿动物（大鼠、小鼠等）每组应不少于 10 只；兔、猫、犬、小型猪每组 6～10 只；猴一般每组 4～6 只。

2. 公式法 对于没有他人经验可循或实验结果误差较大的动物实验，应该使用以下公式计算每组所需的样本含量。

$$n=\frac{2\sigma^2(t_\alpha+t_\beta)^2}{\delta^2}$$

式中，σ代表标准差；t_α代表显著性α=0.05 时的 t 分布值，$t_{0.05}$=1.96；t_β为差异无显著性的 t 分布值，1-β为实验检验能力，动物实验一般取 1-β=0.80，$t_{0.20}$=0.842；δ代表处理组与对照组均值之间的差异，δ值可从预实验或文献资料中获得。

以上参数代入公式，可计算出实验各组所需样本含量。

如给某种实验动物喂饲一种新型饲料，预实验中每月体重增长较原饲料增加（30±15）g（均值±标准差），设显著水平为 95%，检验能力为 80%，则正式实验所需样本含量（n）为

$$n=\frac{2\times15^2\times(1.96+0.842)^2}{30^2}=3.93$$

即每组仅需 4 只实验动物。

由以上公式及计算可以看出，通过优化实验操作，可以使获得的数据波动（即标准差）变小，实验结果的一致性更好，从而要求的样本含量也相应减少；而处理组与对照组实验结果间的差异（即δ值）越大，所需样本含量亦越少，从而有利于减少动物用量。样本含量多少尚与统计显著性要求相关，如提高显著性水平和检验能力的要求，则所需动物数量就增多。

（四）药物剂量的估算

在药效学、毒理学等动物实验设计中，药物剂量的设计是一个相当重要的环节。

一般来说，药物的用量可以通过查阅文献，以同一药物在同种动物其他研究中的使用剂量作为参考。

对于中医药动物实验研究来说，经常会用到某些已经在临床上被证实有效、但未知其起效机制的中药，具有了相应的临床资料，需要根据临床用药剂量来估算动物实验药物剂量。反之，如果一种新药在动物实验中被证明有效，准备推荐给临床研究和使用，则需要依据动物用药剂量设计人的临床推荐剂量。大量的临床和实验研究表明，药物的等效剂量并不与人或动物的体重成正比，而是与单位体重的体表面积成正比，动物越小，单位体重的用药剂量越大。人与动物之间或不同种属动物之间用药剂量的转换，可以通过换算系数（表 11-1）计算出初步结果，实际应用时还需要通过预

实验来确定安全有效的用药剂量。

表 11-1　不同种属动物间用药剂量换算系数

动物品种（标准体重）	小鼠 b（0.02）	仓鼠 b（0.08）	大鼠 b（0.15）	豚鼠 b（0.4）	兔 b（1.8）	猕猴 b（3.0）	比格犬 b（10.0）	小型猪 b（20.0）	成人 b（60.0）
小鼠 a	1.00	0.60	0.50	0.375	0.25	0.25	0.15	0.111	0.081
仓鼠 a	1.67	1.00	0.833	0.625	0.417	0.417	0.25	0.185	0.135
大鼠 a	2.00	1.20	1.00	0.75	0.50	0.50	0.30	0.222	0.162
豚鼠 a	2.67	1.60	1.33	1.00	0.667	0.667	0.40	0.296	0.216
兔 a	4.00	2.40	2.00	1.50	1.00	1.00	0.60	0.444	0.324
猕猴 a	4.00	2.40	2.00	1.50	1.00	1.00	0.60	0.444	0.324
比格犬 a	6.67	4.00	3.33	2.50	1.67	1.67	1.00	0.741	0.541
小型猪 a	9.00	5.40	4.50	3.38	2.25	2.25	1.35	1.00	0.73
成人 a	12.33	7.40	6.17	4.63	3.08	3.08	1.85	1.37	1.00

注：表中数值为标准体重动物由动物 a 到动物 b 的 mg/kg 用药剂量的换算系数，标准体重单位为 kg。

数据引自：黄继汉等.药理试验中动物间和动物与人间的等效剂量换算.中国临床药理学与治疗学，2009，9（9）：1069-1072。

如果受试药物是一种全新的药物，没有临床用药剂量和同类动物实验用药剂量可供参考，可以设计多种不同剂量，通过预实验摸索最适剂量。

第二节　实验动物的选择

在动物实验设计中，选择恰当的实验动物非常重要，它关系到实验研究的水平和成败、研究方法的繁简、实验结果的可信性及研究费用的多少等，应予认真对待。

一、实验动物选择的原则

选择实验动物主要应遵循以下 6 项原则。

（一）相似性原则

在动物实验中，实验动物的选择通常依据动物对试验品的敏感程度，或试验品在动物体内的代谢转归与人体的相似性来确定。

1. 结构、功能及代谢与人相似　动物实验应该尽量选择结构、功能及代谢等与人体相似的实验动物。一般而言，动物的进化程度越高，其结构、功能及代谢就越接近人类。非人灵长类动物如猕猴、树鼩等，与人类非常接近，为最佳实验材料。

动物进化程度高，并不一定所有器官的结构和功能都接近人类。对于非灵长类实验动物，应了解它们有哪些器官的结构、功能和代谢比较接近人类，可以有目的地选用部分系统、器官与人的结构、功能、代谢相似的实验动物。例如，犬的血液循环和神经系统发达，消化过程、毒理反应与人类比较接近；猪的心脏、皮肤与人类较为相似。常用实验动物的结构功能特点，已在第八章中介绍。

2. 年龄近似　不同种属实验动物的寿命长短不一（表 11-2），选择实验动物时要了解有关动物的寿命，并选用与人的年龄阶段相对应的月龄（或周龄）的动物进行实验（图 11-1、表 11-3）。老年病研究应选择寿命较短的实验动物，如大鼠的寿命为 2.5～3 年，24 月龄以上即相当于人的衰老早期。

表 11-2　常用实验动物的寿命

实验动物种类	最长寿命（年）	平均寿命（年）	实验动物种类	最长寿命（年）	平均寿命（年）
小鼠	3	2	猫	30	12
大鼠	5	3	猪	27	16
豚鼠	7	5	猴	30	10
家兔	15	8	狒狒	24	15
山羊	18	9	猩猩	37	20
犬	20	10			

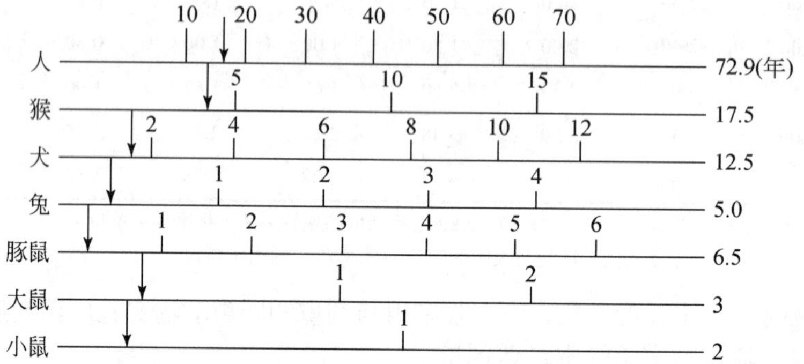

图 11-1　人和各种实验动物的年龄对应

表 11-3　犬与人的年龄对应

犬龄（年）	1	2	3	4	5	6	7	8	9	10	11	12	13	14	15	16
人龄（年）	15	24	28	34	36	40	44	48	52	56	60	64	68	72	76	80

3. 群体分布的相似性　以群体为对象的研究课题，要选择群体基因型、表现型分布与人相似的实验动物。如做药物筛选或毒性试验时，应考虑到人类与实验动物群体在代谢类型上的差异，通常以封闭群模拟自然群体基因型。

4. 生态或健康状况的近似性　在人的生命过程研究中，寻找与人类生态情况相似的替代模型非常重要。在实验动物的遗传背景、营养及环境背景标准化后，其微生态和健康状况对实验的影响就显得至关重要。现有的无菌级动物、SPF 级动物、清洁级动物和普通级动物分别代表着不同的微生态模式，具有不同特点，适用于不同的研究目的。如 SPF 级动物属健康无病模型，采用该级别动物做实验，能排除疾病或病原体的干扰；无菌级动物属超常生态模型，既能排除微生物的干扰，又减少了对免疫功能的影响；清洁级和普通级动物应用最多，除价廉和易获得外，对设施的要求较低，管理亦相对易化，但由于它们携带某些微生物，因而实验过程难以避免微生物的干扰。在选择动物时，应结合课题研究目标、研究方法、设施条件及经费等进行综合考虑。

5. 疾病特点的相似性　许多自发性或诱发性疾病动物模型，能不同程度地模拟人类有关疾病的表现，其疾病特点有的经过培育可在子代中稳定遗传，有的可在实验动物中诱发复制。研究者可根据研究目的，选择合适的疾病动物模型进行实验。

6. 操作实感的相似性　模拟临床操作的动物实验，应选用与临床操作较接近的动物。如猪心脏的形态、大小与人的心脏很接近，模拟人类心脏外科手术操作的动物实验，可选择猪作实验材料。

（二）差异性原则

实验动物对某些刺激的敏感性与人有差异，在实验中应予以注意或加以利用。如人对阿托品高度敏感，而黑色或灰色家兔却不敏感，因而做阿托品试验绝对不能使用这些品种的家兔；犬、猴和猫呕吐反应敏感，大鼠则无呕吐反应，因此，呕吐动物实验应选用犬、猴或猫，不能选用大鼠。

百白破三联疫苗的研制，就是利用马对百日咳、白喉、破伤风病原菌敏感性低的特性，给马注射病原菌，经过几次传代，使病原菌毒性减弱，再用马血清制成弱毒疫苗，给人接种以预防疾病。

（三）易化原则

选择进化程度高或结构功能复杂的实验动物，有时会使实验条件控制和实验结果获得变得相当困难。有鉴于此，在确保实现研究目标的前提下，可选择结构、功能较简单的实验动物。如利用果蝇寿命短（37 天）、染色体少（4 对）等特点，成功地进行了遗传学研究，并确定了染色体的连锁互换定律。易化原则与“3R”原则相一致。

（四）相容或相匹配原则

本原则是指实验动物等级应与实验条件相匹配，要避免高精尖仪器设备与低等级实验动物搭配，或低性能测试手段与高等级实验动物搭配，以避免资源浪费。

（五）可获性原则

在不影响实验质量的前提下，要选择最易获得、最经济、最易饲养管理的实验动物进行实验。开题前应做好动物来源调研，以免在准备实施计划时才发现无法获得所需实验动物，而耽搁实验研究进度。

（六）重现性、均一性原则

重现性和均一性是实验结果可靠、稳定的重要保证，为此，要选择基因型一致或相似的实验动物。一般而言，近交系、杂交群动物个体间的遗传型和表现型较一致，其演出型（实验结果）的可靠性和稳定性通常优于封闭群动物。

除了动物的遗传特性，实验条件是否均衡一致也是影响实验结果稳定性的重要原因，有关问题已在第六章和本章第一节中论述。

二、实验动物选择的主要内容

（一）品系与等级

品系代表实验动物的遗传基因型条件。研究发现，从大多数白化实验动物取得的数据，在推及人类时更接近于白色人种，而与有色人种的差异较大。有实验证实，这些动物缺乏酪氨酸酶（tyrosinase），从而色素合成减少，故白化实验动物用于尼古丁、链霉素、多巴胺、氯喹及儿茶酚胺类等药物研究时，可出现不同于人类及其他酪氨酸酶正常动物的药代动力学和药效动力学反应，这是上述药物的分布及代谢过程不尽相同的缘故。因而在选择实验动物或应用实验结果时，要考虑到遗传或种属差异。

等级是实验动物的微生物标准化程度，应根据实验目的、实验条件和经费情况选用相应等级的实验动物。实验所需动物应当在具有实验动物生产许可证的单位购买，并向供应单位索取记录有动物等级信息的实验动物质量合格证明。已经标准化的等级实验动物（无菌级动物、SPF 级动物、清洁级动物等）亦可因各种原因受到污染，如外购的 SPF 级或无菌级动物本身可能存在质量问题，或在运输、检疫、实验等环节中发生污染，都会给研究工作带来损失。因而，实验人员不应盲目相信动物的背景记录（如供货方提供的记录），实验之前应对外购动物认真检疫。

（二）年龄与体重

选择实验动物时，应注意动物与人的年龄对应。如无特殊要求，一般采用成年实验动物。常用成年实验动物的体重一般为小鼠 18～22g，大鼠 180～220g，豚鼠 350～650g，兔 2～3kg，猫 1.5～2.5kg，犬 6～15kg。慢性实验一般应选择未成年实验动物，其体重一般为小鼠 15～18g，大鼠 80～100g，豚鼠 150～200g，兔 1.5～1.8kg，猫 1.0～1.5kg，犬 6～8kg（成年）。按体重推算年龄时，应注意动物体重除与年龄相关外，还与实验动物品系、性别、营养状况、饲养管理等有关。此外，同批实验的动物年龄应尽可能一致，体重应大致相近，一般相差不应超过 10%。

（三）性别

性别亦会影响实验结果。如给大鼠皮下注射 30%乙醇 0.1～0.2ml，雄性大鼠死亡率为 84%，而雌性大鼠仅为 30%。通常雌性大鼠对急性毒性试验较雄性大鼠敏感，而雄性大鼠对慢性毒性试验则较雌性大鼠敏感。一般而言，由性别引起的毒性差异较动物种系及个体差异要小，因而，在实验研究中如无特殊要求，一般宜选用雌雄各半，以避免由性别差异造成的误差。

（四）生理状态与健康状况

动物的特殊生理状态如妊娠、哺乳等对实验结果影响很大。如非专门研究妊娠、哺乳等实验，应去除特殊生理状态的动物，以减少结果的个体差异。

健康动物对刺激的耐受性较患病动物高。健康动物一般发育正常、体形丰满、被毛浓密有光泽且紧贴身体、眼睛明亮活泼、行动迅速、反应灵敏、食欲良好。外购的实验动物，应观察检疫 3～7 天或以上，证实其身体健康后才开始实验。

三、实验动物选择的基本意见

鉴于动物种属品系差异和个体差异给实验研究带来的影响，有学者对选择实验动物提出以下建议，供实验设计时参考。

（1）有关呕吐的研究宜选用犬和猫，不宜选用草食性动物和大鼠。因为草食性动物不易产生呕吐反应，大鼠不会出现呕吐。

（2）过敏反应或变态反应研究宜选用豚鼠，因为豚鼠易于致敏。实验动物接触致敏物质出现反应的程度，从高到低依次为豚鼠＞家兔＞犬＞小鼠＞猫＞青蛙。

（3）外界环境因素导致机体发热反应的研究宜选用家兔，因为家兔的体温变化较灵敏，其次是猫和大鼠。不宜选用小鼠和犬。

（4）药物致癌作用研究最常用大鼠和小鼠。但须注意不同品种品系动物的肿瘤自发率不同。

（5）研究气体、蒸汽对黏膜的刺激最好选用猫；研究吸入性粉尘对机体的影响最常用大鼠。

（6）研究药物对皮肤的局部作用常选用家兔或豚鼠，因为其皮肤对刺激物的反应近似于人类。目前认为，猪的皮肤结构及功能与人类更近似，因而也适合皮肤对刺激物的反应研究及烧伤研究。

（7）研究毒性物质对实质性器官的损害，最好选用小鼠。

（8）研究药物的迟发性神经毒作用，常选用来航鸡。

（9）研究药物的细胞遗传效应时，常选用小鼠或大鼠。

（10）研究血压变化的实验常选用犬和大鼠；复制动脉粥样硬化症动物模型时，常选用家兔和大鼠。

（11）放射病研究常用犬、猴、大鼠和小鼠。家兔在照射时容易发生放射性休克而死亡，不宜选用。

（12）免疫毒理研究常选用 C57BL/6 小鼠。

（13）新药毒理研究应选用两种以上不同种属实验动物。首先用小型实验动物（如小鼠、大鼠），获得结果后，再用大型实验动物（如犬、猴）复验。

中医中药研究中实验动物的选择："卫气营血""血瘀"模型可选用家兔、大鼠；"寒证""热证"模型常选用雌性大鼠；"血虚""脾虚"模型常选用雄性大鼠或小鼠；"肝郁"模型常选用大、小鼠；"阳虚""阴虚"模型常选用雄性小鼠；"脉微欲绝"模型常选用猫；"气虚"模型可选用家兔；"里实"模型常选用犬。

一切动物模型和动物实验结果都要推及到人，动物和人毕竟不是同一种属，在动物身上无效的药物不等于临床无效，而在动物身上有效的药物也不等于临床有效。加之不同的动物有不同的功能和代谢特点，所以，确定某一项实验结果最好采用 2 种以上的动物进行比较观察，一种为啮齿动物，另一种为非啮齿动物。常用的实验序列是小鼠、大鼠、犬、猴或小型猪。

第三节　动物实验结果的分析与评价

一、动物实验结果的分析与外推

（一）动物实验结果的分析与解释

影响动物实验结果的因素很多，主要包括：①动物因素，如动物的种属、品种、品系、年龄、体重、性别等；②环境因素，如气候因素（温度、湿度、气流、风速）、理化因素（光照、噪声、粉尘、辐射、有害气体等）、生物因素（空气中的微生物、饲养密度、动物社会）、辅助设施（饮用水、笼具、垫料等）；③饲料营养因素；④实验操作和技术因素。

动物实验由于存在着上述各种因素的干扰，实验可能出现预期的结果，也可能出现非预期结果，需要研究者加以分析、解释和说明。如果出现预期结果，要通过严密的逻辑思维进行分析，指出本实验结果说明了什么问题，从而得出实验结论。要与他人的同类研究、前人的报道进行比较，找出本实验的创新点，如采用了新技术、新方法，发现了新现象，提出了新观点，填补了同领域研究的空白等。如果出现非预期结果或者与前人报道相反的结果，应该仔细回顾实验过程是否有哪个环节出现了失误，查找原因，按实验方案进行重复实验。如果重复实验的结果依然如故，就要仔细分析，并做出合理的解释。在严密的实验设计和严谨的实验操作前提下，不应轻易放弃或否定自己的非预期实验结果，也许是一次新的研究发现。

（二）动物实验结果的外推

由于实验动物与人在形态结构、生理功能、代谢反应和生物进化等方面存在不同程度的差异，对实验刺激、药物的敏感性也会不同，从而导致动物实验的结果并不一定在人的身上可以完全重复，有可能没有相似的结果，甚至出现相反的结果。因此，不能简单地将动物实验结果外推到人，最好采用 2 种以上的实验动物进行实验比较、验证，如果一种实验在多种动物身上产生共性的结果，则在人身上获得相同或相似结果的可能性较大。

此外，近交系动物虽然实验结果一致性、重复性好，但人群的个体差异较大，近交系动物的实验结果难以准确地反映人体的真实情况，因此，对近交系动物的实验结果评价和运用要十分慎重。

二、动物实验研究的局限性

动物实验并不是万能的，生命科学的发展并不都是动物实验的功劳，要理性地看待动物实验，合理地应用动物实验。动物实验存在着许多局限性。

（一）动物实验研究仅仅是生命科学研究的手段之一

生命科学研究的手段多样，动物实验仅是其中之一。有些疾病的病因研究成果主要来自人群的流行病学调查，如糖尿病、冠心病等，并非全部依赖动物实验的结果。有些疾病的动物实验研究结果并不能真实地说明人体疾病的本质，而通过微生物学、免疫学、病理学和临床研究可以获得对疾病发生发展规律的认识。

（二）动物种属差异可能导致实验结果不一致

不同种属动物的实验结果常常不一致，甚至相互矛盾，令人无所适从。如有关香烟是否致癌的研究，有的动物实验研究结果认为香烟致癌，有的却认为不致癌。

（三）动物实验的结论可能与临床不一致，甚至产生误导

许多药物在动物实验中被证明是安全的，并获得药政部门的批准，允许临床使用，但投入临床使用后却被证明对人体有严重危害，如中药注射剂清开灵、双黄连、葛根素、鱼腥草等。西布曲明为中枢神经作用减肥药，经过动物长期毒性试验被证明是安全有效的，于 1997 年由雅培公司生产上市，2002 年该公司开展了一项长达 6 年的随机双盲对照研究，结果显示使用该药的患者出现严重、非致死性心血管事件的风险增加，在欧盟范围内被暂停上市。罗格列酮为噻唑烷二酮类降糖药，动物实验证明可有效降低 ob/ob 肥胖小鼠、db/db 糖尿病小鼠和 Zucker 肥胖大鼠的血糖，减轻高胰岛素血症，于 1999 年上市，用于治疗 2 型糖尿病，2011 年有研究显示罗格列酮可增加患者心血管疾病发生的风险，此后该药被撤出欧盟市场。

有些动物实验的结论对科学家产生了误导，使得一些医学研究的进展被推迟。20 世纪 30 年代前后，猴的脊髓灰质炎实验研究发现，脊髓灰质炎病毒主要侵犯神经系统，因而被认为不可能通过消化道传播。这一错误结论使人们对该病产生了错误的认识、采取了错误的预防措施，延迟了疫苗的研发。直到 1949 年，当人们首次使用人的非神经组织细胞培养脊髓灰质炎病毒获得成功，并将减毒活疫苗口服预防该病时，才证明了先前的临床研究认为脊髓灰质炎病毒主要通过胃肠道感染的观点是正确的。

三、动物实验标准操作规程

动物实验质量的高低对于了解疾病的发生、发展和转归，寻找预防、治疗疾病的方法意义重大，其结果将直接或间接对人类健康产生影响，特别是新药研制过程中的动物实验对人类造成的影响更大。

要保证动物实验数据的科学性、可重复性和可靠性，就必须制定标准操作规程（standard operating procedure，SOP），对每项工作都制定操作步骤，通过 SOP 文件的形式，对实验动物选择、模型建立、实验设计与实施、检测技术、供试品与对照品选择和保存、实验工作与数据记录、结果与结论的评价方法等做严格规范，对实验的全过程进行严格监控，对设施与仪器、人员配备与培训亦须严格要求。

SOP 文件的制定和执行是毒理学等研究符合 GLP 规范的保证。因而，要将硬、软件建设以 SOP 文件形式确定下来。SOP 包含以下 13 个方面内容。

（1）供试品和对照品的接受、贴标签、储存、处理、配制方法及取样等。

（2）动物实验室准备和动物饲养管理。

（3）设施和设备的维护、修理。

（4）动物的转移、饲养、安置、标记、编号等。

（5）动物的一般状况观察。

（6）各种检查、测试等操作。

（7）濒死或者已死动物的检查处理。

（8）动物的尸检及组织病理学检查。

（9）实验标本的收集和编号。

（10）数据处理、储存和检索。

（11）研究单位、安全性研究机构、质量保证部门和专题负责人的职责。

（12）工作人员的健康检查制度。

（13）安全性研究机构认为需要制定标准操作规程的其他工作。

对于新药研制工作来说，动物毒性试验的监控意义重大。一般来说，动物毒性试验会出现下列4种结果中的一种——真阴性、真阳性、假阴性和假阳性。真阴性和真阳性是正常结果，假阴性和假阳性是异常结果。假阳性可以使一个很有前途的新药被淘汰；假阴性的危害最大，可能使药物的毒性不被察觉，药物上市后直接危及人们的健康和生命。因此，要加强对动物实验质量的监控，以减少假阴性和假阳性出现的概率，确保动物实验结果的可靠性和可重复性。

本章PPT

第十二章　动物实验技术

第一节　基本操作技术

一、实验动物分组与标记

（一）分组

1. 分组原则　实验动物分组应严格按照随机分组的原则进行，使每只动物都有同等机会被分配到各个实验组，尽量避免人为因素对实验造成的影响。

2. 设立对照组　实验动物分组时应特别注意设立对照组，对照组的常见类型详见第十一章第一节。

（二）标记编号

对随机分组后的实验动物进行标记编号，是动物实验准备工作中相当重要的一项工作。标记编号应保证不对动物生理或实验反应产生影响，且号码清楚、易认、耐久和适用。目前常用的标记编号方法有染色法、耳孔法、烙印法、挂牌法等。此外，还有剪趾法、剪尾法、剪毛法等。

1. 染色法　是用化学药品在实验动物身体明显的部位，如被毛、四肢等处进行涂染，以染色部位、颜色不同来标记区分实验动物，是最常用、最易掌握的标记方法。适用于被毛白色的实验动物，如大白鼠、小白鼠等。

（1）常用染色剂

1）3%～5%苦味酸溶液，可染成黄色。可识别 2～3 个月。

2）0.5%中性红或品红溶液，可染成红色。

3）2%硝酸银溶液，可染成咖啡色（涂染后在可见光下暴露 10min）。

4）煤焦油酒精溶液，可染成黑色。

（2）染色方法

1）单色涂染法（图 12-1）：是用单一颜色的染色剂涂染实验动物不同部位的方法。常规的涂染顺序是从左到右、从上到下。左前肢为 1 号、左侧腹部 2 号、左后肢 3 号、头部 4 号、背部 5 号、尾根部 6 号、右前肢 7 号、右侧腹部 8 号、右后肢 9 号、不作染色标记为 10 号。此法简单、易认，在每组实验动物不超过 10 只的情况下适用。

2）双色涂染法（图 12-1）：是采用两种颜色同时进行染色标记的方法。例如，用苦味酸（黄色）染色标记作为个位数，用品红（红色）染色标记作为十位数。个位数的染色标记方法同单色涂染法；十位数的染色标记方法参照单色涂染法，即左前肢为 10 号、左侧腹部 20 号、左后肢 30 号、头部 40 号、背部 50 号、尾根部 60 号、右前肢 70 号、右侧腹部 80 号、右后肢 90 号、第 100 号不作染色标记。如标记第 12 号实验动物，在其左前肢涂染品红（红色），在其左侧腹部涂上苦味酸（黄色）即可。双色染色法可标记 100 位以内的号码。

3）直接标号法：是使用染色剂直接在实验动物被毛、肢体上编写号码的方法。实验动物太小或号码位数太多时，不宜采用此方法。

染色法虽然简单方便，不会给实验动物造成损伤和痛苦，但是长时间实验会使涂染剂自行褪色，或由于实验动物互相嬉闹、舔毛、摩擦、换毛、粪尿和饮水浸湿被毛等原因，造成染色标记模糊不清，因而染色法对慢性实验不适用。如果所做慢性实验只能采用染色法，则应注意不断地补充和加深染色。

另外，常用染色剂的毒性对实验动物的影响也是需要注意的一个问题。

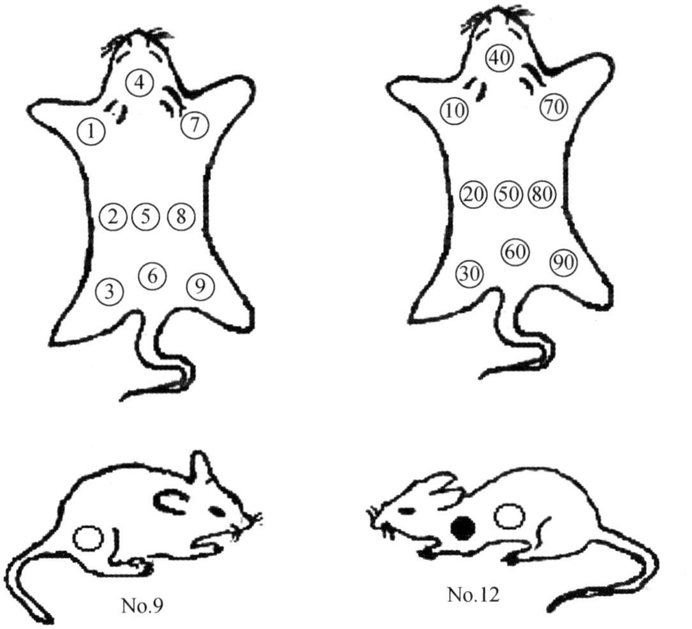

图 12-1　染色法

2. 耳孔法　是用打孔机直接在实验动物的耳朵上打孔编号，根据打在动物耳朵上的部位和孔的多少，来区分实验动物的方法（图 12-2）。用打孔机在耳朵打孔后，必须用消毒过的滑石粉抹在打孔局部，以免伤口愈合过程中将耳孔闭合。耳孔法可标记 3 位数之内的号码。

另一种耳孔法是用剪刀在实验动物的耳郭上剪缺口的方法，作为区分实验动物的标记。

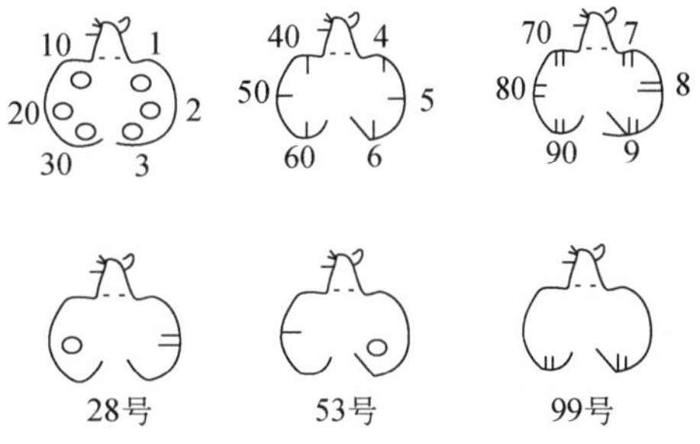

图 12-2　耳孔法

3. 烙印法　是直接把标记编号烙印在实验动物身体上的方法，犹如盖印章一样。烙印方法有两种，对犬等大动物，可将标记号码烙印在其皮肤上（如耳、面、鼻、四肢等部位）；对家兔、豚鼠等动物，可用数字号码钳在其耳朵上钳上号码。烙印完成后，伤口涂抹酒精黑墨等颜料，即可清楚读出号码。烙印法对实验动物会造成轻微损伤，操作时宜轻巧、敏捷，必要时麻醉，以减少痛苦。

4. 挂牌法　是将编好的号码烙印在金属牌上，挂在实验动物颈部、耳部、肢体或笼具上，用来区别实验动物的一种方法。金属牌应选用不生锈、刺激小的金属材料，制成轻巧、美观的小牌子。

5. 剪趾法　即通过剪去不同的脚趾进行编号区分。将小鼠抓起面朝实验人员时，两后肢十个脚趾从左到右依次代表 1～10，两前肢八个趾从左到右分别代表 20、30、40、50、60、70、80、90，

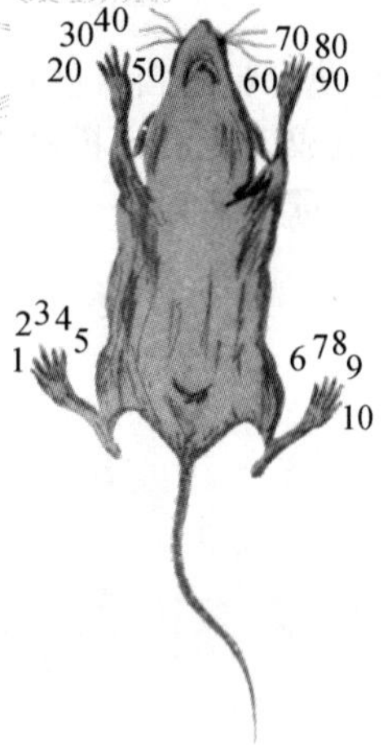

图 12-3　剪趾法

将前后肢剪掉的脚趾编号相加，即为小鼠的相应编号（图 12-3）。例如，11 号小鼠应同时剪掉其两后肢的左边第一个和右边第一个脚趾。此法简单易操作，各种颜色的小鼠都可以使用，对实验无影响。因为编号需要剪下脚趾，正好可以用于 PCR 测量基因序列，故此标记方法尤其适用于基因敲除鼠的实验编号。

当实验对象数超过 100，即所需编号超过 100 时，可以在左右耳打洞，分别代表 100、200。这样，就可以在原有基础上极大地扩展编号范围。

6. 剪尾法　主要用于大、小鼠的分组。此法简单易行，不需特殊工具。但此法仅限于两组动物之间的区分，无法给每只动物编号，而且不能用于需在尾尖部取血的实验。

7. 剪毛法　是用剪刀在动物背部的被毛上剪毛，用于标记。此法编号清楚、可靠，便于实验者观察，常用于大动物实验。

实验人员可根据实验动物品种、实验类型及实验方式，选择合适的标记编号方法。一般来说，大、小鼠多采用染色法、剪趾法、剪尾法，家兔宜使用耳孔法，犬、猴、猫较适合挂牌法、剪毛法，犬还可用烙印法。

二、实验动物抓取与保定

（一）小鼠的抓取保定

小鼠性情较温顺，挣扎力小，比较容易抓取和保定。抓取时，先用右手将鼠尾部抓住并提起，放在表面比较粗糙的台面或笼具盖上，轻轻地用力向后拉鼠尾，当其向前挣脱时，用左手拇指和食指抓住小鼠两耳和头颈部皮肤，翻转左手，右手拉紧小鼠尾部，将后肢拉直，并用左手无名指和小指压紧尾巴和后肢，以掌心和中指夹住背部皮肤，使小鼠整个呈一条直线，即可作注射或其他操作。熟练的实验人员，可采用左手单手抓取法，右手不必放下注射器等用具。无论采用什么方法用手抓取时都要注意，过分用力会使动物窒息或颈椎脱臼，用力过轻则小鼠头部能反转咬伤实验者的手。如果只想挪动小鼠，就用两手把动物捧起来即可。

在进行解剖、手术、心脏采血、尾静脉注射时，可将小鼠用线绳捆绑在木板上，或固定在尾静脉注射架中。

（二）大鼠的抓取保定

抓取大鼠前最好戴上防护手套，右手轻轻抓住大鼠尾巴的中部并提起，迅速放在笼盖上或其他粗糙面上，左手顺势按、卡在大鼠躯干背部，稍加压力向头颈部滑行，以左手拇指和食指捏住大鼠两耳后部的头颈皮肤，其余 3 指和手掌握住大鼠背部皮肤，完成抓取保定。

对大鼠进行解剖、手术、心脏采血、尾静脉注射时，可用线绳加木板、尾静脉注射架等装置进行固定。

（三）豚鼠的抓取保定

豚鼠性情温顺，胆小易惊，一般不易伤人。抓取时，可先用左手轻轻扣、按住豚鼠背部，顺势抓紧其肩胛上方皮肤，拇指和食指环箍其颈部，用右手轻轻托住其臀部，即可将豚鼠抓取保定。抓取豚鼠需讲究稳、准、柔、快，不可过分用力抓捏豚鼠的腰腹部，否则容易造成肝破裂、脾淤血而引起死亡。在操作过程中，如果豚鼠挣扎剧烈，可用纱布将豚鼠头部蒙住，把豚鼠置于实验台上，实验人员稍用力扣、按住豚鼠，然后进行操作。

（四）家兔的抓取保定

家兔驯服不咬人，但四肢的爪尖锐，挣扎时容易抓伤人。正确抓取方法是用右手抓住颈后部皮肤，提起家兔，然后用左手托住兔的臀部。

对家兔进行经口给药、注射、采血或热源实验时，常采用家兔保定栏固定。打开保定栏前盖，抓取家兔放进栏内，右手抓住家兔耳朵，将头部拉过保定栏的开孔，迅速关上栏门。假如家兔挣扎，可用手轻轻抚摸其背部，使它安静下来，因为家兔挣扎很容易损伤脊柱。

需要进行手术时，可将家兔固定在兔实验台上，四肢固定，门齿用细绳拴住，固定在实验台的铁柱上。

（五）犬的抓取保定

犬性情凶猛、咬人，但通人性。犬如果在实验前曾与实验人员有接触，受过驯养调教，抓取保定就比较容易。受过驯养的犬或毕格犬的抓取保定，实验人员应弯下膝盖，一只胳膊绕着它的胸部，另一只胳膊绕着后肢的大腿，两只胳膊一起绕着将犬抱起。

抓取保定比较凶猛的犬时，应使用特制的长柄犬头钳夹住犬颈部，注意不要夹伤嘴或其他部位。夹住犬颈后，迅速用链绳从犬夹下面圈套住犬颈部，立即拉紧犬颈部的链绳使犬头固定。再用 1m 长的绷带打一活套，从犬的背面或侧面将活套套在其嘴面部，迅速拉紧活套结，将结打在颌上，然后绕到下颌打一个结，最后将绷带引至颈后部打结固定。

麻醉后用绷带捆住犬的四肢，固定在实验台上。头部用犬头固定器固定好后，就可解去嘴上的绷带，以利于犬呼吸和实验人员观察。这时可以进行手术等实验操作。

（六）猴的抓取保定

1. 猴房内或露天大笼内捕捉 采用捕猴网进行捕捉，捕猴网是用尼龙绳编织成的网袋，网孔直径以不超过 3cm 为宜，网口系在直径 50cm 大小的钢筋圈上（钢筋直径约 1cm），捕猴网连有 1.5m 长的木柄。捕捉时动作要迅速、准确，不要损伤头部及其他要害部位。猴入网后，将圈网按在地上，紧紧压住猴头或抓住颈后部（以防回头咬人），再将猴双前肢反背于其身后，捉住后将猴由网中取出。在捕捉凶猛的雄猴时，应戴上防护皮手套，并有 2～3 个人紧密配合。

2. 笼内捕捉 是指单笼饲养的实验猴在笼内的捕捉法，猴笼设计成笼的后壁可向前滑动。捕捉时拉动杠杆，使笼的后壁往前滑动，将猴夹在笼的前后壁之间，随即将猴的双前肢从笼隙拉出笼外并紧紧握住，使猴更加固定，另一人带上防护手套推开笼门，抓住猴头，然后小心地将双前肢反背于猴的身后，由笼中提出猴子。

3. 固定椅固定 猴固定椅基本上由头枷和坐椅构成，坐椅可升降，头枷可固定猴头。固定椅可根据猴体形的大小随意旋转升降杆调整椅子的高低；猴头枷上颈孔的大小可根据猴脖子的粗细作调整。固定后，猴的头部与身体以枷板分开，操作者可避免被咬伤和抓伤，枷板同时又是工作台，可放少量器械。

（七）猪的抓取保定

从猪背后紧抓猪的两耳将其提起，使其臀部着地，操作者两腿膝部合拢将其躯干夹住。可采取三脚架或布兜固定，按实验需求将猪固定在三脚固定架上，三脚架可根据猪的大小订制。如在猪身上进行植皮或烧伤试验，为了避免创面感染，可将猪置于特制的布固定带上，然后悬吊于固定架上。布固定带可根据实验选用猪的大小设计定做。

（八）鱼的抓取保定

鱼类最常用的抓取方法是用网捕，小鱼还可以用塑料袋来捉取。捕取时，要注意避免将鱼擦伤，因鱼鳞的脱落或损伤可能会降低其对细菌感染的抵抗力。采血时，可用打湿的纱布将鱼固定。

三、实验动物被毛去除方法

动物实验前应去除实验操作局部的被毛，以免影响实验操作和观察。常用的被毛去除方法有拔毛法、剪毛法、剃毛法和脱毛法4种。

（一）拔毛法

实验动物被固定后，用食指和拇指将暴露部位的毛拔去。进行采血或动、静脉穿刺时，常用此方法暴露血管穿刺的部位。拔毛不但暴露了血管，而且有刺激局部组织产生扩张血管的作用。如做兔耳缘静脉和鼠尾静脉采血，就要拔去上述静脉表面的被毛。

（二）剪毛法

实验动物固定后，用水湿润局部被毛，绷紧局部皮肤，用剪刀紧贴皮肤表面剪去被毛。这是家兔和犬颈部手术、家兔胸腹部手术，局部皮肤需要去除被毛时常常采用的方法。

注意：剪毛过程中切不可提起被毛，以免剪伤皮肤。同时，为了避免被毛到处飞扬，应预先准备一个盛有水的杯子，来装载剪下来的被毛。

（三）剃毛法

实验动物固定后，用刷子蘸温肥皂水，将需要暴露部位的被毛湿透，用剪毛法剪去被毛，然后用剃毛刀逆被毛生长方向剃去残余被毛。剃毛时，必须绷紧局部皮肤，尽量不要剃破皮肤。剃毛法常用于大动物手术区域皮肤的术前准备。

剃毛刀除专用刀具外，尚可用止血钳夹持半片剃须刀片代替，但切勿割破皮肤或血管。

（四）脱毛法

脱毛法是采用化学脱毛剂进行脱毛的方法。此法常用于大动物无菌手术、局部皮肤刺激性实验、观察实验动物局部血液循环等实验。

1. 常用脱毛剂配方

配方1：硫化钠8g，溶于100ml水中。

配方2：硫化钠∶肥皂粉∶淀粉的比例为3∶1∶7，再加水调成糊状。

配方3：硫化钠10g，生石灰15g，溶于100ml水中。

配方4：硫化钠8g，淀粉7g，糖4g，甘油5g，硼砂1g，水75g，调成稀糊状。

配方1、2、4适用于家兔和啮齿动物的脱毛，配方3适合给犬脱毛。

2. 脱毛方法 使用脱毛剂前应剪去局部被毛，但剪毛前不能用水湿润被毛，以免脱毛剂流入毛根造成损伤。脱毛时，用镊子夹棉球或纱布团蘸脱毛剂涂抹在已剪去被毛的部位，3～5min后，用温水洗去脱下的毛和脱毛剂。再用干纱布将水擦干，涂上一层油脂。注意操作时动作应轻巧，以免脱毛剂沾在实验人员的皮肤、黏膜上，造成不必要的损伤。

四、实验动物给药和采血

常用的实验动物给药方法有灌胃、自动口服、皮下注射、肌内注射、静脉注射、腹腔注射、吸入给药、皮肤给药等。常用的采血方法有割（剪）尾采血、眼眶静脉丛采血、断头采血、心脏采血、颈静脉（动脉）采血、股动脉（静脉）采血、耳静脉采血、前肢头静脉采血、后肢小隐静脉采血等。下面分别介绍小鼠、大鼠、豚鼠、家兔、犬、猴的给药和采血方法。

（一）小鼠

1. 给药方法

（1）摄入给药

1）灌胃给药：小鼠专用灌胃器由注射器和灌胃针组成，灌胃针长 3～5cm，直径约 1mm，灌胃针尖端焊有一金属小圆球，金属球中空，目的是防止灌胃针插入时造成损伤。将灌胃针插头紧紧连接在注射器的接口上，吸入定量的药液。左手抓住小鼠，右手持注射器，将灌胃针针头尖端放进小鼠口咽部，顺咽后壁轻轻往下推，灌胃针会顺着食管滑入胃，插入深度约 3cm。用中指与拇指捏住针筒，食指按着针栓的头慢慢往下压，即可将注射器中的药液灌入小鼠胃中。在灌胃针插入过程中，如遇到阻力或还可看见 1/3 的针管，说明灌胃针并没有插入胃中，则需将灌胃针取出重新插入。每次灌胃剂量不超过 1ml。

2）自动口服给药：把药物放入饲料或溶于饮水中，让动物自动摄取。但因动物状态和嗜好的不同，饮水和饲料的摄取量不同，不能保证给药的准确性。本法一般用于动物疾病的防治、药物的毒性观察、某些与食物有关的人类疾病动物模型的复制等。

（2）注射给药

1）皮下注射给药：是将药液推入皮下结缔组织，经毛细血管、淋巴管吸收进入血液循环的过程。皮下注射常选项背部或大腿内侧的皮肤。操作时，常规消毒注射部位的皮肤，然后将皮肤提起，将注射针头以钝角刺入皮下，轻轻向左右摆动针头，易摆动则表示已刺入皮下，再轻轻抽吸，如无回血，可缓慢地将药物注入皮下。拔针时，左手拇、食指捏住进针部位片刻，以防止药液外漏。小鼠注射量为 0.01～0.03ml/g。

2）皮内注射给药：是将药液注入皮肤的表皮和真皮之间，观察皮肤血管的通透性变化或皮内反应，接种、过敏实验等一般做皮内注射。先将注射部位的被毛剪掉，局部常规消毒，左手拇指和食指按住皮肤使之绷紧，在两指之间用结核菌素注射器连接 4.5 针头，与皮肤成 30°角刺入皮肤浅层，再向上挑起并稍刺入，将药液注入皮内。注射后皮肤出现一白色小皮丘，而皮肤上的毛孔极为明显。注射量每次 0.1ml。

3）肌内注射给药：小鼠体积小、肌肉少，很少采用肌内注射。当给小鼠注射不溶于水而混悬于油或其他溶剂中的药物时，采用肌内注射，注入小鼠大腿外侧肌肉。操作时一人保定小鼠，另一人用左手抓住小鼠的一条后肢，右手将注射器与肌肉成 60°迅速插入 1/4，注入药液。用药量不超过 0.01ml/g。

4）静脉注射给药：小鼠尾部有 2 条动脉和 3 条静脉，2 条动脉分别在尾部的背侧面和腹侧面，3 条静脉呈品字型分布，一般采用左右两侧的静脉做注射。

将小鼠放在金属笼或鼠夹中，通过金属笼或鼠夹的孔拉出小鼠尾巴，用左手抓住小鼠尾巴中部。拔去沿尾部静脉走向的被毛，置尾巴于 45～50℃温水中浸泡几分钟，或用 75%酒精棉球反复擦拭尾部，以达到消毒和使尾部血管扩张及软化表皮角质的目的。行尾静脉注射时，以左手拇指和食指捏住鼠尾两侧，使静脉更为充盈，用中指从下面托起尾巴，以无名指夹住尾巴的末梢。右手持 4 号针头注射器，使针头与静脉平行（＜30°），从尾巴的下 1/4 处进针，开始注入药物时应缓慢，仔细观察，如果无阻力，无白色皮丘出现，说明已刺入血管，可正式注入药物。有的实验需连日反复尾静脉注射给药，注射位置应尽可能从尾端开始，逐次向尾根部更换位置注射。注射量为 0.005～0.010ml/g。注射完毕拔出针头后，用拇指按在注射部位轻压 1～2min，防止出血。

5）腹腔注射：左手抓取并固定小鼠，使鼠腹部朝上，鼠头略低于尾部，右手持注射器将针头刺入下腹部腹白线稍左侧或稍右侧的皮下，针头向前推进3mm左右，接着将注射针头与皮肤成45°角穿过腹肌刺入腹腔，当针尖穿过腹肌进入腹腔后抵抗感消失。固定针头，保持针尖不动，回抽针栓，如无回血、肠液和尿液后即可注射药液。注射量为0.01～0.02ml/g。

（3）浸尾给药：保定小鼠，露出尾部，使其自然下垂，清洗干净并擦干。在试管内装入药液，将鼠尾置入试管内，药液以能浸没尾部的3/4为宜，浸尾给药观察时间一般为2～6h。

2. 采血

（1）剪尾采血：小鼠固定后将其尾巴置于50℃热水中浸泡数分钟，使尾部血管充盈。擦干尾部，再用剪刀或刀片剪去尾尖1～2mm，用试管接取流出的血液，同时自尾根部向尾尖按摩。取血后用棉球压迫止血，并用6%液体火棉胶涂在伤口处止血。每次采血量0.1ml。

（2）摘除眼球采血：左手抓住小鼠颈部皮肤，轻压在实验台上，取侧卧位，左手食指尽量将小鼠眼周皮肤往颈后压，使眼球突出。用眼科弯镊迅速夹去眼球，将鼠倒立，用器皿接住流出的血液。采血完毕立即用纱布压迫止血。每次采血量0.6～1.0ml。

（3）心脏采血：小鼠仰卧位固定，剪去胸前区被毛，皮肤消毒后，用左手食指在左侧第3～4肋触摸到心搏处，右手持带有4～5号针头的注射器，选择心搏最强处穿刺，当刺中心脏时，血液会自动进入注射器。每次采血量0.5～0.6ml。

（4）断头采血：左手拇指和食指从背部抓住小鼠颈部皮肤，将小鼠头朝下，右手用剪刀剪断小鼠颈部1/2～4/5，让血液流入试管。此法可采血0.8～1.2ml。

（二）大鼠

1. 给药方法

（1）摄入给药

1）灌胃给药：大鼠专用灌胃器由注射器和灌胃针组成，灌胃针长6～8cm，直径约1.2mm。大鼠灌胃给药方法与小鼠基本相同，具体操作可参考小鼠灌胃给药方法。大鼠食管长约5cm。大鼠灌胃量每次不超过0.02ml/g。

2）自动口服给药：方法与小鼠基本相同，具体操作可参考小鼠自动口服给药方法。

（2）注射给药

1）皮下注射给药：用左手保定大鼠，右手持注射器。让大鼠头部正对着针头，在食指前下方的大鼠项部将针头插入皮下。注射量约为0.01ml/g。

2）皮内注射给药：具体操作与小鼠皮内注射给药方法相同。每次注射量0.1ml。

3）肌内注射给药：具体操作与小鼠肌内注射给药方法相同。

4）静脉注射给药：具体操作与小鼠静脉注射给药方法相同，但大鼠尾部皮肤表面有较厚的鳞片，穿刺比较困难，可在尾巴的尾侧1/4～1/3，皮肤相对较薄的部位进针。

5）腹腔注射给药：左手保定大鼠于仰卧位，右手将注射器针头在下腹部腹白线稍偏左侧（或右侧）的位置，从下腹部朝头方向几乎平行地刺入皮肤，针头刺入皮肤后进针3mm左右，接着将针头与皮肤成45°穿过腹肌刺入腹腔，当针尖穿过腹肌进入腹腔后抵抗感消失。固定针头，回抽针栓，如无回血、肠液和尿液后即可注射药液。注射量0.01～0.02ml/g。

（3）鼻腔给药：徒手保定大鼠，使其头部、鼻孔向上，用移液管吸取药液，推出少量药液使其在管口形成小液滴，将液滴直接滴在鼻孔处，可使大鼠在呼吸时吸入。按此法在一侧鼻孔给药或两侧鼻孔轮流给药，直至达到要求剂量。鼻腔内一次给药量50～100μl。

（4）浸尾给药：操作方法与小鼠浸尾给药方法相同。

2. 采血

（1）剪尾采血：剪尾方法与小鼠相同，剪去尾尖3～5mm，每次采血量0.3～0.5ml。

（2）割尾静脉取血：大鼠麻醉后，将其尾巴置于 50℃热水中浸泡数分钟，使尾部血管充盈，用锐利刀片切开尾静脉一段，用试管接取血液。大鼠尾的 3 条静脉可交替切割，由尾尖开始，一条静脉可被多次交替切割。采血后给伤口消毒，并用棉球压迫止血。每次采血量 0.2～0.3ml。

（3）眼眶静脉丛（窦）取血：用毛细管（玻璃或塑料均可）或特制的眶静脉丛采血器采血。事先将毛细管或采血器浸泡在 1%肝素溶液中数分钟，然后取出干燥备用。将大鼠放在实验台上，用乙醚等进行浅麻醉，采用一侧眼向上保定体位。左手拇指、食指抓住鼠耳之间的颈部皮肤，并轻轻向下压迫颈部两侧，致大鼠静脉血回流障碍，眼球外突，眼眶静脉丛充血。右手持毛细管由内眦部插入眼眶，使毛细管与眶壁平行地向喉头方向推进，深度 3～5mm。轻轻转动毛细管，使其划破静脉丛，让血液顺毛细管流出。采血后用纱布轻压眼部止血。同一只大鼠可左、右眼交替使用，反复多次采血。每次采血量 0.4～0.6ml。

（4）眼球摘除采血：采血方法与小鼠相同，但少用。

（5）心脏采血：采血方法与小鼠相同。每次采血量 1.0～1.5ml。

（6）断头采血：采血方法与小鼠相同。采血量 5～10ml。

（三）豚鼠

1. 给药方法

（1）灌胃给药：豚鼠的灌胃给药方法与大鼠、小鼠相同，其灌胃针长度为 6～8cm，直径为 1.2mm，食管长约 5cm，灌药量为 1～5ml。

（2）注射给药

1）皮下注射给药：注射部位取颈背、腋下、侧腹或后肢皮下，注射方法与大鼠相同。

2）皮内注射给药：首先剪去注射区域的被毛，然后用脱毛剂除毛，间隔一天后才能进行皮内注射，注射方法与大鼠相同。

3）肌内注射给药：选用大腿外侧肌肉进行注射。注射方法与大鼠相同。

（3）皮肤给药：豚鼠经皮肤给药的部位常选脊柱两侧的背部皮肤，先用脱毛剂为豚鼠脱毛，洗净后放回笼内，24h 后才可以给药。如果是一般药物如软膏等，可直接涂抹在皮肤上，观察时间视实验需要而定，药物与皮肤接触的时间根据药物性质和实验要求而定。

2. 采血

（1）心脏采血：仰卧位保定豚鼠，剪去胸前区被毛，皮肤消毒后，用左手食指在左侧第 3～4 肋触摸到心搏处，右手持带有 4～5 号针头的注射器，选择心搏最强处刺入 2cm，当刺中心脏时，血液会自动进入注射器。

（2）浅背侧足中静脉采血：实验助手保定豚鼠并将后肢膝关节拉直，实验者用酒精消毒足背，找出浅背侧足中静脉，左手拉住足趾，右手用注射器穿刺静脉采血。采血后用纱布或脱脂棉压迫止血。

（四）家兔

1. 给药方法

（1）灌胃给药：将家兔放进保定栏内，助手用手轻轻压住家兔背部，防止其挣扎。操作者用左手拇指和中指挤压家兔两颊，将下颌挤开，使家兔被动张口，右手将开口器从一侧口角插入口腔并固定，用泡在水中的 14 号细导尿管，经开口器的孔插入，向前推进约 15cm，可到达胃内，确认泡在水中的导管另一端没有冒气泡，说明没有误入气管，即可注入药液。灌胃量为每只每次 80～150ml。

（2）注射给药

1）皮下注射给药：用酒精消毒注射部位的皮肤，用左手拇指和中指捏起家兔背部皮肤形成皱褶，用食指按压皱褶的一端，形成三角体，以增大皮下空隙。右手持注射器从皱褶下穿刺，左手松开皱褶，注入药液。

2）皮内注射给药：首先剪去皮内注射区域的被毛，然后用脱毛剂除毛，间隔一天后进行皮内注射，注射方法与大鼠相同。

3）肌内注射给药：剪去家兔臀部被毛，酒精消毒后，左手拇指和其他四指分开，绷紧注射部位皮肤，右手持注射器，与皮肤成60°角迅速刺入肌肉，回抽无回血，即可推注药液。

4）耳缘静脉注射给药：将家兔放在兔保定栏内固定，拔去家兔耳郭边缘被毛，可见沿着耳郭边缘走行的静脉。用酒精消毒并揉搓血管后，用左手食指和中指夹住静脉近心端，拇指和小指夹住耳郭边缘部分，无名指和小指放在耳郭下作支撑。右手持注射器，针头的斜面朝上，以20°角将针头插入静脉，放松对静脉近心端的压迫，缓慢地把药液注射进血管。注射完毕拔出针头，用拇指轻轻按住注射部位止血。如果推注药液困难，说明针头可能不在血管中，应立即停止注射，并稍退出针头，重新刺入血管。

5）腹腔注射给药：实验助手将家兔仰卧位保定，剪去下腹部注射部位的被毛，酒精消毒后，实验者右手用注射器于左下腹（或右下腹）距离中线1cm处成45°角穿刺，当针头穿过腹肌时有落空感，表示针头已进入腹膜腔，固定针头，回抽注射器无回血液、尿液、肠液，即可注射药液。

（3）皮肤给药：操作方法与豚鼠皮肤给药方法相同。

2. 采血方法

（1）耳缘静脉采血：操作方法与家兔耳缘静脉注射给药方法相同，穿刺成功后即可抽血。也可只用针头，不连接注射器，直接让血液滴在有抗凝剂的容器内。还可用刀片割破耳缘静脉，或用注射针头刺破耳缘静脉，让血液自然流出，滴入有抗凝剂的容器内。采血后用纱布压迫伤口止血。采血量每次5～10ml。

（2）耳中央动脉采血：家兔耳郭中央有一条较粗、颜色鲜红的动脉，称为耳中央动脉。采血方法与家兔耳缘静脉采血方法相同。穿刺针从中央动脉末端朝向心脏方向进针，穿刺成功可见动脉血进入针筒，取血完毕后注意压迫止血。穿刺过程中，动脉常发生较长时间的痉挛性收缩，若遇到这种情况，可稍等片刻，待动脉重新舒张后再抽血，同时注意操作要轻柔。如果家兔耳中央动脉充盈不佳，可用二甲苯涂抹动脉表面皮肤，约60s后再进行动脉穿刺；或者因为天气寒冷引起动脉收缩，可以用提高室内温度的办法，待室温升高后，才开始采血。

（3）心脏采血：将兔仰卧位固定在兔台上，剪去心前区被毛，用左手食指在兔左侧胸壁第3～4肋摸到心搏最明显处，常规消毒，右手持带10～12号针头的注射器，从心搏最强处垂直穿刺，进针深度约3cm，当有落空感时，可感觉到针尖随心搏而动，说明已插入心脏，即有血液涌进注射器内。采血完毕后迅速拔针，穿刺部位用消毒纱布遮盖，让兔卧位休息几分钟再放回笼子。如果有落空感并能感受到心脏搏动，却无血液流入注射器，可边退针（或边进针）边抽吸，一旦抽到血液，立即固定针头，继续抽血。穿刺时只能上下垂直进退针，切不可左右前后摆动针头，以免刺破心脏。

（五）犬

1. 给药方法

（1）口服给药：右手将口服药片夹在拇指和食指之间，左手放在犬的圈套上，用拇指和食指压着犬的上唇，用力使犬的头向后仰，继而把右手中指放在犬的下颌向下压。当犬的嘴张大时，快速把药片放在舌根隆起的部位，合上犬嘴，维持头后仰姿势，右手在咽喉部轻轻按摩，借助犬本能的吞咽动作服下药片。

（2）灌胃给药：将犬固定于特制的固定架上，将木制开口器从一侧口角放入犬的口腔，用左手或绳子固定，右手持 12 号胃管由开口器的小圆孔向咽后壁方向不断插入，导管另一端置于一杯清水中，若连续出现气泡，说明插入呼吸道，应立即拔出胃管，重新操作。如无气泡，说明没有插入气管，插至约 20cm，即可到达胃内。犬的灌药量为每只每次 200～500ml。

（3）注射给药

1）肌内注射给药：剪去犬臀部被毛，酒精消毒后，左手绷紧注射部位皮肤，右手持注射器，与皮肤成 60°角迅速刺入肌肉，回抽无回血，即可推注药液。

2）头静脉注射给药：犬在清醒状态下被抓取，实验助手保定犬后，握住犬一侧前肢。实验者将前肢头静脉皮肤上的毛剪掉，酒精消毒擦拭局部皮肤，实验助手用右手拇指在前肢近心端压迫头静脉，实验者用右手拿起注射器，左手握住犬的前肢，并将拇指固定于怒张的头静脉一侧，作为进针标志，针头以 10°角穿过皮肤插入血管，这个动作应一次性完成。左手拇指和食指放在注射器上保持稳定，回抽注射器有回血，缓慢地将药液注入血管。拔出针头后用拇指按住注射部位 1min 止血。后肢小隐静脉的注射给药方法与前肢头静脉的注射方法相同。

3）股静脉注射给药：犬在麻醉状态下仰卧位固定，在大腿根部股三角区剪毛消毒，做与后肢长轴垂直的纵切口，分离暴露位于股动脉内侧的股静脉，用注射器穿刺之，回抽注射器有回血，即可注入药液。

2. 采血方法

（1）头静脉、小隐静脉、股静脉采血：采血方法与同名静脉注射给药方法相同。

（2）颈外静脉采血：犬在清醒状态下被侧卧位固定，剪去颈部被毛、消毒。将犬颈部拉直，头向后仰，左手压住颈外静脉近心端使之充盈，右手拿注射器，针头沿与血管平行的方向进针，刺入血管后，左手固定针头，右手抽血。采血完毕出针，压迫针口止血。

（3）股动脉采血：犬在清醒状态下被仰卧位固定于犬实验台上，右后肢向外伸直固定，剪去股三角区被毛、消毒。左手中指触摸股三角区内动脉搏动，右手拿注射器，于动脉搏动处垂直进针，如未见血，可边退针（或边进针）边抽吸，见到血液进入注射器后，左手固定针头，右手抽血。采血完毕迅速出针，用干棉球压迫针口止血 2～3min。

（4）心脏采血：犬在麻醉状态下被仰卧位固定在犬实验台上，前肢于背侧位置固定，剪去左侧第 3～5 肋的被毛、消毒。用左手食指触摸心脏搏动，右手用带 7 号针头的注射器，于心搏最明显处进针，当有落空感时，可感觉到针尖随心搏而动，说明已插入心脏，即有血液涌进注射器内。采血完毕后迅速拔针，穿刺部位用消毒纱布遮盖，让犬卧位休息数分钟再放回笼子。

（六）猴

1. 给药方法

（1）灌胃给药：将猴固定于特制的固定椅上，头固定于头枷中。将木制开口器从一侧口角放入猴的口腔，开口器用左手或绳子固定，右手持 12 号胃管由开口器的小圆孔向咽后壁方向不断插入，导管另一端置于一杯清水中，若出现连续气泡，说明插入呼吸道，应立即拔出胃管，重新操作。如无气泡，说明没有插入气管，插至约 20cm，即可到达胃内。猴的灌药量为每只每次 200～500ml。

（2）注射给药

1）肌内注射给药：剪去猴臀部被毛，酒精消毒后，左手绷紧注射部位皮肤，右手持注射器，与皮肤成 60°角迅速刺入肌肉，回抽注射器无回血，即可推注药液。

2）头静脉注射给药：猴的头静脉行走在前肢臂下段至前臂上段之间，位置表浅，操作时将猴的前肢拉出笼外，剪去头静脉表面的被毛，用力握住前肢近端造成血液回流障碍，头静脉怒张显露，碘酒、酒精消毒，针头沿静脉回流方向刺入血管，回抽有回血后，注入药液。注射完毕应压迫止血。

3）小隐静脉注射给药：猴的小隐静脉位于后肢的小腿近端后面，腘窝下方内侧。操作时紧握腘窝上方大腿部，小隐静脉即怒张，将小隐静脉表面被毛剪去，酒精消毒，穿刺时绷紧小隐静脉附近皮肤防止滑动（该处皮下组织疏松，小隐静脉容易滑动），然后进行穿刺，回抽注射器有回血，即可注药。注射完毕应压迫止血。

4）股静脉注射给药：股静脉位于腹股沟韧带下方的股三角内，股动脉内侧。操作时将猴仰卧位固定于手术台上，用手在股三角触摸股动脉搏动，剪去局部被毛，酒精消毒，左手食指触摸股动脉，右手持注射器沿股动脉内侧穿刺股静脉，穿刺时边进针边回抽，见到血液即固定针头，推注药液。注射完毕应压迫止血。

（3）饮食给药：将药物按比例均匀混入猴饲料或饮水中，任其自由采食，配制药物饲料和饮水前应先观察计算出其每日消耗饲料和饮水的量，由此确定配制饲料和饮水中的药物浓度。

2. 采血方法

（1）末梢采血：进行一般血常规检查，只需采少量血液，往往采用末梢采血方法。

1）下唇采血：下唇血管丰富，是理想的末梢采血部位。先将猴放入固定椅保定，实验助手保定猴的头部并蒙住猴的双眼，消毒下唇黏膜，实验者用消毒三棱针刺破下唇正中 0.5cm，用玻片或试管取血，取血完毕用棉球压迫止血。

2）手掌采血：将猴前肢从笼的间隙拉出，在手掌大鱼际或小鱼际有毛与无毛的分界线附近，酒精消毒后用三棱针穿刺采血，取血完毕用棉球压迫止血。

3）手指采血：将猴前肢或后肢从笼的间隙拉出，任意取前、后肢任何一个手指（常用食指或中指），酒精消毒后用三棱针穿刺采血，取血完毕用棉球压迫止血。

（2）静脉采血：采血方法与同名静脉注射给药方法相同。

（3）心脏采血：将猴仰卧位保定于手术台上，在左侧胸壁第 4～5 肋，用左手食指触摸心跳最明显处，剪去局部被毛，碘酒、酒精消毒，采用带 7 号针头的注射器，边进针边回抽，见到血液即固定针头进行采血，采血完毕迅速退出针头，用消毒纱布轻轻压迫针口，让猴静卧数分钟后送回笼子。

五、实验动物麻醉方法

对实验动物进行麻醉的目的是，消除实验过程中引起的痛苦和不适，确保实验动物安全和动物实验的顺利进行。由于实验动物品种之间存在差异，应结合实验目的、实验动物种类、日龄及健康状况等因素进行综合考虑，决定选用的麻醉剂和麻醉方法。实验动物的麻醉方法有全身麻醉和局部麻醉两种。

（一）实验动物常用麻醉方法

麻醉药有中、西药两种，中药麻醉还包括针刺麻醉法。本节主要介绍西药麻醉药，包括挥发性和非挥发性麻醉药两种。

1. 全身麻醉药和麻醉方法

（1）全身麻醉药：常用的全身麻醉药包括非挥发性和挥发性两大类，非挥发性麻醉药如戊巴比妥钠、异戊巴比妥钠、硫喷妥钠、乌拉坦、氯氨酮等，以及挥发性麻醉药如乙醚、氯仿等。全身麻醉药的用量及用途见表 12-1。

（2）全身麻醉方法：全身麻醉简称全麻，是指麻醉药通过呼吸道吸入、静脉和肌内注射等途径进入实验动物体内，使其产生短时间意识丧失、痛觉消失、肌肉松弛和反射抑制等中枢神经系统抑制现象。当麻醉药从体内排出或在体内代谢破坏后，实验动物逐渐清醒，不留后遗症。

全麻有吸入麻醉法和注射麻醉法两种途径，吸入麻醉法用挥发性麻醉药，注射麻醉法用非挥发性麻醉药。

表 12-1 常用实验动物全身麻醉药及其用法和剂量

药物	适用动物	给药途径	给药剂量（mg/kg）	给药量（ml/kg）	配制浓度（%）	维持时间
戊巴比妥钠	大、小鼠	腹腔	45	2.3	2	2～4h，中途加 1/5 量，可延长麻醉效果 1h 以上
	豚鼠	腹腔	40～50	2.0～2.5	2	
	犬、猫、兔	静脉	30	1.0	3	
		腹腔、皮下	40～50	1.4～1.7	3	
异戊巴比妥钠	鼠类	腹腔	100	1.0	10	4～6h
	犬、猫、兔	静脉	40～50	0.8～1.0	5	
		腹腔、肌肉	80～100	0.8～1.0	10	
		直肠	100	1.0	10	
硫喷妥钠	大鼠	静脉、腹腔	50～100	5.0～10.0	1	15～30min
	犬、猫、兔	静脉、腹腔	25～50	1.3～2.5	2	
氨基甲酸乙酯（乌拉坦）	大、小鼠	肌肉	1350	7.0	20	2～4h
	豚鼠	肌肉	1350	7.0	20	
	犬、猫、兔	腹腔、静脉	750～1000	3.0～4.0	25	
		直肠	1500	6.0	25	
氯氨酮	大、小鼠	腹腔	100～200	0.1～0.2	10	10～20min
	猫	腹腔	10～40	0.01～0.04	10	20～30min
	犬	腹腔	10～40	0.01～0.04	10	
	猴	肌肉	5～8			30～40min
乙醚	各种动物	吸入				
氯仿	各种动物	吸入				
异氟烷	各种动物	吸入				
速眠新	兔、犬	肌肉		0.1～0.2		45～60min
水合氯醛	大鼠、兔	腹腔	350	3.5	10	30～45min

1）吸入麻醉法：麻醉药经呼吸道吸入而产生麻醉效果，称吸入麻醉法。常用药物为异氟烷、乙醚、氯仿等。吸入麻醉法有开放吸入和气管内插管吸入两种方法。动物实验大都采用开放吸入法，异氟烷是最常用的麻醉药。异氟烷的吸入麻醉介绍如下。

异氟烷，为恩氟烷的异构体，是无色透明的液体，易挥发，属吸入性麻醉药，麻醉诱导和复苏均较快。异氟烷是一种全身麻醉药，它通过动物呼吸吸入肺内进入血管，经血液循环到达大脑，抑制中枢神经系统，可达到止痛和无意识的双重功效。异氟烷在肝脏的代谢率低，对肝脏毒性小，因此，异氟烷已经被普遍使用于各种动物实验，一般配合小动物呼吸麻醉机一起使用。

异氟烷吸入式麻醉能够通过设备轻易维持稳定的麻醉剂量，并且在麻醉过程中可以随时根据动物呼吸情况对剂量进行调整，若在手术过程中发现动物状态不佳，可马上停止麻醉或快速充氧进行抢救，因此几乎不可能出现过量麻醉致死的情况，安全性非常好。只要装置气密性良好，麻醉剂储存在气罐中，不易挥发；麻醉操作简单易行，只要先抓好动物吸入几分钟麻醉剂，然后就可以对其进行肢体固定；通过呼吸吸入给药，代谢快，苏醒快，一旦停止麻醉，一般 2min 内动物即可苏醒，对实验动物的慢性损伤和影响几乎可以说降到了最低。

2）注射麻醉法：是使用非挥发性麻醉药进行全麻的方法，在动物实验中比较常用。麻醉药物有戊巴比妥钠、硫喷妥钠、乌拉坦、氯氨酮等，其中使用频率最高的是戊巴比妥钠。

家兔、猫、犬、猴等实验动物常用腹腔注射或静脉注射戊巴比妥钠进行全麻，实验啮齿动物则仅用腹腔注射戊巴比妥钠麻醉。戊巴比妥钠在使用时应配制成一定浓度的生理盐水溶液，进行注射麻醉。注射时首先推注麻醉药总量的 2/3，然后进行仔细观察，如果已达到所需麻醉程度，可以不再注射余下的麻醉药。当实验动物进入麻醉兴奋期出现挣扎时，针头容易滑脱，因此选择腹腔注射优于静脉注射。腹腔注射过程中，如果实验动物挣扎，可快速注射一定量的麻醉药后拔出针头，待实验动物较安静时重新穿刺补给麻醉药。

实验动物注射麻醉药的途径和剂量可参考表 12-1。在具体使用时，还应结合实验动物的年龄、性别、体质和实验者自身的经验，对用药剂量进行调整。如年龄小、雌性、体质差的实验动物，用药剂量应稍微偏小；曾经被麻醉过的实验动物再次麻醉时，要考虑其对麻醉药的耐受性问题。麻醉过程中还应密切观察，根据具体情况对麻醉剂量进行调整。

2. 局部麻醉药和麻醉方法 局部麻醉法是局部使用麻醉药，可逆性地阻断感觉神经冲动的发出和传导，使实验动物在意识清醒的状态下出现麻醉局部感觉消失的方法。常用的局部麻醉药物有普鲁卡因和丁卡因等。局部麻醉方法有表面麻醉和局部浸润麻醉等。

（1）表面麻醉：主要用于局部黏膜麻醉，常用药物为 2%盐酸丁卡因，使用方法有眼结膜囊点滴、鼻腔黏膜涂敷、咽喉和气管喷雾、尿道灌注等。

（2）局部浸润麻醉：主要用于手术切口等的麻醉，使用药物为 0.5%～1.0%盐酸普鲁卡因，沿手术切口将麻醉药物注射于皮内、皮下组织和手术区深部组织，注射后 1～3min 开始起作用，可维持 30～45min。局部麻醉药对感觉神经尤其是痛觉神经的作用时间比对运动神经长。

进行局部麻醉时，注意每次注射都必须先回抽，以免把麻醉药注入血管内。进针后，如麻药用完还需继续用药，只需将注射器取下另抽吸麻醉药，不必拔出针头，可以减少实验动物的疼痛及对局部组织的损伤。

（二）麻醉意外的抢救

实验过程中由于麻醉过深或其他原因，导致犬等大动物的呼吸系统、循环系统功能障碍，应积极进行抢救。如果实验动物大脑缺氧超过 5min，会导致机体形态、功能的不可逆性损伤，虽然有恢复功能的可能，但已不宜作为实验对象，因而是否有必要进行抢救，要视实验动物当时的具体情况而定。

抢救方法要针对具体情况，采取对症治疗措施。一般采用与所用麻醉药有拮抗作用的苏醒剂。如果实验动物呼吸停止但仍有心跳，必须立即停止供给麻醉剂，做人工呼吸，给实验动物吸入含 95%O_2 和 5%CO_2 的混合气体，应用呼吸中枢兴奋剂如尼可刹米等；如果呼吸、心跳均告停止，亦必须立即停止供给麻醉剂，张开实验动物的口腔，拉出舌头，给予氧气吸入，进行心脏胸外按压，应用心脏和呼吸兴奋剂，如 0.1%肾上腺素适量做心内或静脉注射，静脉滴注 50%葡萄糖溶液等。

六、实验动物体液采集

血液的采集已经在本节“四、实验动物给药和采血”中介绍。

（一）尿液的采集

实验动物的尿液常用代谢笼采集，也可通过其他装置采集。

1. 用代谢笼采集尿液 代谢笼用于收集实验动物自然排出的尿液，是一种特别设计的为采集实验动物各种排泄物的密封式饲养笼，放在代谢笼内饲养的实验动物，可通过其特殊装置收集尿液。

有的代谢笼除可收集尿液外，还可收集粪便和动物呼出的 CO_2。

2. 导尿法采集尿液 施行导尿术，较适宜于犬、猴等大动物。一般不需要麻醉，导尿时将实验动物仰卧位固定，用甘油润滑导尿管。对雄性动物，操作员用一只手握住阴茎，另一只手将阴茎包皮向下捋，暴露龟头，使尿道口张开，将导尿管缓慢插入，导尿管推进到尿道膜部时有抵抗感，此时注意动作要轻柔，继续向膀胱推进导尿管，即有尿液流出。雌性动物尿道外口在阴道前庭，导尿时于阴道前庭腹侧将导尿管插入尿道外口，其后的操作同雄性动物导尿术。

用导尿法可采集到没有污染的尿液；如果严格执行无菌操作，可收集到无菌尿液。

3. 输尿管插管采集尿液 一般用于要求精确计量单位时间内实验动物排尿量的实验。剖腹后，将膀胱牵拉至腹腔外，暴露膀胱底两侧的输尿管。在两侧输尿管近膀胱处用线分别结扎，于输尿管结扎处上方剪一小口，向肾脏方向分别插入充满生理盐水的插管，用线结扎固定插管，即可见尿液从插管滴出，可以进行收集。采尿过程中要用 38℃温生理盐水纱布遮盖切口及膀胱。

4. 压迫膀胱采集尿液 实验人员用手在实验动物下腹部加压，手法既轻柔又有力。当增加的压力使实验动物膀胱括约肌松弛时，尿液会自动流出，即行收集。

5. 穿刺膀胱采集尿液 实验动物麻醉固定后，剪去下腹部耻骨联合之上、腹正中线两侧的被毛，消毒后用注射针头接注射器穿刺。取钝角进针，针头穿过皮肤后稍微改变角度，以避免穿刺后漏尿，然后刺向膀胱方向，边缓慢进针边回抽，直至抽到尿液为止。

6. 剖腹采集尿液 按上述穿刺膀胱采集尿液法做术前准备，其皮肤准备范围应更大。剖腹暴露膀胱，直视下穿刺膀胱抽取尿液。也可于穿刺前用无齿镊夹住部分膀胱壁，从镊子下方的膀胱壁进针抽尿。

7. 提鼠采集尿液 鼠类被人抓住尾巴提起即出现排尿反射，尤其是小鼠更为明显，可以利用这一反射收集尿液。当鼠类被提起尾巴排尿后，尿滴挂在尿道外口附近的被毛上，不会马上流走，操作人员应迅速用吸管或玻管接住尿液。

（二）胸腔积液和腹水的采集

1. 胸腔积液的采集 主要采用胸腔穿刺法收集实验动物的胸腔积液，也可处死实验动物剖开胸腔采集胸腔积液。

（1）穿刺点定位：于实验动物腋后线第 11～12 肋穿刺，穿刺针紧贴肋骨下缘，否则容易损伤肋间神经。也可在胸壁近胸骨左缘第 4～5 肋穿刺。

（2）穿刺方法：实验动物取立位或半卧位固定，局部皮肤去毛、消毒、麻醉，穿刺针头与注射器之间接三通连接装置。以左手拇、食指绷紧局部皮肤，右手握穿刺针紧靠肋骨下缘处垂直进针，穿刺肋间肌时产生一定阻力，当阻力消失有落空感时，说明已刺入胸膜腔，用左手固定穿刺针，打开三通连接装置，缓慢抽吸胸腔积液。

2. 腹水的采集 实验动物被固定于站立位。局部皮肤去毛、消毒、麻醉。用无菌止血钳小心提起皮肤，右手持小针头或穿刺套管针沿下腹部靠腹壁正中线处轻轻垂直刺入，注意不可刺入太深，以免损伤内脏。针尖有落空感后，说明穿刺针已进入腹腔，腹水多时可见腹水自然滴出，腹水少时，可稍微转动针头并回抽，若有腹水流出，立即固定好针头及注射器位置继续抽吸。抽腹水时速度不可太快，不宜一次抽出大量腹水，避免因腹压突然下降导致实验动物出现循环功能障碍。

（三）分泌液的采集

1. 阴道分泌液的采集 适于观察阴道角质化上皮细胞。

（1）滴管冲洗法：用消毒滴管吸取少量生理盐水，仔细、反复冲洗被检雌性动物阴道，将冲洗液吸出，滴在载玻片上，晾干后染色镜检。也可直接将冲洗液置于低倍镜下观察，根据细胞类型变化，鉴别实验动物动情周期中的不同时期。

（2）擦拭法：用生理盐水将消毒棉拭子湿润后，挤干棉拭子上的生理盐水，轻轻插入雌性动物阴道内，沿阴道内壁擦拭、转动，然后取出做阴道涂片，进行镜检。

2. 精液的采集

（1）人工阴道套采精液法：适用于犬、猪、羊等大动物，采用特制的人工阴道套，套在实验动物阴茎上采集精液。采精时，一手捏住阴道套，套住雄性动物的阴茎，以完全套住阴茎为佳。插入阴道套后，若动物发出低叫声，表明已经射精。此时可取下阴道套，拆下采精瓶，取出精液，迅速做有关检查。

（2）阴道栓采精液法：是将阴道栓涂片染色，镜检凝固的精液。阴道栓是雄性大、小鼠的精液和雌鼠阴道分泌物混合，在雌鼠阴道内凝结而成的白色稍透明、圆锥形的栓状物，一般交配后 2～4h 即可在雌鼠阴道口形成，并可在阴道口停留 12～24h。

（3）其他采精液法：用电流等物理方法刺激雄性动物的阴茎或其他性敏感区，使雄性动物被刺激发情，直至射精，用采精瓶采集射出的精液。

3. 乳汁的采集 用按摩挤奶收集乳汁的方法适用于犬、猪、羊等大动物乳汁的采集。选用哺乳期的实验动物，在早上采集乳汁量最多，用手指轻轻抚摩实验动物乳头，使乳汁自然流出，如乳汁不能自然流出，可张开手掌从乳房基底部朝乳头方向按摩、挤压整个乳房，即可挤出乳汁。

（四）骨髓的采集

采集骨髓一般选择胸骨、肋骨、髂骨、胫骨和股骨等造血功能活跃的骨组织。猴、犬、羊等大动物骨髓的采集用活体穿刺取骨髓的方法；大、小鼠等小动物骨头小，难穿刺，只能剖杀后采胸骨、股骨的骨髓。

1. 猴、犬、羊等的骨髓采集法

（1）骨髓穿刺点定位

1）髂骨：穿刺部位在髂前上棘后 2～3cm 的髂嵴。

2）胸骨：穿刺部位在胸骨中线，胸骨体与胸骨柄连接处，或胸骨上 1/3 部。

3）肋骨：穿刺部位在第 5～7 肋骨各自的中点上。

4）胫骨：穿刺部位在胫骨内侧，胫骨上端的下方 1cm 处。

5）股骨：穿刺部位在股骨内侧面，靠下端的凹面处。

（2）骨髓穿刺方法

1）实验动物按要求固定，穿刺部位去毛、消毒、麻醉，要求局部麻醉范围直达骨膜，也可作全麻。

2）操作人员戴消毒手套，确定穿刺点，估算从皮肤到骨髓的距离，并依此固定骨髓穿刺针长度。左手拇、食指绷紧穿刺点周围皮肤，右手持穿刺针在穿刺点垂直进针，小幅度左右旋转钻入，当有落空感时表示针尖已进入骨髓腔。用左手固定穿刺针，右手抽出针芯，连接注射器缓慢抽吸骨髓组织，当注射器内抽到少许骨髓时立即停止抽吸，取出注射器，将骨髓推注到载玻片上，迅速涂片数张，以备染色镜检。

3）左手压住穿刺点周围皮肤，右手迅速拔出穿刺针，用棉球压迫数分钟。如穿刺的是肋骨，除压迫止血外，还需胶布封贴穿刺点，防止发生气胸。

2. 大鼠、小鼠的骨髓采集法 将大小鼠麻醉、放血、固定剖杀，解剖剥离取出股骨或胸骨，剪断，将其断面的骨髓挤在有稀释液的试管内或玻片上，继而涂片、染色、镜检。

七、实验动物处死方法

实验动物的处死方法很多，应根据动物实验目的、实验动物品种（品系）及需要采集标本的部位等因素，选择不同的处死方法。不论采用哪一种方法，都应遵循安乐死的原则。安乐死是指在不影响动物实验结果的前提下，使实验动物在短时间内无痛苦地死亡。处死实验动物时应注意，首先要保证实验人员的安全；其次要确认实验动物已经死亡，通过对呼吸、心跳、瞳孔、神经反射等指征的观察，对死亡做出综合判断；再者要注意环保，避免污染环境，要妥善处理好动物遗骸。

（一）颈椎脱臼处死法

此法是将实验动物的颈椎脱臼、脊髓断离致死，为大、小鼠最常用的处死方法。先将大、小鼠麻醉，用右手抓住鼠尾根部并将其提起，放在鼠笼盖或其他粗糙面上，用左手拇指、食指用力向下按压鼠头及颈部，右手抓住鼠尾根部用力拉向后上方，造成颈椎脱臼，脊髓与脑干断离，实验动物立即死亡。

（二）断头处死法

此法适用于鼠类等较小的实验动物。先将动物麻醉，用左手按住实验动物的背部，拇指夹住动物右腋窝，食指和中指夹住左前肢，右手用剪刀在鼠颈部垂直将鼠头剪断，使动物因脑脊髓断离且大量出血死亡。

（三）击打头盖骨处死法

此法主要用于豚鼠和家兔的处死。先将豚鼠或家兔麻醉，抓住动物尾部并提起，用木槌等硬物猛烈打击动物头部，使大脑中枢遭到破坏，动物痉挛并死亡。

（四）放血处死法

此法适用于各种实验动物。先将动物麻醉，然后将动物的股动脉、颈动脉、腹主动脉剪断或剪破、穿刺动物的心脏放血，导致急性大出血、休克、死亡。

犬、猴等大动物应在轻度麻醉状态下，在股三角做横切口，将股动脉、股静脉全部暴露并切断，让血液流出。操作时用自来水不断冲洗切口及血液，既可保持血液畅流无阻，又可保持操作台清洁，使动物急性大失血死亡。

（五）空气栓塞处死法

处死家兔、猫、犬常用此法。先将动物麻醉，向动物静脉内注入一定量的空气，形成肺动脉或冠状动脉空气栓塞，或导致心腔内充满气泡，心脏收缩时气泡变小，心脏舒张时气泡变大，从而影响回心血量和心排血量，引起循环障碍、休克、死亡。空气栓塞处死法注入的空气量，猫和家兔为20～50ml，犬为90～160ml。

（六）过量麻醉处死法

此法多用于处死豚鼠和家兔，给动物快速过量地注射非挥发性麻醉药（投药量为深麻醉时的30倍）。

（七）二氧化碳吸入法

让实验动物吸入大量CO_2等气体而中毒死亡。

八、实验动物的病理剖检

（一）基本要求

1. 实验动物背景资料记录

（1）实验动物的来源、种类、年龄、性别、原编号、体重、临床症状等。

（2）剖检时间、地点，麻醉方法、时间、麻醉者，处死方法、解剖者、记录者，温度，湿度。

（3）其他指标：动物剖杀前禁食（不禁水）时间一致，为 12h。

2. 体表检查 一般用于组织学取材的实验动物剖杀前应先隔离检疫 7～10 天，用于实验组和对照组动物的病理剖检视不同动物实验的要求而定。剖检前的体表检查项目如下。

（1）发育状态：体格发育是否与年龄、品种相称，各部发育比例是否正常，有无畸形。

（2）营养状态：丰满还是消瘦，检查时可用手抚摸实验动物背、腰部，营养良好时，背、腰部厚实，皮肤弹性好；营养不良时，背、腰部椎骨突出，肋骨明显。

（3）精神状态：实验动物的自主活动、运动情况，对外界的反应（迟钝或亢进）、步态如何。

（4）感觉器官：瞳孔是否清晰等圆，有无分泌物，眼睑有无发炎及红肿，球结膜颜色变化，有否潮红、苍白、黄染或发绀。

（5）呼吸系统：呼吸动作，如呼吸次数、节律，有无呼吸困难；上呼吸道检查，如鼻腔分泌物多少、有无打喷嚏和咳嗽；必要时可通过听诊检查肺部。

（6）消化系统：采食与饮水观察，包括食欲废绝、减退、亢进和异嗜；口腔黏膜颜色和气味。有无呕吐、腹泻、便秘，肛周有无污物，粪便数量、硬度、颜色、气味等。

（7）被毛和皮肤：检查皮肤颜色、温度、弹性，有无创伤、脓疡、疥癣、湿疹，毛发色泽、疏密、有无脱落。

3. 病理取材基本要求

（1）病理检查应分层次进行，先进行一般外观观察，然后剖检观察，再进行光镜详细检查。

（2）通常选择正常与病变交界处组织，即包括病变本身及病变周围组织。

（3）对照组动物相同器官取材时，选材部位应尽量一致。

（4）肉眼看不到明显病变时，各实验组选取标本位置应一致。

（5）所选组织应包括脏器全部层次结构或重要结构，如肾应包括皮质、髓质和肾盂。

（6）体积大和分叶的器官，应视不同组织选取多个部位。小器官可整体取材并固定，如淋巴结、扁桃体、甲状腺等。

（7）胃肠标本应将内容物冲洗掉，以免内容物影响组织的固定，产生自溶。

（8）所取材料应尽量保持肉眼标本的完整性，不宜过厚或过薄，一般厚为 3～5mm，大小为 1.5～$2cm^2$。

（9）切取组织时不要挤压，使用锋利刀具，少用剪刀，勿选用被器械钳压过的部位。

（10）标本取材动作要熟练，尽可能快地完成整个过程，特别是易自溶的组织，如肠道、脑、腺体等。

（11）剖检记录应客观、详细，用形象描述而不能用诊断的病名来代替。

（12）同一实验中的对照组和实验组动物应交叉剖检，严格统一各种条件和操作，尽量避免各种可能的干扰因素。

（二）病理剖检基本操作

1. 常用器械及使用方法

（1）解剖刀：主要用于切开和分割软组织，刀片宜用血管钳（或持针钳）夹持安装，避免割伤手指。常用的持刀法有以下 4 种：执弓式、抓持式、执笔式、反挑式。

（2）手术剪：用于分离与剪开。

（3）血管钳：用于分离和钳夹组织，钳夹缝合针和布巾等。

（4）手术镊：用于夹持组织，以利于解剖和缝合。

（5）拉钩：用于牵引和暴露。

2. 基本操作

（1）切开：在同一平面上时，先绷紧组织，将刀刃与平面垂直，用力要得当，一次垂直切开，切口整齐而不偏斜，禁止斜切和锯切，以减少损伤。切开多层组织时，一般应按组织层次分层切开，避免损伤深层组织器官。

（2）组织分离法：可用锐性分离法，使用刀、剪等锐性器械直接切割，如皮肤、黏膜、精细结构和紧密连接组织的分离；也可用钝性分离法，使用刀柄、止血钳、剥离器、手指等分离，如肌肉、疏松结缔组织等的分离。

（3）结扎：用丝线打结的方法结扎组织和血管，参与缝合器官和皮肤。

（4）止血：大量出血导致胸、腹腔积血使剖检视野模糊不清，可能会影响、干扰病变的辨别和取材，因此动物剖检有时要求止血。

1）纱布块压迫止血法：剖检过程中，为观察病变性质和部位，辨清组织和神经、血管通路，以及对较广泛的毛细血管渗出，可用纱布按压施行短暂性止血，但不可用纱布来回擦拭血液，以免损伤组织。

2）钳夹止血法：先用纱布块止血，看清出血点或血管后，用止血钳尖端垂直对准出血点，迅速而准确地钳夹并捻转，使血管闭塞而止血。

3）结扎止血法：用于动脉出血或较大的血管出血。

（三）剖检取材程序

1. 动物尸体的固定 实验动物尸体的固定通常为仰卧位固定。

2. 剖检顺序 剖检顺序多为先腹腔后胸腔，再脑、脊髓、骨髓、皮肤肌肉等。取材顺序基本与此相同。

3. 检查内容

（1）位置：有无移位、异位。

（2）大小：体积增大、缩小或肿大。

（3）色泽：整体或局部颜色的增减改变。

（4）附加物：有无出血、积液、粘连。

（5）质地：硬、韧、软等。

（6）切面：多汁、泡沫状、带血、脓汁、干燥等。

（7）中空器官的黏膜面：有无出血、溃疡、增厚、隆起物等。

4. 剖检和取材程序

（1）腹腔和腹腔器官：沿腹部正中线切开剑突至肛门之间的腹前壁，再沿最低位肋骨分别向左右两侧切开侧腹壁至脊柱两旁，完全暴露腹腔器官。观察有无积液、血液和炎性渗出物，如有则用吸管吸出，测量容积，并离心沉淀做涂片检查，必要时做细菌培养。检查腹膜是否光滑，有无充血、淤血、出血、破裂、脓肿、粘连、肿瘤、寄生虫等，膈肌的紧张度及有无破裂。

1）脾：检查大小、厚薄、硬度、性状、色泽，有无肥厚、破裂等。然后沿长轴将脾切成两半，切面要平整，检查脾小梁、红髓、滤泡的色泽，切面的出血量。

2）胰：检查胰脏色泽和硬度，切片检查有无出血。

3）胃肠：检查胃的大小、胃肠道浆膜面的色泽，有无粘连、肿瘤、寄生虫结节。然后沿胃大弯、肠系膜附着部依次剪开胃、十二指肠、空肠、回肠、盲肠、结肠、直肠。观察胃内有无异物，内容物的气味及性状，除去内容物，检查黏膜颜色，有无充血、出血、结节、溃疡、糜烂、增厚等，以及病变部位的深浅、位置、数目。检查肠系膜有无增厚，淋巴结有无肿大、出血、化脓。采用边剪开边观察的方法检查肠管，观察肠内容物数量、性状，有无气体、血液、异物、寄生虫，肠黏膜皱襞有无增厚、水肿、充血、黏液量、溃疡、坏死，淋巴组织性状及有无炎症。

4）肾：首先检查肾脏大小、硬度、被膜是否容易剥离，表面的色泽、平滑度，有无瘢痕、出血。然后检查切面，皮质和髓质的色泽，有无淤血、出血、化脓和梗死。注意观察皮质和髓质交界处的切面是否隆突，以及肾盂、输尿管、肾淋巴结的性状，有无肿瘤及寄生虫等。

5）肝：首先检查肝脏的大小、被膜的性状、边缘的厚薄、实质的硬度和色泽，以及肝淋巴结、血管、肝管等的性状。然后切开，检查切面的出血量、色泽，肝小叶性状，有无脓肿、肝坏死等变化。

6）肾上腺：观察外形、大小、色泽和硬度，做纵切和横切，检查皮质和髓质的色泽及有无出血。

（2）盆腔器官

1）膀胱：检查膀胱的大小、尿量及色泽，黏膜有无出血、炎症和结石等。

2）雄性生殖器官：检查睾丸、附睾、凝固腺、前列腺有无粘连、出血、水肿、积液等。

3）雌性生殖器官：沿子宫体背侧剪开子宫角，检查子宫内膜的色泽，有无充血、出血、炎症等，观察卵巢和输卵管有无粘连、出血、水肿、积液等。

（3）胸腔、口腔及其器官：用镊子夹住胸骨剑突，剪断膈肌与胸骨的连接，提起胸骨，在胸椎两侧分别剪断左、右侧胸壁的肋骨，取下整个胸壁，打开胸腔，依次取出胸腺和心脏。将下颌骨的两下颌支内侧与舌连接的肌肉切断，将咽、喉、气管、食管与周围组织分离，用镊子夹住气管向上提起，剪断肺与胸膜的连接韧带，然后将咽、喉、气管、食管连同整个肺一并取出。如有积液应观察其数量和性状，尽量吸取，测量容积并涂片，检查胸膜色泽，有无出血、充血或粘连。

1）心脏：剪开心包膜，暴露心脏，注意心包的光泽度及心包内液体的情况，心脏的大小、外形、心外膜情况。自下腔静脉入口处至右心房作直线剖开，从此直线中点沿心脏右缘剖至心尖部，从距离心尖部与心室间隔右侧 1cm 处沿冠状动脉沟平行地剖至肺动脉，检查右心房、右心室、三尖瓣、肺动脉瓣、腱索有无病变。自左右肺静脉入口处将左心房直线切开，沿心脏左缘剖至心尖部，再从距离心尖部与心室间隔左侧 1cm 处平行地剖开左心室的前壁和主动脉，检查二尖瓣、主动脉瓣和腱索有无病变，左心房、左心室内壁有无出血和感染。自冠状动脉口起剪开前降支和旋支，在主动脉根部右侧，于右心室的心外膜下找到右冠状动脉主干，先横切一刀，再剪至后降支，观察有无粥样硬化和血栓等。

2）口腔：检查牙齿的变化，口腔黏膜的色泽，有无外伤、溃疡和白斑，舌黏膜有无出血、外伤及舌苔的情况。

3）咽喉：观察喉头、会厌软骨，黏膜的色泽、淋巴结的性状及喉囊有无积脓。

4）鼻腔：检查鼻腔和鼻中隔黏膜的色泽，有无出血、炎性水肿、结节、糜烂、溃疡穿孔及瘢痕等。

5）下颌及颈部淋巴结：检查下颌及颈部淋巴结的大小、硬度，有无出血和化脓等。

6）气管：检查气管有无出血、黏液量等。

7）肺：检查肺的色泽，有无出血、炎症、肺气肿、肺萎缩、肿瘤等。

8）其他器官：胸腺、甲状腺、扁桃体等的色泽，有无粘连、出血、水肿等。

（4）颅腔及脑：以猴为例，剥离颅顶部软组织，沿眉弓至枕外隆凸上 0.5cm 处的连线，用弓形锯环绕该线锯开颅骨外板及板障，然后用丁字凿轻轻凿开内板，揭开颅盖，此时可见覆盖于脑表面的硬脑膜。切开硬脑膜暴露脑组织，在距颅骨锯口断端上 0.5cm 处，从前向后环行剪开硬脑膜，枕部的硬脑膜应保留 1.5cm 长，防止取脑过程中向后推压脑组织时，枕骨断端损坏枕叶脑组织。向后方轻轻揭起硬脑膜及大脑镰，暴露脑组织，用手指从额骨前上方伸入颅前窝，轻轻推压大脑额叶，直至见到筛板上的嗅球为止，切断嗅丝与嗅球的联系，将嗅球与脑一齐拉起，见到视神经和视交叉时立刻停止，在脑底附近依次切断颈内动脉、视神经，再将脑向后拉，可见到垂体及漏斗，继续将脑向后拉起，切断连于脑的脑神经；从脑干腹侧面将手术刀伸入枕骨大孔，切断脊髓，即可将脑取出，用流水冲洗干净备用。新鲜脑很软，易变形和受挫伤，操作过程中必须用手扶托，取出脑后应立刻用纱布包裹，浸泡于固定液中保存，以免变形。

检查软脑膜、硬脑膜血管充盈情况，脑回之间的脑沟中液体的数量与色泽，脑表面凸起或凹下的地方是否明显，可用手触摸判定其硬度。用刀将脑做一水平切面，保留胼胝体，暴露侧脑室，注意检查尾状核有无出血、软化灶，侧脑室内容物数量、性质，然后将脑做多处切面，检查有无变化。

（四）脏器测量和称重

（1）解剖后应迅速将脏器称重，以免水分蒸发造成差异，特别是肾上腺等小器官。

（2）脏器称重前应尽量将周围脂肪组织和结缔组织剔除，并用滤纸吸去脏器表面的血液及体液，特别是肾上腺、甲状腺、前列腺等较小的器官，更要新鲜称重，防止器官干燥失水而重量减轻。

（3）空腔器官称重前，应清除其腔内液体和内容物，如心脏应除去血块。

第二节　生物净化技术

实验动物生物净化方法主要包括剖宫产代乳术和体外受精-胚胎移植术。剖宫产代乳术已有 100 多年的历史，曾在悉生动物的培育和维持中发挥重要作用，常因垂直传播病原无法净化、产期难以判断、人工哺乳技术不过关或代乳母畜拒哺乳而失败。体外受精（in vitro fertilization）及胚胎移植（embryo transfer）生殖工程技术诞生于 20 世纪 50 年代，在半个世纪的发展中，体外受精、超排卵、胚胎移植技术日臻完善，并在遗传工程动物、生物净化等领域获得广泛运用。本节主要介绍实验动物小鼠体外受精-胚胎移植术。

一、剖宫产代乳术

剖宫产代乳术是通过截取孕鼠的子宫进行消毒灭菌处理后，取出幼崽，由代乳母鼠哺乳或人工喂养的方法。目前，常用于建立无菌级动物、SPF 级动物的初始化群和净化代孕群。

以小鼠为例，常规操作流程是雌雄小鼠以 2∶1 的比例合笼过夜，第二天上午 8：00 前，通过检查阴道栓的方法筛选交配鼠（查有阴道栓的计妊娠 0.5 天），在母鼠妊娠的第 19 天傍晚处死孕鼠，置 2%过氧乙酸消毒液浸泡消毒 5s，手术剖宫，用止血钳夹住两侧输卵管和子宫颈，剪下，将子宫连同止血钳一并放入灭菌渡槽浸泡 5s，传入手术隔离器，2%碳酸氢钠水溶液洗涤，切开子宫及羊膜，取出仔鼠，用毛巾擦净仔鼠羊水及血液。先将代乳母鼠从笼中移出，其仔鼠移剩 2～3 只，然后剖宫仔鼠放入并涂抹代乳鼠垫料 2～3 次，随后再将代乳母鼠放回笼中哺乳。

二、体外受精-胚胎移植术

小鼠体外受精-胚胎移植术包括激素超排、体外受精（IVF）、胚胎移植（ET）等流程（图 12-4），具备时间人为控制、需要动物数量少、病原体基本净化、拒哺风险低等优点。利用生物净化技术，可将引进动物、繁育、净化多路并行，获取动物开展实验的同时完成净化保种，此周期约需 3 个月（图 12-5），也可直接引进附睾或精子，实现高效的动物引种。

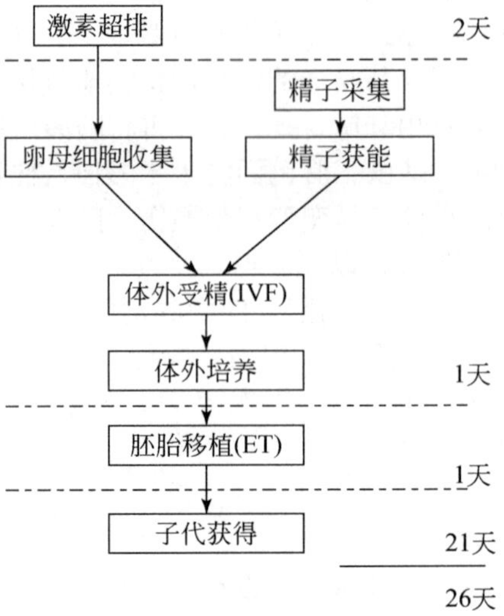

图 12-4　小鼠 IVF-ET 生物净化流程图

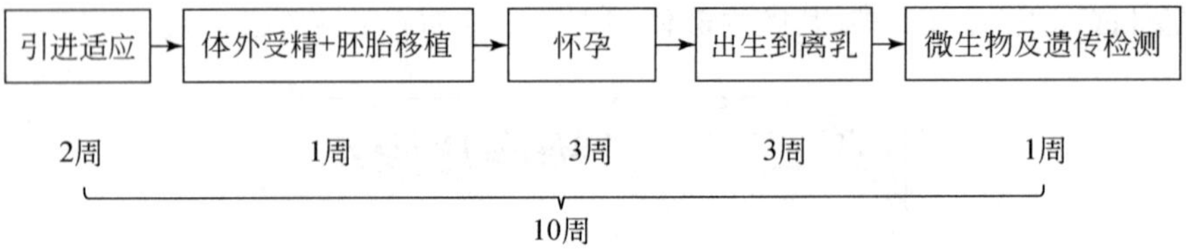

图 12-5　小鼠引进净化周期

（一）假孕母鼠的准备

采用结扎雄鼠与正常母鼠交配可产生假孕母鼠。结扎雄鼠虽无精子排出，但交配动作可刺激母鼠黄体活化，子宫内膜呈妊娠状，从而使移植胚胎容易着床。

结扎雄鼠多选用性成熟的 SPF 级 ICR 小鼠，一般在胚胎移植前 3 周制作。雄鼠麻醉后，在阴茎上方约 1cm 的腹部做长约 1cm 的横切口，用小镊子轻轻夹住并将一侧的睾丸脂肪垫拉出切口，输精管位于睾丸之下，它的旁边有一根血管，易于识别，用烧红的镊子烧烙掉输精管一部分，并将睾丸小心地推回腹腔，另一侧输精管做同样处理，关腹，单笼饲养 3～5 天。

假孕母鼠的作用是为胚胎发育提供合适的环境，在生产后哺乳幼崽。假孕母鼠一般采用性成熟的 SPF 级 ICR 小鼠，该品系小鼠的输卵管伞形部较其他品系大，母性较佳。假孕母鼠使用前需要隔离饲养 3 周以上，确保没有意外怀孕。在供体雌鼠注射孕马血清促性腺激素的当天，用其他雄性小鼠使用过最少 5 天的垫料更换假孕母鼠笼盒的垫料，目的是通过气味提供给假孕母鼠生物性腺信号助其进入发情期。在移植前 1 天的下午 17：00 与结扎雄鼠合笼过夜，以次日早上观察到阴道栓作为假孕 0.5 天，用作胚胎移植的受体。

（二）激素超排

在动物实验中为获得大量的卵母细胞，需要在雌性动物发情周期注射外源激素，使卵巢中有更多的卵泡发育并排卵，称之为超数排卵技术（super-ovulation），简称超排。孕马血清促性腺激素（pregnant mare's gonadotrophin，PMSG）和人绒毛膜促性腺激素（human chorionic gonadotrophin，HCG）是对小鼠效果较好的两种超排卵药物。PMSG 是一种含糖量很高的糖蛋白激素，对雌性动物具有促进卵泡发育、排卵和黄体形成的功能。HCG 同样为糖蛋白激素，对雌性动物具有促进卵泡成熟、排卵和形成黄体并分泌孕酮的作用。

影响小鼠超数排卵的因素有动物品系、年龄、体重、光照及药物剂量等。C57BL/6J 雌鼠是比较常用的高排卵品系，可排卵 40～60 枚，与 CBA/CaJ、DBA/2J、C3H/HeJ 杂交能产生杂交高排卵品系。A/J、C3H/HeJ、BALB/cj、DBA/2J 等为低排卵品系，每次排卵仅 10～15 枚。 C57BL/6J 雌鼠最佳诱导超排卵的年龄是 25 天，因此多选用 3～4 周龄雌鼠。光照也是影响超排卵的重要因素，小鼠饲养环境一般设置明暗交替为 12h/12h，腹腔注射 PMSG 时间为 16：30～17：30，剂量 5～7.5U，48h 后，每只雌鼠腹腔注射 HCG，剂量 5～7.5U，一般比注射 PMSG 时间提前 30min。

（三）体外受精

体外受精是指哺乳动物的卵母细胞和精子在体外培养的环境中，模仿体内受精过程进行结合，并发育成胚胎的过程。包含培养基准备、精子采集及获能、卵母细胞收集、体外精卵结合四个阶段。

1. 培养基准备 HTF 培养基是模拟输卵管液成分的培养液，一般用直径 35mm 培养皿制作 HTF 培养基，矿物油覆盖，放入 37℃、含 5%CO_2 培养箱中预热 30min 即可使用。其主要成分见表 12-2。

表 12-2 HTF 培养基的主要成分（日本熊本大学 CARD 配制）

试剂名称	mg/100ml
NaCl	593.80
KCl	35.60
KH_2PO_4	5.40
$MgSO_4 \cdot 7H_2O$	4.90
$CaCl_2$	57.00
$NaHCO_3$	210.00
丙酮酸钠（Na-Pyruvate）	3.70
乳酸钠（Na-lactate）（ml）	0.34
葡萄糖（Glucose）	50.00
链霉素（Streptomycin）	5.00
青霉素（Penicillin）	7.50
0.5%酚红（phenol red）（ml）	0.04
BSA	400.00

注射 PMSG 后第二天上午 8：00 左右开始做体外受精准备，每个品系准备 3 个直径 35mm 培养皿，分别标注：精子获能、体外受精、KSOM 及液滴序号。精子获能培养皿加入一个液滴，为 120μl 的 HTF，作为精液的稀释及获能使用；体外受精培养皿根据供体雌鼠数量来制作，一般 3～5 只用一个液滴，每个液滴为 120μl 的 HTF；KSOM 为培养胚胎至 2-cell 期的培养基，KSOM 培养皿一般以 50μl 为一个液滴，放置不少于 4 个（建议 7 个），其中 1、2 号液滴用于清洗及稀释，3 号以后的液滴供培养使用，至少保留一个空液滴作为移植前周转使用。制作完成后，覆盖矿物油，放入 CO_2 培养箱中，37℃平衡 30min 以上。

提取精液

2. 精子采集及获能 处死雄鼠后，迅速分离附睾尾，尽可能剔除脂肪和血管，用眼科镊夹住输精管固定附睾尾，用眼科剪在附睾尾头部剪一刀，正常情况下，剪刀上会附着并拖带出精液。把精液拖带至培养皿液滴中，10～30s 可以观察到精液在 HTF 中散开，取出附睾尾，把培养皿放入 37℃、含 5%CO_2 培养箱中 1h，使其获能。

在体内，精子到达受精部位后并不是马上受精，而是停留一段时间，这段时间里精子出现生理、生化、形态等方面的变化，称为获能。在体外受精体系中，精子的体外获能是关键步骤，HTF 含有诱发精子获能和顶体反应的因子。

取卵

3. 卵母细胞收集 在精子获能 20min 后开始制作受精液滴。用移液枪吸取 HTF 试剂，在直径 35mm 培养皿上制作 120μl 的受精液滴，上面覆盖矿物油，放置于培养箱中（37℃，5%CO_2）预热平衡 30min 左右。每平皿可制作 5～8 个液滴。

处死超排卵雌鼠（离注射 HCG 14～15h），取出输卵管放在灭菌纸上，清理干净输卵管上的脂肪、血液、其他组织，吸干输卵管上的液体，将清理干净的输卵管浸没于培养皿矿物油中，用一尖镊固定输卵管，另一个尖镊划破膨大部，挤压输卵管，将卵团挤出到矿物油中，用尖镊将卵团引至平皿 120μl 的受精液滴中，每个液滴里放 4～5 只鼠的卵团，每平皿大概 200 枚卵。将含有卵团的培养皿放入 37℃、含 5%CO_2 培养箱中培养 20～30min。

4. 体外精卵结合 精液获能完成后，立即取出“精子获能”“体外受精”两个培养皿置于 37℃恒温热台上保温。在体视显微镜下，用移液枪吸取精子液滴边缘的精液，加入到含卵团的受精液滴中，每个液滴加入精子液滴 5μl，时间控制在 3min 内全部完成。受精后的培养皿放入 37℃、含 5%CO_2 培养箱中培养 5h。

培养 5h 后，大部分卵细胞已经完成受精转变受精卵过程，通过体视显微镜可以观察到胚胎内部的极体。由于 HTF 无法支撑受精卵继续发育，所以此时需要把受精卵转入 KSOM 培养液滴中继续培养至二细胞期。

把标记“KSOM”“体外受精”的两个培养皿移出培养箱，放在 37℃恒温热台上保温。把“体外受精”培养皿置于体视显微镜下，观察液滴中的受精卵。用移胚针把受精卵移入 KSOM 培养液滴中（标 1 号液滴），每次控制在 50 个卵左右，操作过程中尽可能减少附带的液体量及颗粒细胞的数量，还要控制培养皿离开 37℃恒温热台的时间不能过长，一般 3～5min 就需要回温。

单个品系完成转移后，由于胚胎转移时附带有少量 HTF 和相当数量的颗粒细胞，必须要稀释和清除。所以需要把全部受精卵从 1 号液滴转移到 2 号液滴，再从 2 号液滴转移到 3 号液滴等其他液滴中才能进行过夜培养。操作过程中尽可能减少附带的液体量及颗粒细胞的数量，减少对受精卵发育的干扰。过夜培养的液滴放置受精卵的数量一般控制在 50～80 个，超过 100 个对受精卵的发育率有较大影响。同时受精卵由于透明带表面电荷的影响有聚集性，应适当地摇晃培养皿，使受精卵尽可能以分散方式培养，避免聚集。

正常情况下，经过一夜培养后，大部分受精卵会转化为处于 2-cell 期的胚胎，可以进行胚胎移植。

（四）胚胎移植

胚胎移植是指通过器械辅助，将一雌性动物的早期胚胎或体外培养的早期胚胎移植到另一处相同生理阶段雌性动物的子宫或输卵管，使之继续发育成为新个体的过程。

提前准备好假孕 12h 的假孕雌鼠（受体）及毛细玻璃管拉成的移卵针，移卵针套上口吸管，通过舌头与吸嘴接触产生的虹吸作用完成吸入和吹出作用。用载玻片准备数个 M2 培养液滴，放在 37℃恒温热台保温，M2 培养基需提前孵化 30min，每个液滴 30～50μl。用移胚针从 KOSM 培养液滴挑选状态较好的胚胎移至 M2 培养液滴中，每次胚胎数量控制在 8～15 个。为了便于观察胚胎是否进入输卵管，常在移卵针中吸入 3 个气泡，胚胎、M2 及气泡的排列次序如图 12-6 所示。

胚胎转移及移植前准备

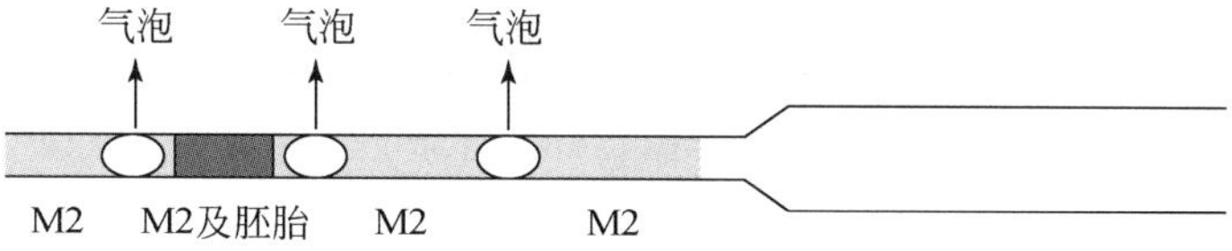

图 12-6　胚胎装管示意图

小鼠胚胎移植分输卵管移植和子宫移植。假孕受体小鼠麻醉后背部剃毛消毒，背部朝上置于干净平皿中，沿着背中线从最后肋骨开始用眼科剪在皮肤上剪一个小口，暴露背肌及背肌下沿的腹肌，用尖镊将左侧卵巢投影部位的腹肌撕开，拉出卵巢脂肪垫及其附带的卵巢，将卵巢、输卵管暴露于体腔外。将小鼠连同平皿一起放到立体显微镜下，小鼠的头向左侧。在显微镜下找到输卵管的开口（输卵管伞）和卵巢囊之下的膨大的输卵管壶腹部。用钝镊子小心地夹住输卵管伞，将移卵针插入输卵管开口，然后将胚胎及气泡吹入输卵管壶腹部。若在输卵管内看到气泡就说明移植已经成功。也可在卵巢和膨大部间刺一小孔，再将装载有胚胎的移胚针从孔插入，深度至膨大部，将胚胎及气泡吹入输卵管壶腹部。

胚胎移植

如进行子宫移植，在拉出卵巢的同时带出子宫，用 1ml 注射器在子宫上刺一个小孔，移卵针从小孔穿入子宫，轻轻将胚胎吹入子宫内。

单侧输卵管或子宫移植以 8～15 枚胚胎为宜。移植完成后，受体鼠单笼饲养，预产期=移植日期+19 天。

（五）实验动物胚胎冷冻保存及胚胎库管理

1. 胚胎的短期保存　胚胎的短期保存是指将胚胎暂时保存起来而不使其失去活力，常用 4 种方法：①37℃、5%CO_2 培养箱中培养保存；②异种动物体内保存；③低温（0～10℃）保存；④超低温冷冻保存。前两种方法，胚胎仍在继续发育，保存是临时的。

异种动物体内保存是指把甲种动物的胚胎移入乙种动物的输卵管或子宫，经短期培养后取出，移植回甲种动物体内并产仔。值得注意的是，异种动物体内保存胚胎的时间是受限的，超出时限将会使胚胎退化，而且也不是任何动物的胚胎都能在另一种动物的输卵管或子宫内存活。兔的输卵管比较适于其他动物胚胎的发育，广泛用于猪、牛、羊、雪貂的胚胎保种和鉴定胚胎活力。

胚胎的低温保存是指在 0～10℃条件下保存胚胎的一种方法，本法操作简单，常用于短途运输。在基因注射和核移植时，常用低温保存使胚胎发育迟缓，使供体核与受体胞质同步化，提高核移植的成功率。常用实验动物卵母细胞和胚胎的低温保存研究见表 12-3、表 12-4。

表 12-3　常用实验动物卵母细胞的低温保存

动物	保存液	保存温度（℃）	保存时间	存后发育
兔	BRS+兔血清	24	12h	37%受精
	BRS+兔血清	0	24h	40%受精
	BRS+兔血清	10	24h	78%受精
	BRS+兔血清	0～10	31h	移植产仔率为 3%～11%
小鼠	卵黄+枸橼酸钠+LPS	0～5	6h	移植产仔
	卵黄+枸橼酸钠+LPS	2～3	3h	移植产仔
仓鼠	卵培养液	4	15~20min	81%受精
	HEPES 缓冲培养液	4	24h	95%受精
	HEPES 缓冲培养液	4	48h	75%受精

资料来源：《哺乳动物生殖工程学》，2018，略有删减。

表 12-4 常用实验动物胚胎的低温保存

动物	胚胎时期	保存液	保存温度（℃）	保存时间（h）	存后发育
小鼠	2-cell	杜氏 PBS	5	1	移植产仔
	8～12-cell	KRB	10	2	移植产仔
	2-cell	杜氏 PBS	5	2	7%至囊胚
	桑葚胚	PBS+0.5mol/L 蔗糖	0	3	62%至囊胚
	桑葚胚	PBS+0.75mol/L 蔗糖	0	5	28%至囊胚
	1-cell	Whitten 氏液	4	1	3%至囊胚
	2-cell	Whitten 氏液	4	2	69%至囊胚
	8-cell	Whitten 氏液	4	3	85%至囊胚
	桑葚胚、囊胚	Whitten 氏液	4	6	75%至囊胚
大鼠	桑葚胚	PBS+0.5mol/L 蔗糖	0	4	25%至囊胚
	桑葚胚	PBS+0.5mol/L 蔗糖	0	3.4	移植产仔
兔	2-cell 至囊胚	兔血清	0～10	4	移植产仔
	桑葚胚	杜氏 PBS	4	14	44%至囊胚

资料来源：《哺乳动物生殖工程学》，2018，略有删减。

2. 超低温冷冻保存技术 超低温冷冻保存是指将胚胎冷冻保存于液氮（−196℃）和液氦（−269℃）的极低温度中，在此温度下，胚胎的新陈代谢完全停止，从而起到长期保存且不影响胚胎活力的目的。超低温冷冻保存实际是一个细胞脱水的过程，其冷冻保存的关键是减少因细胞内冰晶形成而引起的损伤。20 世纪 70 年代以来，胚胎冷冻程序由繁入简，冷冻降温速度从慢到快，所需设备简化、冷冻时间缩短、冷冻效果提高。

超低温冷冻保存技术分为程序化慢速冷冻技术和玻璃化冷冻技术。程序化超低温冷冻保存方法是采用程序降温仪，按预设的降温程序，将卵母细胞所处环境降至一定温度，然后将其放入液氮中。程序化超低温冷冻保存法有慢速冷冻法、快速冷冻法、一步冷冻法和超快速冷冻法等。

Rall 和 Fahy 于 1985 年发明了玻璃化冷冻保存技术，该技术具有降温迅速、细胞快速通过低温敏感区、简单易行等优点，已广泛用于人类与动物卵母细胞与胚胎的冷冻保存。玻璃化冷冻是指在含高浓度冷冻保护剂（6mol/L 以上）的溶液中，经过短暂处理后，直接从 0℃以上的温度投入液氮（−196℃）中，降温速度远高于程序化冷冻，是一种超速冷冻方式。目前，玻璃化冷冻法已发展有数十种，如细管法、微滴法、固定表面玻璃化法、开放式拉长麦管法、尼龙网法、冷冻环法等。

3. 胚胎库数字化管理技术 胚胎冷冻保存技术具备长期保存实验动物胚胎，减少动物对空间的需求并防止遗传突变等风险的作用，为实验动物胚胎生产技术实用化和商业化提供了重要保障。目前，随着基因工程动物的大量研发及使用，实验动物冻存精子、卵子和胚胎的数量急剧膨胀，工作中任何环节的疏漏都会对科研成果造成无可挽回的损失。信息化、电子化管理是提高胚胎移植成功率的重要保证，可有效提升胚胎库精细化管理，并打造出大数据时代的“云端实验动物资源库”，有助于构建区域性遗传工程动物资源库及共享平台，实现资源集中、技术共享的目的。

第三节 遗传工程技术

遗传工程以分子生物学和遗传学为基础，根据研究者的事先设计，人为地对实验对象的遗传物质进行干预，使受体或受体细胞获得新的遗传特性，或形成新的基因产物。遗传工程的显著特点是能够跨越生物种属之间不可逾越的鸿沟，打破常规育种难以突破的物种界限，在短时间内改造生物遗传特性。实验动物遗传工程技术在研究基因功能及其表达调控、阐明疾病发生机制、寻找药物治疗靶点等诸多方面均具有重要的应用价值。

一、动物转基因技术

将外源目的基因导入实验动物的生殖细胞、胚胎干细胞或早期胚胎，使之在受体染色体上稳定整合，并能通过受体生殖系统把外源目的基因传给子代的个体。这样的动物称为转基因动物（transgenic animal）。整合到动物染色体组的外源基因被称为转基因（transgene）。

动物转基因技术主要有 DNA 显微注射法、反转录病毒载体感染法和精子介导基因转移法。

（一）DNA 显微注射法

显微注射法是指将在体外构建的外源目的基因，在显微操作仪下用极细的注射针注射到动物受精卵中，使之通过 DNA 复制整合到动物基因组中，最后通过胚胎移植技术将注射了外源基因的受精卵移植到受体动物的子宫内继续发育，通过对后代筛选和鉴定得到转基因动物的方法。

显微注射法虽然是直接导入外源基因的方法，但是为了使外源基因进入细胞后能够有效表达，一般需要先构建外源目的基因的表达载体，将外源基因置于真核高效表达启动子或组织特异性启动子的控制之下。

显微注射涉及的小鼠有两种，一种是为了保证有足够的受精卵用于注射而制备的超排卵小鼠，另一种是为了将注射后的受精卵移植到体内发育所需要的假孕小鼠。

用显微注射法制备转基因动物，操作技术性很强，需要以下主要设备：倒置显微镜、显微操作系统、显微注射系统、体视镜、锻针仪和显微手术器械。显微注射有三点基本要求，一是操作熟练，尽量缩短整个注射过程的时间；二是确保注射针真正插入雄性原核（精子细胞核）内；三是注射的量要适当。

转基因整合数即转基因拷贝的数目，通常和 DNA 片段大小成反比，因此，越大的 DNA 片段越难整合成功。显微注射的转基因整合是随机的，转基因的表达常常受插入部位周边基因的影响。整合位点不同导致表达水平不同，因此，一次转基因操作可能形成几个不同的基因型或表型的动物。

（二）逆转录病毒载体感染法

反转录病毒是 RNA 病毒，由外壳蛋白、核心蛋白和基因组 RNA 三部分组成。当其进入细胞后，在反转录酶的作用下，其单链 RNA 可以反转录为双链 DNA，然后整合到宿主细胞的染色体上并长期稳定表达。

构建反转录病毒载体时，把病毒基因组中的 *gag*、*pol* 和 *env* 三个结构基因切除掉，替换上外源目的基因和选择标记基因。由于病毒的三个结构基因被替换，所以它丧失了合成病毒蛋白的能力，但保留了转录包装的功能。反转录病毒的长末端重复序列具有转录启动子的活性，将外源基因连接到 LTRs 下游，再包装为病毒颗粒，直接感染受精卵或注射到囊胚腔中，含有外源基因的反转录病毒的 RNA 被反转录为 DNA，并随机整合到宿主细胞基因组中。

（三）精子介导基因转移法

精子介导基因转移法（sperm-mediated gene transfer，－－－--SMGT）是将成熟的精子与外源DNA进行预培养，使精子结合外源DNA。然后通过体外受精、胞质内单精子注射法或输精管注射法，使携带有外源DNA的精子进入卵子中，并使外源DNA整合入染色体中。

精子介导基因转移法简单易行，不需要昂贵的显微操作仪，转染率高且适应性广，对大动物的转基因具有重要意义。本方法成功的关键是使外源DNA与精子有效地结合，可以用共孵育、反复冻融等方法促进两者的结合。

二、动物基因打靶技术

基因打靶（gene targeting）技术是以胚胎干（ES）细胞技术为基础，利用细胞染色体DNA可与外源性DNA同源序列发生同源重组的性质，定向改变细胞或者生物个体遗传信息的实验手段。通过基因打靶技术可以对生物体基因组进行基因灭活、点突变引入、缺失突变、外源基因定位引入、染色体组大片段删除等修饰和改造，并使修饰后的遗传信息通过生殖系遗传，使遗传修饰生物个体后代表达突变的性状。

基因打靶包括基因敲除（gene knock-out）和基因敲入（gene knock-in）。基因敲除技术通过同源重组使特定靶基因灭活，以研究该基因的功能，是基因打靶最常用的一种策略。基因敲入技术通过同源重组用一种基因替换另一种基因，以便在体内测定它们是否具有相同的功能，或将正常基因引入基因组中置换突变基因，以达到靶向基因治疗的目的。

（一）基因打靶的基本过程

传统的基因打靶技术通过构建突变序列的打靶载体，转染小鼠胚胎干细胞，在胚胎干细胞中通过同源重组，用突变序列替换掉原本的内源靶基因，筛选确定同源重组成功的胚胎干细胞系，然后将这种带有突变序列的胚胎干细胞导入囊胚期的早期胚胎，移入假孕小鼠的子宫进行胚胎整体发育，可能获得含有突变序列的嵌合体后代小鼠。通过对嵌合体小鼠进行回交和杂交等操作，最终获得基因敲除的纯合体小鼠。

1. 基因打靶载体的构建 基因打靶载体由载体骨架、靶基因同源序列、突变序列和选择性标记基因等部分组成。基因打靶载体可分为基因插入型载体和基因置换型载体。前者与靶基因同源区段中含有特异的酶切位点，线性化后，通过同源重组导致基因组序列的重复，从而干扰内源靶基因的功能。后者酶切位点在引导序列和筛选基因外侧，线性化后，同源重组使染色体DNA序列被打靶载体序列替换。大多数基因打靶采用置换型载体。

2. 打靶载体的导入 打靶载体的导入可使用电穿孔和显微注射等方法。

3. 中靶胚胎干细胞的筛选 中靶胚胎干细胞的筛选在载体构建时已经做好了准备。正负选择系统载体含有正负两个选择标记基因，正选择基因多为neo^r基因，位于载体上的同源靶基因内，具新霉素（G418）抗性。neo^r基因如与胚胎干细胞内源靶基因发生同源重组成功，将使中靶胚胎干细胞表现出新霉素抗性。如果neo^r基因插入靶基因内，则使靶基因因插入突变失活。因此，用选择性培养基可筛选出中靶的重组细胞。

由于打靶载体在胚胎干细胞内存在各种整合情况，因此为了更精确地鉴定中靶细胞，还需要用到PCR技术和Southern blot等分子生物学鉴定方法。

4. 胚胎显微注射和胚胎移植 通过显微注射的方法将筛选得到的中靶细胞注入囊胚期胚胎的囊胚腔中，然后将囊胚移植到假孕母鼠体内，最终产生子代嵌合体小鼠。

5. 嵌合体小鼠选育 嵌合体小鼠通过与野生型小鼠交配实现基因修饰生殖系传递。再通过数代自交获得纯合、可遗传的后代，用于不同的研究中。

（二）条件性基因打靶技术

条件性基因打靶技术（conditional gene targeting）是指将某个基因的修饰限制于某些特定类型的细胞或动物发育的某一特定阶段的一种特殊的打靶方法。在常规基因打靶的基础上，条件性基因打靶技术利用重组酶介导的位点特异性重组技术，为动物基因修饰设置“按钮”，控制动物基因组的修饰范围和时间。

条件性基因打靶技术是基于 Cre-LoxP 重组酶系统或者 FLP-FRT 重组酶系统完成的。在小鼠细胞中，前者效率更高，应用更多。

Cre 重组酶是一种位点特异性重组酶，能够介导两个 LoxP 位点之间的 DNA 序列特异重组，使 LoxP 位点之间的序列被删除或倒位。LoxP 位点是 Cre 重组酶特异识别的位点，长 34bp，含有两个 13bp 的反向重复序列和一个 8bp 的核心序列。LoxP 位点具有方向性，方向是由 8bp 的核心序列决定的。如果两个 LoxP 位点方向相同，Cre 重组酶将会将两个位点之间的 DNA 序列删除；如果两个 LoxP 位点方向相反，Cre 重组酶将会将两个位点之间的 DNA 序列倒位。

基于 Cre-LoxP 重组酶系统的条件基因打靶一般分两步来进行。首先要在 ES 细胞的基因组的靶基因两端引入两个 LoxP 序列，这一步可以通过打靶载体的设计和对同源重组子的筛选来实现。第二步通过 Cre 酶介导的重组来实现靶基因删除的遗传修饰或改变。Cre 酶介导的靶基因删除可以在 ES 细胞水平完成，也可以利用特异性组织或细胞表达 Cre 重组酶的转基因小鼠与锚定 LoxP 位点的条件基因打靶小鼠杂交来完成。

（三）基因编辑技术

1. 锌指核酸酶技术 锌指核酸酶（zinc finger nuclease，ZFN）主要分成两个功能性结构：一个是由 3～6 个锌指蛋白串联组成的 DNA 识别域。多个锌指蛋白可以串联起来形成一个锌指蛋白组，识别一段特异的碱基序列，具有很强的特异性和可塑性。人为调整锌指蛋白的排列顺序，即可构建识别不同碱基的锌指蛋白结构域。另一个是非特异性核酸内切酶（*Fok*I），能通过二聚化发挥核酸内切酶活性。

将锌指核酸酶的质粒或 mRNA 通过转染或注射细胞后，核定位信号引导锌指核酸酶进入细胞核，通过 DNA 识别域识别特定的 DNA 序列后，将核酸内切酶定位到目标位点，两个锌指核酸酶分子的 *Fok*I 结构域与目标位点结合，在两个结合位点的间隔区切割产生双链断裂切口。细胞可通过非同源末端连接和同源重组等方式错误修复或引入修改，造成 DNA 序列改变，从而实现基因的定向修饰操作。

锌指核酸酶能在指定位点造成 DNA 双链断裂，有助于在活细胞内对基因进行靶向编辑。DNA 双链断裂刺激细胞启动 DNA 修复机制，即同源重组或非同源末端连接，从而诱发位点特异性重组。本技术将基因打靶效率由干细胞介导法的 10^{-7}～10^{-6} 提高至 10^{-2}～10^{-1}，应用范围也更加广泛。

锌指核酸酶技术已经被应用到多种生物中进行基因定点修饰，具有高效简捷等明显的优势。但存在着某些锌指结构域缺乏特异性，实验结果出现脱靶现象，引起其他目的基因突变和染色体畸变。此外，锌指核酸酶的设计筛选耗时费力，也限制了它的广泛应用。

2. 转录激活子样效应物核酸酶技术 类似于锌指核酸酶，转录激活子样效应物核酸酶（transcription activator-like effector nucleases，TALEN）由 *Fok*I 的催化结构域和 TALE 重复模块组成。TALE 由具有分泌信号的 N 端易位结构域、能够和 DNA 进行特异性结合的中央结构域及含核定位信号和转录激活结构域功能的 C 端组成。

中间的 DNA 结合结构域是一段特别长的重复氨基酸序列，不同种类的 TALE 蛋白的中间结构域由 1.5～33.5 个 TALE 单元组成的重复氨基酸序列组成，每个 TALE 单元由 33～35 个氨基酸残基组成。在一个重复的氨基酸序列中，每个重复单元和末尾的半个重复单元均可特异性地识别并结合DNA的一个特定核苷酸位点。

研究者可根据TALE的特点快速方便地设计人工的TALE序列，并与*Fok*I核酸内切酶结构域相结合，产生以TALE为基础的核酸内切酶（TALEN）。与ZFN对基因组DNA的切割机制一样，两个TALEN单体通过TALE特异性结合到靶DNA上，非特异性的*Fok*I形成二聚体，导致识别位点间的几个核苷酸切割断裂。

相较于锌指核酸酶，TALEN决定识别位点特异性的规律更加简单，与DNA结合的局限性更少，并且其结合识别位点的预测性更强。但其局限性也很明显：TALEN识别域序列至少2kb，设计构建难度大；这么长的TALEN导入细胞以后是否会引起细胞产生免疫反应，对细胞和个体会产生什么样的毒性仍然不清楚。

3. CRISPR/Cas 技术 规律成簇间隔短回文重复序列（clustered regularly interspersed short palindromic repeats，CRISPRs）是细菌及古细菌中的一种基于RNA的后天免疫防御系统。CRISPR可利用导向RNA指导Cas蛋白对目的基因组进行修饰，其结构包括3部分：5'端的反式激活核糖核酸基因、中间部分的Cas蛋白结构基因和3'端的CRISPR基因座。

如果在基因的上下游各设计一条向导RNA，将其与含有Cas9蛋白编码基因的质粒一同转入细胞中，反式激活核糖核酸基因表达产生的tracrRNA和*CRISPR*基因表达产生的crRNA组成二元复合体，即向导RNA。向导RNA通过碱基互补配对可以靶向原间隔基序（protospocer adjacent motif，PAM）附近的目标序列，引导Cas蛋白识别并切割该基因上下游的DNA双链，形成双链断裂。而生物体自身存在着DNA损伤修复的应答机制，会将断裂上下游两端的序列连接起来，从而实现了细胞中目标基因的敲除。

如果在此基础上为细胞引入一个修复的模板质粒（供体DNA分子），这样细胞就会按照提供的模板在修复过程中引入片段插入或定点突变。这样就可以实现基因的替换或者突变。还可以对受精卵细胞进行基因编辑，并将其导入代孕母体中，从而实现基因编辑动物模型的构建。

随着研究的深入，CRISPR/Cas技术已经被广泛地应用。除了基因敲除、基因替换等基础编辑方式，它还可以被用于疾病动物模型构建和基因治疗。

三、动物基因敲减技术

基因敲减技术（gene knock-down）是利用RNA干扰技术结合转基因技术，在动物体内，由少量的双链RNA阻断基因的表达，得到和基因敲除相似的效果。基因敲减技术是从转录后水平或翻译水平使基因表达失活或基因沉默，而基因的DNA序列没有发生改变的技术，所以基因敲减的表型往往不能稳定遗传。

1. RNA 干扰法（RNA interference，RNAi） 是指通过反义RNA与正义RNA形成的双链RNA特异性地抑制靶基因的转录后表达的现象。本技术通过人为地引入与内源靶基因具有同源序列的双链RNA（dsRNA），从而诱导内源靶基因的mRNA降解，达到阻止基因表达的目的。

RNAi是由双链RNA诱导的多步骤、多因素参与的过程，属于基因转录后调控，其中需要ATP的参与。细胞内靶mRNA在双链RNA出现后即发生降解，大致分为以下几个阶段进行。①siRNA形成阶段：*Rde21*（RNAi缺陷基因21）编码的蛋白质识别外源双链RNA，引导双链RNA与*DCR21*编码的Dicer结合。双链RNA与Dicer结合后，Dicer先将双链RNA解旋，再将其裂解为21～23个核苷酸大小的片段，这些小片段RNA称为小干扰RNA。②RNA诱导的沉默复合物形成阶段：生成的siRNA与RNAi特异性酶（Ago22等）结合形成RISC，具有序列特异性的核酸内切酶活性，能特异性地降解与siRNA同源的靶mRNA。③效应阶段：RISC中siRNA变性，双链解开，卸下正义链，反义链仍结合在复合物上，并引导RISC与同源的靶目标RNA结合，在核酸内切酶作用下，自 siRNA 中点位置处将靶 mRNA 切断，从而阻断其翻译成蛋白质的活性。④扩增阶段：这是一个 RNAi 的循环扩增过程，可以解释为什么很小剂量的双链 RNA 就能诱发强烈的基因沉默效应。

RNAi 是一种高效的特异性强的基因阻断技术，近年来发展迅速，很快就成为功能基因组研究的有力工具。通过实验手段将双链 RNA 分子导入细胞内，特异性地降解细胞内与其序列同源的 mRNA，封闭内源性基因表达，从反向遗传的角度研究人类或其他生物基因组中未知基因的功能。RNAi 技术特异性高，作用迅速，副作用小，在有效地沉默靶基因的同时，对细胞本身的调控系统没有影响。RNAi 被广泛应用于基因治疗、新药开发、生物医学研究等领域，用 RNAi 技术来抑制基因的异常表达，为治疗癌症、遗传病等疾病开辟了新的途径。

2. 吗啉环干扰法 基本原理是把核苷酸上的五碳糖环用一个吗啉环（morpholino）取代，同时对原有的磷酸基团做了改变，使得这样一个 DNA 分子类似物可以以碱基配对的方式同 RNA 和 DNA 单链结合。但是由于结构的改变，使得整个分子不带电荷，从而无法被任何酶所识别，因此这类物质在细胞内有极强的稳定性。在此基础上，如果针对某一个基因的 mRNA 设计一段反义的吗啉环寡聚物（phosphorodiamidate morpholino oligomer，PMO），在细胞内这个寡聚物和 RNAi 一样，通过与 mRNA 结合来阻断该 mRNA 的翻译，使得相应基因在表达水平上被阻断，继而达到敲除基因的目的。

吗啉环干扰法与 RNA 干扰技术类似，操作简单，结果快捷，特异性强。但是吗啉环干扰法也有极大的缺陷，其最大的缺陷在于特殊的分子结构导致其不带有任何电荷，使得 PMO 无法被细胞表面的任何受体所识别，同时无法通过转染的方式导入细胞。因此要将 PMO 分子导入细胞，只有通过物理损伤细胞膜的方式来实现 PMO 的进入，这个缺陷极大地限制了 PMO 作为一种可能的基因特异性药物或基因敲除工具的研究。

第四节　神经行为检测技术

近年来，分子生物学和信息技术以指数速率加速发展，已成为现代生物医学进展的主要驱动力，也带动了相关学科的发展。在实验动物学领域，突变系动物模型的建立及中枢神经系统的药物开发都要求对动物进行大量临床前行为评估，中医证候动物模型的辨证分型、对证用药都离不开对模型动物行为表征的精细量化和分析。无疑，现代神经行为检测技术可为以上目标的实现提供可资借鉴的方法学参考。

旷场实验

一、情绪行为检测技术

（一）抑郁焦虑类行为检测

1. 旷场实验 采用动物行为分析系统记录并分析动物于旷场实验箱（图 12-7）中的活动。将动物小心放置于旷场实验箱中央，由红外摄像系统和视频合成器记录动物 6min 内活动情况。实验过程中要记录的行为指标有运动总路程、直立次数、中央区运动路程及中央区停留时间。其中，运动总路程反映动物肢体活动性，直立次数反映动物的探索兴趣，中央区运动路程及中央区停留时间反映动物的焦虑水平。

图 12-7　旷场实验装置

2. 糖水偏好实验 糖水偏好程度提示实验动物对奖赏的反应性，是抑郁症动物模型中最为可靠的行为学观察及评价指标，用于反映抑郁症动物的快感丧失症状。

方法：动物禁水 12h 后，同时给予每只动物预先称量好质量的灭菌饮用水和 1%蔗糖水，为防止动物产生位置偏爱，12h 后交换两只水瓶放置的位置，记录 24h 内动物摄入的饮用水及糖水质量。计算出每只动物的糖水偏好值。

$$糖水偏好值=\frac{糖水消耗量（g）}{糖水消耗量（g）+水消耗量（g）}\times 100\%$$

强迫游泳实验

3. 强迫游泳实验 用于反映抑郁症动物的行为绝望，主要用于抗抑郁、镇静及止痛类药物的药效评价。实验时，将动物置于一个局限的环境中（如水中），动物于该环境中拼命挣扎试图逃脱又无法逃脱，从而提供了一个无可回避的压迫环境，一段时间后，动物即表现出典型的“不动状态”，即“行为绝望状态”。

大鼠强迫游泳实验：将所有动物分别放入有 23℃、20cm 深水的有机玻璃圆筒中，15min 后转移至 30℃干燥环境中 30min（预实验），24h 后将大鼠再次放入有机玻璃圆筒内 5min（正式实验）。实验期间用摄像机记录，做完一只大鼠后换水，清洁圆筒，强迫游泳结束后的大鼠立即用毛巾擦干。用软件分析悬浮不动的时间和次数。

4. 悬尾实验 是一种经典而又能快速评价抗抑郁药物、兴奋药物、镇静药物药效的方法。其原理是利用动物悬尾后企图逃脱但又无法逃脱，从而放弃挣扎，进入特有的抑郁不动状态。抗抑郁药物、兴奋药物能明显地缩短其状态。通过视频追踪软件可分析此过程。

小鼠悬尾实验：用医用胶带将小鼠尾尖部 1/3 处竖直悬于悬尾装置上，使其头部正对镜头，离台面约 30cm，视频追踪软件持续记录 6min，分析后 4min 小鼠悬尾不动时间。不动时间判断为小鼠停止挣扎，呈倒悬垂状态，静止不动。强迫悬尾实验装置如图 12-8 所示。

高架十字迷宫实验

图 12-8　强迫悬尾实验装置

5. 高架十字迷宫实验 啮齿动物（如大鼠、小鼠）有探究行为，放入高架十字迷宫（图 12-9）后会主动探究开臂，但又惧怕开臂中高悬敞开的环境。抗焦虑药物能够增加开臂探究活动，致焦虑剂则相反。

以小鼠实验系统为例，包括 2 个 35cm×6cm 的相对开臂和 2 个 35cm×6cm 的相对闭臂，闭臂上部敞开，开臂四周均敞开，开臂与闭臂之间中央有一个 5cm×5cm 的相对开阔部。迷宫离地面高 50cm。将小鼠置于中央开阔部，头朝开臂。行为分析软件记录 5min 内小鼠进入开臂与闭臂的次数和两臂滞留的时间（以四肢全部入臂或出臂为标准）。计算小鼠进入开臂的次数与时间分别占总次数和总时间的百分比。

6. 高架 O 迷宫实验 高架 O 迷宫实验原理也是基于实验动物探索习性与危险环境之间矛盾冲突，是一种相当于高架十字迷宫变型的新型焦虑行为测试装置。但高架 O 迷宫又不同于高架十字迷宫：①没有中央区，不存在中央“死时间”；②实验动物探索行为是连续的，不受两臂区末端影响；③两臂区之间可以直接转换，不需要经过中央区过渡。

高架 O 迷宫（图 12-10）由两个开放臂和两个闭合臂组成，O 迷宫高度为 50cm。实验时将动物放置于闭合臂和开放臂的交界处，面向开放臂，使动物可以自由探索，记录动物 5min 内开放臂停留时间和闭合臂停留时间，再计算出开放臂停留时间比。

图 12-9 高架十字迷宫实验装置

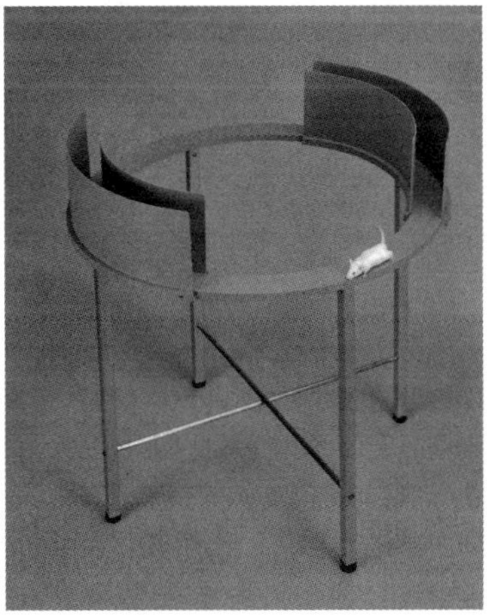

图 12-10 高架 O 迷宫实验装置

7. 明暗箱实验 是评价实验啮齿动物焦虑行为的经典方法，被广泛应用于精神神经药理学基础研究。明暗箱实验也是利用动物对新奇环境的探究习性和对强光线厌恶感的矛盾冲突，但是明暗箱实验结果依赖于一般性探索行为，故一般需要进行运动功能对其自发活动影响的评估。

以小鼠明暗箱（图 12-11）为例：明暗箱由一个整体箱体被中间插门（6.5cm×6.5cm）分隔为两个相同尺寸（$L\times W\times H$=25cm×25cm×30cm）的隔间（明区和暗区）组成，明区由白色灯光照明，暗区由红色灯光照明。实验开始时，每只小鼠面向隔墙放入明区中央，抽走中间隔板，动物四个爪子进入隔间一次即记作一次进入。用行为分析软件记录 5min 内小鼠明区路程、明区停留时间和明区进入次数。

8. 洞板实验 是基于小鼠喜欢探洞的天性而设计的，其原理是将小鼠放于有圆洞的平板上，使其处于喜新和恐新的矛盾心态中。小鼠探洞行为的改变能有效反映小鼠对新环境的适应能力和探究能力，可用来研究小鼠的焦虑行为。

洞板装置（图 12-12）为一块开放的无墙正方形（50cm×50cm）白色不透明有机玻璃板，其上有四个等距的直径为 4cm 的圆孔，离地 5cm 高。以小鼠为例，将小鼠置于洞板上，让其自由探洞 3min。记录每只小鼠第一次探洞潜伏期、探洞次数及嗅洞次数。

9. 新奇环境进食抑制实验 大鼠于新奇环境进食第一口食物花费时间的长短，可用于大鼠对于奖赏反应性及对周围环境判断力的检测，大鼠进食耗时增加表明大鼠对于奖赏反应性下降，兴趣减低，反应迟钝，对周围环境的判断能力下降，进而模拟人类的抑郁症状。

明暗箱实验

图 12-11 明暗箱实验装置

图 12-12 洞板实验装置

方法：在安静空旷的房间内，将动物置于由树脂玻璃制作的旷场中（76.5cm× 76.5cm×40cm），旷场中心放置少量食物。实验时从任意角落将禁食 24h 后的大鼠放入旷场内，每只大鼠置于旷场中 6min，整个过程由旷场上方的视频摄像头录入电脑，计算并统计大鼠延迟进食的时间，特别是每只大鼠接近并进食第一口食物的时间。大鼠进食时间的长短反映其抑郁的程度。

10. 饮水电击实验 饮水冲突模型是一种条件反射焦虑行为模型，主要利用禁水动物对水的渴求心理与饮水时受到电击的恐惧心理之间的矛盾冲突，有焦虑情绪的动物舔水次数和被电击次数明显减少。

Vogel 饮水冲突装置：测试盒体积为 20cm×26cm×14cm，顶部插入水瓶的金属饮嘴，底部为不锈钢电网，外连一电刺激器和焦虑记录仪。实验分两个阶段进行。第一阶段，非惩罚饮水训练：将大鼠禁水 24h 后单个置于操作箱，让其充分探究，直到发现瓶嘴并开始舔水，计数器自动记录大鼠 3min 的舔水次数，淘汰舔水少于 300 次的大鼠。第二阶段，惩罚实验：上述未被淘汰的大鼠继续禁水 24h（共 48h）后置于操作箱。大鼠能很快找到瓶嘴并开始舔水，舔够 20 次，仪器自动开始计时并给予一次电击（舔水与电击次数之比为 20∶1），电击强度一般为 0.2～0.5mA（惩罚期），持续 2s，但大鼠可通过脱离瓶嘴来控制受电击时间的长短。记录惩罚期（3min）大鼠的舔水次数。可配合自发饮水实验排除饮水动机的改变产生的假阳性结果。自发饮水实验中，大鼠惩罚期内不予电击，3min 内舔水次数则为其自发饮水量。

（二）其他情绪行为检测

1. 攻击行为测试 大鼠单笼饲养后产生领地意识，外来入侵大鼠进入该领地后，居住鼠会对入侵大鼠产生攻击行为。

14：30～17：00 将居住鼠作为待测大鼠，将其及鼠笼放于摄像设备下，将背部描黑的入侵鼠放入笼中，持续 10min，时间结束后将入侵鼠取出。连续 4 天，每天居住鼠面对由拉丁方设计的不同入侵鼠。居住入侵诱导实验结束后，对居住鼠进行攻击行为测试实验，保留所有视频资料。采用盲法借助大鼠攻击行为分析工具对攻击行为进行评定。攻击行为含两种类型：正面攻击（当入侵鼠试图逼近时跃起）和侧旁攻击（弓背从侧面窜出将入侵者推出）。

观察者利用大鼠攻击行为分析工具分析录像中居住鼠对于入侵鼠的不同攻击方面得分。根据输入的指令软件自动统计：①攻击次数；②攻击时间；③撕咬次数；④攀爬次数；⑤攀爬时间；⑥竖毛次数。混合攻击行为得分计算公式为：①+0.2×②+③+0.2×⑤+⑥。攻击行为测试装置如图 12-13 所示。

2. 自由探索实验 人类的焦虑反应主要表现为逃避现实、逃跑行为、警觉性提升，同样的行为反应也可于动物身上观察到，自由探索实验作为国际公认的评价啮齿动物特质焦虑情绪的方法已得到广泛应用。

自由探索实验装置（图 12-14）由一个主体箱构成，分为两个隔间，每个隔间细分为三个探索单元（30cm×20cm×20cm），每个单元之间通过小的开口互联，两个隔间通过一个可抽拉的隔板来分离。为使动物熟悉隔间，测试前大约 24h，装入隔板，将动物放入装置内的一个隔间，预留另一个隔间做正式测试。熟悉区用垫料覆盖底部并可以自由进食进水。测试当日，将熟悉区与陌生区间隔板抽去，暗淡红光下观察动物 10min，测定陌生区停留时间等参数。

图12-13　攻击行为测试装置

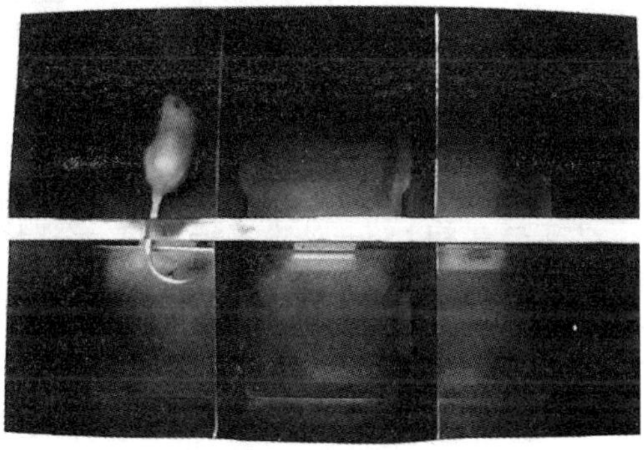

图12-14　自由探索实验装置

Morris 水迷宫实验

二、学习记忆检测技术

（一）基于空间学习记忆的检测

1. Morris 水迷宫实验　Morris 水迷宫系统分为水迷宫装置和水迷宫图像自动采集与软件分析系统。迷宫直径 1.0m，高度 0.5m。迷宫分为 4 个象限，每个象限都贴有标志。

水迷宫实验分为两部分，连续测试 5 天。第一部分为定位航行实验，测试 4 天，第二部分为空间探索实验，测试 1 天。将黑色素食用色粉以温水冲开，以隐藏平台，并令其摄像时与动物颜色保持鲜明对比，便于追踪。平台位于水面下 0.8cm，水深 21cm，定位于 NW 象限，水迷宫水温用加热棒保持恒温（22～24℃）。

定位航行实验：每只小鼠训练 4 次/天，每次训练间隔 15～20min。测试时每次以半随机方式选择入水点，实验者将小鼠以手托起，令其面向池壁，轻轻放入水中。每次训练中，小鼠 60s 内能寻找到平台、在平台上停留时间超过 2s 作为寻台成功标志，把小鼠从入水到寻台成功所用时间记为潜伏期。若小鼠 60s 内未能找到平台，则由实验者用手将其引导至平台，潜伏期记为 60s。小鼠登上平台后，让其在平台上停留 10s，以让其根据 4 个象限的参照物进行空间学习和记忆，并减少小鼠紧张。计算每天潜伏期平均值，以评价动物空间记忆的获得能力。

空间探索实验：撤去平台，每只小鼠测试 1 次，时间为 60s。选择 SE 象限将小鼠面向池壁边缘轻放入水中，通过动物 60s 内穿过原平台位置的次数、原平台象限游程比率及时间比率（即动物原平台象限的游程及时间占总游程及总时间的比率）来评价动物的空间记忆能力。Morris 水迷宫实验装置如图 12-15 所示。

图 12-15　Morris 水迷宫实验装置

2. Y 迷宫实验　Y 迷宫主要应用于动物的辨别

性学习、工作记忆及参考记忆的测试。其原理是利用实验动物对新异环境探索的天性，主要用于研究啮齿动物空间学习记忆。

Y 迷宫（图 12-16）由三个完全相同的臂组成，以小鼠为例，各臂夹角为 120°，每臂尺寸为 30cm×8cm×15cm，在中央处各有一个可移动的隔板。将小鼠放在 Y 迷宫任意一臂末端，任其自由探索 8min，摄像系统记录动物 8min 的行为变化，记录以下各项指标：①总进臂次数：动物进入迷宫臂的次数（以小鼠四只爪均进入臂为进臂一次标准）；②轮流（交替）一次：依次连续进入 Y 迷宫全部三个臂一次；③最大轮流次数：总进臂次数-2。自发轮流行为得分=总轮流次数/最大轮流次数×100%。

3. T 迷宫实验 T 迷宫是依靠觅食动机诱导动物完成任务的一种迷宫，T 迷宫（图 12-17）由黑色树脂玻璃材料构成一个主干臂（50cm×10cm）和两个目标臂（40cm×10cm），且其周围墙壁高 20cm。主干臂最初 15cm 处设置滑动门，分隔出此段作为起始箱。检测前需对动物禁食，食物保持为约 90%的摄入量，直至实验结束。实验中，动物对目标臂的选择基于记住上次探索过的目标臂，即空间工作记忆，动物对目标臂的正确交替选择是完整工作记忆能力的体现。

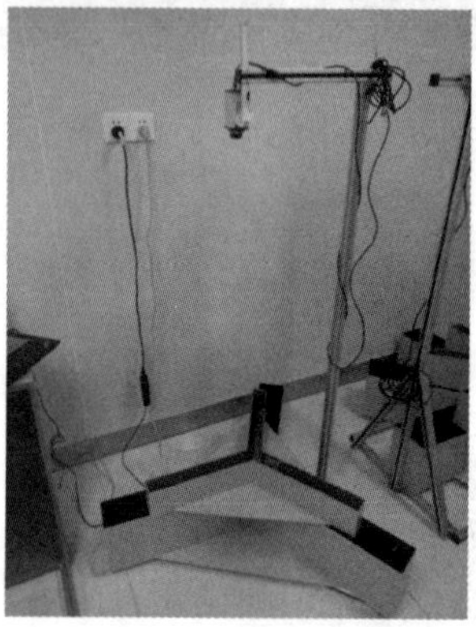
图 12-16　Y 迷宫实验装置

图 12-17　T 迷宫实验装置

T 迷宫包括自发连续交替实验和交替选择实验两种模式。自发连续交替实验模式时，动物不用禁食，完全借助其爱探索的天性。先让动物完全适应迷宫后，进行一次初始强制实验和六次选择实验，即关闭其中一条目标臂，动物从起始箱放入，使其探索另一条开放的目标臂，待进入目标臂后，又重新放回起始箱。10s 后开放闸门，让其自由探索两条目标臂，待其进入其中一条臂后，关闭另一条臂，再次放回起始箱，10s 后进入下一次选择实验，循环进行 6 次。

交替选择实验模式时，动物禁食后进行 7～8 天的适应性训练和 1 天的正式训练，即适应迷宫后，在两条目标臂中随机选择一条臂末端放入食饵，关闭另一条臂。将动物放入起始箱，使其进入目标臂获取食饵，连续训练一段时间后（保证左右两臂放食饵的次数相等）进入正式实验阶段。先是强迫训练，选择一条臂开放并放入食饵，另一条臂关闭，当动物进入有食饵的臂获得奖励后，马上将其放回主干臂，而后让其自由探索左右两臂，此前强迫训练时放食饵的臂中无食饵，其对侧臂有食饵。动物若进入无食饵的臂，记为一次“错误次数”，反之为“正确次数”，重复测试多次。统计总的正确率，正确率越高，潜伏期越短，表明动物工作记忆越好。

4. 巴恩斯迷宫实验 巴恩斯迷宫与水迷宫和放射臂迷宫类似，用于检测动物空间记忆。巴恩斯迷宫利用啮齿动物避光喜暗且爱探究的特性而建立。动物获得的强化是从一个光亮、敞开的平台上面逃往位于平台下面的一个黑暗、狭小的箱里，这个箱称为目标箱。经过训练，动物学习并记忆目标箱的位置。本实验对动物的应激性刺激较小，既不像放射臂迷宫（八臂迷宫）那样需要禁食，也不像水迷宫那样应激性强，因此，在记忆研究中较为常用，尤其适用于与应激相关的记忆研究及基因敲除小鼠的行为表型研究。

实验开始前一天，将动物单个从目标洞置于躲避盒（目标箱）内适应 4min。将动物置于迷宫中央的起始盒内限制活动 5s，移开起始盒，启动软件，实验者在挡帘后进行观察。动物四肢均进入目标箱，则计为一次逃避，并让动物在箱内停留 30s。每只动物一次观察 4min。在此期间如果动物仍然找不到目标箱，则将动物从迷宫移开，放入目标箱内停留 30s，利用这一间隙清洁迷宫。动物每天训练 2 次，连续 5～6 天。

从第二次训练开始，每次训练之前将迷宫随机转动一至数个洞的位置，但目标箱始终固定在同一方位。这样做的目的是防止动物依靠气味，而非凭借记忆来确定目标洞的位置。巴恩斯迷宫实验装置如图 12-18 所示。

5. 八臂辐射迷宫实验 八臂迷宫（图 12-19）又称放射迷宫，由一个中心区和与其相连的八条臂组成，八条臂完全相同，每臂长 425mm、宽 145mm、高 225mm（大鼠），是研究啮齿动物学习记忆能力的常用装置，与 Y 迷宫或 T 迷宫类似。但相对而言，迷宫臂的数量大为增加，增加了许多实验选择。实验方法如下：

动物适应实验环境 1 周后，称重，禁食 24h。此后每天八臂迷宫训练结束后限制性地给予正常食料（据体重不同，大鼠 16～20g，小鼠 2～3g），以使体重保持在正常进食大鼠的 80%～85%。第二天，在迷宫各臂及中央区分撒食物颗粒（每只 4～5 粒，直径 3～4mm）。然后，同时将 4 只动物置于迷宫中央（通往各臂的门打开），让其自由摄食、探究 10min。第三天，重复第二天的训练，让动物在没有很强的应激条件下熟悉迷宫环境。第四天起，动物单个进行训练：在每个臂靠近外端食盒处各放一颗食粒，让动物自由摄食。食粒吃完或 10min 后将动物取出。第五天，将食物放在食盒内，重复前一天的训练，一天 2 次。第六天以后，随机选 4 个臂，每臂放一颗食粒；八臂迷宫各臂门关闭，将动物放在迷宫中央；30s 后，臂门打开，让动物在迷宫中自由活动并摄取食粒，直到动物吃完所有 4 个臂的食粒。如经 10min 食粒仍未吃完，则实验终止。每天训练 2 次，其间间隔 1h 以上。

图 12-18 巴恩斯迷宫实验装置

图 12-19 八臂辐射迷宫实验装置

用动物行为学软件自动记录以下 4 个指标：①工作记忆错误；②参考记忆错误；③总入臂次数；④测试时间，即动物吃完所有食粒所花的时间。

物体识别实验

（二）非空间学习记忆检测

1. 物体识别实验 是利用小鼠喜欢接近和探索陌生物体的天性，来检测小鼠的短时记忆能力的行为学方法。实验操作流程如下：

适应期：第一天，先将小鼠置于测试房间进行 1h 的环境适应和熟悉，再将小鼠放入旷场箱内适应 20min（箱内无物体），以消除旷场箱对受试小鼠的影响。每只小鼠实验结束后，用 75%乙醇清洗旷场箱。

图 12-20　物体识别实验装置

熟悉期：第二天（适应期 24h 后），先将小鼠置于测试房间进行 1h 的环境适应和熟悉，再于旷场箱内同侧左右两端放置两个大小和质地完全相同的黄色柱形瓶作为熟悉物体，然后将小鼠背朝物体放入箱内，记录 5min 内小鼠对物体探究的情况（计时标准：小鼠鼻或口距离物体 2cm 范围内探究的时间，其趴到物体上或只在物体附近走动不计入）。每只小鼠实验结束后，用 75%乙醇清洗旷场箱。

测试期：熟悉期 2h 后，先随机将旷场箱内一个黄色柱形瓶换为大小相同的绿色锥形瓶作为陌生物体，再将小鼠背朝物体放入箱内，记录 5min 内小鼠对陌生物体的探索时间和熟悉物体的探索时间。计算识别指数=对陌生物体的探索时间/（对陌生物体的探索时间+对熟悉物体的探索时间）。物体识别实验装置如图 12-20 所示。

2. 社会交互实验　社会交互是指社会上的人与人之间的交际往来，是人们传递信息、交流思想的意识，以达到某种目的的各项社会活动。对于许多动物来说，社交同样重要。社交行为障碍是许多精神疾病的典型特征，包括抑郁症、自闭症、精神分裂症、强迫症等。为了在动物模型上研究社交行为的变化，科学家们开发出了一系列行为学实验，其中较为成熟的是大小鼠“三箱社交测试”。其原理是基于大小鼠喜群居、对新物件具有探索倾向的特性。可评价社会交互性、社会交互新颖性与社会交互记忆等。

实验过程分为两个阶段，第一阶段：在三箱的一侧放一只陌生的同种小鼠陌生鼠 1，另外一侧是空的金属笼子，让测试小鼠在三箱中自由活动。第二阶段：在另外一侧放另一只陌生的同种小鼠陌生鼠 2，测试小鼠同样在三箱中自由活动。利用软件分别记录接触时间和接触次数。三箱社会交互实验装置如图 12-21 所示。

图 12-21　三箱社会交互实验装置

3. 主动回避（穿梭）实验　穿梭实验广泛用于学习记忆功能、认知功能、神经生理学、神经药理学、中枢神经退行性变等方面的研究，简单易操作，容易判别结果，可信度高，既可单独作为检测实验，也可作为其他学习记忆和认知功能实验的辅助或预筛选实验。

双向穿梭箱每个箱体体积为 35cm×17cm×21.5cm。箱内有一垂直隔板将箱体分隔成两个相同体积的隔间，有可以通往两个隔间的空档，面积只能允许大鼠从中穿过，而不能使大鼠在此空档下停留以避免足电击。穿梭箱底部有由 24 个不锈钢杆组成的足电击板，不锈钢杆的直径为 0.48cm，杆间距为 1.5cm，足电击板中间用铰链将其与箱体中间连接，当测试大鼠从一侧隔间穿梭至另一侧隔间时，可以通过足部电击板的旋转监测到。

实验方法：第一天为适应期，将大鼠放入一侧隔间，无足部电击（非条件反射），无声音刺激（条件反射），大鼠在箱体内自由穿梭 1h 后放回饲养笼内，以确定大鼠的基础活动值，保证大鼠的基础活动度在同一个基线水平上。第二天为获得期，将大鼠放入一侧隔间内，接受 100 次主动回避实验，每次实验间隔为 10～90s（平均 50s）。每次实验开始为 10s 的 85dB 的声音刺激，若大鼠未在此 10s 时间段（即主动回避期）内穿梭至对面隔间，则施以相应隔间 0.5mA 的足底电击，电击时长 2s，在 2s 电击时间段内声音刺激依旧存在，在此时间段内的逃避穿梭反应将会终止电击及声音的刺激；若大鼠在 12s 内未发生穿梭反应，则逃避失败。第三天为记忆测试期，实验步骤与第二天相同。

4. 被动回避（避暗）实验 穿梭避暗实验是一种较常用的学习记忆实验方法，简便易行，既可观察药物对记忆过程的影响，也可观察对学习成绩的影响，有较高的敏感性，尤其适合于药物初筛。

穿梭避暗仪由两个大小相同（26cm×26cm×45.5cm）的黑白明暗穿梭箱构成，黑白两箱之间有一自动门（8cm×7cm），小鼠可通过此门在两箱之间穿梭。两个箱子的底部均有金属栅栏，只有黑箱底部的金属栅栏是可通电的，启动通电开关后，小鼠前足一旦触碰到栅栏即会被电击，白箱的顶部有白炽灯可照明。

避暗实验需要提前适应。利用小鼠喜暗厌明的习性，第一天为训练过程，训练前将小鼠头背着洞口放入白箱，先适应环境 3min，然后给黑箱金属栅栏通以 36V 电流，小鼠一进入黑箱即受电击，其正确反应是回到白箱，金属栅栏通电持续 5min。第二天做记忆测验，将动物背朝通道小门放入白箱，黑箱即刻通电，记录 5min 内错误次数（进入黑箱的次数）、潜伏期（第一次从白箱到黑箱的时间）、黑箱时间、白箱时间、黑箱路程等指标，评价动物的避暗记忆再现能力。5min 内未进入黑箱的小鼠其潜伏期按 300s 计算。

5. 跳台实验 主要用于检测实验动物对刺激的避害学习记忆能力，被广泛应用于认知障碍研究及药物的筛选和评价。

跳台实验装置（图 12-22）为一长方形反应箱，大小为 10cm×10cm×60cm，用黑色塑料板分隔成五间，底面铺以铜栅，间距为 0.5cm，可以通电，电压强度由一变压器控制。每间左后角放置一高度和直径均为 4.5cm 的平台。

图 12-22 跳台实验装置

将小鼠放入反应箱内适应环境 3min，然后通以 36V 交流电，动物受到电击，其正常反应是跳回平台以躲避伤害性刺激。多数动物可能再次或多次跳至铜栅上，受到电击后又迅速地跳回平台，如此训练 5min，并记录每鼠受到电击的次数或错误次数，以此作为学习成绩。24h 后重做测验，此即记忆保持测验，将小鼠放到跳台上，记录第一次跳下平台潜伏期及 300s 内错误（跳下平台）次数。如果 300s 内小鼠仍未跳下平台，错误次数记为 0 次，潜伏期记为 300s。

三、运动成瘾行为检测

（一）运动相关行为检测

1. 自主活动检测 是评估探索性活动和运动性活动最简单、最经济的方法。自主活动检测装置通常由一个正方形（或圆形）的场地组成，围着隔板防止动物逃跑，并且有足够的大小（如 100cm×100cm 或直径 100cm）。实验中保持环境安静，将大鼠小心放置于实验箱中央，记录如下参数：移动（在指定时间内的方形交叉次数）、站立、捋毛和刻板行为（如舔、厮咬、探头）。这些活动可以分别记录在外围区域或中心区域，后者被认为反映了啮齿动物的焦虑程度。排便频率也可以被记录下来作为恐惧的衡量标准。

2. 跑台实验 主要用于啮齿小动物跑步运动训练，可取代传统的游泳训练，使训练强度指标更加准确，是体能、耐力、运动损伤、营养、药物、生理和病理等实验的常用手段之一。

每条跑道长580mm，宽85mm，高120mm，跑道速度无级可调，范围0~100m/min（大鼠推荐20m/min）。实验分为适应阶段和测试阶段。在适应阶段，跑步机传送带的速度保持为5m/min，传送带倾斜角度为0°，将小鼠放入跑道，让其进行5min的适应运动。适应完成后进入测试阶段，将小鼠放入跑道，以阶梯上升的方式，把跑步机速度由5m/min缓慢提升至20m/min（每隔15min，速度增加3m/min），同时将传送带的倾斜角度由0°缓慢提升至12°（每隔15min，角度增加3°）。如果小鼠被连续电击20s仍不能进入正常跑步状态，则可判定该小鼠运动能力达到极限。若小鼠在传送带上运动时间达到90min或者运动能力达到极限，则记录小鼠运动时间、运动路程，实验结束。跑台实验装置如图12-23所示。

转棒实验

3. 转棒实验 是利用啮齿动物保持平衡和与旋转杆保持同步的能力而评估其运动功能，动物于一个固定直径（3.5cm）的旋转杆上行走，旋转杆的速度在预定的时间内增加，直到动物不能再保持它的位置。

第一天，将小鼠放置于转棒仪上，探索3min，熟悉环境。第二天，将小鼠放置在转棒上，转速为20r/min，实验时间为200s，每只小鼠进行三次实验，统计平均掉落潜伏期。第三天，将转速调为加速模式，0～30r/min，加速时间为200s，每只小鼠进行四次实验，统计每次掉落潜伏期。如果小鼠转棒的滞留时间超过200s，即停止实验，掉落潜伏期记为200s。转棒实验装置如图12-24所示。

图12-23 跑台实验装置

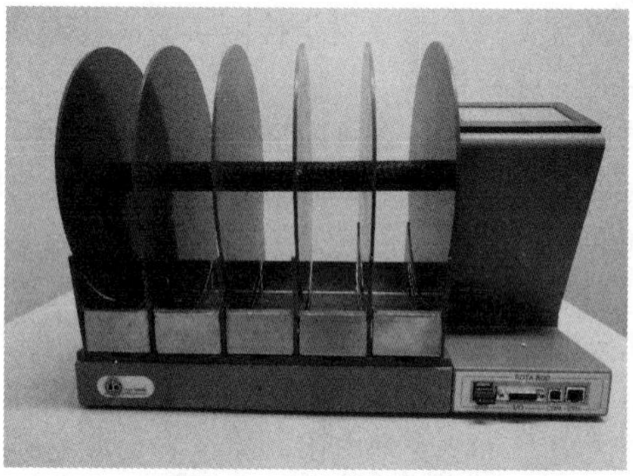

图12-24 转棒实验装置

4. 斜坡实验 可以对伤后大鼠前后肢体的残余力量强度和保持身体平衡的能力进行评估。

将大鼠停留于一个可移动倾斜的平面上，然后逐渐倾斜，每度记录一次直到52°，被测大鼠需要在每个角度上保持身体平衡5s。记录大鼠可保持其位置不动的最大角度，正常大鼠可在52°斜坡上保持位置平衡，记录每只被测大鼠的停留角度。

5. 平衡木实验 用于评定模型大鼠感觉运动整合能力及平衡协调能力。

平衡木长80cm，宽2.5cm，平放在距离地面高100cm处，其下垫一厚度为5cm的海绵垫（避免大鼠从平衡木上掉下时摔伤）。每天早晚各训练1次，每次10min，使其能顺利在平衡木上行走。观察并评分，评分标准：0分——穿过平衡木，不会跌倒；1分——穿过平衡木，且有小于等于50%的路程中出现脚滑现象（即跌倒机会少于等于50%）；2分——穿过平衡木，但有大于50%的路程中出现脚滑现象（即跌倒机会大于50%）；3分——能穿过平衡木，但瘫痪侧后肢不能帮助向前移动；4分——不能穿过平衡木，但可坐在平衡木上面；5分——将大鼠放在平衡木上会掉下来。

6. 爬杆实验 实验连续3天，分为训练期和测试期。前两天为训练期，训练小鼠使其学会爬杆；第三天为测试期，进行实验测试。

第一天，将爬杆竖直，先把小鼠头朝下置于爬杆的中央位置处，让小鼠自己往下爬，直至双脚着地。再把小鼠头朝下置于爬杆顶端，让小鼠自己往下爬，直至双脚着地。此为一次训练，每只小鼠均需完成 3 次训练。第二天，将爬杆竖直，把小鼠头朝上置于爬杆的顶端，让小鼠自己学会由头向上转为头向下，并接着往下爬，直至双脚着地。此即为一次训练，每只小鼠均需完成 3 次训练。完成训练任务后，第三天，将爬杆竖直，把小鼠头朝上置于爬杆的顶端，记录小鼠由头向上转为头向下所用时间，以及从把小鼠置于杆上到小鼠四肢全部着地的全程所用时间，每只小鼠进行 3 次记录。

7. 抓力测试 前肢抓力测量主要用于力量检查，可以测得小鼠在自主活动状态下前肢的最大收缩力量，是综合评估肌肉减少、诊断肌肉力量和功能的方法，因其简单易行而可以作为诊断的首选方法。

使用电子抓力仪采集小鼠前肢抓力。将抓力仪置于水平平台，悬提小鼠尾部，将小鼠前肢放置在抓力仪感应横杆上，待小鼠前肢抓紧横杆后，水平向后拖拽小鼠尾部，至其前肢松开，抓力仪自动记录最大抓力。重复测量 3 次，取最大值记为小鼠前肢绝对抓力。

（二）成瘾相关行为检测

1. 条件位置偏爱实验 实验在条件位置偏爱测试箱中进行。条件位置偏爱测试箱（图 12-25）有三个隔间，它们分别为不同的墙壁图案和地板纹理。隔间 A 和 B 大小相等，由一个小的隔间 C 隔开。手动门可将所有隔间隔开。

第一天，大鼠在箱中自由穿梭适应 10min，进行初始偏好评估，以确定基线偏好，将在其中任何一侧所处时间超过 60%的大鼠予以剔除。将隔间 A 或 B 定义为奖赏区或非奖赏区。第 2～11 天，将大鼠置于条件位置偏爱箱中间区域，关闭手动门，每次持续 10min。如果大鼠进入待奖赏区域，动物回到鼠笼后立即给予牛奶 10min，非奖赏区域动物回到鼠笼后给予饮用水 10min，这一程序连续 10 天交替进行。第十二天，进行条件位置偏爱检测，将大鼠放于箱中自由穿梭 10min，测试期间不提供牛奶及饮用水，记录大鼠在两侧所处时间。依公式计算条件位置偏爱程度：条件位置偏爱程度=［奖赏区域所处时间/（奖赏区域所处时间+非奖赏区域所处时间）］×100%。

2. 自身给药实验 自身给药实验系统又称操作条件反射装置，由注射系统、笼箱、静脉给药系统、软件系统组成，主要用于对药物成瘾的研究。

自身给药箱（图 12-26）箱体大小为 40cm×40cm×50cm，箱底为带有条形漏洞的底板（类似栅栏状），箱壁上有两个触鼻装置，左右各一，距离箱底 5cm，当大鼠将鼻子探进鼻触开关时，系统可接收鼻触信号。箱壁上方为房灯（信号灯），另有蜂鸣器一枚。箱顶为一个杠杆，其上安装带有转轴连接的给药导管，导管外套有一根弹簧管，用以保护给药导管，导管上端通过液相转轴与注射泵相连，下端与大鼠颈静脉植入导管装置相连。此外，箱顶带有摄像头，可以记录大鼠训练过程中的情况。

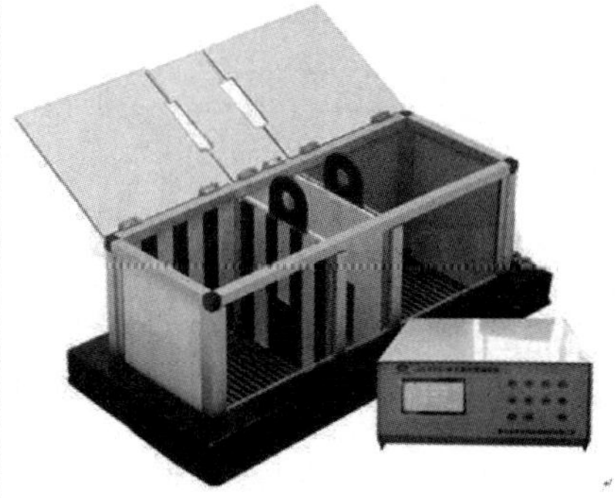

图 12-25 条件位置偏爱实验装置

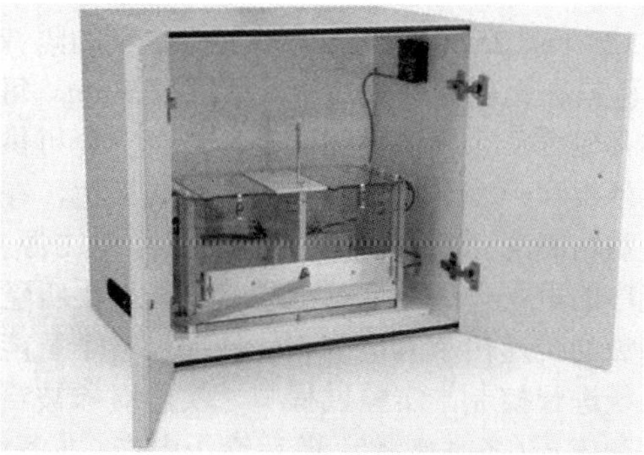

图 12-26 自身给药实验装置

根据实验需要，编辑适当的实验方法。当大鼠进行一次有效鼻触时，系统会泵入一次成瘾药物，并伴有信号灯（房灯）、声音（蜂鸣器）等环境线索的变化。每完成一次有效鼻触，系统立即进入不应期，时长为 20s，在此期间，大鼠的触鼻行为（无效鼻触）也会被记录，但不会引发任何系统反应。有效不应期过后，系统即完成一次循环，进入下一个周期。而当大鼠进行对照鼻触时，系统只记录对照鼻触次数，不泵入药物，不伴有灯光、声音等线索的变化。

四、复杂精细行为检测

（一）步态分析实验

动物步态分析实验可用于评估脊髓损伤、神经性疼痛、运动失调、末梢神经损伤、创伤性脑损伤、帕金森病、中风及关节炎等。

图 12-27　步态分析实验装置

在实验参数设置好后，对 SD 大鼠或 C57BL/6 小鼠进行训练。训练方法：先将饲养实验鼠的鼠笼放置于步态分析仪（图 12-27）后端下方的鼠笼托架中，以此建立实验鼠熟悉的环境。然后将其中一只实验鼠放置于仪器前端跑道上，待其自由探索至跑完全程，并进入仪器末端的暗盒中，视为成功完成一次训练。若实验鼠迟迟没有进行跑道中向前的探索，则从实验鼠后方给予一定吹风刺激，直至实验鼠跑至末端暗盒中，并于其中适应 30s。如果该实验鼠适应暗盒环境且未从暗盒的出口跳入下方的饲养盒内，可人为将动物置于该鼠盒中，并视为完成了一次训练。每只实验鼠每天训练 3 次，连续训练 7 天，直至所有实验鼠能在无外界刺激的条件下不停顿且匀速地行走至跑道末端，并可采集到清晰的脚印（步行台的玻璃板需要保持洁净，以防止实验鼠排出的粪便及尿液产生噪声，影响脚印记录和数据采集）。经过训练仍不能在无刺激下匀速行走至跑道末端的实验鼠，则在此时淘汰。

训练第七天进行数据采集，进行实时自然步态行为录像 3 次，合格的录像中须包含有 7～8 个连续步数。之后用专用分析软件分析，取左前足、右前足、左后足、右后足各个指标的均值，以 Excel 表格将各参数数据导出，进行统计分析。

（二）震惊反射与恐惧制约实验

图12-28　震惊反射与恐惧制约实验装置

震惊反射与恐惧制约实验装置（图 12-28）箱体尺寸为 25cm×25cm×25cm，放置于定制的隔音箱内，实验鼠在无任何刺激的情况下适应 3min。每一个箱体都包含一个模块化测试笼，带有一个可供电的栅栏地板和一个环境光源。内墙涂成黑色，在测试前用酒精清洗。栅栏地板被连接到一个电击源上，发出无序的电击。通过室壁上的扬声器发出听觉刺激，刺激的传递由个人电脑和软件通过一个智能的接口系统进行控制。实验过程中，实验对象被给予一个声音信号（条件刺激），随后给予电击（非条件）

刺激。该训练称为条件性训练，训练结束后实验动物进行声音信号或环境联系性实验。一般情况下啮齿动物对相应的环境和不同环境下同样的声音信号都会做出明显的条件性恐惧反应，如静止不动。这种测试可以在训练结束后立刻或几天后进行，可以提供在条件信号影响下短期和长期记忆的信息。

第一天，小鼠在无任何刺激的情况下适应 3min。接着开始 3 次声音与足底电击的配对刺激，每个循环之间的刺激间隔为 120s，最后一次电击后再间隔 120s，将小鼠放回笼子。第二天（24h 后），小鼠再次暴露于训练环境 3min，并对其木僵行为进行记忆获得评分。第三天（48h 后），小鼠单独接受 4 次单独的声音刺激，每次间隔 30s，记录其木僵时间，并对其木僵行为进行记忆获取评分。

（三）操作条件反射实验

操作条件反射（奖励性操作条件反射）是由美国心理学家斯金纳在经典条件反射的条件刺激与结果之间加入操作行为，是一种由条件刺激引起的行为改变，目前在动物认知领域被广泛使用。

适应训练：训练中，双侧踏板缩回，测试箱照明灯亮，且不给予刺激信号。奖赏装置于（60±10）s 自动泵出一次奖赏物质（20%蔗糖水 0.2ml），训练 30min。训练期间，记录动物的鼻触次数、运动路程、平均速度等指标，用于筛选动物是否可以进行下一步训练。

奖励性条件反射：先进行为期 10 天的训练，每天训练时间为 20min。训练过程中，踏板缩回，蓝色信号灯作为唯一刺激信号，周期性亮灯，亮灯时间 10s，试验间隔期为（30±10）s。当蓝色信号灯亮时，奖赏装置自动泵出一滴奖赏物质（20%蔗糖水 0.2ml）；而实验进入间歇期时，则没有奖赏物质泵出。动物在测试箱内可以自由探索饮水盒，动物在蓝色信号灯亮时发生的鼻触反应为正确反应，鼻触次数被记为正确鼻触次数；动物在实验间隔期发生的反应则为错误反应，鼻触次数被记为错误鼻触次数。动物的学习能力通过比较正确鼻触次数和鼻触正确率［正确鼻触次数/（正确鼻触次数+错误鼻触次数）］反映出来。操作条件反射实验装置如图 12-29 所示。

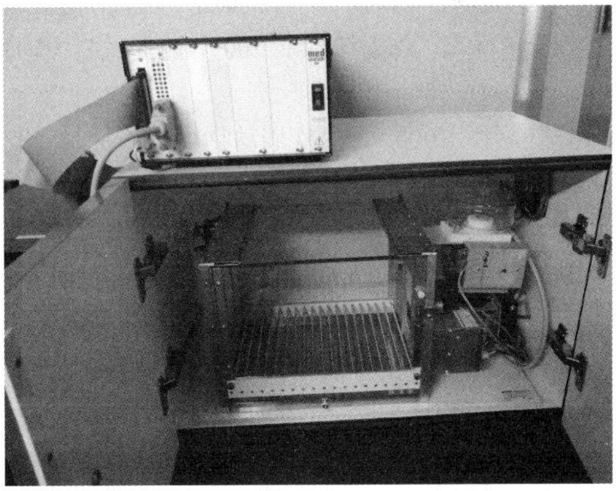

图 12-29　操作条件反射实验装置

本章 PPT

参考文献

陈孟毅，孟爱民. 2016. 肺纤维化动物模型及研究进展. 中国比较医学杂志，26（6）：88-93
陈小野. 1993. 实用中医证候动物模型学. 北京：北京医科大学中国协和医科大学联合出版社
崔文涛，单同领，李奎. 2007. 转基因猪的研究现状及应用前景. 中国畜牧兽医，34（4）：58-62
顾熟琴，景绍亮. 1989. 小鼠冷冻胚胎库. 北京实验动物科学，1：19-23
郭红星，韦武，2019. 大鼠肝癌模型建立的研究进展. 中国实验动物学报，27（1）：119-123
郭文文，乔天运，张彩勤，等. 2019. 免疫系统人源化小鼠模型的构建及其在肿瘤治疗研究中的应用. 中国比较医学杂志，29（11）：98-104
韩锐. 1997. 抗癌药物研究与实验技术. 北京：北京医科大学中国协和医科大学联合出版社
何诚. 2013. 实验动物学. 第 2 版. 北京：中国农业大学出版社
贺争鸣，李根平，朱德生，等. 2016. 实验动物管理与使用指南. 北京：科学出版社
黄继汉，黄晓飞，陈志扬，等. 2009. 药理试验中动物间和动物与人间的等效剂量换算. 中国临床药理学与治疗学，9（9）：1069-1072
李才，任立群. 2008. 人类疾病动物模型的复制. 北京：人民卫生出版社
李光鹏，张立. 2018. 哺乳动物生殖工程学. 北京：科学出版社
李培宁，罗敏辉，任海涛，等. 2015. 肠粘连动物模型及模型评价方法的研究进展. 中国实验动物学报，23（1）：101-104
李绍芝，朱文锋，黄献平. 2000. 心气虚证动物模型的研制. 中国中医基础医学杂志，6（7）：46-52
李天赋，李卫巍. 2013. 慢性前列腺炎动物模型研究进展. 中华男科学杂志，19（12）：1124-1128
李晓敏，张岩. 2015. 老年性骨质疏松症动物模型及其发病机制的研究进展. 中国骨质疏松杂志，21（2）：245-248
李学勇. 2008. 实验动物设施运行管理指南. 北京：科学出版社
李垚，陈学进. 2019. 医学实验动物学. 上海：上海交通大学出版社
李正欢，张晓云. 2017. 高血压动物模型应用概况与研究进展. 中华高血压杂志，25（8）：727-732
刘恩岐. 2014. 人类疾病动物模型. 北京：人民卫生出版社
刘红全，戴继勋，于文功，等. 2002. 基因打靶技术的研究进展. 遗传，24（6）：707-711
刘丽艳，韩艳梅，李文超，等. 2020. 实验动物潜在生物安全威胁及降低风险的建议. 实验技术与管理，37（2）：264-266，278
栾兆磊，王雨农，王洪田. 2016. 变应性鼻炎动物模型的研究进展. 临床耳鼻咽喉头颈外科杂志，30（13）：1090-1094
马畅，郭健敏，谢松强，等. 2019. 白血病小鼠模型的建立与应用进展. 中国实验动物学报，27（2）：66-270
彭华松，徐汪节，刘闯，等. 2019. 国内高校实验动物安全管理的调查研究与思考. 中国兽医学报，39（3）：598-602
秦川. 2017. 中国实验动物学科发展 40 年. 科技导报，35（24）：20-26
秦天宝. 2020.《生物安全法》的立法定位及其展开. 社会科学辑刊，3：134-147
申睿，刘苗，朱向东，等. 2018. 溃疡性结肠炎大鼠实验模型研究进展. 中华中医药杂志，33（9）：3998-4001
宋丹，冉丽媛，姜如娇，等. 2016. 糖尿病研究中的动物模型进展. 中国比较医学杂志，26（9）：83-87
宋征，马璟. 2018. 人源化动物模型在肿瘤免疫治疗药物临床前研究中的应用. 中国药理学与毒理学杂志，32（3）：161-167

孙佳惠，单慧，潘萧羽，等. 2017. 二甲基苯蒽/佛波酯两步化学法诱导小鼠皮肤癌的模型优化. 中国实验动物学报，25（1）：31-35
汤家铭，陈民利. 2012. 医学实验动物学. 北京：中国中医药出版社
汤家铭. 2003. 遗传工程小鼠的饲养管理和品系建立. 上海实验动物科学，23（3）：189-192
滕艳，杨晓. 2007. 基因打靶技术：开启遗传学新纪元. 遗传，29（11）：1291
童骏峰，徐志伟，杨元宵，等. 2015. 腺嘌呤与氢化可的松所致大鼠肾阳虚证模型比较研究. 中华中医药杂志，30（11）：3901-3904
汪纪楠，施伟，宋伟，等. 2018. 鸭乙型肝炎动物模型在药学领域的应用进展. 中国药科大学学报，49(6)：746-750
王超. 2013. 基因修饰小鼠制备常用技术. 北京：中国农业大学出版社
王朝霞，蒋兴浩. 2020. 高校实验动物的传染病防控措施研究与实践. 实验技术与管理，37（3）：9-12
王达洋，王显. 2020. 小型猪动脉粥样硬化模型研究进展. 中国实验动物学报，28（3）：410-415
王浩澜，刘宝山. 2018. 免疫性血小板减少性紫癜动物模型建立的研究进展. 中国实验血液学杂志，26（1）：273-277
王晓波，姜爽，王舒，等. 2013. 肺水肿动物模型的研究进展. 解放军药学学报，29（1）：69-74
王晓梅，阮烨，谢庆东，等. 2005. 精子为载体的基因转移研究. 遗传，27（2）：195-200
魏强. 2020. 动物生物安全实验室管理和技术要点. 中国比较医学杂志，30（3）：94-97
魏盛，孙鹏，张惠云. 2012. 证候动物模型质量考核的思路与方法. 中华中医药杂志，27（10）：2607-2610
谢忠忱，江轶，黄开胜，等. 2020. 高校实验动物生物安全管理模式研究. 实验技术与管理，37（2）：1-5
徐平. 1990. 小鼠剖腹育仔若干问题探讨. 上海实验动物科学，10（4）：222-223
徐平. 2001. 不同日龄小鼠的超排、体外授精及二细胞胚胎移植的比较研究（简报）. 实验生物学报，34（3）：253-255
徐淑云，卞如濂，陈修. 2002. 药理实验方法学. 北京：人民卫生出版社
薛小燕，吴君伟，郭小华，等. 2014. 阿尔茨海默病动物模型的研究进展. 中国老年学杂志，34（20）：5914-5917
阎雨，方莲花，杜冠华. 2015. 系统性红斑狼疮动物模型研究进展. 中国实验动物学报，23（4）：428-433
杨玉洁，李玉姣，李杉杉，等. 2018. 用于评价大小鼠学习记忆能力的迷宫实验方法比较. 中国比较医学杂志，28（12）：129-134
张婉，徐飞. 2020. 合成生物学伦理问题研究态势分析. 医学与哲学，41（9）：41-47
张薇，张永斌，陈嘉，等. 2016. 实验动物从业人员培训教程. 广州：中山大学出版社
张永斌，郭学军，邹移海. 2006. 初产/经产及同居时间对 NIH 小鼠受孕率和剖腹产成活率的影响. 动物医学进展，27（1）：88-90
张志成，袁圆，王旋，等. 2018. 帕金森疾病动物模型的研究进展. 中国比较医学杂志，28（5）：21-27
赵心刚，卢凡，程苹，等. 2019. 我国实验动物资源建设的问题与展望. 中国科学院院刊，34（12）：1371-1378
赵媛媛，覃骊兰，郝二伟. 2018. 高血脂症动物模型研究进展. 中国实验方剂学杂志，24（18）：215-221
中国科学技术协会. 2009. 2008—2009 实验动物学学科发展报告. 北京：中国科学技术出版社
钟宇晨，匡海学，王秋红. 2020. 酒炙前后当归多糖对血瘀证大鼠的作用研究及机制探讨. 中药新药与临床药理，31（5）：495-501
周光兴，高诚，徐平，等. 2008. 人类疾病动物模型复制方法学. 上海：上海科学技术文献出版社
宗绍波，朱德豪，魏盛. 2015. 白香丹胶囊对经前期综合征肝气逆证模型大鼠学习记忆功能的影响. 中国药理学通报，31（2）：284-289
Al-Awar A，Kupai K，Veszelka M，et al. 2016. Experimental diabetes mellitus in different animal models. Journal of Diabetes Research，9051426
Allen T M，Brehm M A，Bridges S，et al. 2019. Humanized immune system mouse models：progress，challenges and opportunities. Nat Immunol，20（7）：770-774

Annette T，Byrne，Denis G，et al. 2017. Interrogating open issues in cancer precision medicine with patient-derived xenografts. Nature Reviews Cancer，17：254-268
Bhaya D，Davison M，Barrangou R. 2011. CRISPR-Cas systems in bacteria and archaea：versatile small RNAs for adaptive defense and regulation. Annu Rev Genet，45（45）：273-297
Brem G，Brenig B，Goodman H M，et al. 1986. Production of transgenic mice，rabbits and pigs by microinjection. Theriogenology，25（1）：143
Brinster R L，Chen H Y，Trumbauer M，et al. 1981. Somatic expression of herpes thymidine kinase in mice following injection of a fusion gene into eggs. Cell，27（1）：223-231
Buccafusco J J. 2001. Methods of Behavior Analysis in Neuroscience. Boca Raton：CRC Press
Carroll D. 2011. Genome engineering with zinc-finger nucleases. Genetics，188（4）：773-782
Christian M，Cermak T，Doyle E L，et al. 2010. Targeting DNA double-strand breaks with TAL effector nucleases. Genetics，186：757-761
Costantini F，Lacy E. 1981. Introduction of a rabbit beta-globin gene into the mouse germ line. Nature，294（5836）：92-94
Crawley J N. 2001. What's Wrong With My Mouse?Behavioral Phenotyping of Transgenic and Knockout Mice（Second Edition）. Hoboken：WILEY
Dong N，Wei H，Lin L，et al. 2017. Inactivation of porcine endogenous retrovirus in pigs using CRISPR-Cas9. Science，357（6357）：1303-1307
Dudchenko P A，Talpos J，Young J，et al. 2013. Animal models of working memory：a review of tasks that might be used in screening drug treatments for the memory impairments found in schizophrenia. Neuroscience & Biobehavioral Reviews，37（9）：2111-2124
Gordon J W，Scangos G A，Plotkin D J，et al. 1980. Genetic transformation of mouse embryos by microinjection of purified DNA. Proceedings of the National Academy of Sciences of the United States of America，77（12）：7380-7384
Gordon K，Lee E，Vitale J A，et al. 1992. Production of human tissue plasminogen activator in transgenic mouse milk. Biotechnology，24（11）：425
Gurdon J B，Lane C D，Woodland H R，et al. 1971. Use of frog eggs and oocytes for the study of messenger RNA and its translation in living cells. Nature，233（5316）：177-182
Han H. 2018. RNA interference to knock down gene expression. Methods Mol Biol，1706：293-302
Harbers K，Kuehn M，Delius H，et al. 1984. Insertion of retrovirus into the first intron of alpha 1（I）collagen gene to embryonic lethal mutation in mice. Proceedings of the National Academy of ences of the United States of America，81（5）：1504-1508
James Wright. 2015. International Encyclopedia of the Social & Behavioral Sciences （Second Edition）. Amsterdam：Elsevier
Mike May. 2018. Cancer research with a human touch. Nature，556：259-261
Monzani P S，Adona P R，Ohashi O，et al. 2016. Transgenic bovine as bioreactors：challenges and perspectives. Bioengineered，7（3）：123-131
Nancarrow C，Marshall J，Murray J，et al. 1987. Production of a sheep transgenic with the ovine growth hormone gene. Theriogenology，27（1）：263
Ogo Y，Wakasa Y，Hirano K，et al. 2014. Generation of transgenic rice with reduced content of major and novel high molecular weight allergens. Rice，7（1）：19
Palmiter R D. 1998. Transgenic mice-the early days. International Journal of Developmental Biology，42（7）：847-854

Papaioannou V E. 1998. The coming of age of the transgenic era. International Journal of Developmental Biology, 42（7）: 841-846

Polge E J, Barton S C, Surani M A, et al. 1989. Induced expression of a bovine growth hormone construct in transgenic pigs. Biotechnology in Growth Regulation, 189-199

Qiu Z, Liu M, Chen Z, et al. 2013. High-efficiency and heritable gene targeting in mouse by transcription activator-like effector nucleases. Nucleic Acids Research, 41（11）: 120

Siegel R L, Miller K D, Jemal A. 2019. Cancer statistics, 2019. CA Cancer J Clin, 69（1）: 7-34

Srivastava P, Bhattacharaya P, Pandey G, et al. 2005. Overexpression and purification of recombinant human interferon alpha2b in *Escherichia coli*. Protein Expression and Purification, 41（2）: 313-322

Subbotina E, Koganti S R, Hodgson-Zingman D M, et al. 2016. Morpholino-driven gene editing: a new horizon for disease treatment and prevention. Clin Pharmacol Ther, 99（1）: 21-25

Vize P, Michalska A, Ashman R, et al. 1998. Introduction of a growth hormone fusion gene into transgenic pigs promotes growth. Journal of Cell Science, 90: 295-300

Wagner E F, Stewart T A, Mintz B. 1981. The human beta-globin gene and a functional viral thymidine kinase gene in developing mice. Proceedings of the National Academy of ences of the United States of America, 78（8）: 5016-5020

Wang H, Nakamura M, Abbott T R, et al. 2019. CRISPR-mediated live imaging of genome editing and transcription. Science, 365（6459）: 852

Wang H, Wu H, Wang K, et al. 2016. Expression of recombinant human lysozyme in transgenic chicken promotes the growth of Bifidobacterium in the intestine and improves postnatal growth of chicken. AMB Express, 6（1）: 110

Wang Q, Hao S, Ma L, et al. 2015. Comparison of human coagulation factor VIII expression directed by cytomegalovirus and mammary gland-specific promoters in HC11 cells and transgenic mice. Blood Coagulation and Fibrinolysis: an International Journal in Haemostasis and Thrombosis, 26（7）: 755-761

Wang Y, Du Y, Shen B, et al. 2015. Efficient generation of gene-modified pigs via injection of zygote with Cas9/sgRNA. Scientific Reports, 5: 8256

Yamakawa H, Cheng J, Penney J, et al. 2017. The transcription factor Sp3 cooperates with HDAC2 to regulate synaptic function and plasticity in neurons. Cell Reports, 20（6）: 1319

Zhang J, Yu H,Zhang Y, et al. 2016. Increased abscisic acid levels in transgenic maize overexpressing AtLOS5 mediated root ion fluxes and leaf water status under salt stress. Journal of Experimental Botany, 67（5）: 1339-1355

附录一 国家实验动物管理法规

实验动物管理条例

（1988 年 10 月 31 日国务院批准，1988 年 11 月 14 日科学技术委员会令第 2 号颁布；根据 2011 年 1 月 8 日《国务院关于废止和修改部分行政法规的决定》第一次修订；根据 2013 年 7 月 18 日《国务院关于废止和修改部分行政法规的决定》第二次修订；根据 2017 年 3 月 1 日《国务院关于修改和废止部分行政法规的决定》第三次修订）

第一章 总则

第一条 为了加强实验动物的管理工作，保证实验动物质量，适应科学研究、经济建设和社会发展的需要，制定本条例。

第二条 本条例所称实验动物，是指经人工饲育，对其携带的微生物实行控制，遗传背景明确或者来源清楚的，用于科学研究、教学、生产、检定以及其他科学实验的动物。

第三条 本条例适用于从事实验动物的研究、保种、饲育、供应、应用、管理和监督的单位和个人。

第四条 实验动物的管理，应当遵循统一规划、合理分工，有利于促进实验动物科学研究和应用的原则。

第五条 国家科学技术委员会主管全国实验动物工作。

省、自治区、直辖市科学技术委员会主管本地区的实验动物工作。

国务院各有关部门负责管理本部门的实验动物工作。

第六条 国家实行实验动物的质量监督和质量合格认证制度。具体办法由国家科学技术委员会另行制定。

第七条 实验动物遗传学、微生物学、营养学和饲育环境等方面的国家标准由国家技术监督局制定。

第二章 实验动物的饲育管理

第八条 从事实验动物饲育工作的单位，必须根据遗传学、微生物学、营养学和饲育环境方面的标准，定期对实验动物进行质量监测。各项作业过程和监测数据应有完整、准确的记录，并建立统计报告制度。

第九条 实验动物的饲育室、实验室应设在不同区域，并进行严格隔离。

实验动物饲育室、实验室要有科学的管理制度和操作规程。

第十条 实验动物的保种、饲育应采用国内或国外认可的品种、品系，并持有效的合格证书。

第十一条 实验动物必须按照不同来源，不同品种、品系和不同的实验目的，分开饲养。

第十二条 实验动物分为四级：一级，普通动物；二级，清洁动物；三级，无特定病原体动物；四级，无菌动物。

对不同等级的实验动物，应当按照相应的微生物控制标准进行管理。

第十三条 实验动物必须饲喂质量合格的全价饲料。霉烂、变质、虫蛀、污染的饲料，不得用于饲喂实验动物。直接用作饲料的蔬菜、水果等，要经过清洗消毒，并保持新鲜。

第十四条 一级实验动物的饮水，应当符合城市生活饮水的卫生标准。二、三、四级实验动物的饮水，应当符合城市生活饮水的卫生标准并经灭菌处理。

第十五条 实验动物的垫料应当按照不同等级实验动物的需要，进行相应处理，达到清洁、干燥、吸水、无毒、无虫、无感染源、无污染。

第三章　实验动物的检疫和传染病控制

第十六条　对引入的实验动物，必须进行隔离检疫。

为补充种源或开发新品种而捕捉的野生动物，必须在当地进行隔离检疫，并取得动物检疫部门出具的证明。野生动物运抵实验动物处所，需经再次检疫，方可进入实验动物饲育室。

第十七条　对必须进行预防接种的实验动物，应当根据实验要求或者按照《中华人民共和国动物防疫法》的有关规定，进行预防接种，但用作生物制品原料的实验动物除外。

第十八条　实验动物患病死亡的，应当及时查明原因，妥善处理，并记录在案。

实验动物患有传染性疾病的，必须立即视情况分别予以销毁或者隔离治疗。对可能被传染的实验动物，进行紧急预防接种，对饲育室内外可能被污染的区域采取严格消毒措施，并报告上级实验动物管理部门和当地动物检疫、卫生防疫单位，采取紧急预防措施，防止疫病蔓延。

第四章　实验动物的应用

第十九条　应用实验动物应当根据不同的实验目的，选用相应的合格实验动物。申报科研课题和鉴定科研成果，应当把应用合格实验动物作为基本条件。应用不合格实验动物取得的检定或者安全评价结果无效，所生产的制品不得使用。

第二十条　供应用的实验动物应当具备下列完整的资料：

（一）品种、品系及亚系的确切名称；

（二）遗传背景或其来源；

（三）微生物检测状况；

（四）合格证书；

（五）饲育单位负责人签名。

无上述资料的实验动物不得应用。

第二十一条　实验动物的运输工作应当有专人负责。实验动物的装运工具应当安全、可靠。不得将不同品种、品系或者不同等级的实验动物混合装运。

第五章　实验动物的进口与出口管理

第二十二条　从国外进口作为原种的实验动物，应附有饲育单位负责人签发的品系和亚系名称以及遗传和微生物状况等资料。

无上述资料的实验动物不得进口和应用。

第二十三条　出口应用国家重点保护的野生动物物种开发的实验动物，必须按照国家的有关规定，取得出口许可证后，方可办理出口手续。

第二十四条　进口、出口实验动物的检疫工作，按照《中华人民共和国进出境动植物检疫法》的规定办理。

第六章　从事实验动物工作的人员

第二十五条　实验动物工作单位应当根据需要，配备科技人员和经过专业培训的饲育人员。各类人员都要遵守实验动物饲育管理的各项制度，熟悉、掌握操作规程。

第二十六条　实验动物工作单位对直接接触实验动物的工作人员，必须定期组织体格检查。对患有传染性疾病，不宜承担所做工作的人员，应当及时调换工作。

第二十七条　从事实验动物工作的人员对实验动物必须爱护，不得戏弄或虐待。

第七章　奖励与处罚

第二十八条　对长期从事实验动物饲育管理，取得显著成绩的单位或者个人，由管理实验动物工作的部门给予表彰或奖励。

第二十九条　对违反本条例规定的单位，由管理实验动物工作的部门视情节轻重，分别给予警告、限期改进、责令关闭的行政处罚。

第三十条　对违反本条例规定的有关工作人员，由其所在单位视情节轻重，根据国家有关规定，给予行政处分。

第八章　附则

第三十一条　省、自治区、直辖市人民政府和国务院有关部门，可以根据本条例，结合具体情况，制定实施办法。

军队系统的实验动物管理工作参照本条例执行。

第三十二条　本条例由国家科学技术委员会负责解释。

第三十三条　本条例自发布之日起施行。

实验动物质量管理办法

（国家科学技术委员会和国家技术监督局 1997 年 12 月 11 日颁布）

第一章　总则

第一条　为加强全国实验动物质量管理，建立和完善全国实验动物质量监测体系，保证实验动物和动物实验的质量，适应科学研究、经济建设、社会发展和对外开放的需要，根据《实验动物管理条例》，制定本办法。

第二条　全国执行统一的实验动物质量国家标准。尚未制定国家标准的，可依次执行行业或地方标准。

第三条　全国实行统一的实验动物质量管理。

第四条　本办法适用于从事实验动物研究、保种、繁育、饲养、供应、使用、检测以及动物实验等一切与实验动物有关的领域和单位。

第二章　国家实验动物种子中心

第五条　实验动物品种、品系的维持，是保证实验动物质量和科研水平的重要条件。建立国家实验动物种子中心的目的，在于科学地保护和管理我国实验动物资源，实现种质保证。

国家实验动物种子中心的主要任务是：引进、收集和保存实验动物品种、品系；研究实验动物保种新技术；培育实验动物新品种、品系；为国内外用户提供标准的实验动物种子。

第六条　国家实验动物种子中心是一个网络体系，由各具体品种的实验动物种子中心共同组成。

实验动物种子中心，从有条件的单位择优建立。这些单位必须具备下列基本条件：

1. 长期从事实验动物保种工作；
2. 有较强的实验动物研究技术力量和基础条件；
3. 有合格的实验动物繁育设施和检测仪器；
4. 有突出的实验动物保种技术和研究成果。

第七条　实验动物种子中心的申请、审批，按照以下程序执行。

凡经多数专家推荐的、具备上述基本条件的单位，均可填写《国家实验动物种子中心申请书》并附相关资料，由各省（自治区、直辖市）科委或行业主管部门，报国家科委。

国家科委接受申请后，组织专家组，对申请单位进行考察和评审。评审结果报国家科委批准后，即为实验动物种子中心。

实验动物种子中心受各自的主管部门领导，业务上接受国家科委的指导和监督。

第八条　国家实验动物种子中心，统一负责实验动物的国外引种和为用户提供实验动物种子。其国际交流与技术合作需报国家科委审批。其他任何单位，如确有必要，也可直接向国外引进国内没有的实验动物品种、品系，供本单位做动物实验，但不得作为实验动物种子向用户提供。

第三章　实验动物生产和使用许可证

第九条　实验动物生产和使用，实行许可证制度。实验动物生产和使用单位，必须取得许可证。

实验动物生产许可证适用于从事实验动物繁育和商业性经营的单位。

实验动物使用许可证适用于从事动物实验和利用实验动物生产药品、生物制品的单位。

第十条　从事实验动物繁育和商业性经营的单位，取得生产许可证，必须具备下列基本条件：

1. 实验动物种子来源于国家实验动物保种中心，遗传背景清楚，质量符合国家标准；
2. 生产的实验动物质量符合国家标准；
3. 具有保证实验动物质量的饲养、繁育环境设施及检测手段；
4. 使用的实验动物饲料符合国家标准；
5. 具有健全有效的质量管理制度；
6. 具有保证正常生产和保证动物质量的专业技术人员、熟练技术工人及检测人员，所有人员持证上岗；
7. 有关法律、行政法规规定的其他条件。

第十一条　从事动物实验和利用实验动物生产药品、生物制品的单位，取得使用许可证必须具备下列基本条件：

1. 使用的实验动物，必须有合格证；
2. 实验动物饲育环境及设施符合国家标准；
3. 实验动物饲料符合国家标准；
4. 有经过专业培训的实验动物饲养和动物实验人员；
5. 具有健全有效的管理制度；
6. 有关法律、行政法规规定的其他条件。

第十二条　实验动物生产、使用许可证的申请、审批，按照以下程序执行。

各申请许可证的单位可向所在省（自治区、直辖市）科委提交申请书，并附上由国家认可的检测机构出具的检测报告及相关资料。检测机构，可由各申请单位自行选择。

各省（自治区、直辖市）科委负责受理许可证申请，并进行考核和审批。凡通过批准的，由国家科委授权省（自治区、直辖市）科委发给实验动物生产许可证或实验动物使用许可证。

实验动物生产许可证和实验动物使用许可证由国家科委统一制定，全国有效。

第十三条　取得许可证的单位，必须接受每年的复查。复查合格者，许可证继续有效；任何一项条件复查不合格的，限期三个月进行整改，并接受再次复查。如仍不合格，取消其实验动物生产或使用资格，由发证部门收回许可证。但在条件具备时，可重新提出申请。

第十四条　对实验动物生产、使用单位的每年复查，由省（自治区、直辖市）科委组织实施。每年的复查结果报国家科委备案。

第十五条　取得许可证的实验动物生产单位，必须对饲养、繁育的实验动物按有关国家标准进行质量检测。出售时应提供合格证。合格证必须标明：实验动物生产许可证号；品种、品系的确切名称；级别；遗传背景或来源；微生物及寄生虫检测状况，并有单位负责人签名。

第十六条　实验动物生产单位，供应或出售不合格实验动物，或者合格证内容填写不实的，视情节轻重，可予以警告处分或吊销许可证；给用户造成严重后果的，应承担经济和法律责任。

第十七条　未取得实验动物生产许可证的单位，一律不准饲养、繁育和经营实验动物。

未取得实验动物使用许可证的单位，进行动物实验和生产药品和生物制品所使用的实验动物，一律视为不合格。

第四章　检测机构

第十八条　实验动物质量检测机构，分国家和省两级管理。

各级实验动物检测机构以国家标准（GB/T15481）“校准和检验实验室能力的通用要求”为基本条件。必须是实际从事检测活动的相对独立实体；不能从事实验动物商业性饲育经营活动；具有合理的人员结构，中级以上技术职称人员比例不得低于全部技术人员的50%；有检测所需要的仪器设备和专用场所。

实验动物质量检测机构必须取得中国实验室国家认可委员会的认可，并遵守有关规定。

第十九条　国家实验动物质量检测机构设在实验动物遗传、微生物、寄生虫、营养及环境设施方面具有较高技术水平的单位，受国务院有关部门或有关省（自治区、直辖市）科技主管部门领导，业务上接受国家科委指导和监督。

第二十条　国家实验动物质量检测机构是实验动物质量检测、检验方法和技术的研究机构，实验动物质量检测人员的培训机构和具有权威性的实验动物质量检测服务机构。其主要任务是：开展实验动物及相关条件的检测方法、检测技术研究；培训实验动物质量检测人员；接受委托对省级实验动物质量检测机构的设立进行审查和年度检查；提供实验动物质量检测和仲裁检验服务；进行国内外技术交流与合作。

第二十一条　国家实验动物质量检测机构申请、审批，按照以下程序执行。

符合上述基本条件的单位，均可填写《国家实验动物质量检测机构申请书》，并附相关资料，由各省（自治区、直辖市）科委或行业主管部门，报国家科委。

国家科委接受申请后，组织专家组对申请单位进行考核和评审，评审结果报国家科委批准后，即为国家实验动物质量检测机构。

第二十二条　省级实验动物质量检测机构主要从事实验动物质量的检测服务，依隶属关系受所属主管部门领导。

第二十三条　省级实验动物质量检测机构的申请、审批，按照以下程序执行。

符合上述基本条件的单位，可向省（自治区、直辖市）科委提出申请，填写《实验动物质量检测机构申请书》，并附相关资料。

省（自治区、直辖市）科委委托国家实验动物质量检测机构，对申请单位按实验动物质量检测机构基本条件进行审查（或考试），并提出审查报告。凡审查合格者，经省（自治区、直辖市）科委批准并报国家科委备案，即为省级实验动物质量检测机构。

第二十四条　国家实验动物质量检测机构每两年要接受国家科委组织的专家组的检查。省级实验动物质量检测机构每年要接受国家实验动物质量检测机构的检查（或考试）。检查不合格者，限期三个月进行整改，并再次接受复查，如仍不合格，则停止其实验动物质量检测资格。

第五章　附则

第二十五条　本办法由国家科委负责解释。

第二十六条　本办法自发布之日起生效实施。

实验动物许可证管理办法（试行）

（科学技术部　卫生部　教育部　农业部　国家质量监督检验检疫总局　国家中医药管理局　中国人民解放军总后勤部卫生部2001年12月5日发布）

第一章　总则

第一条　根据《实验动物管理条例》（中华人民共和国国家科学技术委员会令第2号，1988）及有关规定，为加强实验动物管理，保障科研工作需要，提高科学研究水平，特制定本办法。

第二条　本办法适用于在中华人民共和国境内从事与实验动物工作有关的组织和个人。

第三条　实验动物许可证包括实验动物生产许可证和实验动物使用许可证。

实验动物生产许可证，适用于从事实验动物及相关产品保种、繁育、生产、供应、运输及有关商业性经营的组织和个人。实验动物使用许可证适用于使用实验动物及相关产品进行科学研究的组织和个人。

许可证由各省、自治区、直辖市科技厅（科委）印制、发放和管理。

同一许可证分正本和副本，正本和副本具有同等法律效力。

第四条　有条件的省、自治区、直辖市应建立省级实验动物质量检测机构，负责检测实验动物生产和使用单位的实验动物质量及相关条件，为许可证的管理提供技术保证。

省级实验动物质量检测机构的认证按照《实验动物质量管理办法》（国科发财字〔1997〕593 号）的有关规定进行办理，并按照《中华人民共和国计量法》的有关规定，通过计量认证。

省级实验动物质量检测机构出具的检测报告全国有效。

尚未建立省级实验动物质量检测机构的省、自治区、直辖市，应委托其他省级实验动物质量检测机构负责实验动物质量及相关条件的检测，且必须由委托方和受委托方两省、自治区、直辖市科技厅（科委）签定协议，并报科技部备案。

第二章　申请

第五条　申请实验动物生产许可证的组织和个人，必须具备下列条件：

（1）实验动物种子来源于国家实验动物保种中心或国家认可的种源单位，遗传背景清楚，质量符合现行的国家标准；

（2）具有保证实验动物及相关产品质量的饲养、繁育、生产环境设施及检测手段；

（3）使用的实验动物饲料、垫料及饮水等符合国家标准及相关要求；

（4）具有保证正常生产和保证动物质量的专业技术人员、熟练技术工人及检测人员；

（5）具有健全有效的质量管理制度；

（6）生产的实验动物质量符合国家标准；

（7）法律、法规规定的其他条件。

第六条　申请实验动物使用许可证的组织和个人，必须具备下列条件：

（1）使用的实验动物及相关产品必须来自有实验动物生产许可证的单位，质量合格；

（2）实验动物饲育环境及设施符合国家标准；

（3）使用的实验动物饲料符合国家标准；

（4）有经过专业培训的实验动物饲养和动物实验人员；

（5）具有健全有效的管理制度；

（6）法律、法规规定的其他条件。

第七条　申请实验动物生产或使用许可证的组织和个人向其所在的省、自治区、直辖市科技厅（科委）提交实验动物生产许可证申请书或实验动物使用许可证申请书，并附上由省级实验动物检测机构出具的检测报告及相关材料。

第三章　审批和发放

第八条　省、自治区、直辖市科技厅（科委）负责受理许可证申请，并进行考核和审批。

各省、自治区、直辖市科技厅（科委）受理申请后，应组织专家组对申请单位的申请材料及实际情况进行审查和现场验收，出具专家组验收报告。对申请生产许可证的单位，其生产用的实验动物种子须按照《关于当前许可证发放过程中有关实验动物种子问题的处理意见》进行确认。

省、自治区、直辖市科技厅（科委）在受理申请后的三个月内给出相应的评审结果。合格者由省、自治区、直辖市科技厅（科委）签发批准实验动物生产或使用许可证的文件，发放许可证。

第九条　省、自治区、直辖市科技厅（科委）将有关材料（申请书及申请材料、专家组验收报告、批准文件）报送科技部及有关部门备案。

第十条　实验动物许可证采取全国统一的格式和编码方法。

第四章　管理和监督

第十一条　凡取得实验动物生产许可证的单位，应严格按照国家有关实验动物的质量标准进行生产和质量控制，在出售实验动物时，应提供实验动物质量合格证，并附符合标准规定的近期实验动物质量检测报告。实验动物质量合格证内容应该包括生产单位、生产许可证编号、动物品种品系、动物质量等级、动物规格、动物数量、最近一次的质量检测日期、质量检测单位、质量负责人签字，使用单位名称、用途等。

第十二条　许可证的有效期为五年，到期重新审查发证。换领许可证的单位需在有效期满前六个月内向所在省、自治区、直辖市科技厅（科委）提出申请。省、自治区、直辖市科技厅（科委）按照对初次申请单位同样的程序进行重新审核办理。

第十三条　具有实验动物使用许可证的单位在接受外单位委托的动物实验时，双方应签署协议书，使用许可证复印件必须与协议书一并使用，方可作为实验结论合法性的有效文件。

第十四条　实验动物许可证不得转借、转让、出租给他人使用，取得实验动物生产许可证的单位也不得代售无许可证单位生产的动物及相关产品。

第十五条　取得实验动物许可证的单位，需变更许可证登记事项，应提前一个月向原发证机关提出申请，如果申请变更适用范围，按本规定第八条至第十三条办理。进行改、扩建的设施，视情况按新建设施或变更登记事项办理。停止从事许可范围工作的，应在停止后一个月内交回许可证。许可证遗失的，应及时报失补领。

第十六条　许可证实行年检管理制度。年检不合格的单位，由省（自治区、直辖市）科技厅（科委）吊销其许可证，并报科技部及有关部门备案，予以公告。

第十七条　未取得实验动物生产许可证的单位不得从事实验动物生产、经营活动。未取得实验动物使用许可证的研究单位，或者使用的实验动物及相关产品来自未取得生产许可证的单位或质量不合格的，所进行的动物实验结果不予承认。

第十八条　已取得实验动物许可证的单位，违反本办法第十四条规定或生产、使用不合格的动物，一经核实，发证机关有权收回其许可证，并予公告。情节恶劣、造成严重后果的，依法追究行政责任和法律责任。

第十九条　许可证发放机关及其工作人员必须严格遵守《实验动物管理条例》及有关规定等，以及本办法的规定。

第五章　附则

第二十条　军队系统关于本许可证的印制、发放与管理工作，参照本办法由军队主管部门执行。

第二十一条　各部门和地方可根据行业或地方特点制定相应的管理实施细则，并报科技部备案。

第二十二条　本办法由科学技术部负责解释。

第二十三条　本办法自二OO二年一月一日起实施。

关于善待实验动物的指导性意见

（科学技术部 2006 年 9 月 30 日发布）

第一章　总则

第一条　为了提高实验动物管理工作质量和水平，维护动物福利，促进人与自然和谐发展，适应科学研究、经济建设和对外开放的需要，根据《实验动物管理条例》，提出本意见。

第二条　本意见所称善待实验动物，是指在饲养管理和使用实验动物过程中，要采取有效措施，使实验动物免遭不必要的伤害、饥渴、不适、惊恐、折磨、疾病和疼痛，保证动物能够实现自然行为，受到良好的管理与照料，为其提供清洁、舒适的生活环境，提供充足的、保证健康的食物、饮水避免或减轻疼痛和痛苦等。

第三条　本意见适用于以实验动物为工作对象的各类组织与个人。

第四条　各级实验动物管理部门负责对本意见贯彻落实情况进行管理和监督。

第五条　实验动物生产单位及使用单位应设立实验动物管理委员会（或实验动物道德委员会、实验动物伦理委员会等）。其主要任务是保证本单位实验动物设施、环境符合善待实验动物的要求，实验动物从业人员得到必要的培训和学习，动物实验实施方案设计合理，规章制度齐全并能有效实施，并协调本单位实验动物的应用者之间尽可能合理地使用动物以减少实验动物的使用数量。

第六条　善待实验动物包括倡导“减少、替代、优化”的“3R”原则，科学、合理、人道地使用实验动物。

第二章　饲养管理过程中善待实验动物的指导性意见

第七条　实验动物生产、经营单位应为实验动物提供清洁、舒适、安全的生活环境。饲养室内环境指标不得低于国家标准。

第八条　实验动物笼具、垫料质量应符合国家标准。笼具应定期清洗、消毒；垫料应灭菌、除尘，定期更换，保持清洁、干爽。

第九条　各类动物所占笼具最小面积应符合国家标准，保证笼具内每只动物都能实现自然行为，包括转身、站立、伸腿、躺卧、舔梳等。笼具内应放置供实验动物活动嬉戏的物品。 孕、产期实验动物所占用笼具面积，至少应达到该种动物所占笼具最小面积的110%以上。

第十条　对于非灵长类实验动物及犬、猪等天性喜爱运动的实验动物，种用动物应有运动场地并定时遛放。运动场地内应放置适于该种动物玩耍的物品。

第十一条　饲养人员不得戏弄或虐待实验动物。在抓取动物时，应方法得当，态度温和，动作轻柔，避免引起动物的不安、惊恐、疼痛和损伤。在日常管理中，应定期对动物进行观察，若发现动物行为异常，应及时查找原因，采取有针对性的必要措施予以改善。

第十二条　饲养人员应根据动物食性和营养需要，给予动物足够的饲料和清洁的饮水。其营养成分、微生物控制等指标必须符合国家标准。应充分满足实验动物妊娠期、哺乳期、术后恢复期对营养的需要。对实验动物饮食、饮水进行限制时，必须有充分的实验和工作理由，并报实验动物管理委员会（或实验动物道德委员会、实验动物伦理委员会等）批准。

第十三条　实验犬、猪分娩时，宜有兽医或经过培训的饲养人员进行监护，防止发生意外。对出生后不能自理的幼仔，应采取人工喂乳、护理等必要的措施。

第三章　应用过程中善待实验动物的指导性意见

第十四条　实验动物应用过程中，应将动物的惊恐和疼痛减少到最低程度。实验现场避免无关人员进入。

在符合科学原则的条件下，应积极开展实验动物替代方法的研究与应用。

第十五条　在对实验动物进行手术、解剖或器官移植时，必须进行有效麻醉。术后恢复应根据实际情况，进行镇痛和有针对性的护理及饮食调理。

第十六条　保定实验动物时，应遵循“温和保定，善良抚慰，减少痛苦和应激反应”的原则。保定器具应结构合理、规格适宜、坚固耐用、环保卫生、便于操作。在不影响实验的前提下，对动物身体的强制性限制宜减少到最低程度。

第十七条　处死实验动物时，须按照人道主义原则实行安乐死术。处死现场，不宜有其他动物在场。确认动物死亡后，方可妥善处置尸体。

第十八条　在不影响实验结果判定的情况下，应选择“仁慈终点”，避免延长动物承受痛苦的时间。

第十九条　灵长类实验动物的使用仅限于非用灵长类动物不可的实验。除非因伤病不能治愈而备受煎熬者，猿类灵长类动物原则上不予处死，实验结束后单独饲养，直至自然死亡。

第四章　运输过程中善待实验动物的指导性意见

第二十条　实验动物的国内运输应遵循国家有关活体动物运输的相关规定；国际运输应遵循相关规定，运输包装应符合 IATA 的要求。

第二十一条　实验动物运输应遵循的规则

（1）通过最直接的途径本着安全、舒适、卫生的原则尽快完成。

（2）运输实验动物，应把动物放在合适的笼具里，笼具应能防止动物逃逸或其他动物进入，并能有效防止外部微生物侵袭和污染。

（3）运输过程中，能保证动物自由呼吸，必要时应提供通风设备。

（4）实验动物不应与感染性微生物、害虫及可能伤害动物的物品混装在一起运输。

（5）患有伤病或临产的怀孕动物，不宜长途运输，必须运输的，应有监护和照料。

（6）运输时间较长的，途中应为实验动物提供必要的饮食和饮用水，避免实验动物过度饥渴。

第二十二条　实验动物的运输应注意的事项

（1）在装、卸过程中，实验动物应最后装上运输工具。到达目的地时，应最先离开运输工具。

（2）地面或水陆运送实验动物，应有人负责照料；空运实验动物，发运方应将飞机航班号、到港时间等相关信息及时通知接收方，接收方接收后应尽快运送到最终目的地。

（3）高温、高热、雨雪和寒冷等恶劣天气运输实验动物时，应对实验动物采取有效的防护措施。

（4）地面运送实验动物应使用专用运输工具，专用运输车应配置维持实验动物正常呼吸和生活的装置及防震设备。

（5）运输人员应经过专门培训，了解和掌握有关实验动物方面的知识。

第五章　善待实验动物的相关措施

第二十三条　生产、经营和使用实验动物的组织和个人必须取得相应的行政许可。

第二十四条　使用实验动物进行研究的科研项目，应制定科学、合理、可行的实施方案。该方案经实验动物管理委员会（或实验动物道德委员会、实验动物伦理委员会等）批准后方可组织实施。

第二十五条　使用实验动物进行动物实验应有益于科学技术的创新与发展；有益于教学及人才培养；有益于保护或改善人类及动物的健康及福利或有其他科学价值。

第二十六条　各级实验动物管理部门应根据实际情况制定实验动物从业人员培训计划并组织实施，保证相关人员了解善待实验动物的知识和要求，正确掌握相关技术。

第二十七条　有下列行为之一者，视为虐待实验动物。情节较轻者，由所在单位进行批评教育，限期改正；情节较重或屡教不改者，应离开实验动物工作岗位；因管理不妥屡次发生虐待实验动物事件的单位，将吊销单位实验动物生产许可证或实验动物使用许可证。

（1）非实验需要，挑逗、激怒、殴打、电击或用有刺激性食品、化学药品、毒品伤害实验动物的；

（2）非实验需要，故意损害实验动物器官的；

（3）玩忽职守，致使实验动物设施内环境恶化，给实验动物造成严重伤害、痛苦或死亡的；

（4）进行解剖、手术或器官移植时，不按规定对实验动物采取麻醉或其他镇痛措施的；

（5）处死实验动物不使用安死术的；

（6）在动物运输过程中，违反本意见规定，给实验动物造成严重伤害或大量死亡的；

（7）其他有违善待实验动物基本原则或违反本意见规定的。

第六章　附则

第二十八条　相关术语

（1）实验动物：是指经人工饲育，对其携带的微生物实行控制，遗传背景明确或者来源清楚的用于科学研究、教学、生产、检定以及其他科学实验的动物。

（2）“3R”（减少、替代、优化）原则：

减少（reduction）：是指如果某一研究方案中必须使用实验动物，同时又没有可行的替代方法，则应把使用动物的数量降低到实现科研目的所需的最小量。

替代（replacement）：是指使用低等级动物代替高等级动物，或不使用活着的脊椎动物进行实验，而采用其它方法达到与动物实验相同的目的。

优化（refinement）：是指通过改善动物设施、饲养管理和实验条件，精选实验动物、技术路线和实验手段，优化实验操作技术，尽量减少实验过程对动物机体的损伤，减轻动物遭受的痛苦和应激反应，使动物实验得出科学的结果。

（3）保定：为使动物实验或其它操作顺利进行而采取适当的方法或设备限制动物的行动。

附录二　实验动物国家标准

实验动物　寄生虫学等级及监测（GB 14922.1—2001）

Laboratory animal-standards and monitoring for parasitology

http://www.lascn.net/Item/74.aspx

实验动物　微生物学等级及监测（GB 14922.2—2011）

Laboratory animal-microbiological standards and monitoring

http://www.lascn.net/Item/5691.aspx

实验动物　哺乳类实验动物的遗传质量控制（GB 14923—2010）

Laboratory animal genetic quality control of mammalian laboratory animals

http://www.lascn.net/Item/11414.aspx

实验动物　配合饲料营养成分（GB 14923.3—2010）

Laboratory animals—nutrients for formula feeds

http://www.lascn.net/Item/5954.aspx

实验动物　环境及设施（GB 14925—2010）

Laboratory animals requirements of environment and housing facilities

http://www.lascn.net/Item/6543.aspx

实验动物　福利伦理审查指南（GB/T 35892—2018）

Laboratory animal-guideline for ethical review of animal welfare

http://www.lascn.net/Item/69212.aspx

附录三　实验动物常用化学消毒剂

化学消毒剂	常用方式	使用浓度	用量	消毒时间	备注
过氧乙酸	喷雾法	1%～2%	8ml/m^3	密闭 1h	甲液和乙液按 1∶1 均匀混合，静置 24h 或 48h 后启用
	浸泡法	0.2%～0.5%		0.5～1.5h	
	湿抹法	0.01%～0.05%			
	蒸熏法	混合原液	2～3ml/m^3	密闭 1.5h	
苯扎溴铵	浸泡法	0.1%		0.5h	
	皮肤消毒	0.1%			
来苏儿	浸泡、洗擦	3%～5%			本药有酚类臭味
甲醛	熏蒸法		30ml 甲醛加高锰酸钾 15g/m^3	密闭 24～48h 后通风 24h	应使用陶瓷器皿或金属器皿盛装药物
戊二醛	浸泡法	2%		0.5h	以 0.3%碳酸氢钠作缓冲，调节 pH 达 7.5～8.5，灭菌作用显著增强
氢氧化钠	洗刷	1%～2%		消毒房舍 12h 后用大量清水冲洗	有腐蚀性，多用于房舍消毒
漂白粉	喷洒	5%			常用剂型有粉剂、乳剂和澄清液，乳剂用于粪便清毒
	湿抹	20%			
速消净	喷雾	500×10^{-6} 有效氯	每 20g 粉剂加水 4kg		
	洗擦或浸泡	200×10^{-6}～250×10^{-6} 有效氯	每 20g 粉剂加水 8～10kg	10min（浸泡）	
次氯酸钠	洗刷或浸泡	500×10^{-6} 有效氯	30ml/m^3	30min（浸泡）	
百毒杀	喷雾	0.025%			
	擦拭	0.025%			
	浸泡	0.025%	40～50ml/m^3	10min	
	大动物洗浴	0.025%			
乙醇	皮肤消毒	70%			
	浸泡	70%		0.5h	
碘酊	皮肤消毒	2.5%			
碘附	皮肤消毒	5%			
过氧化氢（双氧水）	洗涤化脓伤口	3%			
高锰酸钾	洗涤伤口	1/5000			
甲紫	皮肤消毒	1%			

续表

化学消毒剂	常用方式	使用浓度	用量	消毒时间	备注
氯己定	浸泡	0.1%		10min	避免与肥皂或碱类接触
	皮肤消毒	0.02%～0.05%			
	洗涤伤口或黏膜消毒	0.01%～0.02%			
度米芬	浸泡	0.1%		10min	
	皮肤消毒	70%醇溶液			
二氯异氰	喷雾	0.5%～1%			
尿酸钠	浸泡	0.25%		10min	

数字内容

以下内容请扫二维码阅读或观看。

一、附录

寄生虫学等级及监测（GBl4922.1—2001）

哺乳类实验动物的遗传质量控制（GB14923—2010）

环境及设施（GB14925—2010）

配合饲料营养成分（GB14923.3—2010）

微生物学等级及监测（GB14922.2—2011）

二、《实验动物学》习题汇编

习题汇编

三、彩图

彩图